Das Ingenieurwissen: Mathematik und Statistik

Peter Ruge · Carolin Birk · Manfred Wermuth

Das Ingenieurwissen: Mathematik und Statistik

Springer Vieweg

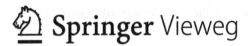

Peter Ruge
Technische Universität Dresden
Dresden, Deutschland

Carolin Birk
University of New South Wales
Kensington, Australien

Manfred Wermuth
WVI Prof. Dr. Wermuth
Verkehrsforschung und Infrastrukturplanung GmbH
Braunschweig, Deutschland

ISBN 978-3-642-40473-3 ISBN 978-3-642-40474-0 (eBook)
DOI 10.1007/978-3-642-40474-0

Die Deutsche Nationalbibliothek verzeichnet diese Publikation in der Deutschen Nationalbibliografie; detaillierte bibliografische Daten sind im Internet über http://dnb.d-nb.de abrufbar.

Das vorliegende Buch ist Teil des ursprünglich erschienenen Werks „HÜTTE - Das Ingenieurwissen", 34. Auflage.

Gedruckt auf säurefreiem und chlorfrei gebleichtem Papier.

Springer Vieweg ist eine Marke von Springer DE. Springer DE ist Teil der Fachverlagsgruppe Springer Science+Business Media
www.springer-vieweg.de

Vorwort

Die HÜTTE Das Ingenieurwissen ist ein Kompendium und Nachschlagewerk für unterschiedliche Aufgabenstellungen und Verwendungen. Sie enthält in einem Band mit 17 Kapiteln alle Grundlagen des Ingenieurwissens:

- Mathematisch-naturwissenschaftliche Grundlagen
- Technologische Grundlagen
- Grundlagen für Produkte und Dienstleistungen
- Ökonomisch-rechtliche Grundlagen

Je nach ihrer Spezialisierung benötigen Ingenieure im Studium und für ihre beruflichen Aufgaben nicht alle Fachgebiete zur gleichen Zeit und in gleicher Tiefe. Beispielsweise werden Studierende der Eingangssemester, Wirtschaftsingenieure oder Mechatroniker in einer jeweils eigenen Auswahl von Kapiteln nachschlagen. Die elektronische Version der Hütte lässt das Herunterladen einzelner Kapitel bereits seit einiger Zeit zu und es wird davon in beträchtlichem Umfang Gebrauch gemacht.

Als Herausgeber begrüßen wir die Initiative des Verlages, nunmehr Einzelkapitel in Buchform anzubieten und so auf den Bedarf einzugehen. Das klassische Angebot der Gesamt-Hütte wird davon nicht betroffen sein und weiterhin bestehen bleiben. Wir wünschen uns, dass die Einzelbände als individuell wählbare Bestandteile des Ingenieurwissens ein eigenständiges, nützliches Angebot werden.

Unser herzlicher Dank gilt allen Kolleginnen und Kollegen für ihre Beiträge und den Mitarbeiterinnen und Mitarbeitern des Springer-Verlages für die sachkundige redaktionelle Betreuung sowie dem Verlag für die vorzügliche Ausstattung der Bände.

Berlin, August 2013

H. Czichos, M. Hennecke

Das vorliegende Buch ist dem Standardwerk *HÜTTE Das Ingenieurwissen 34. Auflage* entnommen. Es will einen erweiterten Leserkreis von Ingenieuren und Naturwissenschaftlern ansprechen, der nur einen Teil des gesamten Werkes für seine tägliche Arbeit braucht. Das Gesamtwerk ist im sog. Wissenskreis dargestellt.

Inhaltsverzeichnis

Mathematik

P. Ruge, C. Birk

Mathematik und Statistik

P. Ruge
C. Birk
M. Wermuth

Mathematik
P. Ruge, C. Birk

1 Mengen, Logik, Graphen

1.1 Mengen

1.1.1 Grundbegriffe der Mengenlehre

Eine *Menge* M ist die Gesamtheit ihrer *Elemente* x. Man schreibt $x \in M$ (x ist Element von M) und fasst die Elemente in geschweiften Klammern zusammen. Eine erste Möglichkeit der Darstellung einer Menge ist die Aufzählung ihrer Elemente:

$$M = \{x_1, x_2, \ldots, x_n\} . \tag{1-1}$$

Weit reichender ist folgende Art der Darstellung: Eine Menge M im klassischen Sinn ist eine Gesamtheit von Elementen x mit einer bestimmten definierenden Eigenschaft P, die eine eindeutige Entscheidung ermöglicht, ob ein Element a aus einer Klasse („Vorrat“) A zur Menge M gehört.

$$a \in M \quad \text{falls} \quad P(a) \quad \text{wahr:} \quad \mu = 1 ,$$
$$a \notin M \quad \text{falls} \quad P(a) \quad \text{nicht wahr:} \quad \mu = 0 .$$

Die *Zugehörigkeitsfunktion* $\mu(a)$ ordnet jedem Objekt einen der Werte 0 oder 1 zu. Man schreibt

$$M = \{x \mid x \in A, P(x)\} . \tag{1-2}$$

M ist die Menge aller Elemente aus A, für welche die Eigenschaft P zutrifft. **Beispiel**:

$$M_1 = \{x \mid x \in \mathbb{C}, x^4 + 4 = 0\}$$
$$= \{1 + \mathrm{j}, 1 - \mathrm{j}, -1 + \mathrm{j}, -1 - \mathrm{j}\} . \quad \mathrm{j}^2 = -1 .$$

Tabelle 1-1. Bezeichnungen der Standard-Zahlenmengen

Natürlich	Ganz	Rational	Reell	Komplex
$\mathbb{N}$	$\mathbb{Z}$	$\mathbb{Q}$	$\mathbb{R}$	$\mathbb{C}$

Gewisse Standard-Zahlenmengen werden durch bestimmte Buchstabensymbole gekennzeichnet.

Leere Menge — enthält kein Element $\emptyset = \{\}$

Endliche Menge — enthält endlich viele Elemente

Mächtigkeit $|M|$ — auch Kardinalität card(M) einer endlichen Menge M ist die Anzahl ihrer Elemente.

Gleichmächtigkeit — A ist gleichmächtig B, $A \sim B$, wenn sich jedem Element von A genau ein Element von B zuordnen lässt und umgekehrt. Zum Beispiel:

$$\mathbb{N}\backslash\{0\} = \{1, 2, 3, 4, 5, \ldots\} ,$$
$$\mathbb{U} = \{1, 3, 5, 7, 9, \ldots\} .$$

Zu jedem Element k aus $\mathbb{N}\backslash\{0\}$ gibt es ein Element $2k - 1$ aus $\mathbb{U}$ und umgekehrt. Zudem sind alle Elemente von $\mathbb{U}$ in $\mathbb{N}\backslash\{0\}$ enthalten.

Unendliche Menge — Eine Menge A ist unendlich, falls sich eine echte Teilmenge B von A angeben lässt, die mit A gleichmächtig ist.

Abzählbarkeit — Jede unendliche Menge, die mit $\mathbb{N}$ gleichmächtig ist, heißt abzählbar.

Überabzählbarkeit — Eine Menge M heißt überabzählbar, falls M nicht abzählbar ist.

Kontinuum — Jede Menge, welche die Mächtigkeit der reellen Zahlen hat, heißt Kontinuum.

P. Ruge, C. Birk, M. Wermuth, *Das Ingenieurwissen: Mathematik und Statistik*,
DOI 10.1007/978-3-642-40474-0_1, © Springer-Verlag Berlin Heidelberg 2014

Fuzzy-Menge (unscharfe Menge). Unter einem Element f einer Fuzzy-Menge versteht man ein Paar aus einem Objekt x und der Bewertung $\mu(x)$ seiner Mengenzugehörigkeit mit Werten aus dem Intervall [0, 1]; d. h., $0 \leq \mu \leq 1$. Die Elemente werden einzeln aufgezählt,

$$\text{Element } f = (x, \mu(x)), \mu \in [0, 1] ,$$
$$F = \{f_1, f_2, \ldots, f_n\} ,$$

oder durch geschlossene Darstellung der Objekte und der Bewertung wie im folgenden **Beispiel**.
Die Fuzzy-Mengen

$$F_1 = \{(x, \mu(x)) | \, x \in \mathbb{R} \quad \text{und} \quad \mu = (1 + x^2)^{-1}\} ,$$
$$F_2 = \{(x, \mu(x)) | \, x \in \mathbb{R} \quad \text{und} \quad \mu = (1 + x^4)^{-4}\}$$

können mit den die Unschärfe andeutenden Namen F_1 = NAHENULL, F_2 = SEHRNAHENULL belegt werden.
Weitere Einzelheiten und Anwendungen siehe in der Literatur [1]–[4].

1.1.2 Mengenrelationen und -operationen

Mengen und ihre Beziehungen zueinander lassen sich durch Punktmengen in der Ebene, z. B. Ellipsen, veranschaulichen; sog. Venn-Diagramme, siehe Bild 1-1.

Gleichheit, $A = B$
Jedes Element von A ist auch Element von B und umgekehrt.

Teilmenge, $A \subseteqq B$
A Teilmenge von B. Jedes Element von A ist auch Element von B. Gleichheit ist möglich.

Echte Teilmenge, $A \subset B$
Gleichheit wird ausgeschlossen.

Potenzmenge, $P(M)$
Potenz von M. Menge aller Teilmengen der Menge M. Zum Beispiel $M = \{a, b\}$,
$P(M) = \{\emptyset, \{a\}, \{b\}, \{a, b\}\}$.

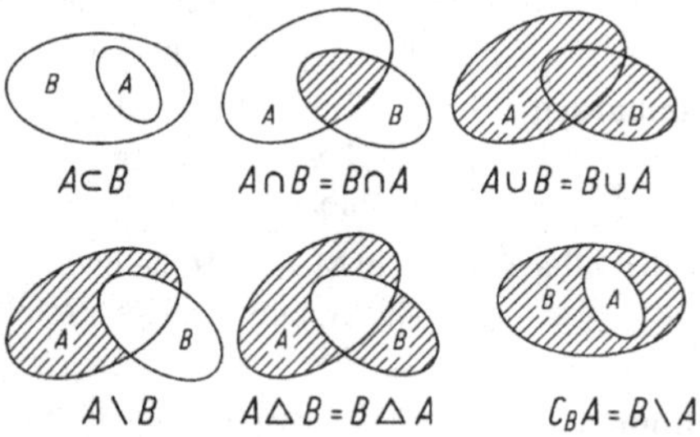

Bild 1-1. Venn-Diagramme. Ergebnismengen sind schraffiert

Durchschnitt, $A \cap B$
A geschnitten mit B. Menge aller Elemente, die sowohl zu A als auch zu B gehören.

Vereinigung, $A \cup B$
A vereinigt mit B. Menge aller Elemente, die zumindest zu A oder B gehören.

Differenz, $B \setminus A$
B ohne A. Menge aller Elemente von B, die nicht gleichzeitig Elemente von A sind.

Komplement, $C_B A$
Komplement von A bezüglich B. Für $A \subseteqq B$ ist $C_B A = B \setminus A$.

Symmetrische Differenz, $A \Delta B$
Menge aller Elemente von A oder B außerhalb des Durchschnitts:

$$A \Delta B = (A \setminus B) \cup (B \setminus A)$$
$$= (A \cup B) \setminus (A \cap B) .$$

Produktmenge, $A \times B$
A kreuz B. Menge aller geordneten Paare (a_i, b_j), die sich aus je einem Element der Menge A und der Menge B bilden lassen. Zum Beispiel

$$A = \{a_1, a_2, a_3\}, \quad B = \{b_1, b_2\} ,$$
$$A \times B = \{(a_1, b_1), (a_1, b_2), (a_2, b_1), (a_2, b_2) , (a_3, b_1), (a_3, b_2)\} .$$

Anmerkung: Bei einem geordneten Paar ist die Reihenfolge von Bedeutung: $(x, y) \neq (y, x)$ für $x \neq y$.

$A_1 \times A_2 \times \ldots \times A_n$
Menge aller geordneten n-Tupel $(A_{1i}, A_{2j}, \ldots, A_{nk})$ aus je einem Element der beteiligten Mengen.

1.2 Verknüpfungsmerkmale spezieller Mengen

Charakteristische Eigenschaften von Verknüpfungen und Relationen sind:

Kommutativität, $a \circ b = b \circ a$
a verknüpft mit b. Falls die Reihenfolge der Verknüpfung zweier Elemente a und b einer Menge unerheblich ist, dann ist die betreffende Verknüpfung in der Menge kommutativ.

Assoziativität, $a \circ (b \circ c) = (a \circ b) \circ c$
Gilt dies für alle Tripel (a, b, c) einer Menge, so

ist die betreffende Verknüpfung in der Menge assoziativ.

Distributivität, $a \circ (b \diamond c) = (a \circ b) \diamond (a \circ c)$
Gilt dies für zwei verschiedenartige Verknüpfungen (Kreis und Karo) angewandt auf alle Tripel einer Menge, so sind die Verknüpfungen in der Menge distributiv.

Reflexivität, $a \circ a$
Relation $\circ$ reflektiert a auf sich selbst; z. B. $a = a$, g parallel g (g Gerade).

Symmetrie, $a \circ b \leftrightarrow b \circ a$
Relation ist symmetrisch; z. B. $a = b$, g parallel h (g, h Geraden).

Transitivität, $a \circ b$ und $b \circ c \rightarrow a \circ c$
Zum Beispiel aus $a = b$ und $b = c$ folgt $a = c$. Aus $A \subset B$ und $B \subset C$ folgt $A \subset C$.

Äquivalenz
Eine Relation, die reflexiv, symmetrisch und transitiv ist, heißt Äquivalenzrelation, z. B. die Gleichheitsrelation.

Drei in der modernen Mathematik wichtige algebraische Strukturen sind Gruppen, Ringe und Körper.

Gruppe: Eine Menge $G = \{a_1, a_2, \ldots\}$ heißt Gruppe, wenn in G eine Operation $a_1 \circ a_2 = b$ erklärt ist und gilt:

1. $b \in G$ — Abgeschlossenheit
2. $(a_i \circ a_j) \circ a_k = a_i \circ (a_j \circ a_k)$ — Assoziativität
3. $a_i \circ e = e \circ a_i = a_i,\ e \in G$ — Existenz eines Einselementes
4. $a_i \circ a_i^{-1} = a_i^{-1} \circ a_i = e$ — Existenz von inversen Elementen.

Abel'sche Gruppe. Es gilt zusätzlich:
5. $a_i \circ a_j = a_j \circ a_i$ — Kommutativität.

Ring: Eine Menge $R = \{r_1, r_2, \ldots\}$ heißt assoziativer Ring, wenn in R zwei Operationen $\circ$ und $\diamond$ erklärt sind und Folgendes gilt:

1. R ist eine Abel'sche Gruppe bezüglich der Operation $\circ$
2. $r_i \diamond r_j = c,\ c \in R$ — Abgeschlossenheit
3. $r_i \diamond (r_j \diamond r_k) = (r_i \diamond r_j) \diamond r_k$ — Assoziativität
4. $r_i \diamond (r_j \circ r_k) = (r_i \diamond r_j) \circ (r_i \diamond r_k)$ — Distributivität.
$(r_i \circ r_j) \diamond r_k = (r_i \diamond r_k) \circ (r_j \diamond r_k)$

Kommutativer Ring: Es gilt zusätzlich
5. $r_i \diamond r_j = r_j \diamond r_i$ — Kommutativität.

Kommutativer Ring mit Einselement: Es gilt zusätzlich
6. $r_i \diamond e = e \diamond r_i = r_i$;
e Einselement.

Körper: Kommutativer Ring mit Einselement und Division (außer durch $r_i = 0$).
7. $r_i \diamond r_i^{-1} = r_i^{-1} \diamond r_i = e,\ r_i \neq 0$.

1.3 Aussagenlogik

Gegenstand der Aussagenlogik sind die Wahrheitswerte verknüpfter Aussagen (Tabelle 1-2). a heißt eine Aussage, wenn a einen Sachverhalt behauptet. Besonders wichtig ist die Menge A_2 der zweiwertigen Aussagen, die entweder wahr (W, true) oder falsch (F, false) sein können; üblich ist auch eine Codierung durch die Zahlen 1 (wahr) und 0 (falsch).
Die logischen Verknüpfungen in Tabelle 1-3 entsprechen den Verknüpfungen der Boole'schen Algebra (siehe Abschnitt J 1).
Aussagenverknüpfungen, die unabhängig vom Wahrheitswert der Einzelaussagen stets den Wert wahr (1) besitzen, heißen *Tautologien* (Tabelle 1-4).

Tabelle 1-2. Verknüpfungen der Aussagenlogik (Junktoren)

Symbol/Verwendung	Sprechweise: Definition		Benennung
$\neg a$ (auch: $\bar{a}$)	nicht a		Negation
$a \wedge b$	a und b		Konjunktion, UND-Verknüpfung
$a \vee b$	a oder b		Disjunktion, ODER-Verknüpfung
Abgeleitete Verknüpfungen			
$a \rightarrow b$	a impliziert b:	$\bar{a} \vee b$	Implikation, Subjunktion
$a \leftrightarrow b$	a äquivalent b:	$(a \wedge b) \vee (\bar{a} \wedge \bar{b})$	Äquivalenz, Äquijunktion
$a \nleftrightarrow b$	entweder a oder b:	$(a \wedge \bar{b}) \vee (\bar{a} \wedge b)$	Antivalenz, XOR-Funktion
$a \overline{\wedge} b$	a und b nicht zugleich:	$\overline{a \wedge b} = \bar{a} \vee \bar{b}$	NAND-Funktion
$a \overline{\vee} b$	weder a noch b:	$\overline{a \vee b} = \bar{a} \wedge \bar{b}$	NOR-Funktion

Tabelle 1-3. Wahrheitswerte von Aussagenverknüpfungen

a	b	$a \wedge b$ UND	$a \vee b$ ODER	$a \to b$ Impliziert	$a \leftrightarrow b$ Äquivalent	$a \barwedge b$ NAND	$a \overline{\vee} b$ NOR
0	0	0	0	1	1	1	1
0	1	0	1	1	0	1	0
1	0	0	1	0	0	1	0
1	1	1	1	1	1	0	0

Tabelle 1-4. Beispiele von Tautologien

Abtrennungsregel	$(a \wedge (a \to b)) \to b$
Indirekter Beweis	$(a \wedge (\bar{b} \to \bar{a})) \to b$
Fallunterscheidung	$((a \vee b) \wedge (a \to c) \wedge (b \to c)) \to c$
Kettenschluss	$((a \to b) \wedge (b \to c)) \to (a \to c)$
Schluss auf eine Äquivalenz	$((a \to b) \wedge (b \to a)) \to (a \leftrightarrow b)$
Kontraposition	$(a \to b) \to (\bar{b} \to \bar{a})$ $(\bar{b} \to \bar{a}) \to (a \to b)$

Tabelle 1-5. Wahrheitstabelle für den Kettenschluss

a	0	1	0	1	0	1	0	1
b	0	0	1	1	0	0	1	1
c	0	0	0	0	1	1	1	1
$u = a \to b$	1	0	1	1	1	0	1	1
$v = b \to c$	1	1	0	0	1	1	1	1
$w = a \to c$	1	0	1	0	1	1	1	1
$x = u \wedge v$	1	0	0	0	1	0	1	1
$x \to w$	1	1	1	1	1	1	1	1

Mithilfe von Wahrheitstabellen lassen sich die Wahrheitswerte von Aussagenverknüpfungen systematisch ermitteln. Bei Tautologien muss die Schlusszeile (vgl. Tabelle 1-5) überall den Wahrheitswert 1 aufweisen.

Tautologien wie in Tabelle 1-4 liefern die Bausteine für Beweistechniken, so zum Beispiel der *Methode der vollständigen Induktion*, siehe Tabelle 1-6.

Tabelle 1-6. Methode der vollständigen Induktion

Eine Aussage „Für jedes x aus der Menge X gilt $p(x)$ mit $X = \{x | (x \in \mathbb{N}) \wedge (x \geqq a)\}, a \in \mathbb{N}$" ist wahr, wird in 4 Schritten bewiesen.

1. Induktionsbeginn: Nachweis der Wahrheit von $p(a)$.
2. Induktionsannahme: $p(k)$ mit beliebigem $k > a$ sei wahr.
3. Induktionsschritt: Berechnung von $p(k+1)$ als $P(k+1)$ von $p(k)$ ausgehend.
4. Induktionsschluss: $p(x)$ ist wahr, falls $P(k+1) = p(k+1)$.

Beispiel.

Aussage: $p(x) = 1^2 + 2^2 + \ldots + x^2$
$= x(x+1)(2x+1)/6.$

1. $a = 1. \quad p(1) = 1^2 = 1(1+1)(2+1)/6.$
2. $p(k) = k(k+1)(2k+1)/6.$
3. $P(k+1) = p(k) + (k+1)^2$
$= (k+1)k(2k+1)/6 + (k+1)$
$= (k+1)(2k^2 + 7k + 6)/6.$
4. $p(k+1) = (k+1)(k+2)(2k+3)/6 = P(k+1).$

1.4 Graphen

Graphen und die Graphentheorie finden als mathematische Modelle für Netze jeder Art Anwendung. Ein Graph G besteht aus einer Menge $X = \{x_1, \ldots, x_n\}$ von n *Knoten* und einer Menge V von *Kanten* als Verbindungen zwischen je 2 Knoten.

Gerichtete Kanten werden durch ein geordnetes Knotenpaar (x_i, x_k) beschrieben, ungerichtete Kanten durch eine zweielementige Knotenmenge $\{x_i, x_k\}$. *Schlichte Graphen* enthalten keine Schlingen, d. h. keine Kanten $\{x, y\}$ mit $x = y$, und keine Parallelkanten zu Kanten (x, y) oder Mengen $\{x, y\}$.

Ein Graph G mit ungerichteten Kanten lässt sich durch eine symmetrische Verknüpfungsmatrix $\boldsymbol{V}$ mit Elementen

$$v_{ij} = \begin{cases} 1, & \text{falls } \{x_i, x_j\} \in G \\ 0, & \text{falls } \{x_i, x_j\} \notin G \end{cases} \tag{1-1}$$

beschreiben.

Der Grad $d(x)$ eines Knotens x bezeichnet die Anzahl der Kanten, die sich in x treffen. Bei einem gerichteten Graphen unterscheidet man d^+ und d^-:

$d^+(x)$ Anzahl der vom Knoten abgehenden Kanten,

$d^-(x)$ Anzahl der in den Knoten einlaufenden Kanten,

$$d(x) = d^+(x) + d^-(x)\,.$$

Die Summe aller Knotengrade eines schlichten Graphen ist gleich der doppelten Kantenanzahl. Eine endliche Folge benachbarter Kanten nennt man Kantenfolge. Sind End- und Anfangsknoten identisch, so heißt die Kantenfolge geschlossen, andernfalls offen.

Eine Kantenfolge mit paarweise verschiedenen Kanten heißt *Kantenzug* und speziell *Weg*, falls dabei jeder Knoten nur einmal passiert wird. Geschlossene Wege nennt man *Kreise*. Ein ungerichteter Graph, bei dem je zwei Knoten durch einen Weg verbunden sind, heißt *zusammenhängend*. Einen zusammenhängenden ungerichteten Graphen ohne Kreise nennt man *Baum*.

Beispiel: Verknüpfungsmatrix $\boldsymbol{V}$ sowie spezielle Kantenfolgen für den Graphen in Bild 1-2.

$$\boldsymbol{V} = \begin{bmatrix} 0 & 1 & 0 & 0 & 1 & 0 \\ 1 & 0 & 1 & 0 & 1 & 0 \\ 0 & 1 & 0 & 1 & 1 & 0 \\ 0 & 0 & 1 & 0 & 1 & 1 \\ 1 & 1 & 1 & 1 & 0 & 0 \\ 0 & 0 & 0 & 1 & 0 & 0 \end{bmatrix}, \quad \boldsymbol{V} = \boldsymbol{V}^{\mathrm{T}} .$$

Kantenfolge, geschlossen:	$\{5,2\}$, $\{2,1\}$, $\{1,5\}$, $\{5,3\}$, $\{3,2\}$, $\{2,5\}$
Kantenzug, offen:	$\{5,2\}$, $\{2,1\}$, $\{1,5\}$ $\{5,3\}$, $\{3,2\}$
Weg:	$\{6,4\}$, $\{4,5\}$, $\{5,1\}$
Kreis:	$\{4,3\}$, $\{3,2\}$, $\{2,5\}$, $\{5,4\}$.

2 Zahlen, Abbildungen, Folgen

2.1 Reelle Zahlen

2.1.1 Zahlenmengen, Mittelwerte

Mithilfe der Zahlen können reale Ereignisse quantifiziert und geordnet werden. Rationale Zahlen lassen sich durch ganze Zahlen einschließlich null darstellen.

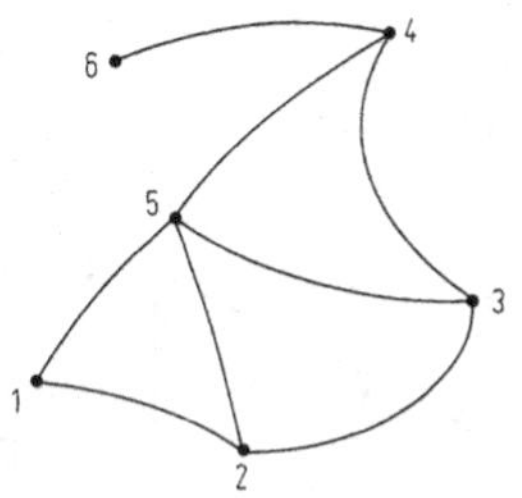

Bild 1-2. Schlichter Graph mit ungerichteten Kanten

$$\begin{aligned} &\textbf{Natürliche Zahlen}: && \mathbb{N} = \{0,1,2,3,\ldots\} , \\ &\textbf{Ganze Zahlen}: && \mathbb{Z} = \{\ldots,-2,-1,0,1,2,\ldots\} , \\ &\textbf{Rationale Zahlen}: && \mathbb{Q} = \left\{\tfrac{a}{b} | a \in \mathbb{Z} \wedge b \in \mathbb{Z}\backslash\{0\}\right\} , \\ & && a,\ b \text{ teilerfremd} . \end{aligned} \tag{2-1}$$

Algebraische und transzendente Zahlen, z. B. als Lösungen x der Gleichungen $x^2 = 2$ bzw. $\sin x = 1$, erweitern die Menge $\mathbb{Q}$ der rationalen Zahlen zur Menge $\mathbb{R}$ der reellen Zahlen. Die Elemente der Menge $\mathbb{R}$ bilden einen Körper bezüglich der Addition und Multiplikation. Für jedes Paar $r_1, r_2 \in \mathbb{R}$ gilt genau eine der drei Ordnungsrelationen:

$$r_1 < r_2 \quad \text{oder} \quad r_1 = r_2 \quad \text{oder} \quad r_1 > r_2 . \tag{2-2}$$

Zur Charakterisierung einer Menge n reeller Zahlen sind gewisse Mittelwerte erklärt:

Arithmetischer Mittelwert:

$$A = (a_1 + \ldots + a_n)/n .$$

Geometrischer Mittelwert:

$$G^n = a_1 \cdot a_2 \cdot \ldots \cdot a_n . \tag{2-3}$$

Harmonischer Mittelwert:

$$H^{-1} = \left(a_1^{-1} + \ldots + a_n^{-1}\right)/n .$$

Für $a_i > 0$, $n \in \mathbb{N}$ gilt:

$$H \leqq G \leqq A .$$

Pythagoreische Zahlen sind gekennzeichnet durch ein Tripel $a, b, c \in \mathbb{Z}$ ganzer Zahlen mit der Eigenschaft

$$a^2 + b^2 = c^2 . \tag{2-4}$$

Ein beliebiges Paar $(m,n) \in \mathbb{Z}$ garantiert mit $a = m^2 - n^2$, $b = 2mn$ die Eigenschaft (2-4).
Beispiel:

$$m = 7,\ n = 1 \rightarrow a = 48,\ b = 14,\ c = 50 .$$

2.1.2 Potenzen, Wurzeln, Logarithmen

Potenzen. Die Potenz a^b (a hoch b) mit der Basis a und dem Exponenten b ist für die drei Fälle $a > 0 \wedge b \in \mathbb{R}$, $a \neq 0 \wedge b \in \mathbb{Z}$, $a \in \mathbb{R} \wedge b \in \mathbb{N}$ reell.
Rechenregeln:

$$\begin{aligned} &a^1 = a , \quad a^0 = 1\ (a \neq 0) , \quad 1^b = 1 , \\ &a^{-b} = 1/a^b , \quad a^b a^c = a^{b+c} , \\ &(ab)^c = a^c b^c , \quad (a^b)^c = a^{bc} , \quad a^b/a^c = a^{b-c} , \\ &(a/b)^c = a^c/b^c . \end{aligned} \tag{2-5}$$

Wurzeln. Die Wurzel $\sqrt[b]{c} = c^{1/b} = a$ (b-te Wurzel aus c) ist eine Umkehrfunktion zur Potenz $c = a^b$ mit dem „Wurzelexponenten“ b und dem Radikanden c. Für $c > 0 \wedge b \neq 0$ ist a reell. Bei der Quadratwurzel schreibt man die 2 in der Regel nicht an: $\sqrt[2]{c} = \sqrt{c}$.

Rechenregeln:

$$\begin{aligned} &\sqrt[1]{c} = c\,, \quad \sqrt[b]{1} = 1\,, \quad \sqrt[b]{c^b} = c\,, \quad \sqrt[b]{c^a} = c^{a/b}\,,\\ &\sqrt[ab]{d^{ac}} = \sqrt[b]{d^c}\,, \quad \sqrt[ab]{c} = \sqrt[a]{\sqrt[b]{c}} = \sqrt[b]{\sqrt[a]{c}}\,,\\ &\sqrt[a]{c}\cdot\sqrt[b]{c} = \sqrt[ab]{c^{a+b}}\,, \quad \sqrt[c]{ab} = \sqrt[c]{a}\cdot\sqrt[c]{b}\,,\\ &\sqrt[c]{a/b} = \sqrt[c]{a}/\sqrt[c]{b}\,. \end{aligned} \tag{2-6}$$

Logarithmen. Der Logarithmus $\log_a c = b$ (Logarithmus vom Numerus c zur Basis a) ist eine weitere Umkehrfunktion zur Potenz $c = a^b$. Für $a > 0\backslash 1 \wedge c > 0$ is b reell. Bevorzugte Basen sind

$a = 10$, dekadischer (Brigg'scher) Logarithmus $\log_{10} c = \lg c$.
$a = \mathrm{e}$, natürlicher Logarithmus $\log_{\mathrm{e}} c = \ln c$.

Rechenregeln:

$$\begin{aligned} &\log_a 1 = 0\,, \quad \log_a a^b = b\,, \quad a^{\log_a c} = c\,,\\ &\log_a (1/b) = -\log_a b\,,\\ &\log_a (bc) = \log_a b + \log_a c\,,\\ &\log_a (b/c) = \log_a b - \log_a c\,,\\ &\log_a b^c = c\log_a b\,, \quad \log_a \sqrt[c]{b} = c^{-1}\log_a b\,. \end{aligned} \tag{2-7}$$

Umrechnung zwischen verschiedenen Basen:

$$\begin{aligned} &\log_a c = \log_a b \log_b c\,, \quad \log_a b = 1/\log_b a\,,\\ &\lg c = \ln c \lg \mathrm{e}\,, \quad \ln c = \lg c \ln 10\,,\\ &\lg \mathrm{e} = 1/\ln 10 = M\,,\\ &[M] = [0{,}434294,\ 0{,}434295]\,. \end{aligned}$$

2.2 Stellenwertsysteme

Natürliche Zahlen $n \in \mathbb{N}$ werden durch Ziffernfolgen dargestellt, wobei jedes Glied einen *Stellenwert* bezüglich einer Basis g besitzt:

$$\begin{aligned} &n = [a_m \ldots a_1\, a_0]_g = a_m g^m + \ldots + a_0 g^0\\ &\text{mit} \quad a_i \in \{0, 1, \ldots, g-1\}\,. \end{aligned} \tag{2-8}$$

Dezimalsystem $g = 10$. $a_i \in \{0, 1, \ldots, 9\}$.

Beispiel: $n = [5309]_{10} = 5\cdot 10^3 + 3\cdot 10^2 + 0\cdot 10^1 + 9\cdot 10^0$.

Dualsystem $g = 2$. $a_i \in \{0, 1\}$,

Beispiel: $n = [10100]_2 = 1\cdot 2^4 + 0\cdot 2^3 + 1\cdot 2^2 + 0\cdot 2^1 + 0\cdot 2^0 = [20]_{10}$.

2.3 Komplexe Zahlen

2.3.1 Grundoperationen, Koordinatendarstellung

Die Menge $\mathbb{C}$ der komplexen Zahlen z besteht aus geordneten Paaren reeller Zahlen a und b.

$$\begin{aligned} &z = a + \mathrm{j}b\,, \quad \text{auch} \quad z = (a, b)\,,\\ &\mathrm{j}\ \textit{imaginäre Einheit}\ \text{mit}\ \mathrm{j}^2 = -1\,,\\ &a \in \mathbb{R}\,, \quad \text{Realteil von } z,\ \mathrm{Re}(z) = a\,,\\ &b \in \mathbb{R}\,, \quad \text{Imaginärteil von } z,\ \mathrm{Im}(z) = b\,. \end{aligned} \tag{2-9}$$

Grundoperationen

$$\begin{aligned} z_1 + z_2 &= (a_1 + a_2) + \mathrm{j}(b_1 + b_2)\,,\\ z_1 - z_2 &= (a_1 - a_2) + \mathrm{j}(b_1 - b_2)\,,\\ z_1 \cdot z_2 &= (a_1 a_2 - b_1 b_2) + \mathrm{j}(a_1 b_2 + b_1 a_2)\,,\\ z_1 / z_2 &= \frac{a_1 + \mathrm{j}b_1}{a_2 + \mathrm{j}b_2}\cdot\frac{a_2 - \mathrm{j}b_2}{a_2 - \mathrm{j}b_2}\\ &= \frac{(a_1 a_2 + b_1 b_2) + \mathrm{j}(b_1 a_2 - a_1 b_2)}{a_2^2 + b_2^2}\,. \end{aligned} \tag{2-10}$$

Konjugiert komplexe Zahl $\bar{z}$ zu z:

$$\begin{aligned} &z = a + \mathrm{j}b\,; \quad \bar{z} = a - \mathrm{j}b\\ &z\bar{z} = a^2 + b^2\,. \end{aligned} \tag{2-11}$$

Die Paare (a, b) können als kartesische Koordinaten eines Punktes in einer Zahlenebene aufgefasst werden. Die gerichtete Strecke vom Ursprung $(0, 0)$ zum Punkt $z = (a, b)$ heißt auch *Zeiger*.

$$\text{Zeigerlänge:} \quad r = \sqrt{z\bar{z}} = \sqrt{a^2 + b^2}\,. \tag{2-12}$$

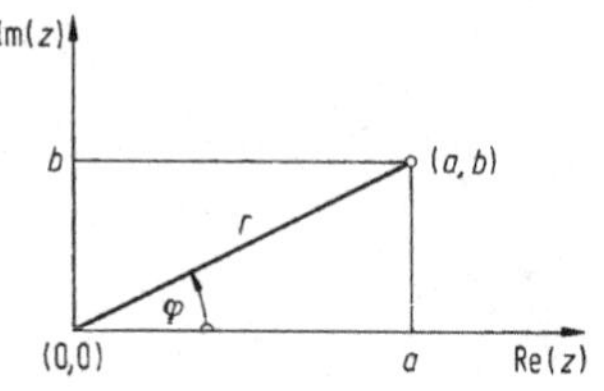

Bild 2-1. Komplexe Zahl z in Polarkoordinaten r, φ

Sinnvoll ist ebenfalls eine Umrechnung in Polarkoordinaten $z = (r, \varphi)$ nach Bild 2-1 mit Zeigerlänge r und Winkel φ.

$$a = r\cos\varphi\,, \quad b = r\sin\varphi\,,$$
$$r = +\sqrt{a^2+b^2}\,. \tag{2-13}$$
$$z_1 \cdot z_2 = r_1 r_2[\cos(\varphi_1+\varphi_2) + \mathrm{j}\sin(\varphi_1+\varphi_2)]\,,$$
$$z_1/z_2 = (r_1/r_2)[\cos(\varphi_1-\varphi_2) + \mathrm{j}\sin(\varphi_1-\varphi_2)]\,.$$

2.3.2 Potenzen, Wurzeln

Potenz. Für Exponenten $a \in \mathbb{Z}$ gilt die *Moivre'sche Formel*:

$$z = r(\cos\varphi + \mathrm{j}\sin\varphi) = r \cdot \mathrm{e}^{\mathrm{j}\varphi}$$
$$a \in \mathbb{Z}\colon\ z^a = r^a[\cos(a\varphi) + \mathrm{j}\sin(a\varphi)]\,. \tag{2-14}$$

Im Allgemeinen ist die Potenz jedoch mehrdeutig:

$$\begin{aligned} a \in \mathbb{R}\colon z^a &= r^a\{\cos[a(\varphi+2k\pi)] \\ &\quad + \mathrm{j}\sin[a(\varphi+2k\pi)]\}\,, \quad k \in \mathbb{Z}\,. \\ &\text{Hauptwert für } k = 0: \\ z^a &= r^a[\cos(a\varphi) + \mathrm{j}\sin(a\varphi)]\,. \end{aligned} \tag{2-15}$$

Wurzel. Umkehrfunktion $\sqrt[a]{b} = b^{\frac{1}{a}} = z$ zur Potenz $b = z^a$. Die Wurzeln – auch reeller Zahlen – sind a-fach.

$$\begin{aligned} &a \in \mathbb{N}: \\ &\sqrt[a]{z} = \sqrt[a]{r}\left(\cos\frac{\varphi+2k\pi}{a} + \mathrm{j}\sin\frac{\varphi+2k\pi}{a}\right), \\ &k \in \{0, 1, \ldots, a-1\}\,. \end{aligned} \tag{2-16}$$

Beispiel:

$$z = \sqrt[4]{1} = \sqrt[4]{\cos 0 + \mathrm{j}\sin 0}\,,$$
$$z = \{1, \mathrm{j}, -1, -\mathrm{j}\}\,.$$

2.4 Intervalle

Beim Rechnen mit konkreten Zahlen muss man sich mit endlich vielen Stellen begnügen, also mit Näherungszahlen. Aussagekräftiger sind Zahlenangaben durch gesicherte untere und obere Schranken. An die Stelle diskreter reeller Zahlen tritt die Menge I der abgeschlossenen *Intervalle* mit Elementen

$$[u] = [\underline{u}, \overline{u}] = \{u \mid u \in \mathbb{R}\,, \underline{u} \leqq u \leqq \overline{u}\}\,. \tag{2-17}$$

Grundrechenarten

$$\begin{aligned} [u]+[v] &= [\underline{u}+\underline{v},\ \overline{u}+\overline{v}]\,, \\ [u]-[v] &= [\underline{u}-\overline{v},\ \overline{u}-\underline{v}]\,, \\ [u]\cdot[v] &= [p_{\min}, p_{\max}],\ p = \{\underline{u}\underline{v},\ \underline{u}\overline{v},\ \overline{u}\underline{v},\ \overline{u}\overline{v}\}\,, \\ [u]/[v] &= [q_{\min}, q_{\max}],\ q = \{\underline{u}/\underline{v},\ \underline{u}/\overline{v},\ \overline{u}/\underline{v},\ \overline{u}/\overline{v}\}\,. \end{aligned} \tag{2-18}$$

Runden: $\underline{u}$ abrunden, $\overline{u}$ aufrunden.

Beispiel:

$$A = (a+b)(a-b),\ a^2 = 9{,}9\,,\ b = \pi\,,$$
$$[a] = [3{,}146,\ 3{,}147]\,,\ [b] = [3{,}141,\ 3{,}142]\,,$$
$$\begin{aligned} [a]+[b] &= [6{,}287,\ 6{,}289]\,, \\ [a]-[b] &= [4{,}000\cdot10^{-3},\ 6{,}000\cdot10^{-3}]\,, \\ [A] &= [2{,}514\cdot10^{-2},\ 3{,}774\cdot10^{-2}]\,. \end{aligned}$$

In der Menge der Intervalle definiert man *Ordnungsrelationen* nach Bild 2-2.

1. $[u] < [v]$ gilt, wenn $\overline{u} < \underline{v}$.
2. $[u] \leqq [v]$ gilt, wenn $\underline{u} \leqq \underline{v}$ und $\overline{u} \leqq \overline{v}$. (2-19)
3. $[u] \subseteqq [v]$ gilt, wenn $\underline{v} \leqq \underline{u}$ und $\overline{u} \leqq \overline{v}$.

Weiteres zur Intervallrechnung findet man in [1].

2.5 Abbildungen, Folgen und Reihen

2.5.1 Abbildungen, Funktionen

X und Y seien zwei Mengen. Dann heißt $A \subset X \times Y$ eine Abbildung der Menge X in die Menge Y, falls zu jedem Original $x \in X$ nur ein einziges Bild $y \in Y$ gehört, also eine eindeutige Zuordnung existiert. Statt Abbildung spricht man auch von Funktion oder Operator f:

$$f\colon x \to y\,. \quad f \text{ bildet } x \text{ in } y \text{ ab}\,.$$
$$\text{Auch } x \to y = f(x)\,. \tag{2-20}$$

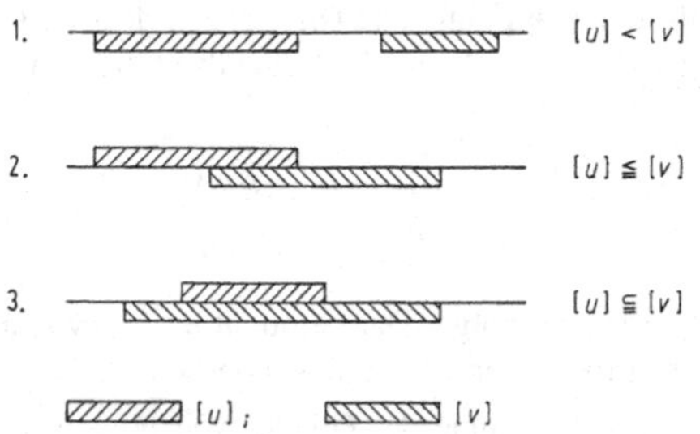

Bild 2-2. Ordnungsrelationen von Intervallen

Tabelle 2-1. Einteilung der Funktionen $y = f(x)$

Name	Darstellung	Beispiel
Algebraisch	$P_n(x)y^n + \ldots + P_1(x)y + P_0(x) = 0, \quad n \in \mathbb{N}$ $P_k(x)$: Polynome in x	$x\sqrt{y} = y + 1$ d. h. $y^2 + y(2 - x^2) + 1 = 0$
Algebraisch ganz rational	$P_n(x)$ bis $P_2(x) = 0$, $P_1(x) = 1$: $y = a_0x^n + a_1x^{n-1} + \ldots + a_{n-1}x + a_n$	$y = 4x^3 - 1$
Algebraisch gebrochen rational	$P_n(x)$ bis $P_2(x) = 0$, $y = \dfrac{a_0x^m + \ldots + a_{m-1}x + a_m}{b_0x^n + \ldots + b_{n-1}x + b_n}$ $m < n$: echt-, sonst unecht gebrochen	$y = \dfrac{x^2 + 7x}{x^3 - 1}$
Algebraisch nicht rational: Irrational		$y = x^{1/n}$
Nicht algebraisch: Transzendent		$y = a^x$, $y = \sin x$

Bei Gültigkeit der Abbildung (2-20) sowie $S \subset X$ und $T \subset Y$ sind die Begriffe

Bildmenge $f(S)$ von S , $\quad f(S) = \{f(x) \mid x \in S\}$,

Urbildmenge $f^{-1}(T)$ von T ,

$f^{-1}(T) = \{x \mid f(x) \in T\}$,

definiert.

Injektiv heißt eine Abbildung (2-20) dann, wenn keine zwei Elemente von X auf dasselbe Element y abgebildet werden.

Surjektiv heißt eine Abbildung (2-20) dann, wenn jedes Element $y \in Y$ Bild eines Originals $x \in X$ ist.

Bijektiv heißt eine Abbildung (2-20) dann, wenn sie injektiv und surjektiv ist. Für diesen Sonderfall hat die inverse Relation f^{-1} den Charakter einer Abbildung und heißt Umkehrfunktion.

2.5.2 Folgen und Reihen

Unter einer Folge mit Gliedern a_k, $k = 1, 2, \ldots$, versteht man eine Funktion f, die auf der Menge $\mathbb{N}$ der natürlichen Zahlen definiert ist.

Arithmetische Folge. Die Differenzen Δ^k k-ter Ordnung von $k + 1$ aufeinander folgenden Gliedern sind konstant.

$$\begin{aligned} k = 1: \Delta_j^1 &= a_{j+1} - a_j = const \\ k = 2: \Delta_j^2 &= \Delta_{j+1}^1 - \Delta_j^1 = const \end{aligned} \tag{2-21}$$

Geometrische Folge. Der Quotient q von zwei aufeinander folgenden Gliedern ist konstant.

Reihen. Die Summe der Glieder von Folgen nennt man Reihen.

Einige Reihen. Summation jeweils von $k = 1$ bis $k = n$.

$$\begin{aligned}
&\sum k = n(n+1)/2 \, . \\
&\sum k^2 = n(n+1)(2n+1)/6 \, . \\
&\sum k^3 = [n(n+1)/2]^2 \, . \\
&\sum k^4 = n(n+1) \times (2n+1)(3n^2 + 3n - 1)/30 \, . \\
&\sum (2k-1) = n^2 \, . \\
&\sum (2k-1)^2 = n(2n-1)(2n+1)/3 \, . \\
&\sum (2k-1)^3 = n^2(2n^2 - 1) \, . \\
&\sum kx^{k-1} = [1 - (n+1)x^n + nx^{n+1}]/(1-x)^2 \, , \\
&\quad x \neq 1 \, . \\
&\sum \frac{k}{2^k} = 2 - \frac{n+2}{2^n} \, .
\end{aligned} \tag{2-22}$$

Konvergenz. Eine Folge von Gliedern a_k, $k = 1, 2, \ldots, n$, heißt konvergent und g der Grenzwert der Folge,

$$\lim_{k \to \infty} a_k = g \, , \quad \text{falls} \quad |g - a_n| < \varepsilon \, , \quad n > N \, , \tag{2-23}$$

falls bei beliebig kleinem $\varepsilon > 0$ stets ein gewisser Index N angebbar ist, ab dem die Ungleichung (2-23) gilt.

Beispiel:

$$\lim_{k \to \infty} a^k = \begin{cases} \infty & \text{für} \quad a > 1 \\ 1 & \text{für} \quad a = 1 \\ 0 & \text{für} \quad -1 < a < 1 \\ \text{divergent} & \text{für} \quad a \leqq -1 \end{cases}$$

Eine unendliche Reihe

$$r = \sum_{k=1}^{\infty} a_k , \quad s_n = \sum_{k=1}^{n} a_k , \tag{2-24}$$

heißt konvergent, wenn die Folge der Teilsummen s_n konvergiert. Notwendige Bedingung:

$$\lim_{k\to\infty} a_k = 0 . \tag{2-25}$$

Absolute Konvergenz:

$$r = \sum_{k=1}^{\infty} a_k \quad \text{absolut konvergent} ,$$

$$\text{falls} \quad \tilde{r} = \sum_{k=1}^{\infty} |a_k| \quad \text{konvergiert} . \tag{2-26}$$

Rechenregel:

$$r_1 = \sum_{k=1}^{\infty} a_k , \quad r_2 = \sum_{l=1}^{\infty} b_l \quad \text{absolut konvergent} ;$$

$$\to r_1 r_2 = \sum_{k=1}^{\infty} \sum_{l=1}^{k} a_{k+1-l} b_l . \tag{2-27}$$

Majorantenprinzip. Wenn

$$r_1 = \sum_{k=1}^{\infty} |a_k| \quad \text{konvergent und}$$

$$|b_s| \leqq |a_s| , \quad \text{für } s \geq N,\ N \in \mathbb{N}\backslash 0 \quad \text{dann ist auch}$$

$$r_2 = \sum_{k=1}^{\infty} |b_k| \quad \text{konvergent} . \tag{2-28}$$

Hinreichende Konvergenzkriterien:

$$\lim_{k\to\infty} \sqrt[k]{|a_k|} < 1 , \quad \text{Wurzelkriterium} ;$$

$$\lim_{k\to\infty} \left| \frac{a_{k+1}}{a_k} \right| < 1 , \quad \text{Quotientenkriterium} . \tag{2-29}$$

Notwendig und hinreichend für alternierende Reihen (wechselndes Vorzeichen):

$$\lim_{k\to\infty} |a_k| = 0 . \tag{2-30}$$

Potenzreihen sind ein Spezialfall von Reihen mit veränderlichen Gliedern und vorgegebenen Koeffizienten a_k:

$$p = \sum_{k=1}^{\infty} a_k x^k . \tag{2-31}$$

Der Konvergenzbereich $|x| < \varrho \neq 0$ einer Potenzreihe wird durch den Konvergenzradius ϱ bestimmt. Für gleichmäßige Konvergenz im Bereich $|x| < \varrho$ darf die n-te Teilsumme $s_n(x)$ ab einem gewissen Index N ($n > N$) eine vorgegebene Differenz $\varepsilon > 0$ zum Grenzwert $p(x)$ der Reihe nicht überschreiten.

$$s_n(x) = \sum_{k=1}^{n} a_k x^k , \quad p(x) = \sum_{k=1}^{\infty} a_k x^k .$$

$$|p(x) - s_n(x)| \leqq \varepsilon \quad \text{für} \quad n > N . \tag{2-32}$$

$$\varrho^{-1} = \lim_{k\to\infty} \sqrt[k]{|a_k|} \quad \text{oder} \quad \varrho = \lim_{k\to\infty} \left| \frac{a_k}{a_{k+1}} \right| .$$

Potenzreihen dürfen innerhalb des Konvergenzbereiches differenziert und integriert werden.

Beispiel:

$$p(x) = \sum_{k=1}^{\infty} x^k / k .$$

$$\left. \begin{aligned} \varrho &= \lim_{k\to\infty} \left| \frac{k+1}{k} \right| = 1 \\ \varrho^{-1} &= \lim_{k\to\infty} \sqrt[k]{\frac{1}{k}} = 1 \end{aligned} \right\} \to |x| < 1 .$$

2.5.3 Potenzen von Reihen

Polynomiale Sätze beschreiben die Bildung der Potenzen von Reihen.

$$(a_1 + a_2 + \ldots + a_n)^m . \tag{2-33}$$

Wichtig ist der Fall $n = 2$ der binomialen Sätze. Mit dem Symbol $n!$ (n Fakultät) und den *Binomialkoeffizienten* b_{ck} (lies: c über k) gilt der *Binomische Satz*.

$$b_{ck} = \binom{c}{k} = \frac{c(c-1)(c-2)\ldots[c-(k-1)]}{k!} ,$$

$$k \in \mathbb{N} , \quad c \in \mathbb{R} , \quad k! = 1 \cdot 2 \cdot \ldots \cdot k , \quad 0! = 1 , \tag{2-34}$$

$$(a+b)^n = \sum_{k=0}^{n} \binom{n}{k} a^{n-k} b^k , \quad n \in \mathbb{N} .$$

Beispiel:

$$(a \pm b)^5 = a^5 \pm 5a^4 b + 10a^3 b^2 \pm 10a^2 b^3 + 5ab^4 \pm b^5 .$$

Die Binomialkoeffizienten lassen sich aus dem Pascal'schen Dreieck in Bild 2-3 ablesen.
Rechenregeln:

$$\binom{k}{0} = 1\,, \quad \binom{n}{k} = \binom{n}{n-k}\,,$$
$$\binom{c}{k} + \binom{c}{k+1} = \binom{c+1}{k+1}\,. \tag{2-35}$$

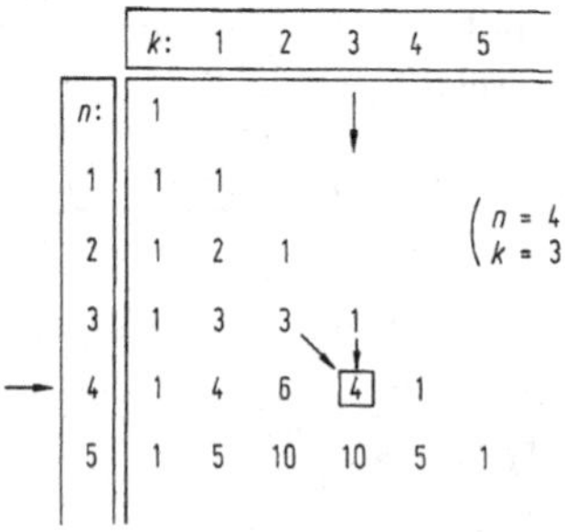

Bild 2-3. Pascal'sches Dreieck. Nicht-Einselemente sind gleich Summe aus darüberstehendem Element und dessen linkem Nachbarn

3 Matrizen und Tensoren

3.1 Matrizen

3.1.1 Bezeichnungen, spezielle Matrizen

Eine zweidimensionale Anordnung von $m \times n$ Zahlen a_{ij} in einem Rechteckschema nennt man Matrix $\boldsymbol{A}$, auch genauer (m, n)-Matrix $\boldsymbol{A} = (a_{ij})$. Die Zahlen a_{ij} heißen auch Elemente.

$$\boldsymbol{A} = (a_{ij}) = \begin{bmatrix} a_{11} & \dots & a_{1n} \\ \vdots & & \vdots \\ a_{m1} & \dots & a_{mn} \end{bmatrix},$$

1. Index i: Zeilenindex, m Zeilenanzahl.
2. Index j: Spaltenindex, n Spaltenzahl. (3-1)

Teilfelder des Rechteckschemas kann man zu Untermatrizen zusammenfassen, so speziell zu n Spalten $\boldsymbol{a}_i$ oder m Zeilen $\boldsymbol{a}^j$.

$$\boldsymbol{A} = [\boldsymbol{a}_1 \dots \boldsymbol{a}_n] = \begin{bmatrix} \boldsymbol{a}^1 \\ \vdots \\ \boldsymbol{a}^m \end{bmatrix}, \quad \boldsymbol{a}_i = \begin{bmatrix} a_{1i} \\ \vdots \\ a_{mi} \end{bmatrix}, \tag{3-2}$$
$$\boldsymbol{a}^j = [a_{j1} \dots a_{jn}]\,.$$

Durch Vertauschen von Zeilen und Spalten entsteht die sogenannte *transponierte Matrix* $\boldsymbol{A}^{\mathrm{T}}$ (gesprochen: $\boldsymbol{A}$ transponiert) zu $\boldsymbol{A}$.

$$\boldsymbol{A}^{\mathrm{T}} = \begin{bmatrix} a_{11} & \dots & a_{m1} \\ \vdots & & \vdots \\ a_{1n} & \dots & a_{mn} \end{bmatrix} = \begin{bmatrix} \boldsymbol{a}_1^{\mathrm{T}} \\ \vdots \\ \boldsymbol{a}_n^{\mathrm{T}} \end{bmatrix} = \left[\boldsymbol{a}_{\mathrm{T}}^1 \dots \boldsymbol{a}_{\mathrm{T}}^m\right],$$
$$\boldsymbol{a}_{\mathrm{T}}^j = \begin{bmatrix} a_{j1} \\ \vdots \\ a_{jn} \end{bmatrix}, \quad \boldsymbol{a}_i^{\mathrm{T}} = [a_{1i} \dots a_{mi}]\,. \tag{3-3}$$

Durch Vertauschen von Zeilen und Spalten der komplexen Matrix $\boldsymbol{C}$ und zusätzlichem Austausch der Elemente $c_{ik} = a_{ik} + \mathrm{j}\, b_{ik}$ durch die konjugiert komplexen $\bar{c}_{ik} = a_{ik} - \mathrm{j}\, b_{ik}$ entsteht die *konjugiert Transponierte* $\bar{\boldsymbol{C}}^{\mathrm{T}}$ zu $\boldsymbol{C}$.

Beispiel:

$$\boldsymbol{C} = \begin{bmatrix} 3-\mathrm{j} & 2 \\ 5+\mathrm{j} & 1+\mathrm{j} \end{bmatrix}, \quad \bar{\boldsymbol{C}}^{\mathrm{T}} = \begin{bmatrix} 3+\mathrm{j} & 5-\mathrm{j} \\ 2 & 1-\mathrm{j} \end{bmatrix}.$$

Spezielle Matrizen (auch Bild 3-1)

Diagonalmatrix	$\boldsymbol{D}$ mit $d_{ij} = 0$ für $i \neq j$ $\boldsymbol{D} = \mathrm{diag}(d_1 \dots d_n)$
Einheitsmatrix	$\boldsymbol{I} = \mathrm{diag}(1 \dots 1)$, auch $\mathbf{1}$ oder $\boldsymbol{E}$ (3-4)
Nullmatrix	$\boldsymbol{A} = \mathbf{0}$ mit $a_{ij} = 0$
Rechteckmatrix	Zeilenanzahl ≠ Spaltenanzahl
Quadratische Matrix	Zeilenanzahl = Spaltenanzahl

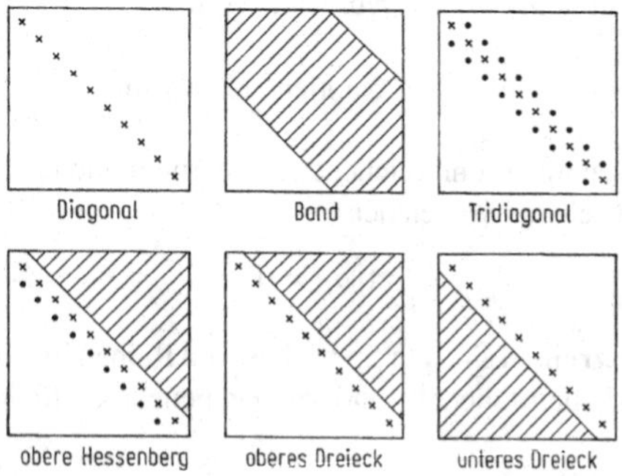

Bild 3-1. Spezielle Matrizen. Kreuze × stehen für Hauptdiagonalelemente

Symmetrische Matrix	$\boldsymbol{A}^{\mathrm{T}} = \boldsymbol{A}$,	$a_{ij} = a_{ji}$
Schiefsymmetrische Matrix	$\boldsymbol{A}^{\mathrm{T}} = -\boldsymbol{A}$,	$a_{ii} = 0$, $a_{ij} = -a_{ji}$
Hermite'sche Matrix	$\bar{\boldsymbol{A}}^{\mathrm{T}} = \boldsymbol{A}$,	$a_{ij} = \bar{a}_{ji}$.
Schiefhermite'sche Matrix	$\bar{\boldsymbol{A}}^{\mathrm{T}} = -\boldsymbol{A}$,	$a_{ij} = -\bar{a}_{ji}$.

3.1.2 Rechenoperationen

Addition $\boldsymbol{A} = \boldsymbol{B} \pm \boldsymbol{C}$: Voraussetzung Zeilenanzahlen $m_B = m_C$ und Spaltenanzahlen $n_B = n_C$ sind gleich: $a_{ij} = b_{ij} \pm c_{ij}$

$\boldsymbol{B} = k\boldsymbol{A} = \boldsymbol{A}k$: Multiplikation mit Skalar k: $b_{ij} = ka_{ij}$

$\boldsymbol{A} = \boldsymbol{A}_{\mathrm{s}} + \boldsymbol{A}_{\mathrm{a}}$: Aufspaltung einer unsymmetrischen quadratischen Matrix $\boldsymbol{A}$ in symmetrischen und schiefsymmetrischen Teil:
$\boldsymbol{A}_{\mathrm{s}} = (\boldsymbol{A} + \boldsymbol{A}^{\mathrm{T}})/2$, $\boldsymbol{A}_{\mathrm{a}} = (\boldsymbol{A} - \boldsymbol{A}^{\mathrm{T}})/2$

Spur: Spur einer Matrix, kurz sp$\boldsymbol{A}$, ist die Summe der Hauptdiagonalelemente sp $\boldsymbol{A} = \sum a_{ii}$

Rang: einer Matrix ist die Anzahl der linear unabhängigen Spalten oder Zeilen von $\boldsymbol{A}$.

Multiplikation

Matrizenprodukt. Das Produkt $\boldsymbol{C} = \boldsymbol{AB}$ (Signifikanz der Reihenfolge) zweier Matrizen ist nur bei passendem Format ausführbar: Spaltenanzahl von $\boldsymbol{A}$ gleich Zeilenanzahl von $\boldsymbol{B}$.

$$\boxed{(m_{\mathrm{A}}, n_{\mathrm{A}})\text{-Matrix } \boldsymbol{A}} \cdot \boxed{(m_{\mathrm{B}}, n_{\mathrm{B}})\text{-Matrix } \boldsymbol{B}} \tag{3-5}$$
$$\text{ist gleich } \boxed{(m_{\mathrm{A}}, n_{\mathrm{B}})\text{-Matrix } \boldsymbol{C}}\,, \text{ falls } n_{\mathrm{A}} = m_{\mathrm{B}}\,.$$

Für die Zahlenrechnung empfiehlt sich die elementweise Ermittlung der Elemente c_{ij} über Skalarprodukte, $c_{ij} = \boldsymbol{a}^i \boldsymbol{b}_j$. Siehe Tabelle 3-1 und das Beispiel.

Skalarprodukt: Das Produkt einer Zeile $\boldsymbol{a}^1$ (n_1 Elemente) mit einer Spalte $\boldsymbol{a}_2$ (n_2 Elemente) ist berechenbar für $n_1 = n_2$ und unabhängig von der Reihenfolge.

$$c = \boldsymbol{a}^1 \boldsymbol{a}_2 = \boldsymbol{a}_2^{\mathrm{T}} \boldsymbol{a}_{\mathrm{T}}^1\,, \quad \text{falls} \quad n_1 = n_2\,. \tag{3-6}$$

Dyadisches Produkt. Die Dyade $\boldsymbol{C} = \boldsymbol{a}\boldsymbol{b}^{\mathrm{T}}$ als Anordnung linear abhängiger Spalten $\boldsymbol{c}_k = b_k \boldsymbol{a}$ oder Zeilen $\boldsymbol{c}^k = a_k \boldsymbol{b}$ ist erklärt für beliebige Elementanzahl n_{a}, n_{b} und hat den Rang 1.

Tabelle 3-1. Praxis der Matrizenmultiplikation. Vier Versionen zur Berechnung der Matrix $\boldsymbol{C} = \boldsymbol{AB}$ sind praktikabel

1. Elementweise über Skalarprodukte
$c_{ij} = \boldsymbol{a}^i \boldsymbol{b}_j$.
2. Blockweise über Summation von Dyaden
$$\boldsymbol{C} = \sum_{k=1}^{n} \boldsymbol{a}_k \boldsymbol{b}^k, \quad n = n_A = m_B.$$
3. Spaltenweise
$$\boldsymbol{C} = [\boldsymbol{A}\boldsymbol{b}_1\ \boldsymbol{A}\boldsymbol{b}_2 \ldots \boldsymbol{A}\boldsymbol{b}_n]\,, \quad n = n_B.$$
4. Zeilenweise
$$\boldsymbol{C} = \begin{bmatrix} \boldsymbol{a}^1\boldsymbol{B} \\ \vdots \\ \boldsymbol{a}^n\boldsymbol{B} \end{bmatrix}, \quad n = m_A.$$

Beispiel:

$$\boldsymbol{A} = \begin{bmatrix} 1 & 0 & 1 \\ 2 & 1 & 1 \end{bmatrix}, \quad \boldsymbol{B} = \begin{bmatrix} 1 & 3 & 0 \\ 1 & -1 & 0 \\ 1 & 1 & 1 \end{bmatrix}.$$

Typisches Skalarprodukt

$$\boldsymbol{a}^1 \boldsymbol{b}_1 = [1\ 0\ 1] \begin{bmatrix} 1 \\ 1 \\ 1 \end{bmatrix} = 2\,.$$

Typische Dyade

$$\boldsymbol{a}_1 \boldsymbol{b}^1 = \begin{bmatrix} 1 \\ 2 \end{bmatrix} [1\ 3\ 0] = \begin{bmatrix} 1 & 3 & 0 \\ 2 & 6 & 0 \end{bmatrix}.$$

$$\boldsymbol{AB} = \begin{bmatrix} \boldsymbol{a}^1\boldsymbol{b}_1 & \boldsymbol{a}^1\boldsymbol{b}_2 & \boldsymbol{a}^1\boldsymbol{b}_3 \\ \boldsymbol{a}^2\boldsymbol{b}_1 & \boldsymbol{a}^2\boldsymbol{b}_2 & \boldsymbol{a}^2\boldsymbol{b}_3 \end{bmatrix} = \begin{bmatrix} 2 & 4 & 1 \\ 4 & 6 & 1 \end{bmatrix},$$

$$\begin{aligned} \boldsymbol{AB} &= \boldsymbol{a}_1\boldsymbol{b}^1 + \boldsymbol{a}_2\boldsymbol{b}^2 + \boldsymbol{a}_3\boldsymbol{b}^3 \\ &= \begin{bmatrix} 1 & 3 & 0 \\ 2 & 6 & 0 \end{bmatrix} + \begin{bmatrix} 0 & 0 & 0 \\ 1 & -1 & 0 \end{bmatrix} + \begin{bmatrix} 1 & 1 & 1 \\ 1 & 1 & 1 \end{bmatrix} \\ &= \begin{bmatrix} 2 & 4 & 1 \\ 4 & 6 & 1 \end{bmatrix}. \end{aligned}$$

Das Produkt $\boldsymbol{BA}$ ist nicht ausführbar, da Spaltenanzahl von $\boldsymbol{B}$ und Zeilenanzahl von $\boldsymbol{A}$ nicht übereinstimmen.

Falk-Anordnung. Insbesondere für die Handausführung von Mehrfachprodukten, z. B. $\boldsymbol{D} = \boldsymbol{ABC} = (\boldsymbol{AB})\boldsymbol{C}$, empfiehlt sich das folgende Anordnungsschema. Das Zwischenergebnis $\boldsymbol{Z} = \boldsymbol{AB}$ ist dabei nur einmal hinzuschreiben.

$$\begin{array}{ccc} & \boldsymbol{B} = \begin{bmatrix} 1 & 3 & 0 \\ 1 & -1 & 0 \\ 1 & 1 & 1 \end{bmatrix} & \begin{bmatrix} -1 & 2 \\ 1 & 0 \\ -1 & 1 \end{bmatrix} \boldsymbol{C} \\ \begin{bmatrix} 1 & 0 & 1 \\ 2 & 1 & 1 \end{bmatrix} & \begin{bmatrix} 2 & 4 & 1 \\ 4 & 6 & 1 \end{bmatrix} & \begin{bmatrix} 1 & 5 \\ 1 & 9 \end{bmatrix} \\ \boldsymbol{A} & \boldsymbol{AB} = \boldsymbol{Z} & \boldsymbol{ABC} = \boldsymbol{D} \end{array}$$

Die durchgezogene Umrahmung zeigt das Skalarprodukt $z_{11} = \boldsymbol{a}^1 \boldsymbol{b}_1$, die gestrichelte Umrahmung $d_{21} = \boldsymbol{z}^2 \boldsymbol{c}_1$.

Multiplikative Eigenschaften

Orthogonale Matrizen (quadratisch) enthalten Spalten $\boldsymbol{a}_i$ (Zeilen $\boldsymbol{a}^k$), deren Skalarprodukte $\boldsymbol{a}_i^{\mathrm{T}} \boldsymbol{a}_j$ entweder 1 ($i = j$) oder 0 ($i \neq j$) werden:

$$\boldsymbol{A}^{\mathrm{T}} \boldsymbol{A} = \boldsymbol{A} \boldsymbol{A}^{\mathrm{T}} = \boldsymbol{I} \tag{3-7}$$

Beispiel:

$$\boldsymbol{A} = \begin{bmatrix} c & -s \\ s & c \end{bmatrix}, \quad s = \sin\varphi, \quad c = \cos\varphi .$$

Unitäre Matrizen (quadratisch) erweitern die reelle Orthogonalität auf komplexe Matrizen:

$$\bar{\boldsymbol{A}}^{\mathrm{T}} \boldsymbol{A} = \boldsymbol{A} \bar{\boldsymbol{A}}^{\mathrm{T}} = \boldsymbol{I} \tag{3-8}$$

Beispiel:

$$\boldsymbol{A} = \begin{bmatrix} c & \mathrm{j}s \\ \mathrm{j}s & c \end{bmatrix}, \quad \bar{\boldsymbol{A}}^{\mathrm{T}} = \begin{bmatrix} c & -\mathrm{j}s \\ -\mathrm{j}s & c \end{bmatrix},$$

$$s = \sin\varphi, \quad c = \cos\varphi .$$

Involutorische Matrizen sind orthogonal und symmetrisch (reell) bez. unitär und hermite'sch (komplex):

$$\boldsymbol{A}^2 = \boldsymbol{I} . \tag{3-9}$$

Beispiel:

$$\boldsymbol{A} = \begin{bmatrix} c & s \\ s & -c \end{bmatrix}, \quad \boldsymbol{A} = \begin{bmatrix} -c & \mathrm{j}s \\ -\mathrm{j}s & c \end{bmatrix} .$$

Die *Kehrmatrix* oder *inverse Matrix* $\boldsymbol{A}^{-1}$ zu einer gegebenen Matrix $\boldsymbol{A}$ ist erklärt als Faktor zu $\boldsymbol{A}$ derart, dass die Einheitsmatrix entsteht:

$$\boldsymbol{A}\boldsymbol{A}^{-1} = \boldsymbol{A}^{-1}\boldsymbol{A} = \boldsymbol{I} . \tag{3-10}$$

Bei quadratischen (2,2)-Matrizen gilt

$$\boldsymbol{A} = \begin{bmatrix} a_{11} & a_{12} \\ a_{21} & a_{22} \end{bmatrix}, \quad \boldsymbol{A}^{-1} = A^{-1} \begin{bmatrix} a_{22} & -a_{12} \\ -a_{21} & a_{11} \end{bmatrix},$$

$$\text{falls } A = \det(\boldsymbol{A}) = a_{11}a_{22} - a_{12}a_{21} \neq 0 . \tag{3-11}$$

Rechenregeln:

$$\begin{aligned} &\boldsymbol{AB} \neq \boldsymbol{BA}, \text{ von Sonderfällen abgesehen} \\ &\boldsymbol{ABC} = (\boldsymbol{AB})\boldsymbol{C} = \boldsymbol{A}(\boldsymbol{BC}) \\ &(\boldsymbol{A}_1\boldsymbol{A}_2 \ldots \boldsymbol{A}_k)^{\mathrm{T}} = \boldsymbol{A}_k^{\mathrm{T}} \ldots \boldsymbol{A}_2^{\mathrm{T}}\boldsymbol{A}_1^{\mathrm{T}} \\ &(\boldsymbol{A}_1\boldsymbol{A}_2 \ldots \boldsymbol{A}_k)^{-1} = \boldsymbol{A}_k^{-1} \ldots \boldsymbol{A}_2^{-1}\boldsymbol{A}_1^{-1} \\ &\boldsymbol{A}(\boldsymbol{B} + \boldsymbol{C}) = \boldsymbol{AB} + \boldsymbol{AC} \\ &(\boldsymbol{A} + \boldsymbol{B})\boldsymbol{C} = \boldsymbol{AC} + \boldsymbol{BC} \end{aligned} \tag{3-12}$$

Kronecker-Produkt (auch: direktes Produkt). Das Kronecker-Produkt ist definiert als multiplikative Verknüpfung (Symbol ⊗) zweier Matrizen $\boldsymbol{A}$ (p Zeilen, q Spalten) und $\boldsymbol{B}$ (r Zeilen, s Spalten) zu einer Produktmatrix $\boldsymbol{K}$ (pr Zeilen, qs Spalten) nach folgendem Schema:

$$\boldsymbol{K} = \boldsymbol{A} \otimes \boldsymbol{B} = \begin{vmatrix} a_{11}\boldsymbol{B} & \ldots & a_{1q}\boldsymbol{B} \\ \vdots & & \vdots \\ a_{p1}\boldsymbol{B} & \ldots & a_{pq}\boldsymbol{B} \end{vmatrix} . \tag{3-13}$$

Beziehungen:

$$\begin{aligned} &\boldsymbol{A} \otimes \boldsymbol{B} \neq \boldsymbol{B} \otimes \boldsymbol{A}, \quad \text{von Sonderfällen abgesehen} \\ &\boldsymbol{A} \otimes (\boldsymbol{B} \otimes \boldsymbol{C}) = (\boldsymbol{A} \otimes \boldsymbol{B}) \otimes \boldsymbol{C} \\ &(\boldsymbol{A} \otimes \boldsymbol{B})(\boldsymbol{C} \otimes \boldsymbol{D}) = (\boldsymbol{AC}) \otimes (\boldsymbol{BD}) \\ &(\boldsymbol{A} \otimes \boldsymbol{B})^{\mathrm{T}} = \boldsymbol{A}^{\mathrm{T}} \otimes \boldsymbol{B}^{\mathrm{T}} \\ &(\boldsymbol{A} \otimes \boldsymbol{B})^{-1} = \boldsymbol{A}^{-1} \otimes \boldsymbol{B}^{-1}, \text{ falls } \boldsymbol{A}, \boldsymbol{B} \text{ regulär} \\ &\det(\boldsymbol{A} \otimes \boldsymbol{B}) = (\det\boldsymbol{A})^{n_b} (\det\boldsymbol{B})^{n_a} \\ &\quad \text{für } p = q = n_a, \; r = s = n_b . \end{aligned} \tag{3-14}$$

Man beachte die Unterschiede zu den Rechenregeln (3-12) für gewöhnliche Matrizenprodukte.

3.1.3 Matrixnormen

Bei der Beurteilung und globalen Abschätzung von linearen Operationen sind Normen von großer Bedeutung.

Tabelle 3-2. Notwendige Eigenschaften von Normen

Name	Spaltennorm $\|\|a\|\|$	Matrixnorm $\|\|A\|\|$
	$\|\|a\|\| > 0$ für $a \neq 0$	$\|\|A\|\| > 0$ für $A \neq 0$
Homogenität	$\|\|ca\|\| = \|c\|\,\|\|a\|\|$	$\|\|cA\|\| = \|c\|\,\|\|A\|\|$
Dreiecks-	$\|\|a+b\|\| \leqq \|\|a\|\| + \|\|b\|\|$	$\|\|A+B\|\| \leqq \|\|A\|\|+\|\|B\|\|$
ungleichung	$\|a^{\mathrm{T}}b\| \leqq \|\|a\|\|_j\|\|b\|\|_k$	$\|\|AB\|\| \leqq \|\|A\|\|_j\|\|B\|\|_k$

Abschätzung eines Skalarproduktes

$$|\boldsymbol{a}^{\mathrm{T}}\boldsymbol{b}| \leqq \begin{cases} \|\boldsymbol{a}\|_2\ \|\boldsymbol{b}\|_1 \\ \|\boldsymbol{a}\|_1\ \|\boldsymbol{b}\|_2 \\ \|\boldsymbol{a}\|_3\ \|\boldsymbol{b}\|_3 \end{cases} . \tag{3-15}$$

Abschätzung einer linearen Abbildung

$$\|\boldsymbol{Ax}\|_k \leqq \|\boldsymbol{A}\|_k\|\boldsymbol{x}\|_k\,, \quad k = 1, 2 \text{ oder } 3\,. \tag{3-16}$$

Beispiele:

$\boldsymbol{a}^{\mathrm{T}} = [1\ 2\ 3\ -4]\,,\quad \boldsymbol{b}^{T} = [1\ 1\ 1\ -2]$

mit $\boldsymbol{a}^{\mathrm{T}}\boldsymbol{b} = 14\,.$

$\|\boldsymbol{a}\|_1 = 4\,,\quad \|\boldsymbol{a}\|_2 = 10\,,\quad \|\boldsymbol{a}\|_3 = \sqrt{30}\,.$

$\|\boldsymbol{b}\|_1 = 2\,,\quad \|\boldsymbol{b}\|_2 = 5\,,\quad \|\boldsymbol{b}\|_3 = \sqrt{7}\,.$

$(\boldsymbol{a}^{\mathrm{T}}\boldsymbol{b} = 14) \leqq 10\cdot 2\,,\quad 4\cdot 5\,,\quad \sqrt{30\cdot 7} = 14{,}5$

$$\boldsymbol{A} = \begin{bmatrix} 5 & -1 & 2 \\ -1 & 0 & 2 \\ 3 & -2 & 1 \end{bmatrix}, \quad \boldsymbol{x} = \begin{bmatrix} 1 \\ -\mathrm{j} \\ 2 \end{bmatrix},$$

$$\boldsymbol{y} = \boldsymbol{Ax} = \begin{bmatrix} 9+\mathrm{j} \\ 3 \\ 5+2\mathrm{j} \end{bmatrix}.$$

	$k = 1$	$k = 2$	$k = 3$
$\|\|A\|\|_k$	8	9	$\sqrt{49} = 7$
$\|\|x\|\|_k$	2	4	$\sqrt{6}$
$\|\|A\|\|_k\|\|x\|\|_k$	16	36	17,15
$\|\|y\|\|_k$	$\sqrt{82}$	17,44	$\sqrt{120}$

Für inverse Formen gibt es folgende Abschätzungen, die für alle Normen $k = 1, 2, 3$ gelten:

$$\|(\boldsymbol{A}+\boldsymbol{B})^{-1}\| \leqq \frac{\|\boldsymbol{A}^{-1}\|}{1 - \|\boldsymbol{A}^{-1}\boldsymbol{B}\|}\,,$$
falls Nenner > 0 ,
$$\|(\boldsymbol{A}+\boldsymbol{B})^{-1}\| \leqq \frac{\|\boldsymbol{A}^{-1}\|}{1 - \|\boldsymbol{A}^{-1}\|\,\|\boldsymbol{B}\|}\,, \tag{3-17}$$
falls Nenner > 0 .

Tabelle 3-3. Spezielle Normen und Abschätzungen

Spaltennorm $\|\|a\|\|$	
$\|\|a\|\|_1 = \max\limits_{k=1}^{n} \|a_k\|$	Maximumnorm
$\|\|a\|\|_2 = \sum\limits_{k=1}^{n} \|a_k\|$	Betragssummennorm
$\|\|a\|\|_3 = \sqrt{\bar{a}^{\mathrm{T}}a}$	Euklid'sche Norm
Matrixnorm $\|\|A\|\|$	
$\|\|A\|\|_1 = \max\limits_{k=1}^{n} \|\|a^k\|\|_2$	Zeilennorm
$\|\|A\|\|_2 = \max\limits_{k=1}^{n} \|\|a_k\|\|_2$	Spaltennorm
$\|\|A\|\|_3 = \sqrt{\sum\limits_{i=1}^{n}\sum\limits_{k=1}^{n} \|a_{ik}\|^2} = \sqrt{\mathrm{sp}(\bar{A}^{\mathrm{T}}A)}$	Euklid'sche Norm

3.2 Determinanten

Die Determinante ist eine skalare Kenngröße einer quadratischen Matrix mit reellen oder komplexen Elementen:

$$A = \det(\boldsymbol{A}) = \begin{vmatrix} a_{11} & \dots & a_{1n} \\ \vdots & & \vdots \\ a_{n1} & \dots & a_{nn} \end{vmatrix} = |\boldsymbol{A}|\,. \tag{3-18}$$

Theoretisch ist $\det(\boldsymbol{A})$ gleich der Summe der $n!$ Produkte

$$\det(\boldsymbol{A}) = \sum (-1)^r a_{1k_1} a_{2k_2} \dots a_{nk_n} \tag{3-19}$$

mit den $n!$ verschiedenen geordneten Indexketten $k_1, k_2, \dots, k_n$; $k_i \in \{1, 2, \dots, n\}$. Der Exponent $r \in \mathbb{N}$ gibt die Anzahl der Austauschungen innerhalb der Folge $1, 2, \dots, n, k_1, k_2, \dots, k_n$ an. Die praktische Berechnung erfolgt über eine Dreieckszerlegung.

Beispiel: $n = 3$, $n! = 6$

k_1	k_2	k_3	r	Summand
1	2	3	0	$a_{11}\,a_{22}\,a_{33}$
1	3	2	1	$-a_{11}\,a_{23}\,a_{32}$
2	3	1	0	$a_{12}\,a_{23}\,a_{31}$
2	1	3	1	$-a_{12}\,a_{21}\,a_{23}$
3	1	2	0	$a_{13}\,a_{21}\,a_{32}$
3	2	1	1	$-a_{13}\,a_{22}\,a_{31}$

Adjungierte Elemente A_{ij} zu a_{ji} (Indexvertauschung) sind als partielle Ableitungen der Determinante erklärt oder als Unterdeterminanten D_{ji} des Zahlenfeldes der Matrix $\boldsymbol{A}$, das durch Streichen der i-ten Spalte und j-ten Zeile entsteht.

$$A_{ij} = \frac{\partial A}{\partial a_{ji}}\,, \quad A_{ij} = (-1)^{i+j} D_{ji}\,. \qquad (3\text{-}20)$$

Die adjungierte Matrix $\boldsymbol{A}_{\text{adj}} = (A_{ij})$ zu $\boldsymbol{A}$ ist gleich dem A-fachen der Inversen:

$$\boldsymbol{A}_{\text{adj}} = (A_{ij})\,, \quad \boldsymbol{A}\boldsymbol{A}_{\text{adj}} = \boldsymbol{A}_{\text{adj}}\boldsymbol{A} = A\boldsymbol{I}\,,$$
$$\boldsymbol{A}_{\text{adj}} = A\boldsymbol{A}^{-1}\,. \qquad (3\text{-}21)$$

Rechenregeln:

1. $\det(\boldsymbol{A}) = \det(\boldsymbol{A}^{\mathrm{T}}) = A$
2. $\det(\boldsymbol{a}_1, \lambda\boldsymbol{a}_2, \boldsymbol{a}_3, \ldots)$
   $= \lambda \det(\boldsymbol{a}_1, \boldsymbol{a}_2, \boldsymbol{a}_3, \ldots)$
   $\det(\lambda\boldsymbol{A}) = \lambda^n A,\ \boldsymbol{A} = (\boldsymbol{a}_1, \ldots, \boldsymbol{a}_n)$
3. Additivität
   $\det(\boldsymbol{a}_1, \boldsymbol{a}_2 + \boldsymbol{b}_2, \boldsymbol{a}_3, \ldots)$
   $= \det(\boldsymbol{a}_1, \boldsymbol{a}_2, \boldsymbol{a}_3, \ldots) + \det(\boldsymbol{a}_1, \boldsymbol{b}_2, \boldsymbol{a}_3, \ldots)$
4. Vorzeichenänderung pro Austausch
   $\det(\boldsymbol{a}_1, \boldsymbol{a}_3, \boldsymbol{a}_2, \boldsymbol{a}_4, \ldots)$
   $= -\det(\boldsymbol{a}_1, \boldsymbol{a}_2, \boldsymbol{a}_3, \boldsymbol{a}_4, \ldots)$
5. Lineare Kombination von Zeilen und/oder Spalten verändert A nicht. (3-22)
   $\det(\boldsymbol{a}_1, \boldsymbol{a}_2 + \lambda\boldsymbol{a}_1, \boldsymbol{a}_3, \ldots)$
   $= \det(\boldsymbol{a}_1, \boldsymbol{a}_2, \boldsymbol{a}_3, \ldots)$
6. det(Dreiecksmatrix) = Produkt der Hauptdiagonalelemente
7. $\det(\boldsymbol{AB}) = \det(\boldsymbol{A})\det(\boldsymbol{B}) = \det(\boldsymbol{BA})$
8. Regeln 2 bis 5 gelten analog für Zeilen.
9. Hadamard'sche Ungleichung
   $$[\det(\boldsymbol{A})]^2 \leqq \prod_{i=1}^{n} \sum_{k=1}^{n} a_{ik}^2$$
10. $$\det\begin{bmatrix} \boldsymbol{A} & \boldsymbol{B} \\ \boldsymbol{C} & \boldsymbol{D} \end{bmatrix} = \det(\boldsymbol{A})\det(\boldsymbol{D} - \boldsymbol{C}\boldsymbol{A}^{-1}\boldsymbol{B})$$

Entwicklungssatz:
Eine Determinante $\det(\boldsymbol{A})$ lässt sich nach den Elementen einer beliebigen Zeile i oder Spalte k entwickeln.

$$\det(\boldsymbol{A}) = a_{i1}A_{1i} + a_{i2}A_{2i} + a_{i3}A_{3i} + \cdots + a_{in}A_{ni}\,,$$
$$\det(\boldsymbol{A}) = a_{1k}A_{k1} + a_{2k}A_{k2} + a_{3k}A_{k3} + \cdots + a_{nk}A_{kn}\,. \qquad (3\text{-}23)$$

A_{ij}: adjungierte Elemente zu a_{ji}

Beispiel: Entwicklung einer Determinante 3. Ordnung nach der 1. Zeile

$$\det(\boldsymbol{A}) = \begin{vmatrix} a_{11} & a_{12} & a_{13} \\ a_{21} & a_{22} & a_{23} \\ a_{31} & a_{32} & a_{33} \end{vmatrix}$$
$$= a_{11}\begin{vmatrix} a_{22} & a_{23} \\ a_{32} & a_{33} \end{vmatrix} - a_{12}\begin{vmatrix} a_{21} & a_{23} \\ a_{31} & a_{33} \end{vmatrix} + a_{13}\begin{vmatrix} a_{21} & a_{22} \\ a_{31} & a_{32} \end{vmatrix}$$

3.3 Vektoren

3.3.1 Vektoreigenschaften

In der Physik treten gerichtete Größen auf, die durch einen Skalar alleine nicht vollständig bestimmt sind; so zum Beispiel das Moment. Zu seiner Charakterisierung benötigt man insgesamt drei Angaben, die zusammengenommen einen Vektor $\boldsymbol{v}$ bestimmen. Bildlich wird $\boldsymbol{v}$ durch einen Pfeil dargestellt, siehe Bild 3-2.
Ein Vektor ist gekennzeichnet durch die drei Größen *Betrag* (Länge, Norm), *Richtung* und *Richtungssinn* (Orientierung).
Im dreidimensionalen Raum unserer Anschauung lassen sich Vektoren als geordnetes Paar eines Anfangspunktes A und eines Endpunktes E darstellen; sog. gerichtete Strecke. Dabei ist die absolute Lage der End- oder Anfangspunkte unerheblich, siehe Bild 3-2. In der Physik kommen Vektoren besonderer Art vor, die

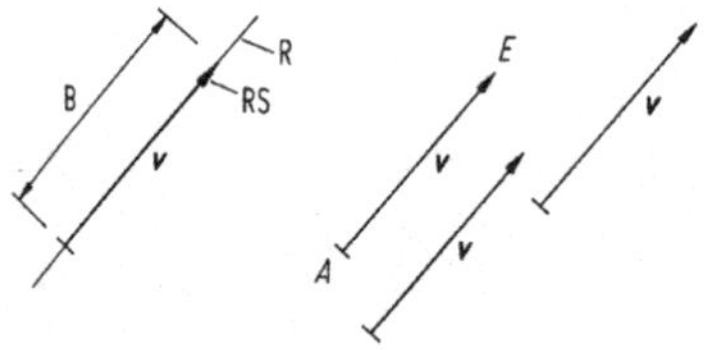

Bild 3-2. Feld gleicher freier Vektoren $\boldsymbol{v}$. B: Betrag; R: Richtung; RS: Richtungssinn

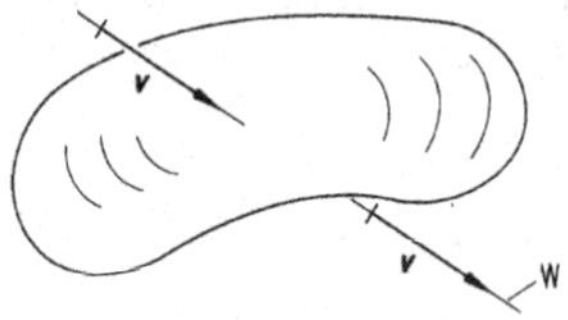

Bild 3-3. Feld gleicher linienflüchtiger Vektoren $\boldsymbol{v}$ beim starren Körper. W: Wirkungslinie

Tabelle 3-4. Merkmale von Vektoren

Merkmale					
Freier Vektor	B	R	RS		
Linienflüchtiger Vektor	B		RS	W	
Gebundener Vektor	B		RS	W	A
B Betrag, R Richtung, RS Richtungssinn, W Wirkungslinie, A Angriffspunkt					

zusätzliche Merkmale aufweisen. Beim starren Körper z. B. verursachen nur solche Kräfte identische Wirkungen, die in Betrag, Wirkungslinie und Richtungssinn übereinstimmen, wobei die Wirkungslinie die Richtung enthält, Bild 3-3.
In der Mathematik versteht man unter einem „Vektor" stets einen *freien Vektor*.
Wird im Raum (mit dem Sonderfall der Ebene) ein Bezugspunkt (auch: Initialpunkt) O ausgezeichnet, so nennt man die gerichtete Strecke von O zu einem beliebigen anderen Punkt P *Ortsvektor*. *Einheitsvektoren* haben den Betrag 1 und werden durch den Exponenten null oder mit dem Buchstaben $\boldsymbol{e}$ bezeichnet.

$$\text{Vektor } \boldsymbol{a}\,, \quad \text{Betrag } a = |\boldsymbol{a}|\,,$$
$$\text{Richtungseinheitsvektor } \boldsymbol{a}^0 \quad \text{oder} \quad \boldsymbol{e}_a \text{ zu } \boldsymbol{a}: \qquad (3\text{-}24)$$
$$\boldsymbol{e}_a = \boldsymbol{a}^0 = \boldsymbol{a}/a\,.$$

Ein Vektor mit der Länge null heißt Nullvektor $\boldsymbol{o}$. Die Norm (Betrag, Länge) eines Vektors hat die Eigenschaften der Spaltennorm.

Kollineare Vektoren sind einander parallel.
Komplanare Vektoren im Raum haben eine gemeinsame Senkrechte. (3-25)

Addition zweier Vektoren geschieht im Raum unserer Anschauung durch Aneinanderreihung der Vektoren (Vektorzug), wobei der Summenvektor $\boldsymbol{s}$ als gerichtete Strecke vom willkürlichen Anfangspunkt A bis zum abhängigen Endpunkt E unabhängig von der Reihung der Vektorsummanden ist, siehe Bild 3-4.

$$\begin{aligned} &\boldsymbol{a}+\boldsymbol{b}=\boldsymbol{b}+\boldsymbol{a}\,,\\ &\boldsymbol{a}+\boldsymbol{b}+\boldsymbol{c}=\boldsymbol{a}+(\boldsymbol{b}+\boldsymbol{c})=(\boldsymbol{a}+\boldsymbol{b})+\boldsymbol{c}\,,\\ &\boldsymbol{a}-\boldsymbol{b}=\boldsymbol{a}+(-\boldsymbol{b})=(-\boldsymbol{b})+\boldsymbol{a}\,,\\ &\boldsymbol{a}+(-\boldsymbol{a})=\boldsymbol{o}\,.\end{aligned} \qquad (3\text{-}26)$$

Der negative Vektor $-\boldsymbol{a}$ unterscheidet sich von $\boldsymbol{a}$ nur durch den Richtungssinn. Bezüglich der Multiplikation eines Vektors mit einem Skalar c verhalten sich Vektoren wie Skalare.

$$\begin{aligned} c_1(c_2\boldsymbol{a}) &= (c_1c_2)\boldsymbol{a}\,,\\ c(\boldsymbol{a}+\boldsymbol{b}) &= c\boldsymbol{a}+c\boldsymbol{b}\,,\\ (c_1+c_2)\boldsymbol{a} &= c_1\boldsymbol{a}+c_2\boldsymbol{a}\,.\end{aligned}$$

3.3.2 Basis

Die Vektoren $\boldsymbol{g}_1$, $\boldsymbol{g}_2$, $\boldsymbol{g}_3$, im Raum sind linear unabhängig voneinander, wenn zwei beliebige von ihnen nicht den dritten darstellen können:

$$c_1\boldsymbol{g}_1 + c_2\boldsymbol{g}_2 + c_3\boldsymbol{g}_3 = \boldsymbol{o} \quad \text{nur für}$$
$$c_1 = c_2 = c_3 = 0\,. \qquad (3\text{-}27)$$

Dies ist gegeben, falls das Vektortripel nicht komplanar ist, also ein Volumen (*Parallelepiped, Spat*) nach Bild 3-5 aufspannt. Jeder Vektor $\boldsymbol{v}$ des Raumes lässt sich dann eindeutig als Linearkombination des Tripels $\boldsymbol{g}_i$ darstellen. Man spricht in diesem Zusammenhang von einer Koordinatendarstellung des Vektors $\boldsymbol{v}$ bezüglich der Basis $\boldsymbol{g}_i$.

Falls (3-27) für $\boldsymbol{g}_1$, $\boldsymbol{g}_2$, $\boldsymbol{g}_3$ gilt: $\boldsymbol{g}_i$ Basis.
$$\boldsymbol{v} = v^i\boldsymbol{g}_i = v^1\boldsymbol{g}_1 + v^2\boldsymbol{g}_2 + v^3\boldsymbol{g}_3\,. \qquad (3\text{-}28)$$
v^i, auch v_i, *Koordinaten*; $v^i\boldsymbol{g}_i$, auch $v_i\boldsymbol{g}^i$, *Komponenten*.

Der Kopfzeiger $i \in \mathbb{N}$ ist eine Nummerierungsgröße und keine Potenz.

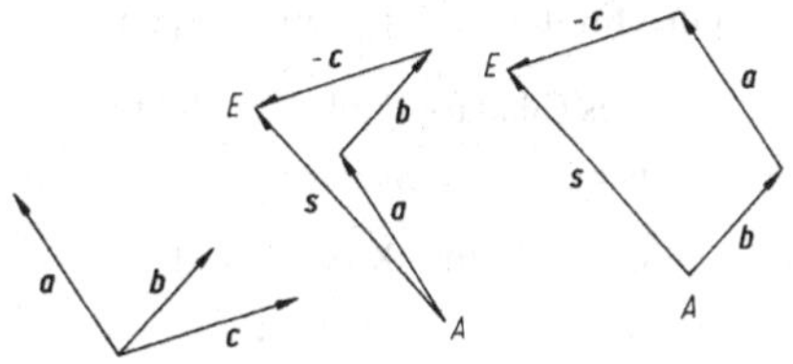

Bild 3-4. Vektoraddition $\boldsymbol{s} = \boldsymbol{a} + \boldsymbol{b} - \boldsymbol{c} = \boldsymbol{b} + \boldsymbol{a} - \boldsymbol{c}$

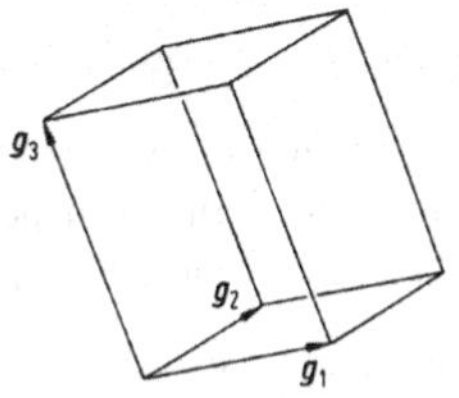

Bild 3-5. Spat eines nicht komplanaren Tripels $\boldsymbol{g}_i$

Tabelle 3-5. Spezielle Basen

Bezeichnung	Darstellung
Allgemein	$\boldsymbol{x} = x^1\boldsymbol{g}_1 + x^2\boldsymbol{g}_2 + x^3\boldsymbol{g}_3 = x^i\boldsymbol{g}_i$
Normiert	$\boldsymbol{x} = x^i\boldsymbol{g}_i, \quad \lvert\boldsymbol{g}_i\rvert = 1$
Orthogonal	$\boldsymbol{g}_1, \boldsymbol{g}_2, \boldsymbol{g}_3$ senkrecht zueinander
Orthonormal	$\boldsymbol{x} = x^i\boldsymbol{e}_i, \quad \lvert\boldsymbol{e}_i\rvert = 1$ und $\boldsymbol{e}_1, \boldsymbol{e}_2, \boldsymbol{e}_3$ senkrecht zueinander; x^i heißen hier kartesische Koordinaten

Summationskonvention: Über gleiche Indizes ist zu summieren.

Eine Basis $\boldsymbol{g}_i$ bildet ein *Rechtssystem*, wenn beim Drehen von $\boldsymbol{g}_1$ nach $\boldsymbol{g}_2$ auf kürzestem Wege eine Rechtsschraube in die Richtung von $\boldsymbol{g}_3$ vorrücken würde oder wenn $\boldsymbol{g}_1$ dem Daumen, $\boldsymbol{g}_2$ dem Zeigefinger und $\boldsymbol{g}_3$ dem Mittelfinger der gespreizten rechten Hand zugeordnet werden kann.

Koordinatendarstellungen für Vektoren ermöglichen das konkrete Rechnen besonders im Fall nur einer einheitlichen Basis $\boldsymbol{g}_i$. Die Addition reduziert sich dann auf die skalare Addition der Koordinaten.

$$\text{Addition } \boldsymbol{s} = \boldsymbol{u} + \boldsymbol{v}, \quad \boldsymbol{u} = u^i\boldsymbol{g}_i, \quad \boldsymbol{v} = v^i\boldsymbol{g}_i, \quad \boldsymbol{s} = (u^i + v^i)\boldsymbol{g}_i. \tag{3-29}$$

Die Multiplikation zweier Vektoren $\boldsymbol{a}$ und $\boldsymbol{b}$ wird in zweckmäßiger Weise zurückgeführt auf die skalare Multiplikation der Koordinaten. Die Motivation für die zwei eingeführten Multiplikationstypen

inneres (Skalar-, Punkt-)Produkt

$\boldsymbol{a} \cdot \boldsymbol{b} = c, \quad c$ Skalar;

äußeres (Vektor-, Kreuz-)Produkt

$\boldsymbol{a} \times \boldsymbol{b} = \boldsymbol{c}, \quad \boldsymbol{c}$ Vektor;

ergibt sich aus den Anwendungen.

3.3.3 Inneres oder Skalarprodukt

Das Skalarprodukt von zwei Vektoren $\boldsymbol{a}$ und $\boldsymbol{b}$ im Raum ist bei einheitlicher orthonormaler Basis gleich dem Skalarprodukt ihrer Koordinatenspalten.

$$\boldsymbol{a} = a^i\boldsymbol{e}_i, \quad \boldsymbol{b} = b^i\boldsymbol{e}_i, \quad \boldsymbol{e}_i \text{ orthonormal},$$
$$\boldsymbol{a} \cdot \boldsymbol{b} = \boldsymbol{a}^{\mathrm{T}}\boldsymbol{b} = a^1b^1 + a^2b^2 + a^3b^3 = a^ib^i. \tag{3-30}$$

Im Raum unserer Anschauung, Bild 3-6, entspricht das Skalarprodukt der Projektion des Einheitsvektors $\boldsymbol{e}_a$ in die Richtung $\boldsymbol{e}_b$ multipliziert mit dem Produkt der Beträge a, b und umgekehrt.

$$\boldsymbol{a} \cdot \boldsymbol{b} = ab\boldsymbol{e}_a \cdot \boldsymbol{e}_b = ab\cos\varphi, \quad a = \lvert\boldsymbol{a}\rvert, \quad b = \lvert\boldsymbol{b}\rvert, \tag{3-31}$$
φ Winkel zwischen $\boldsymbol{a}$ und $\boldsymbol{b}$, $0 \leqq \varphi \leqq \pi$.

Rechenregeln:

$$\begin{aligned} \cos\varphi &= \boldsymbol{a} \cdot \boldsymbol{b}/(ab), \\ \boldsymbol{a} \cdot \boldsymbol{b} &= \boldsymbol{b} \cdot \boldsymbol{a}, \\ (c\boldsymbol{a}) \cdot \boldsymbol{b} &= c(\boldsymbol{a} \cdot \boldsymbol{b}), \\ \boldsymbol{a} \cdot (\boldsymbol{b} + \boldsymbol{c}) &= \boldsymbol{a} \cdot \boldsymbol{b} + \boldsymbol{a} \cdot \boldsymbol{c}, \\ \boldsymbol{a} \cdot \boldsymbol{a} &= a^2 = \lvert\boldsymbol{a}\rvert^2. \end{aligned}$$

Beliebige Basis $\boldsymbol{a}_i$, $\boldsymbol{u} = u^i\boldsymbol{a}_i$, $\boldsymbol{v} = v^i\boldsymbol{a}_i$

$$\begin{aligned} \boldsymbol{u} \cdot \boldsymbol{v} = {} & u^1v^1\boldsymbol{a}_1 \cdot \boldsymbol{a}_1 + u^1v^2\boldsymbol{a}_1 \cdot \boldsymbol{a}_2 + u^1v^3\boldsymbol{a}_1 \cdot \boldsymbol{a}_3 \\ & + u^2v^1\boldsymbol{a}_2 \cdot \boldsymbol{a}_1 + u^2v^2\boldsymbol{a}_2 \cdot \boldsymbol{a}_2 + u^2v^3\boldsymbol{a}_2 \cdot \boldsymbol{a}_3 \\ & + u^3v^1\boldsymbol{a}_3 \cdot \boldsymbol{a}_1 + u^3v^2\boldsymbol{a}_3 \cdot \boldsymbol{a}_2 + u^3v^3\boldsymbol{a}_3 \cdot \boldsymbol{a}_3 \\ = {} & \sum_{j=1}^{3}\sum_{k=1}^{3} u^jv^k\boldsymbol{a}_j \cdot \boldsymbol{a}_k = u^jv^ka_{jk}. \end{aligned} \tag{3-32}$$

$$a_{jk} = a_{kj} = \boldsymbol{a}_j \cdot \boldsymbol{a}_k \quad \textit{Metrikkoeffizienten}. \tag{3-33}$$

$$v = \sqrt{\boldsymbol{v} \cdot \boldsymbol{v}} = \sqrt{v^jv^ka_{jk}}. \tag{3-34}$$

Skalarprodukt orthonormaler Basisvektoren $\boldsymbol{e}_i$

$$\boldsymbol{e}_i \cdot \boldsymbol{e}_j = \delta_{ij} = \begin{cases} 0 \text{ für } i \neq j \\ 1 \text{ für } i = j \end{cases},$$
$$\delta_{ij} \text{ Kronecker-Symbol.} \tag{3-35}$$

Beispiel:

$$\boldsymbol{a} = 5\boldsymbol{e}_1 + 2\boldsymbol{e}_2 + \boldsymbol{e}_3$$
$$\boldsymbol{b} = -\boldsymbol{e}_1 - 4\boldsymbol{e}_2 + 2\boldsymbol{e}_3$$

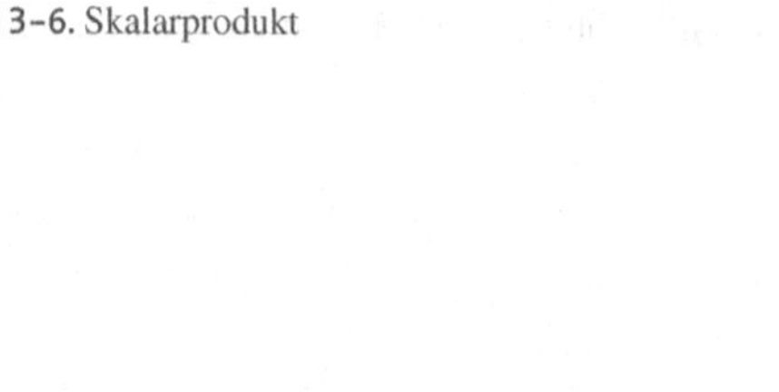

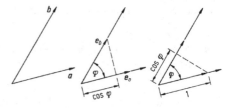

Bild 3-6. Skalarprodukt

Koordinatenspalten

$$a = \begin{bmatrix} 5 \\ 2 \\ 1 \end{bmatrix}, \quad b = \begin{bmatrix} -1 \\ -4 \\ 2 \end{bmatrix}$$

$$\cos\varphi = \frac{a \cdot b}{ab} = \frac{a^{\mathrm{T}} b}{\sqrt{30}\sqrt{21}} = \frac{-11}{\sqrt{630}} = -0{,}438\,,$$

$$\varphi = 64{,}0°\,.$$

3.3.4 Äußeres oder Vektorprodukt

Das Vektorprodukt von zwei Vektoren $\boldsymbol{a}$ und $\boldsymbol{b}$ im Raum ist bei einheitlicher orthonormaler Basis erklärt als schiefsymmetrische Linearkombination der beteiligten Koordinatenspalten.

$$\boldsymbol{a} = a^i \boldsymbol{e}_i\,, \quad \boldsymbol{b} = b^i \boldsymbol{e}_i\,,$$

$$\boldsymbol{a} \times \boldsymbol{b} = \boldsymbol{c}\,, \quad \boldsymbol{c} = c^i \boldsymbol{e}_i\,,$$

$$\begin{bmatrix} c^1 \\ c^2 \\ c^3 \end{bmatrix} = \begin{bmatrix} b^3a^2 - b^2a^3 \\ -b^3a^1 + b^1a^3 \\ b^2a^1 - b^1a^2 \end{bmatrix} \begin{matrix} = (\boldsymbol{a}\times)\,\boldsymbol{b} \\ = -(\boldsymbol{b}\times)\,\boldsymbol{a}\,, \end{matrix} \tag{3-36}$$

$$(\boldsymbol{a}\times) = \begin{bmatrix} 0 & -a^3 & a^2 \\ a^3 & 0 & -a^1 \\ -a^2 & a^1 & 0 \end{bmatrix} = \widetilde{\boldsymbol{a}}\,.$$

Im Raum unserer Anschauung, Bild 3-7, entspricht das Vektorprodukt $\boldsymbol{a}\times\boldsymbol{b}$ einem Vektor $\boldsymbol{c}$ mit folgenden Eigenschaften:

$\boldsymbol{c} = \boldsymbol{a} \times \boldsymbol{b}$:

Richtung:	Senkrecht auf $\boldsymbol{a}$ und $\boldsymbol{b}$
Richtungssinn:	$\boldsymbol{a}, \boldsymbol{b}, \boldsymbol{c}$ bilden in dieser Reihenfolge ein Rechtssystem
Betrag:	$c = ab\sin\varphi$, $0 \leqq \varphi \leqq \pi$ φ Winkel zwischen $\boldsymbol{a}$ und $\boldsymbol{b}$ c gleich der Fläche des Parallelogramms mit den Kanten $\boldsymbol{a}$ und $\boldsymbol{b}$.

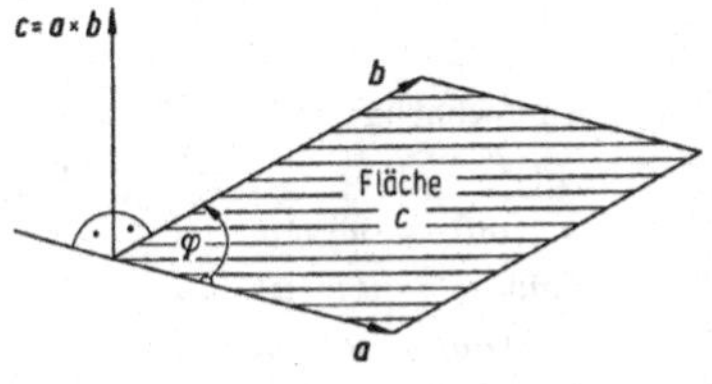

Bild 3-7. Kreuzprodukt $c = a \times b$

Rechenregeln:

$$\boldsymbol{a} \times \boldsymbol{b} = -\boldsymbol{b} \times \boldsymbol{a}\,,$$
$$(c\boldsymbol{a}) \times \boldsymbol{b} = c(\boldsymbol{a} \times \boldsymbol{b})\,,$$
$$\boldsymbol{a} \times (\boldsymbol{b} + \boldsymbol{c}) = \boldsymbol{a} \times \boldsymbol{b} + \boldsymbol{a} \times \boldsymbol{c}\,,$$
$$\boldsymbol{a} \times \boldsymbol{a} = \boldsymbol{o}\,, \tag{3-37}$$
$$\boldsymbol{e}_1 \times \boldsymbol{e}_2 = \boldsymbol{e}_3\,, \quad \boldsymbol{e}_3 \times \boldsymbol{e}_1 = \boldsymbol{e}_2\,, \quad \boldsymbol{e}_2 \times \boldsymbol{e}_3 = \boldsymbol{e}_1\,,$$
$$\sin\varphi = \frac{|\boldsymbol{a} \times \boldsymbol{b}|}{ab}\,.$$

3.3.5 Spatprodukt, Mehrfachprodukte

Das gemischte Produkt $(\boldsymbol{a}_1 \times \boldsymbol{a}_2) \cdot \boldsymbol{a}_3$ eines Vektortripels ist ein Skalar, dessen Betrag bei Priorität des Vektorproduktes unabhängig ist von der Reihung der Vektoren und Verknüpfungen. Bei Veränderung des Zyklus 1, 2, 3 verändert sich lediglich das Vorzeichen. Im Anschauungsraum entspricht das Produkt $(\boldsymbol{a}_1 \times \boldsymbol{a}_2) \cdot \boldsymbol{a}_3$ dem Volumen V des Parallelepipeds mit $\boldsymbol{a}_1$, $\boldsymbol{a}_2$ und $\boldsymbol{a}_3$ als Kanten; es wird deshalb auch *Spatprodukt* genannt.

$$(\boldsymbol{a}_1, \boldsymbol{a}_2, \boldsymbol{a}_3) = (\boldsymbol{a}_i \times \boldsymbol{a}_j) \cdot \boldsymbol{a}_k = \boldsymbol{a}_i \cdot (\boldsymbol{a}_j \times \boldsymbol{a}_k)\,.$$
$$i, j, k \text{ sind zyklisch: } (\boldsymbol{a}_i, \boldsymbol{a}_j, \boldsymbol{a}_k) = V\,,$$
$$i, j, k \text{ antizyklisch: } (\boldsymbol{a}_i, \boldsymbol{a}_k, \boldsymbol{a}_j) = -V\,,$$

Bei einheitlicher orthonormaler Basis für alle 3 Vektoren ist V gleich der Determinante.

$$\boldsymbol{a}_1 = a^{i1}\boldsymbol{e}_i\,, \quad \boldsymbol{a}_2 = a^{i2}\boldsymbol{e}_i\,, \quad \boldsymbol{a}_3 = a^{i3}\boldsymbol{e}_i\,,$$
$$V = \det(\boldsymbol{A})\,, \quad \boldsymbol{A} = (a^{ij})\,. \tag{3-38}$$

Regeln

$$(\boldsymbol{a}, \boldsymbol{b}, \boldsymbol{c} + \boldsymbol{d}) = (\boldsymbol{a}, \boldsymbol{b}, \boldsymbol{c}) + (\boldsymbol{a}, \boldsymbol{b}, \boldsymbol{d})\,.$$
$$(\boldsymbol{a}, \boldsymbol{b}, \boldsymbol{c} + \boldsymbol{a}) = (\boldsymbol{a}, \boldsymbol{b}, \boldsymbol{c})\,. \tag{3-39}$$

$(\boldsymbol{a}, \boldsymbol{b}, \boldsymbol{c}) = 0$ heißt, dass $\boldsymbol{a}, \boldsymbol{b}, \boldsymbol{c}$ komplanar sind.

Doppeltes Kreuzprodukt

$$\boldsymbol{a} \times (\boldsymbol{b} \times \boldsymbol{c}) = (\boldsymbol{a} \cdot \boldsymbol{c})\boldsymbol{b} - (\boldsymbol{a} \cdot \boldsymbol{b})\boldsymbol{c} .$$

$$(\boldsymbol{a} \times \boldsymbol{b}) \times (\boldsymbol{c} \times \boldsymbol{d}) = (\boldsymbol{a}, \boldsymbol{c}, \boldsymbol{d})\boldsymbol{b} - (\boldsymbol{b}, \boldsymbol{c}, \boldsymbol{d})\boldsymbol{a} = (\boldsymbol{a}, \boldsymbol{b}, \boldsymbol{d})\boldsymbol{c} - (\boldsymbol{a}, \boldsymbol{b}, \boldsymbol{c})\boldsymbol{d} .$$

$$\boldsymbol{d} = [(\boldsymbol{d}, \boldsymbol{b}, \boldsymbol{c})\boldsymbol{a} + (\boldsymbol{a}, \boldsymbol{d}, \boldsymbol{c})\boldsymbol{b} + (\boldsymbol{a}, \boldsymbol{b}, \boldsymbol{d})\boldsymbol{c}]/V ,$$

falls $V = (\boldsymbol{a}, \boldsymbol{b}, \boldsymbol{c}) \neq 0$.

$$(\boldsymbol{a} \times \boldsymbol{b}) \cdot (\boldsymbol{c} \times \boldsymbol{d}) = (\boldsymbol{a} \cdot \boldsymbol{c})(\boldsymbol{b} \cdot \boldsymbol{d}) - (\boldsymbol{a} \cdot \boldsymbol{d})(\boldsymbol{b} \cdot \boldsymbol{c}) .$$

$$(\boldsymbol{a} \times \boldsymbol{b}) \cdot (\boldsymbol{a} \times \boldsymbol{b}) = a^2 b^2 - (\boldsymbol{a} \cdot \boldsymbol{b})^2 .$$

3.4 Tensoren

3.4.1 Tensoren n-ter Stufe

Vektoren im Raum unserer Anschauung, kurz im $\mathbb{R}^3$, stehen für reale, z. B. physikalische Größen, die drei skalare Einzelinformationen enthalten. Die Beschreibung eines Vektors $\boldsymbol{v}$ in verschiedenen Basen $\boldsymbol{a}_i$ und $\boldsymbol{b}_i$ mit entsprechenden Koordinaten ändert nichts an seinem eigentlichen Wert; man nennt $\boldsymbol{v}$ auch eine invariante Größe.

$$\boldsymbol{v} = v_a^i \boldsymbol{a}_i = v_b^i \boldsymbol{b}_i . \qquad (3\text{-}40)$$

Die Menge aller invarianten Größen nennt man Tensor. Ein Skalar ist dann ein Tensor, wenn er als Skalarprodukt $\boldsymbol{u} \cdot \boldsymbol{v}$ von zwei Vektoren gebildet wird.

Skalar $T^{(0)} = \boldsymbol{u} \cdot \boldsymbol{v}$ Tensor 0. Stufe .
Vektor $T^{(1)} = T^i \boldsymbol{g}_i$ Tensor 1. Stufe . (3-41)
T^i: Koordinaten des Tensors bezüglich der Basis $\boldsymbol{g}_i$.

Rein operativ kommt man zu Tensoren höherer Stufe durch Definition des *dyadischen oder tensoriellen Produktes* $T = \boldsymbol{uv}$ von zwei Vektoren. Zwischen den Vektoren ist keine Verknüpfung erklärt. Allgemeiner Tensor n-ter Stufe ist eine invariante Größe $T^{(n)}$, deren Basis ein tensorielles Produkt von n-Grundvektoren ist:

$$\begin{aligned} T^{(0)} &= t , \\ T^{(1)} &= t^i \boldsymbol{g}_i , \\ T^{(2)} &= t^{ij} \boldsymbol{g}_i \boldsymbol{g}_j , \\ T^{(3)} &= t^{ijk} \boldsymbol{g}_i \boldsymbol{g}_j \boldsymbol{g}_k , \\ T^{(4)} &= t^{ijkl} \boldsymbol{g}_i \boldsymbol{g}_j \boldsymbol{g}_k \boldsymbol{g}_l \quad \text{usw.} \end{aligned} \qquad (3\text{-}42)$$

Tabelle 3-6. Eigenschaften des tensoriellen Produktes $T = \boldsymbol{uv}$

$\boldsymbol{u}, \boldsymbol{v}, \boldsymbol{w} \in T^{(1)}, c \in \mathbb{R}$.
$\boldsymbol{u}(\boldsymbol{v}+\boldsymbol{w}) = \boldsymbol{uv}+\boldsymbol{uw}$; $(\boldsymbol{u}+\boldsymbol{v})\boldsymbol{w} = \boldsymbol{uw}+\boldsymbol{vw}$ Distributiv
$(c\boldsymbol{u})\boldsymbol{v} = \boldsymbol{u}(c\boldsymbol{v}) = c\boldsymbol{uv}$ Assoziativ bez. Skalar
Koordinatendarstellung $\boldsymbol{u} = u^i \boldsymbol{g}_i$, $\boldsymbol{v} = v^j \boldsymbol{g}_j$,
$T = u^i v^j \boldsymbol{g}_i \boldsymbol{g}_j = t^{ij} \boldsymbol{g}_i \boldsymbol{g}_j$, t^{ij} Tensorkoordinaten, $\boldsymbol{g}_i \boldsymbol{g}_j$ Basis
Indexnotation $T = t^{ij} \boldsymbol{g}_i \boldsymbol{g}_j$
Matrixnotation $T = \begin{bmatrix} t^{11} & t^{12} & t^{13} \\ t^{21} & t^{22} & t^{23} \\ t^{31} & t^{32} & t^{33} \end{bmatrix} \boldsymbol{g}_i \boldsymbol{g}_j$

Spezielle Tensoren und Tensoreigenschaften:

$$\begin{array}{lll} \text{Einheitstensor} & E^{(2)} & = \delta^{ij} \boldsymbol{e}_i \boldsymbol{e}_j = \boldsymbol{I} \boldsymbol{e}_i \boldsymbol{e}_j \\ \text{Transposition} & T & = \boldsymbol{uv}, \quad T^{\mathrm{T}} = \boldsymbol{vu} \\ \text{Symmetrie} & T^{\mathrm{T}} & = T \\ \text{Antimetrie} & T^{\mathrm{T}} & = -T \\ \text{Inverser Tensor} & TT^{-1} & = T^{-1}T = E \end{array} \qquad (3\text{-}43)$$

3.4.2 Tensoroperationen

Addition: Erklärt für Tensoren gleicher Stufe. Zum Beispiel

$$\begin{aligned} &T_1^{(3)} + T_2^{(3)} = T_3^{(3)} , \\ &T_1^{(3)} = t_1^{ijk} \boldsymbol{g}_i \boldsymbol{g}_j \boldsymbol{g}_k , \quad T_2^{(3)} = t_2^{ijk} \boldsymbol{g}_i \boldsymbol{g}_j \boldsymbol{g}_k , \\ &T_3^{(3)} = \left(t_1^{ijk} + t_2^{ijk}\right) \boldsymbol{g}_i \boldsymbol{g}_j \boldsymbol{g}_k . \end{aligned} \qquad (3\text{-}44)$$

Tensorielles Produkt:

$$T^{(m)} T^{(n)} = T^{(m+n)} , \qquad (3\text{-}45)$$

Zum Beispiel

$$\begin{aligned} &T^{(2)} = t^{ij} \boldsymbol{g}_i \boldsymbol{g}_j , \quad T^{(1)} = t^k \boldsymbol{g}_k , \\ &T^{(2)} T^{(1)} = t^{ij} t^k \boldsymbol{g}_i \boldsymbol{g}_j \boldsymbol{g}_k = t^{ijk} \boldsymbol{g}_i \boldsymbol{g}_j \boldsymbol{g}_k . \end{aligned} \qquad (3\text{-}46)$$

Tabelle 3-7. Skalar- und Kreuzprodukte aus $T^{(1)} = \boldsymbol{u}$ und $T^{(2)} = \boldsymbol{vw}$

Verknüpfung	Umrechnung	Typ des Produktes
$T^{(1)} \cdot T^{(2)}$	$\boldsymbol{u} \cdot (\boldsymbol{vw}) = (\boldsymbol{u} \cdot \boldsymbol{v})\boldsymbol{w}$	$T^{(1)}$
$T^{(2)} \cdot T^{(1)}$	$(\boldsymbol{vw}) \cdot \boldsymbol{u} = \boldsymbol{v}(\boldsymbol{w} \cdot \boldsymbol{u})$	$T^{(1)}$
$T^{(1)} \times T^{(2)}$	$\boldsymbol{u} \times (\boldsymbol{vw}) = (\boldsymbol{u} \times \boldsymbol{v})\boldsymbol{w}$	$T^{(2)}$
$T^{(2)} \times T^{(1)}$	$(\boldsymbol{vw}) \times \boldsymbol{u} = \boldsymbol{v}(\boldsymbol{w} \times \boldsymbol{u})$	$T^{(2)}$

Tabelle 3-8. Skalar- und Kreuzprodukte aus $T_1 = \boldsymbol{ab}$ und $T_2 = \boldsymbol{uv}$, $T_1, T_2 \in T^{(2)}$

Verknüpfung	Umrechnung	Typ des Produktes
$T_1 \cdot T$	$(\boldsymbol{ab}) \cdot (\boldsymbol{uv}) = (\boldsymbol{b} \cdot \boldsymbol{u})(\boldsymbol{av})$	$T^{(2)}$
$T_1 \times T_2$	$(\boldsymbol{ab}) \times (\boldsymbol{uv}) = \boldsymbol{a}(\boldsymbol{b} \times \boldsymbol{u})\boldsymbol{v}$	$T^{(3)}$
$T \cdot\cdot T_2$	$(\boldsymbol{ab}) \cdot\cdot (\boldsymbol{uv}) = (\boldsymbol{a} \cdot \boldsymbol{v})(\boldsymbol{b} \cdot \boldsymbol{u})$	$T^{(0)}$ Doppel-Skalar-Produkt
$E^{(2)} \cdot\cdot T^{(2)}$	$\delta^{ij} t^{kl} (\boldsymbol{e}_i \boldsymbol{e}_j) \cdot\cdot (\boldsymbol{e}_k \boldsymbol{e}_l) = t_{ii}$	Spur von T

Beispiel:

Volumenbezogenes elastisches Potenzial Π.
Verzerrungstensor $\varepsilon \in T^{(2)}$,
Elastizitätstensor $E \in T^{(4)}$,
$2\Pi = \varepsilon \cdot\cdot E \cdot\cdot \varepsilon \in T^{(0)}$.

4 Elementare Geometrie

4.1 Koordinaten

4.1.1 Koordinaten, Basen

Der Lagebeschreibung eines Punktes dienen nach 3.3.2 Ortsvektoren mit bestimmten Koordinaten bezüglich einer vorgegebenen Basis. Die Basen selbst können punktweise verschieden sein (lokale Basis; siehe Differenzialgeometrie), müssen aber vor einer Verknüpfung miteinander auf eine gemeinschaftliche Basis (globale Basis) transformiert werden.

4.1.2 Kartesische Koordinaten

Sie sind bezüglich einer rechtshändigen Orthonormalbasis definiert, siehe Tabelle 3-5, und werden bevorzugt als globales Bezugssystem benutzt.

$$\boldsymbol{x} = x_1\boldsymbol{e}_1 + x_2\boldsymbol{e}_2 + x_3\boldsymbol{e}_3 \quad \text{auch } \boldsymbol{x} = x\boldsymbol{e}_1 + y\boldsymbol{e}_2 + z\boldsymbol{e}_3 \,. \tag{4-1}$$

4.1.3 Polarkoordinaten

Ein Punkt in der Ebene (z. B. $\boldsymbol{e}_1, \boldsymbol{e}_2$-Ebene nach Bild 4-1) wird durch Nullpunktabstand $r \geqq 0$ und Orientierung zur $\boldsymbol{e}_1$-Richtung bestimmt.

Koordinaten r, φ. $\quad x = r\cos\varphi, \quad y = r\sin\varphi$. (4-2)

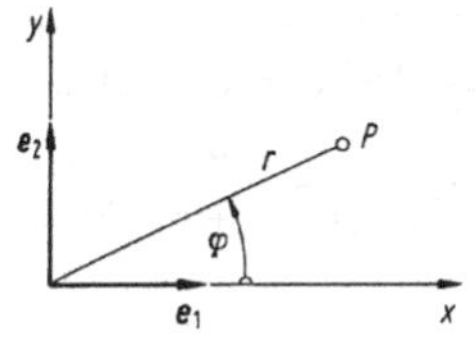

Bild 4-1. Polarkoordinaten

Koordinatenlinien

r = const: Kreise um Koordinatenursprung 0.
φ = const: Halbgeraden durch 0.

4.1.4 Flächenkoordinaten

Für Operationen in Dreiecksnetzen (Bild 4-2) ist ein Koordinatentripel (L_1, L_2, L_3) zweckmäßig. Rein anschaulich entspricht zum Beispiel die L_1-Koordinate des Punktes P dem Verhältnis der schraffierten Fläche A_{P23} zur gesamten A_{123}.

$$L_1 = A_{P23}/A_{123}\,, \quad A_{123} = \text{Fläche } 123\,.$$
$$L_1 + L_2 + L_3 = (A_{P23} + A_{P13} + A_{P12})/A_{123} = 1\,. \tag{4-3}$$

Koordinatenlinien

L_1 = const: Linien parallel zur Dreiecksseite 23.
L_2, L_3 = const: entsprechend.

Die Flächenkoordinaten entstehen durch lineare Transformation der kartesischen Koordinaten x, y mittels der speziellen Paare (x_i, y_i), der 3 Eckpunkte des Dreiecks i = 1, 2, 3.

$$\begin{aligned} x &= x_1L_1 + x_2L_2 + x_3L_3\,, \\ y &= y_1L_1 + y_2L_2 + y_3L_3\,, \\ 1 &= L_1 + L_2 + L_3\,. \end{aligned} \tag{4-4}$$

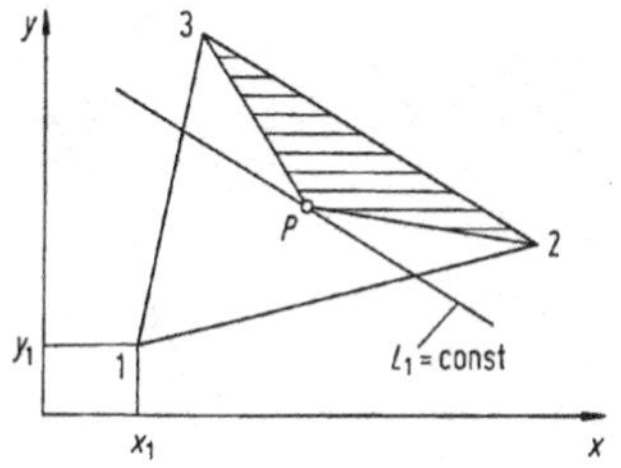

Bild 4-2. Flächenkoordinaten

Die Integration von Flächenkoordinatenpotenzen über der Dreiecksfläche gestaltet sich einfach:

$$\int_{A_{123}} L_1^p L_2^q L_3^r \,\mathrm{d}A = \frac{p!q!r!}{(p+q+r+2)!} \cdot 2A_{123} \,. \quad (4\text{-}5)$$

4.1.5 Volumenkoordinaten

Für Operationen in räumlichen Tetraedernetzen (Bild 4-3) sind Volumenkoordinaten L_1, L_2, L_3, L_4 zweckmäßig. Rein anschaulich entspricht der L_1-Koordinate des Punktes P das Verhältnis des Teilvolumens V_{P234} zum gesamten.

$$L_1 = V_{P234}/V_{1234}\,, \quad V_{1234} = \text{Volumen } 1234\,.$$

$$L_1 + L_2 + L_3 + L_4 = (V_{P234} + V_{P134} + V_{P124} + V_{P123})/V_{1234} = 1\,. \quad (4\text{-}6)$$

Koordinatenflächen

L_1 = const: Flächen parallel zur Fläche 234 .

L_2, L_3, L_4 = const: entsprechend.

Volumen- und kartesische Koordinaten sind linear verknüpft mittels der Eckpunktkoordinaten (x_i, y_i, z_i), $i = 1, 2, 3, 4$.

$$\begin{aligned} x &= x_1L_1 + x_2L_2 + x_3L_3 + x_4L_4\,, \\ y &= y_1L_1 + y_2L_2 + y_3L_3 + y_4L_4\,, \\ z &= z_1L_1 + z_2L_2 + z_3L_3 + z_4L_4\,, \\ 1 &= L_1 + L_2 + L_3 + L_4\,. \end{aligned} \quad (4\text{-}7)$$

Die Integration von Volumenkoordinatenpotenzen im Bereich des Tetraedervolumens gestaltet sich einfach:

$$\int_{V_{1234}} L_1^p L_2^q L_3^r L_4^s \,\mathrm{d}V = \frac{p!q!r!s!}{(p+q+r+s+3)!} \cdot 6V_{1234}\,. \quad (4\text{-}8)$$

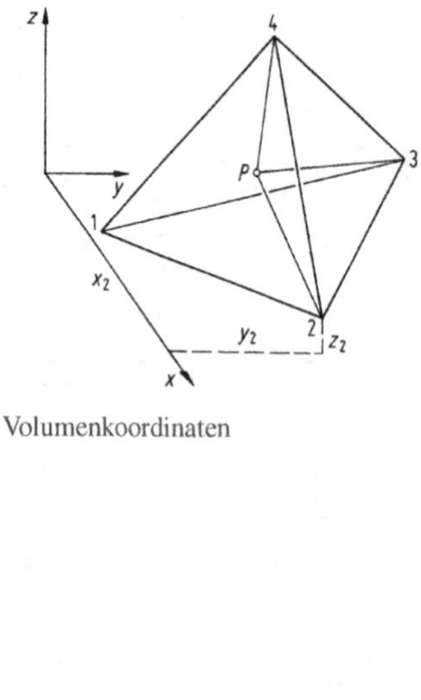

Bild 4-3. Volumenkoordinaten

4.1.6 Zylinderkoordinaten

Ein Punkt P im kartesischen Raum kann nach Bild 4-4 durch seine z-Koordinate und die Polarkoordinaten ϱ, φ seiner Projektion P^* in die $\boldsymbol{e}_1, \boldsymbol{e}_2$-Ebene dargestellt werden.

Koordinaten ϱ, φ, z.

$$\begin{aligned} x &= \varrho\cos\varphi\,, \quad y = \varrho\sin\varphi, \quad z = z\,. \\ r^2 &= \varrho^2 + z^2\,. \end{aligned} \quad (4\text{-}9)$$

Koordinatenflächen

ϱ = const: Zylinder mit $\boldsymbol{e}_3$ als Achse .

φ = const: Ebenen durch die $\boldsymbol{e}_3$-Achse . (4-10)

z = const: Ebenen senkrecht zur $\boldsymbol{e}_3$-Achse .

4.1.7 Kugelkoordinaten

Ein Punkt P im kartesischen Raum kann nach Bild 4-5 durch seine Projektion in die z-Achse und die Polarkoordinaten seiner Projektion P^* in die $\boldsymbol{e}_1, \boldsymbol{e}_2$-Ebene beschrieben werden.

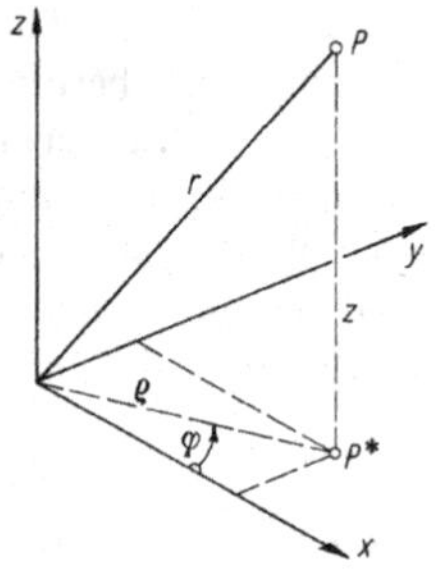

Bild 4-4. Zylinderkoordinaten

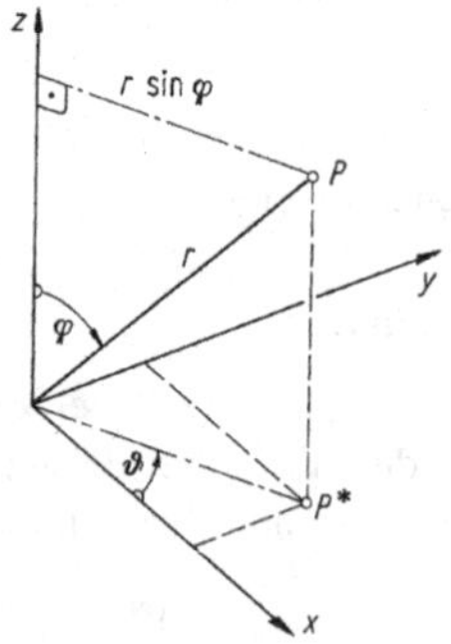

Bild 4-5. Kugelkoordinaten

Koordinaten r, v, φ.

$$x = r\sin\varphi\cos\vartheta\,,\quad y = r\sin\varphi\sin\vartheta\,,\quad z = r\cos\varphi\,. \tag{4-11}$$

Koordinatenflächen

r = const: Kugeln um den Koordinatenursprung O .
ϑ = const: Ebenen durch die $\boldsymbol{e}_3$-Achse . (4-12)
φ = const: Kegel mit $\boldsymbol{e}_3$ als Achse und O als Spitze .

4.2 Kurven, Flächen 1. und 2. Ordnung

4.2.1 Gerade in der Ebene

In einem kartesischen x, y-System nach Bild 4-6 ist jede Gerade der Graph einer linearen Funktion

$$ax + by + c = 0 \quad \text{mit} \quad a^2 + b^2 > 0\,,$$

$a = 0$: Parallele zur x-Achse mit $y = -c/b$,
$b = 0$: Parallele zur y-Achse mit $x = -c/a$, (4-13)
$c = 0$: Gerade durch den Nullpunkt ,

wobei ein Koeffizient beliebig zu 1 normiert werden kann. Das Tripel (a, b, c) bestimmt alle charakteristischen Größen einer Gerade.

Achsenabschnitte

$$\hat{x} = -c/a \text{ zu } \hat{y} = 0 \text{ falls } a \neq 0\,,\quad \hat{y} = -c/b \text{ zu } \hat{x} = 0 \text{ falls } b \neq 0\,. \tag{4-14}$$

$$\text{Richtungsvektor } \boldsymbol{v} = \pm\begin{bmatrix} b \\ -a \end{bmatrix}.\quad \text{Normalenvektor } \boldsymbol{n} = \pm\begin{bmatrix} a \\ b \end{bmatrix}. \tag{4-15}$$

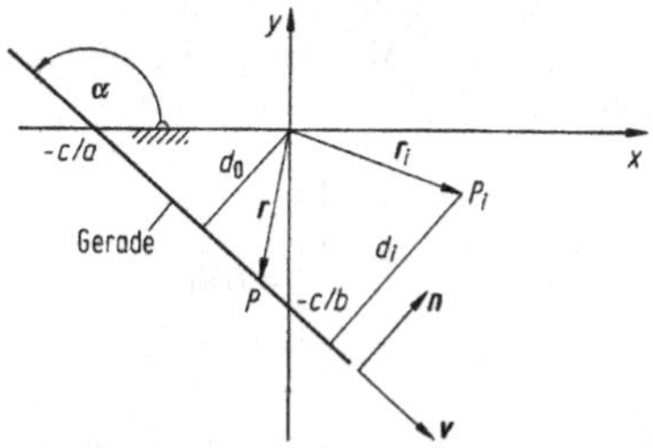

Bild 4-6. Gerade in kartesischer Basis

Tabelle 4-1. Darstellung einer Geraden in der Ebene

Gegeben	Geradengleichung
Achsenabschnitte x_a auf x-Achse, y_a auf y-Achse	$\frac{x}{x_a} + \frac{y}{y_a} = 1$
2 Punkte $P_1 \neq P_2$, $P_i(x_i, y_i)$	$(y - y_1)(x_2 - x_1) = (x - x_1)(y_2 - y_1)$ oder $\begin{vmatrix} x & y & 1 \\ x_1 & y_1 & 1 \\ x_2 & y_2 & 1 \end{vmatrix} = 0$
Punkt P_1, Steigung m	$y - y_1 = m(x - x_1)$
Punkt P_1, Richtung $\boldsymbol{v}$	$\boldsymbol{r} = \boldsymbol{r}_1 + t\boldsymbol{v}$, t beliebiger Skalar; $\boldsymbol{r}_1$ Ortsvektor zum Punkt P_1

Steigung $m = -a/b = \tan\alpha\,,\quad y = mx - c/b\,.$
Abstand Gerade – Ursprung

$$d_0 = |\boldsymbol{r}^{\mathrm{T}}\boldsymbol{n}|/\sqrt{a^2+b^2} = |c|/\sqrt{a^2+b^2}\,. \tag{4-16}$$

$\boldsymbol{r}$: Ortsvektor zu einem Punkt P der Geraden.
Abstand d_i eines beliebigen Punktes $P_i(x_i, y_i)$ von der Geraden:

$$d_i = \frac{ax_i + by_i + c}{\sqrt{a^2+b^2}}(-\operatorname{sgn} c)\,. \tag{4-17}$$

sgn c: Vorzeichen von c .
$d_i > 0$: Gerade zwischen P_i und Ursprung .

Beispiel: Der Punkt $P_1(x_1 = 2, y_1 = 1)$ hat nach (4-17) von der Geraden $3x + 4y + 12 = 0$ den Abstand

$$\frac{3\cdot 2 + 4\cdot 1 + 12}{\sqrt{9+16}}(-1) = -4{,}4\,,$$

wobei das Minuszeichen anzeigt, dass P_1 und Ursprung gleichseitig zur Geraden liegen.
Drei Punkte P_1, P_2, P_3 liegen auf einer Geraden, falls ihre Koordinatendeterminante D verschwindet; ansonsten ist D gleich dem doppelten Flächeninhalt des Dreiecks A_{123}. Bei positivem Umlaufsinn P_1, P_2, P_3 (x-Achse auf kürzestem Wege in die y-Achse gedreht) ist die Determinante positiv.

$$D = \begin{vmatrix} x_1 & y_1 & 1 \\ x_2 & y_2 & 1 \\ x_3 & y_3 & 1 \end{vmatrix} = 2A_{123}\,. \tag{4-18}$$

Zwei nicht parallele Geraden g_1, g_2 schneiden sich in einem Punkt mit den Koordinaten (x_s, y_s).

$$g_1\colon a_1x + b_1y + c_1 = 0 \quad \text{oder} \quad y = m_1x + n_1$$
$$g_2\colon a_2x + b_2y + c_2 = 0 \quad \text{oder} \quad y = m_2x + n_2$$

$$x_s = \frac{b_1c_2 - b_2c_1}{a_1b_2 - a_2b_1} = \frac{n_1 - n_2}{m_2 - m_1} \qquad (4\text{-}19)$$
$$y_s = \frac{c_1a_2 - c_2a_1}{a_1b_2 - a_2b_1} = \frac{m_2n_1 - m_1n_2}{m_2 - m_1} \,.$$

Drei Geraden $a_ix + b_ix + c_i = 0$, $i = 1, 2, 3$, sind parallel oder schneiden sich in einem Punkt, falls ihre Koeffizienten linear abhängig sind:

$$\begin{vmatrix} a_1 & b_1 & c_1 \\ a_2 & b_2 & c_2 \\ a_3 & b_3 & c_3 \end{vmatrix} = 0 \,. \qquad (4\text{-}20)$$

Strahlensätze beschreiben die Relationen der Abschnitte a_i auf Parallelen p_1, p_2 und a_{ij} auf nicht parallelen Geraden g_1, g_2 nach Bild 4-7.

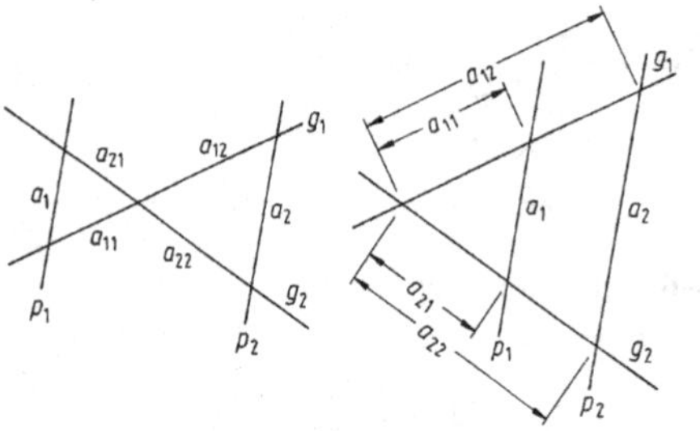

Bild 4-7. Geradenabschnitte für die Strahlensätze

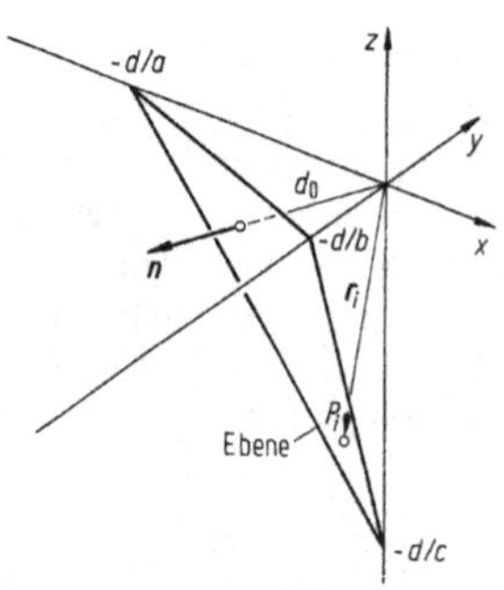

Bild 4-8. Ebene in kartesischer Basis

$$\frac{a_{22}}{a_{21}} = \frac{a_{12}}{a_{11}}, \quad \frac{a_{22} - a_{21}}{a_{21}} = \frac{a_{12} - a_{11}}{a_{11}},$$
$$\frac{a_2}{a_1} = \frac{a_{22}}{a_{21}}, \quad \frac{a_2}{a_1} = \frac{a_{12}}{a_{11}} \,.$$

4.2.2 Ebene im Raum

In einem kartesischen x, y, z-System nach Bild 4-8 ist jede Ebene der Graph einer linearen Funktion

$$\begin{aligned} &ax + by + cz + d = 0 \quad \text{mit} \quad a^2 + b^2 + c^2 > 0 \,, \\ &a = 0\colon \text{Ebene parallel zur } x\text{-Achse} \,, \\ &a = b = 0\colon \text{Ebene parallel zur } x, y\text{-Ebene} \,, \\ &d = 0\colon \text{Ebene durch den Nullpunkt} \,, \end{aligned} \qquad (4\text{-}21)$$

wobei ein Koeffizient beliebig zu 1 normiert werden kann. Das Quadrupel (a, b, c, d) bestimmt alle charakteristischen Größen einer Ebene.

Achsenabschnitte

$$\begin{aligned} \hat{x} &= -d/a \text{ zu } \hat{y} = \hat{z} = 0 \text{ falls } a \neq 0 \,, \\ \hat{y} &= -d/b \text{ zu } \hat{x} = \hat{z} = 0 \text{ falls } b \neq 0 \,, \\ \hat{z} &= -d/c \text{ zu } \hat{x} = \hat{y} = 0 \text{ falls } c \neq 0 \,. \end{aligned} \qquad (4\text{-}22)$$

Normalenvektor $\boldsymbol{n}^{\mathrm{T}} = \pm[a \quad b \quad c]$,

Abstand Ebene - Ursprung

$$d_0 = |\boldsymbol{r}^{\mathrm{T}}\boldsymbol{n}|/n = |d|/n \,, \quad n^2 = a^2 + b^2 + c^2 \,. \qquad (4\text{-}23)$$

Abstand d_i eines beliebigen Punktes $P_i(x_i, y_i, z_i)$ von der Ebene.

$$d_i = \frac{ax_i + by_i + cz_i + d}{\sqrt{a^2 + b^2 + c^2}}(-\operatorname{sgn} d) \,. \qquad (4\text{-}24)$$

sgn d: Vorzeichen von d.

$d_i > 0$: Ebene zwischen P_i und Ursprung.

Vier Punkte P_1, P_2, P_3, P_4 liegen in einer Ebene, falls ihre Koordinatendeterminante D verschwindet; ansonsten ist D gleich dem sechsfachen Volumen des Tetraeders V_{1234}. Das Vorzeichen ist abhängig vom Umlaufsinn.

$$D = \begin{vmatrix} x_1 & y_1 & z_1 & 1 \\ x_2 & y_2 & z_2 & 1 \\ x_3 & y_3 & z_3 & 1 \\ x_4 & y_4 & z_4 & 1 \end{vmatrix} = 6V_{1234} \,. \qquad (4\text{-}25)$$

Der *Flächeninhalt* A dreier Punkte P_i in der Ebene $ax + by + cz + d = 0$ wird für $d \neq 0$ durch die Koordinaten von P_i (x_i, y_i, z_i) und den Abstand d_0 bestimmt. Das Vorzeichen ist abhängig vom Umlaufsinn.

$$A = \frac{1}{2d_0}\begin{vmatrix} x_1 & y_1 & z_1 \\ x_2 & y_2 & z_2 \\ x_3 & y_3 & z_3 \end{vmatrix}, \quad d_0^2 = \frac{d^2}{a^2+b^2+c^2}. \quad (4\text{-}26)$$

Beispiel. Eine Ebene ist gegeben durch ihre Achsenabschnitte mit den Punkten P_1 $(x_a, 0, 0)$, P_2 $(0, y_a, 0)$, P_3 $(0, 0, z_a)$. Gesucht ist die von P_1, P_2, P_3 aufgespannte Fläche A. Aus der Achsenabschnittsform $x/x_a + y/y_a + z/z_a = 1$ folgt die Normalform $xy_az_a + yx_az_a + zx_ay_a + d = 0$ mit $d = -x_ay_az_a$ und $d_0^2 = x_a^2y_a^2z_a^2/(y_a^2z_a^2 + x_a^2z_a^2 + x_a^2y_a^2)$ nach (4-26). Die Koeffizientendeterminante in (4-26) ist nur in der Hauptdiagonale belegt, und es gilt

$$A = x_ay_az_a/(2d_0) = \sqrt{y_a^2z_a^2 + x_a^2z_a^2 + x_a^2y_a^2}\,/2\,.$$

Der Schnittpunkt P_s (x_s, y_s, z_s) dreier Ebenen E_1 bis E_3 berechnet sich aus einem linearen System.

$$E_i: a_ix + b_iy + c_iz + d_i = 0\,,$$
$$\boldsymbol{A}\boldsymbol{r}_s + \boldsymbol{d} = \boldsymbol{o}\,, \quad \boldsymbol{A} = \begin{bmatrix} \boldsymbol{a} & \boldsymbol{b} & \boldsymbol{c} \end{bmatrix}, \quad (4\text{-}27)$$
$$\boldsymbol{d}^{\mathrm{T}} = [d_1\ d_2\ d_3]\,.$$

Die Normalenvektoren $\boldsymbol{n}_1$ und $\boldsymbol{n}_2$ zweier Ebenen bestimmen den Winkel α zwischen den Ebenen und einen Vektor $\boldsymbol{v}$ in Richtung der Schnittgerade.

$$\cos\alpha = \boldsymbol{n}_1 \cdot \boldsymbol{n}_2/(n_1n_2)\,, \quad \boldsymbol{n}_i^{\mathrm{T}} = [a_i\ b_i\ c_i]\,,$$
$$n_i^2 = a_i^2 + b_i^2 + c_i^2\,, \quad \boldsymbol{v} = \boldsymbol{n}_1 \times \boldsymbol{n}_2\,. \quad (4\text{-}28)$$

Tabelle 4-2. Darstellungen einer Ebene

Gegeben	Ebenengleichung
Achsenabschnitte x_a auf x-Achse y_a auf y-Achse z_a auf z-Achse	$\frac{x}{x_a} + \frac{y}{y_a} + \frac{z}{z_a} = 1$
3 Punkte nicht auf einer Geraden	$\begin{vmatrix} x & y & z & 1 \\ x_1 & y_1 & z_1 & 1 \\ x_2 & y_2 & z_2 & 1 \\ x_3 & y_3 & z_3 & 1 \end{vmatrix} = 0$
Punkt P_1 Normale $\boldsymbol{n}$	$\boldsymbol{n}^{\mathrm{T}} = [a\ \ b\ \ c]$, $a(x-x_1) + b(y-y_1) + c(z-z_1) = 0$
Punkt P_1, 2 Vektoren $\boldsymbol{a} \neq \boldsymbol{b}$ in der Ebene	$\boldsymbol{r} = \boldsymbol{r}_1 + u\boldsymbol{a} + v\boldsymbol{b}$, u, v beliebige Skalare $\boldsymbol{r}_1$ Ortsvektor zum Punkt P_1

Tabelle 4-3. Darstellungen einer Geraden im Raum

Gegeben	Geradengleichung
2 Punkte P_1, P_2	$\frac{x-x_1}{x_2-x_1} = \frac{y-y_1}{y_2-y_1} = \frac{z-z_1}{z_2-z_1}$
Punkt P_1 Richtung $\boldsymbol{v}$	$\boldsymbol{r} = \boldsymbol{r}_1 + t\boldsymbol{v}$, t beliebiger Skalar

Tabelle 4-4. Lagebeziehungen zweier räumlicher Geraden g_1, g_2: $g_1: \boldsymbol{r} = \boldsymbol{r}_1 + t_1\boldsymbol{v}_1$, $g_2: \boldsymbol{r} = \boldsymbol{r}_2 + t_2\boldsymbol{v}_2$

Kreuzprodukt $\boldsymbol{v}_1 \times \boldsymbol{v}_2$	Richtungsbeziehung Abstand d
$\boldsymbol{o}$	Geraden parallel $d = \lvert\boldsymbol{v}_i \times (\boldsymbol{r}_1 - \boldsymbol{r}_2)\rvert/\lvert\boldsymbol{v}_i\rvert$, $i = 1$ oder 2
$\neq \boldsymbol{o}$	Geraden nicht parallel $d = \frac{\lvert(\boldsymbol{r}_2 - \boldsymbol{r}_1)(\boldsymbol{v}_1 \times \boldsymbol{v}_2)\rvert}{\lvert\boldsymbol{v}_1 \times \boldsymbol{v}_2\rvert}$ $d = 0$: Geraden schneiden einander $d \neq 0$: windschiefe Geraden

4.2.3 Gerade im Raum

Die Gerade g im Raum entsteht als Schnittlinie $\boldsymbol{v}$ (4-28) zweier Ebenen E_1, E_2 mit den Normalenvektoren $\boldsymbol{n}_1$, $\boldsymbol{n}_2$.
Drei Punkte P_1, P_2, P_3 liegen auf einer Geraden (sind kollinear), falls die von P_1, P_2, P_3 aufgespannte Fläche A in (4-26) verschwindet.

4.2.4 Kurven 2. Ordnung

Sie genügen einer quadratischen Gleichung mit 2 Koordinaten und beschreiben *Kegelschnitte*: *Ellipse*, *Hyperbel* und *Parabel*.

$$\begin{aligned} &xc_{11}x + xc_{12}y + b_1x \\ &+ yc_{12}x + yc_{22}y + b_2y + a_0 = 0\,, \end{aligned} \quad (4\text{-}29)$$

$$\text{kurz} \quad \boldsymbol{x}^{\mathrm{T}}\boldsymbol{C}\boldsymbol{x} + \boldsymbol{b}^{\mathrm{T}}\boldsymbol{x} + a_0 = 0,\ \boldsymbol{C}, \boldsymbol{b}, a_0 \in \mathbb{R}\,,$$
$$\boldsymbol{C} = \begin{bmatrix} c_{11} & c_{12} \\ c_{12} & c_{22} \end{bmatrix} = \boldsymbol{C}^{\mathrm{T}}\,, \quad \boldsymbol{b} = \begin{bmatrix} b_1 \\ b_2 \end{bmatrix}, \quad \boldsymbol{x} = \begin{bmatrix} x \\ y \end{bmatrix}.$$

Kegelschnitte entstehen als Schnittkurven von Ebenen und Kreiskegeln. Geht die Ebene durch die Kegelspitze, entstehen entartete Kegelschnitte, Geradenpaare oder auch nur ein Punkt.
Koeffizientenpaarungen $\boldsymbol{C}$, $\boldsymbol{b}$, a_0, die nicht durch reelle Koordinaten erfüllt werden können, nennt man imaginäre Kegelschnitte.

Beispiel: $a^2x^2 + b^2y^2 + 1 = 0$.

Eine globale Klassifikation gelingt durch 2 Koeffizientendeterminanten.

$$C = |\boldsymbol{C}|\,, \quad D = \begin{vmatrix} \boldsymbol{C} & \boldsymbol{b}/2 \\ \boldsymbol{b}^{\mathrm{T}}/2 & a_0 \end{vmatrix}\,. \qquad (4\text{-}30)$$

	$C > 0$	$C < 0$	$C = 0$
$D \neq 0$	Ellipse (reell oder imaginär)	Hyperbel	Parabel
$D = 0$	Punkt	Geradenpaar, nicht parallel	Geradenpaar, parallel (reell oder imaginär)

Mittelpunktform nennt man eine Darstellung von (4-29) ohne linearen Term, wobei der Vektor $\boldsymbol{r}$ (bezogen auf die alte Basis $\boldsymbol{e}_1$, $\boldsymbol{e}_2$) vom Mittelpunkt M (falls vorhanden) ausgeht.

$$\begin{aligned} &\boldsymbol{r}^{\mathrm{T}}\boldsymbol{C}\boldsymbol{r} + d = 0\,, \quad \boldsymbol{x} = \boldsymbol{x}_{\mathrm{M}} + \boldsymbol{r}\,, \\ &2\boldsymbol{x}_{\mathrm{M}} = -\boldsymbol{C}^{-1}\boldsymbol{b}\,, \quad d = a_0 + \boldsymbol{x}_{\mathrm{M}}^{\mathrm{T}}\boldsymbol{b}/2\,. \end{aligned} \qquad (4\text{-}31)$$

Differenzieren der Mittelpunktform (4-31) ergibt den Normalenvektor $\boldsymbol{n}$, senkrecht zum Vektor $\mathrm{d}\boldsymbol{r}$ in Tangentenrichtung.

$$\mathrm{d}\boldsymbol{r}^{\mathrm{T}}\boldsymbol{C}\boldsymbol{r} + \boldsymbol{r}^{\mathrm{T}}\boldsymbol{C}\mathrm{d}\boldsymbol{r} = 2\mathrm{d}\boldsymbol{r}^{\mathrm{T}}\boldsymbol{C}\boldsymbol{r} = 0 \rightarrow \boldsymbol{n} = \boldsymbol{C}\boldsymbol{r}\,. \qquad (4\text{-}32)$$

Hauptachsen $\boldsymbol{h}$ liegen vor, wenn Vektor $\boldsymbol{r} = \boldsymbol{h}$ und Normale $\boldsymbol{n} = \boldsymbol{C}\boldsymbol{h}$ parallel sind mit einem Proportionalitätsfaktor λ.

$$\boldsymbol{C}\boldsymbol{h} = \lambda\boldsymbol{h}\,, \quad \lambda \text{ aus } |\boldsymbol{C} - \lambda\boldsymbol{I}| = 0\,. \qquad (4\text{-}33)$$

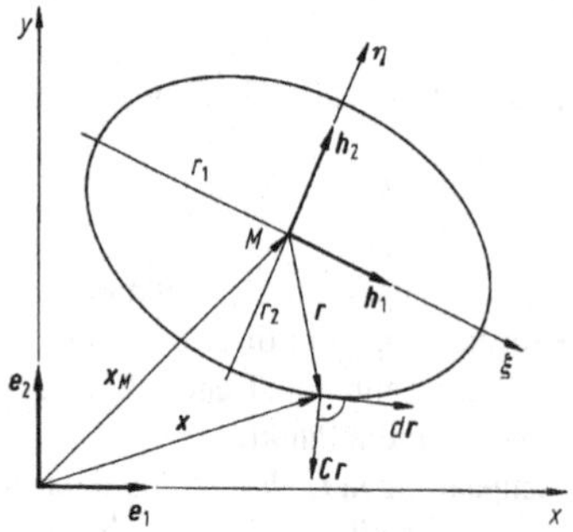

Bild 4-9. Hauptachsen $\boldsymbol{h}_1$ und $\boldsymbol{h}_2$ einer Ellipse

Dieses spezielle Eigenwertproblem hat 2 Lösungspaare $\boldsymbol{h}_i$, λ_i mit zueinander senkrechten *Hauptrichtungen*.

$$\boldsymbol{h}_1^{\mathrm{T}}\boldsymbol{h}_2 = 0 \quad \text{und} \quad \boldsymbol{h}_1^{\mathrm{T}}\boldsymbol{C}\boldsymbol{h}_2 = 0\,. \qquad (4\text{-}34)$$

Normalform der Kegelschnittgleichung ist die Darstellung in Hauptachsenkomponenten mit Koordinaten ξ und η.

$$\boldsymbol{r} = \xi\boldsymbol{h}_1^0 + \eta\boldsymbol{h}_2^0\,, \quad |\boldsymbol{h}_i^0| = 1\,, \qquad (4\text{-}35)$$

Ellipse und Hyperbel:

$$\xi^2\lambda_1 + \eta^2\lambda_2 + d = 0\,. \qquad (4\text{-}36)$$

Parabel:

$$\xi^2\lambda_1 + 2h\eta + d = 0\,. \qquad (4\text{-}37)$$

Hauptachsenlängen $r_i = \sqrt{-d/\lambda_i}\,$. (4-38)

Die Werte λ_1, λ_2, d, h enthalten ähnlich wie (4-30) die Kegelschnittcharakteristik (Tabelle 4-5).

Beispiel:

$$\text{Gegeben } \boldsymbol{C} = \begin{bmatrix} 17 & -6 \\ -6 & 8 \end{bmatrix}, \quad \boldsymbol{b} = \begin{bmatrix} -22 \\ -4 \end{bmatrix}, \quad a_0 = -7\,.$$

$$\boldsymbol{x}_{\mathrm{M}} = -\frac{1}{2}\cdot\frac{1}{100}\begin{bmatrix} 8 & 6 \\ 6 & 17 \end{bmatrix}\begin{bmatrix} -22 \\ -4 \end{bmatrix} = \begin{bmatrix} 1 \\ 1 \end{bmatrix},$$

$$d = -7 + \frac{1}{2}[1\ 1]\begin{bmatrix} -22 \\ -4 \end{bmatrix} = -20\,.$$

Tabelle 4-5. Klassifizierung der Kegelschnitte

λ_1	λ_2	d	Name der Kurve
> 0	> 0	< 0	Ellipse
> 0	> 0	$= 0$	Nullpunkt (entartete Ellipse)
> 0	< 0	$\neq 0$	Hyperbel
> 0	< 0	$= 0$	Paar sich schneidender Geraden
λ_1	h	d	Name der Kurve
> 0	$\neq 0$	beliebig	Parabel
> 0	$= 0$	< 0	zur y-Achse parallele Gerade
> 0	$= 0$	$= 0$	Gerade (y-Achse)
$= 0$	$\neq 0$	beliebig	zur x-Achse parallele Gerade

Eigenwerte aus

$$\begin{vmatrix} 17-\lambda & -6 \\ -6 & 8-\lambda \end{vmatrix} = 0: \ \lambda_1 = 5\,, \quad \lambda_2 = 20\,.$$

$$\boldsymbol{h}_1 = \begin{bmatrix} 1 \\ 2 \end{bmatrix}, \quad \boldsymbol{h}_2 = \begin{bmatrix} 2 \\ -1 \end{bmatrix}, \quad r_1 = \sqrt{\frac{20}{5}} = 2\,,$$

$$r_2 = 1\,.$$

$\lambda_1, \lambda_2 > 0$, $d < 0$ bestimmen eine Ellipse.

Standardparabel $y^2 = 2px$. *Die Parabel ist die Menge der Punkte $M(x,y)$, die von einem festen Punkt (Brennpunkt $F(p/2,0)$) und einer festen Gerade (Leitlinie) gleich weit entfernt sind,* siehe Bild 4-10.

Scheitel S im Ursprung.
Konstruktion: Leitlinie $x = -p/2$ zeichnen. Beliebigen Punkt L auf Leitlinie wählen. Mittelsenkrechte auf LF (gleichzeitig Tangente in P) und Parallele zur x-Achse durch L schneiden sich im Parabelpunkt P.

Standardellipse $b^2x^2 + a^2y^2 = a^2b^2$. *Die Ellipse ist die Menge aller Punkte $M(x,y)$, für die die Summe der Abstände von zwei gegebenen Punkten $F_1 = (-e,0)$, $F_2 = (+e,0)$ (Brennpunkte) konstant ist,* siehe Bild 4-11.

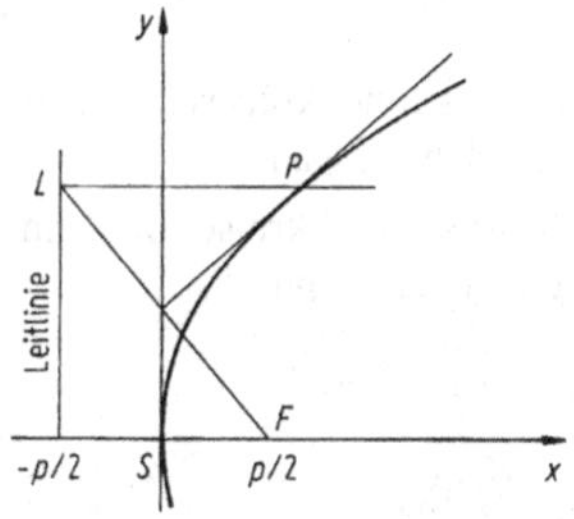

Bild 4-10. Standardparabel

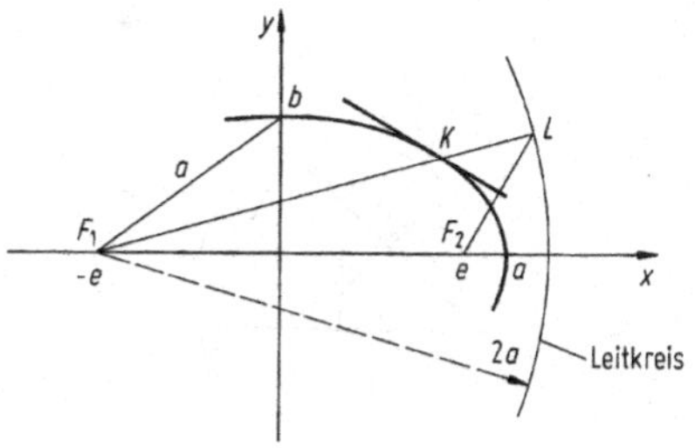

Bild 4-11. Standardellipse

Brennpunkte $F_1\,(-e,0)$, $F_2\,(e,0)$. $e^2 = a^2 - b^2$, $a > b$.
Konstruktion: Leitkreis um F_1 mit Radius $2a$ zeichnen. Beliebigen Punkt L auf Leitkreis wählen. Mittelsenkrechte auf LF_2 (gleichzeitig Tangente in K) schneidet Leitstrahl F_1L im Kegelschnittpunkt K.
Speziell: $\overline{F_1K} + \overline{F_2K} = 2a$.

Standardhyperbel $b^2x^2 - a^2y^2 = a^2b^2$. *Die Hyperbel ist die Menge aller Punkte $M(x,y)$, für die die Differenz der Abstände von zwei gegebenen festen Punkten $F_1 = (-e,0)$, $F_2 = (+e,0)$ (Brennpunkte) konstant ist,* siehe Bild 4-12.
Brennpunkte und Konstruktion wie bei Ellipse. $e^2 = a^2 + b^2$.
Speziell: $\overline{F_1K} - \overline{F_2K} = 2a$.
Asymptoten $ay = \pm bx$

4.2.5 Flächen 2. Ordnung

Einige entstehen z. B. durch Rotation von Kurven 2. Ordnung um deren Hauptachsen und genügen einer quadratischen Gleichung mit 3 Koordinaten.

$$\begin{aligned} &xc_{11}x + xc_{12}y + xc_{13}z + b_1x \\ &+ yc_{12}x + yc_{22}y + yc_{23}z + b_2y \\ &+ zc_{13}x + zc_{23}y + zc_{33}z + b_3z + a_0 = 0\,, \end{aligned}$$

kurz $\boldsymbol{x}^{\mathrm{T}}\boldsymbol{C}\boldsymbol{x} + \boldsymbol{b}^{\mathrm{T}}\boldsymbol{x} + a_0 = 0\,, \quad \boldsymbol{C}, \boldsymbol{b}, a_0 \in \mathbb{R}\,,$

$$\boldsymbol{C} = \begin{bmatrix} c_{11} & c_{12} & c_{13} \\ c_{12} & c_{22} & c_{23} \\ c_{13} & c_{23} & c_{33} \end{bmatrix}, \quad \boldsymbol{b} = \begin{bmatrix} b_1 \\ b_2 \\ b_3 \end{bmatrix}, \quad \boldsymbol{x} = \begin{bmatrix} x \\ y \\ z \end{bmatrix}. \tag{4-39}$$

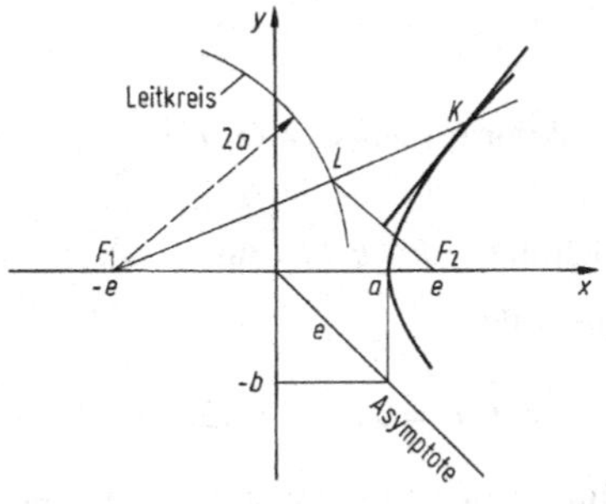

Bild 4-12. Standardhyperbel

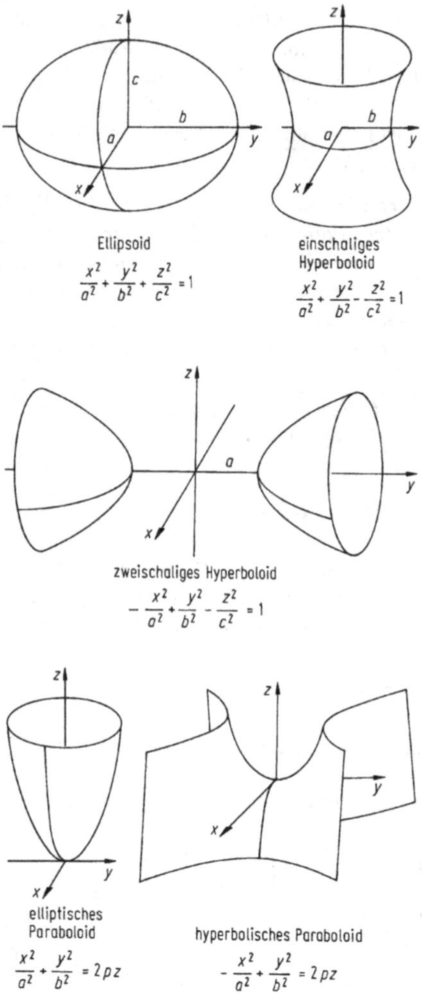

Bild 4-13. Flächen 2. Ordnung, Standardformen

Mittelpunktform (falls $\boldsymbol{C} \neq \boldsymbol{O}$) $\boldsymbol{r}^{\mathrm{T}}\boldsymbol{C}\boldsymbol{r} + d = 0$ entsprechend (4-31).

Hauptrichtungen $\boldsymbol{h}_1$, $\boldsymbol{h}_2$, $\boldsymbol{h}_3$ aus (4-33).

Orthogonalität

$$\boldsymbol{h}_i^{\mathrm{T}}\boldsymbol{h}_j = \boldsymbol{h}_i^{\mathrm{T}}\boldsymbol{C}\boldsymbol{h}_j = 0\,, \quad ij = 12,\, 13,\, 23\,. \qquad (4\text{-}40)$$

Normalform für Nichtparaboloide in Hauptachsenkomponenten.

Tabelle 4-6. Klassifizierung der Flächen $\lambda_1\xi^2 + \lambda_2\eta^2 + \lambda_3\zeta^2 + d = 0$ im Reellen

λ_1	λ_2	λ_3	d	Name
>0	>0	>0	<0	Ellipsoid
>0	>0	>0	$=0$	Nullpunkt
>0	>0	<0	<0	Einschaliges Hyperboloid
>0	>0	<0	>0	Zweischaliges Hyperboloid
>0	>0	<0	$=0$	Elliptischer Doppelkegel mit Achse $\boldsymbol{e}_3$
>0	>0	$=0$	<0	Elliptischer Zylinder
>0	<0	$=0$	$\neq 0$	Hyperbolischer Zylinder
>0	<0	$=0$	$=0$	Paar sich schneidender Ebenen parallel zur $\boldsymbol{e}_3$-Achse
>0	$=0$	$=0$	$=0$	Koordinatenebene $\boldsymbol{e}_2$, $\boldsymbol{e}_3$

$$\boldsymbol{r} = \xi\boldsymbol{h}_1^0 + \eta\boldsymbol{h}_2^0 + \zeta\boldsymbol{h}_3^0\,, \qquad (4\text{-}41)$$
$$\xi^2\lambda_1 + \eta^2\lambda_2 + \zeta^2\lambda_3 + d = 0\,.$$

Hauptachsenlängen $r_i = \sqrt{-d/\lambda_i}\,.$ (4-42)

4.3 Planimetrie, Stereometrie

Schiefwinklige ebene Dreiecke besitzen drei ausgezeichnete Punkte nach Bild 4-14.

Schwerpunkt S im Schnittpunkt der Seitenhalbierenden s_i;

Mittelpunkt M_{i} des Innenkreises im Schnittpunkt der Winkelhalbierenden w_i, Radius r;

Mittelpunkt M_{a} des Außenkreises im Schnittpunkt der Mittelsenkrechten m_i, Radius R.

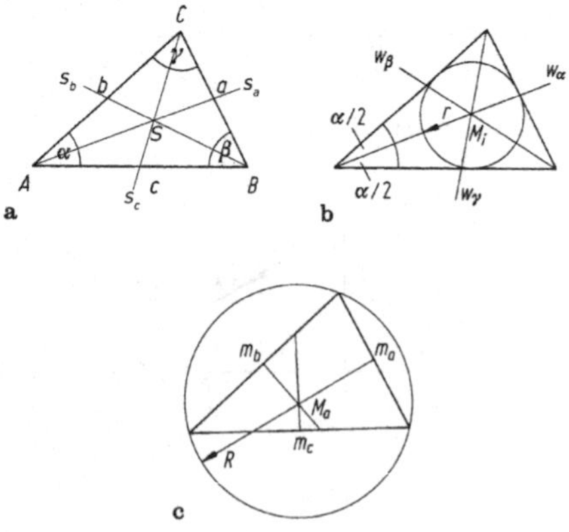

Bild 4-14. Ebenes Dreieck mit Innenkreis und Außenkreis

Tabelle 4-7. Fläche A, Volumen V, Umfang U, Oberfläche S ausgewählter Gebilde

Dreieck 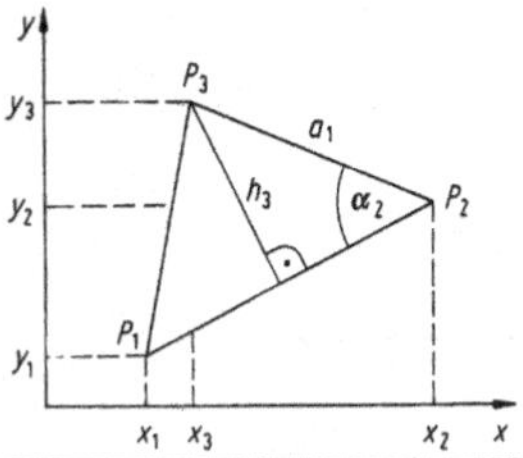	$\alpha_1 + \alpha_2 + \alpha_3 = \pi \mathrel{\hat{=}} 180°$ $A^2 = s(s-a_1)(s-a_2)(s-a_3)$ mit $2s = a_1 + a_2 + a_3$ $h_i = 2A/a_i$ $2A = (x_2 - x_1)(y_3 - y_1) - (x_3 - x_1)(y_2 - y_1)$ Innenkreis $r_i = s \tan\frac{\alpha_1}{2} \tan\frac{\alpha_2}{2} \tan\frac{\alpha_3}{2} = A/s$ Außenkreis $r_a = \frac{a_1 a_2 a_3}{4A}$ $\quad r_i/r_a = 4 \sin\frac{\alpha_1}{2} \sin\frac{\alpha_2}{2} \sin\frac{\alpha_3}{2}$
Viereck 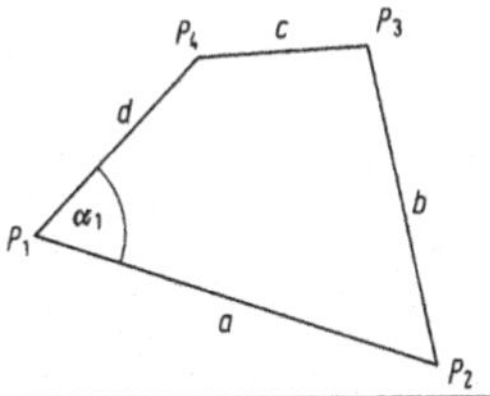	Berechnung durch Aufteilung in 2 Dreiecke $\alpha_1 + \alpha_2 + \alpha_3 + \alpha_4 = 2\pi \mathrel{\hat{=}} 360°$ $\left\lvert \cos\frac{\alpha_1 + \alpha_3}{2} \right\rvert = \left\lvert \cos\frac{\alpha_2 + \alpha_4}{2} \right\rvert = w$ $2s = a + b + c + d$ $A^2 = (s-a)(s-b)(s-c)(s-d) - abcdw^2$
Sehnenviereck	Alle Punkte P_i liegen auf einem Kreis; es existiert ein Außenkreis. $\alpha_1 + \alpha_3 = \alpha_2 + \alpha_4 = \pi \mathrel{\hat{=}} 180°$
Tangentenviereck	Es existiert ein Innenkreis $a + c = b + d$
Trapez 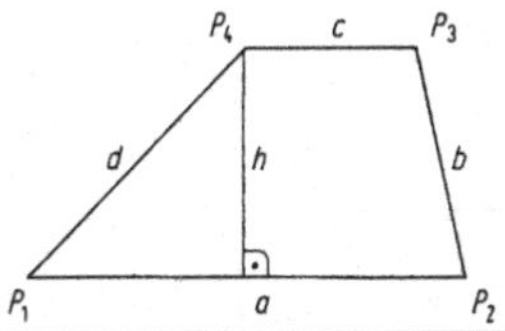	Viereck mit parallelem Seitenpaar a, c. $A = h\frac{a+c}{2}$
Parallelogramm	Viereck mit zwei parallelen Seitenpaaren. $a = c,\ a \parallel c,\quad b = d,\ b \parallel d$ $A = ah$
Rhombus	Parallelogramm mit 4 gleichen Seiten. $a = b = c = d$
n-Eck	Durch n Geraden begrenzte Fläche.
Regelmäßiges n-Eck 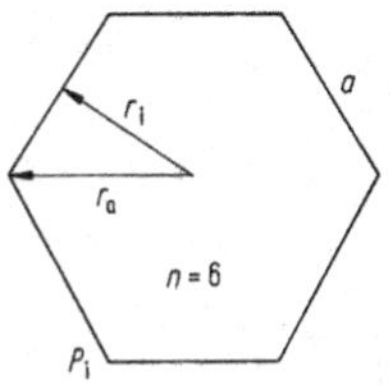	Alle Seiten a_i sind gleich lang $a_i = a$. Alle Ecken P_i liegen auf einem Kreis. $a^2 = 4(r_a^2 - r_i^2)$ $A = nar_i/2 = na\sqrt{r_a^2 - a^2/4}/2$

Tabelle 4-7. (Fortsetzung)

Kreis

$A = \pi r^2, \quad U = 2\pi r$

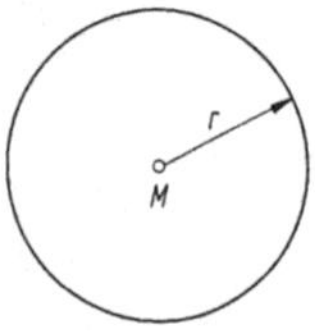

Kreisring

$A = \pi(r_a^2 - r_i^2) = \pi(r_a + r_i)(r_a - r_i)$

r_a Außenradius, r_i Innenradius

Kreissektor

$A = \pi r^2 \alpha°/360° = r^2\alpha/2$

$\alpha°$ Winkel im Gradmaß (rechter Winkel ≙ 90°)
α Winkel im Bogenmaß (rechter Winkel ≙ $\pi/2$)

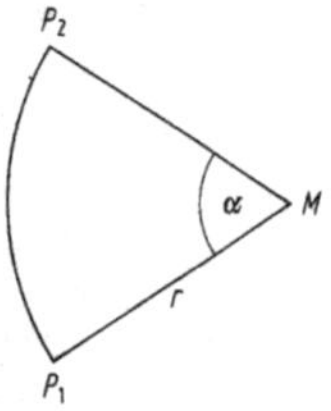

Kreissegment

$2A = r^2\ (\alpha - \sin\alpha)$

Bogen $P_1P_2 = \alpha r$

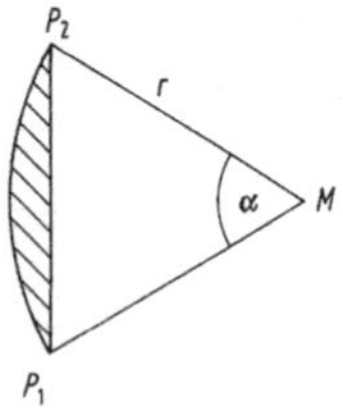

Polynomfläche

$y\ = b(x/a)^n$

$A_1 = \frac{n}{n+1}ab$

$A_2 = \frac{1}{n+1}ab$

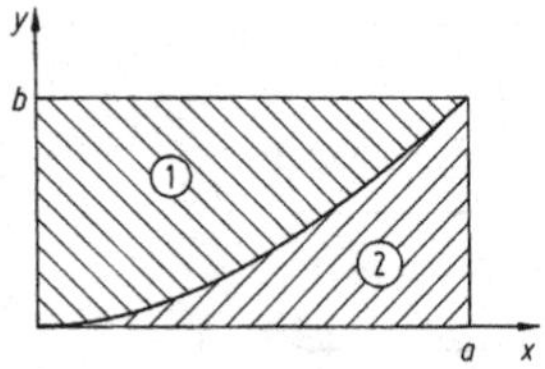

Ellipse

$A = \pi ab$ Exzentrizität $e = \sqrt{1 - b^2/a^2}$

$$U = 4aE(e) = 2\pi a\left[1 - \left(\frac{1}{2}\right)^2 e^2 - \left(\frac{1\cdot 3}{2\cdot 4}\right)^2 \frac{e^4}{3} - \left(\frac{1\cdot 3\cdot 5}{2\cdot 4\cdot 6}\right)^2 \frac{e^6}{5} - \dots\right],$$

$E\left(e, \frac{\pi}{2}\right)$ vollständiges elliptisches Integral zweiter Gattung.

$$U = \pi(a+b)\left[1 + \frac{\lambda^2}{4} + \frac{\lambda^4}{64} + \frac{\lambda^6}{256} + \frac{25\lambda^8}{16384} + \dots\right], \quad \lambda = \frac{a-b}{a+b}$$

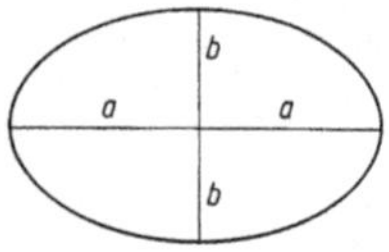

Polyeder

Von ebenen Flächen begrenzter Körper

Tabelle 4-7. (Fortsetzung)

<table>
<tr><td>Prisma
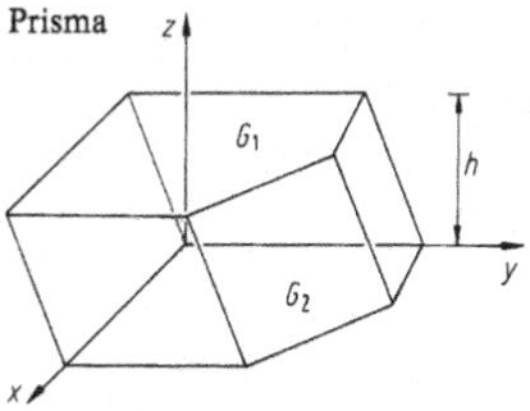</td><td>Grundflächen G_1, G_2 sind kongruente Vielecke. Die Mantelflächen sind Parallelogramme.
$V = Ah$ falls $G_1 \parallel G_2$ mit $A_1 = A_2 = A$
Für ein Prisma mit nicht parallelen Deckflächen sei l der Abstand der Flächenschwerpunkte von G_1 und G_2, A_3 der Flächeninhalt des zu l senkrechten Schnittes.
$V = lA_3$</td></tr>
<tr><td>Gerades Prisma</td><td>Mantelkanten sind senkrecht zu den Grundflächen</td></tr>
<tr><td>Reguläres Prisma</td><td>Gerades Prisma mit regelmäßigen n-Ecken als Grundflächen</td></tr>
<tr><td>Quader
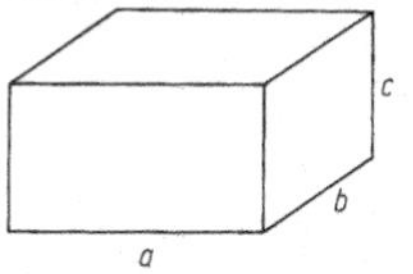</td><td>Spezielles reguläres Prisma
$V = abc$</td></tr>
<tr><td>Pyramide
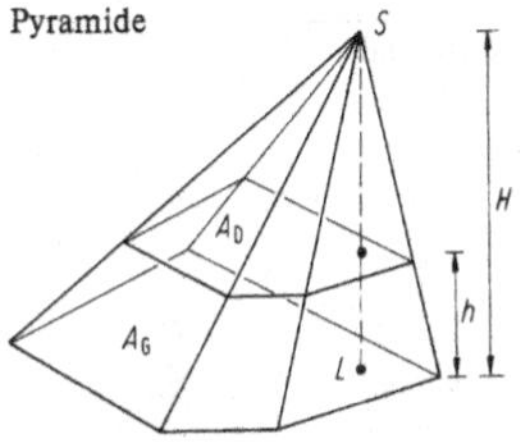</td><td>Körper mit n-Eck als ebener Grundfläche A_G und Spitze S, die mit allen Ecken P_i verbunden ist.
$V = A_G H/3$, H Abstand von S zu A_G.</td></tr>
<tr><td>Pyramidenstumpf</td><td>Entsteht aus Pyramide durch ebenen Schnitt parallel zur Grundfläche A_G mit der Schnitt- gleich Deckfläche A_D.
$V = \frac{h}{3}(A_G + \sqrt{A_G A_D} + A_D)$, h Abstand zwischen Grund- und Deckfläche</td></tr>
<tr><td>Reguläre Pyramide</td><td>Pyramide mit regelmäßigem n-Eck als Grundfläche und Spitze S lotrecht über dem Mittelpunkt der Grundfläche.</td></tr>
<tr><td>Tetraeder
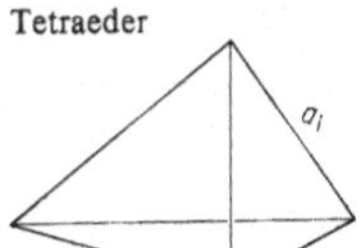</td><td>Pyramide mit 4 begrenzenden Dreiecken mit Flächen A_i.
Falls alle Kanten $a_i = a$ und damit $A_1 = A_2 = A_3 = A_4 = A$ gilt $V = a^3\sqrt{2}/12$, $S = a^2\sqrt{3}$
$r_a = a\sqrt{6}/4$, $r_i = a\sqrt{6}/12$
r_a Radius Außenkugel, r_i Radius Innenkugel</td></tr>
<tr><td>Oktaeder
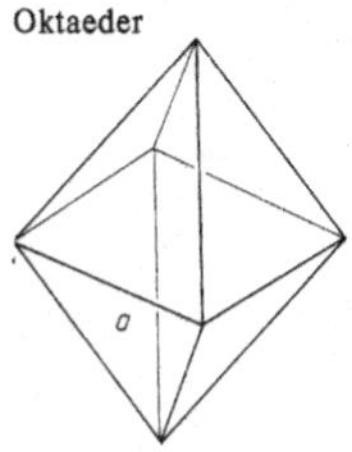</td><td>Polyeder mit 8 gleichseitigen Dreiecken, 6 Ecken, 12 Kanten
$r_a = a\sqrt{2}/2$, $r_i = a\sqrt{6}/6$
$S = 2a^2\sqrt{3}$, $V = a^3\sqrt{2}/3$</td></tr>
</table>

Tabelle 4-7. (Fortsetzung)

Dodekaeder 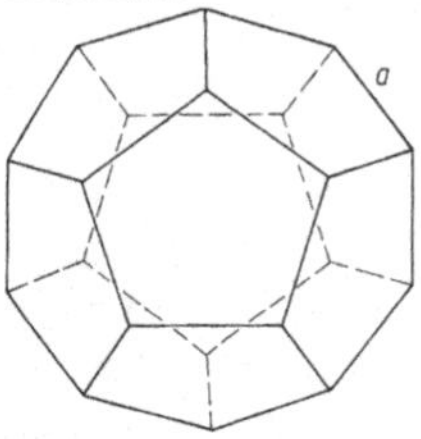	Polyeder mit 12 gleichseitigen Fünfecken, 20 Ecken, 30 Kanten $r_a = a\sqrt{6(3+\sqrt{5})}/4, \quad r_i = a\sqrt{\frac{5}{2}+\frac{11}{10}\sqrt{5}}/2$ $S = 15a^2\sqrt{1+2\sqrt{5}/5}, \quad V = a^3(15+7\sqrt{5})/4$
Ikosaeder 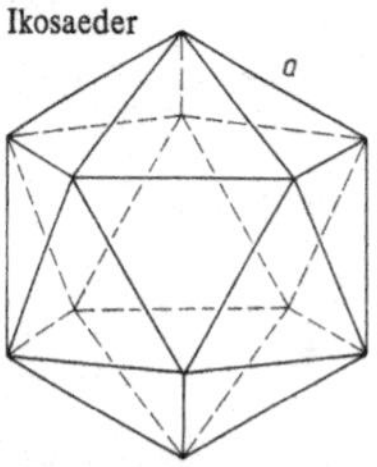	Polyeder mit 20 gleichseitigen Dreiecken, 12 Ecken, 30 Kanten $r_a = a\sqrt{10+2\sqrt{5}}/4, \quad r_i = a(3+\sqrt{5})/(4\sqrt{3})$ $S = 5a^2\sqrt{3}, \quad V = 5a^3(3+\sqrt{5})/12$
Keil 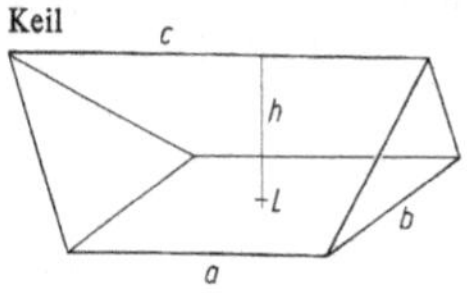	Grundfläche rechteckig. Jeweils zwei gleichschenklige Manteldreiecke und Manteltrapeze. Höhe h, Gratkante c. $V = (2a+c)\,bh/6$
Zylinder 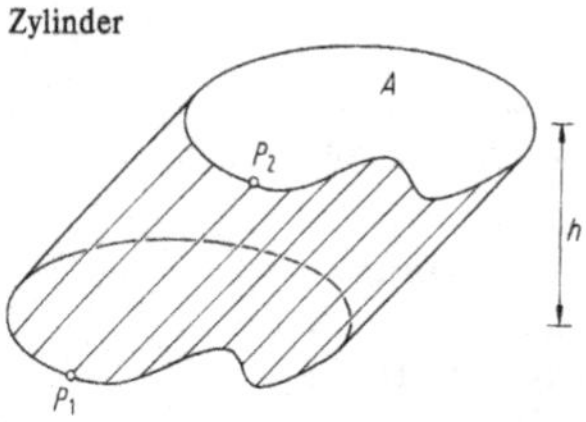	Körper mit identischer Deck- und Mantelfläche in parallelen Ebenen mit parallelen Geraden P_1P_2 entsprechender Punkte. $V = Ah$
Gerader Kreiszylinder 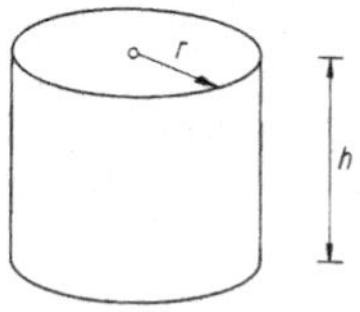	$V = \pi r^2 h, \quad S = 2\pi r(r+h)$
Schräg abgeschnittener Kreiszylinder 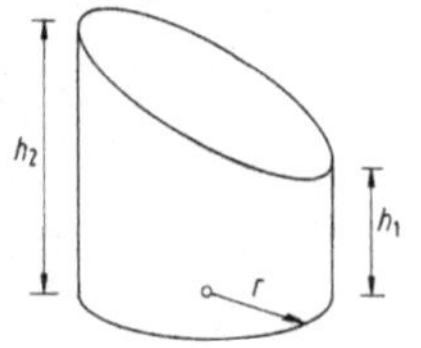	$V = \pi r^2(h_1+h_2)/2$ $h_1 = h_{min}, \quad h_2 = h_{max}$ $S = \pi r\left[h_1+h_2+r+\sqrt{r^2+\left(\frac{h_2-h_1}{2}\right)^2}\right]$

Tabelle 4-7. (Fortsetzung)

Kegel

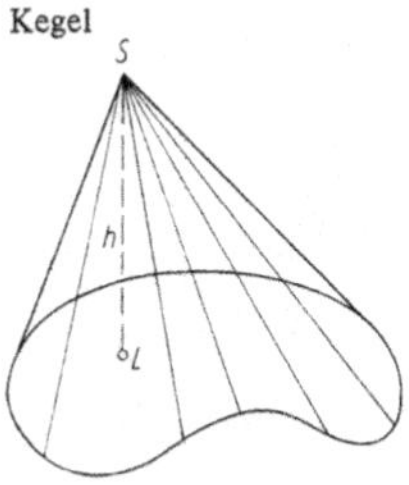

Körper mit ebener Grundfläche A und geraden Mantellinien SP_i

$V = Ah/3$

Gerader Kreiskegel

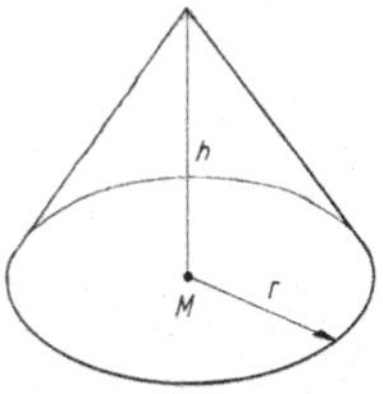

Grundfläche ist ein Kreis. Spitze S liegt lotrecht über Mittelpunkt M.

$V = \pi r^2 h/3$.

$S = \pi r(r + a)$, $a^2 = h^2 + r^2$

Kugel

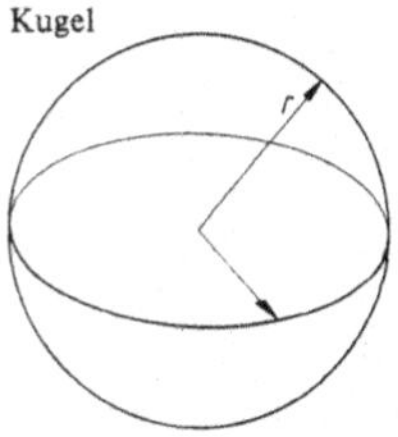

Radius r. Großkreis mit Radius r entsteht bei ebenem Kugelschnitt, der durch den Mittelpunkt geht.

$V = 4\pi r^3/3$

$S = 4\pi r^2$

Kugelkappe

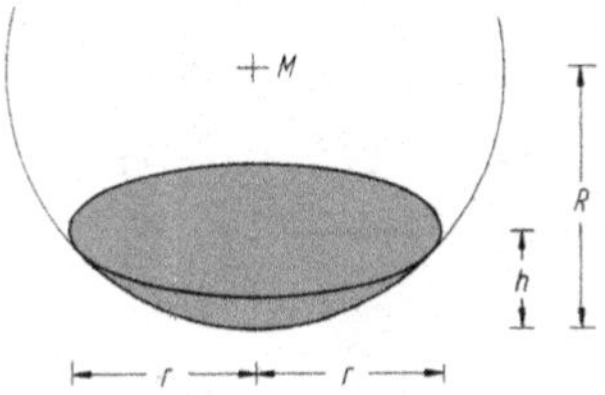

$r^2 = h(2R - h)$

$V = \pi h(3r^2 + h^2)/6 = \pi h^2(3R - h)/3$

$S = \pi(2Rh + r^2) = \pi(h^2 + 2r^2)$

Kugelsektor

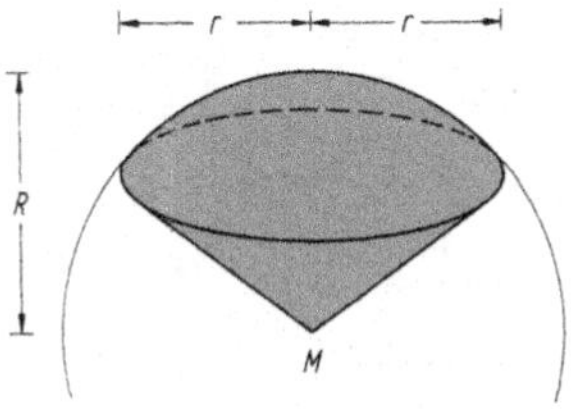

$V = 2\pi R^2 h/3$

$S = \pi R(2h + r)$

Tabelle 4-7. (Fortsetzung)

Kugelschicht

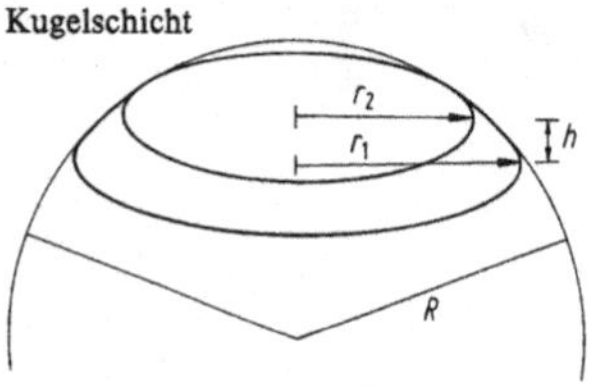

$R^2 = r_1^2 + (r_1^2 - r_2^2 - h^2)^2/(2h)^2$

$V = \pi h(3r_1^2 + 3r_2^2 + h^2)/6$

$S = \pi(2Rh + r_1^2 + r_2^2)$

Ellipsoid

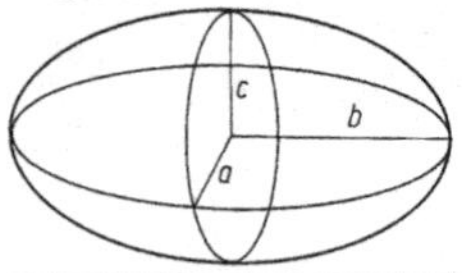

$V = 4\pi abc/3$

Umdrehungsfläche

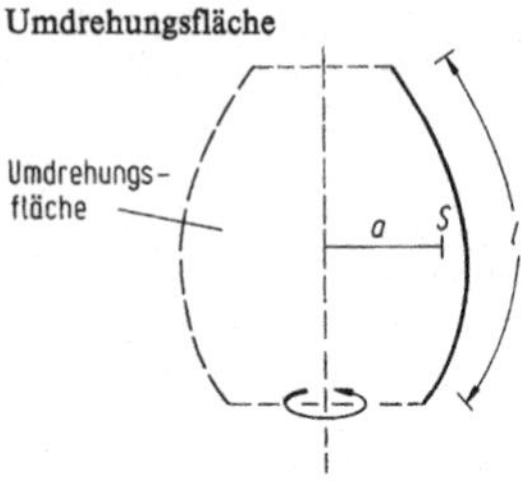

Ebene Kurve der Länge l dreht sich um eine in ihrer Ebene liegende, sie nicht schneidende Achse.

a Abstand des Kurvenschwerpunktes von der Achse

1. Guldinsche Regel: Mantelfläche $S = 2\pi al$

Umdrehungskörper

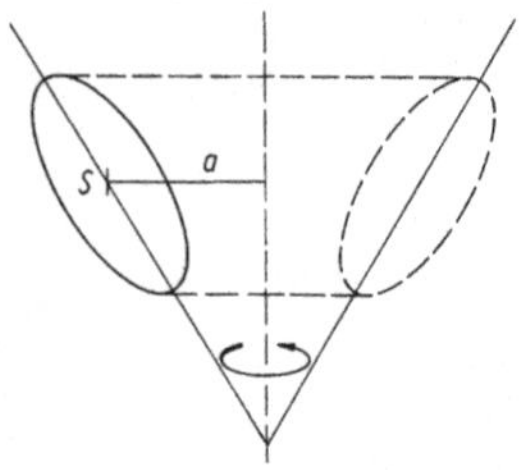

Ebene Fläche mit Inhalt A dreht sich um eine in ihrer Ebene liegende, sie nicht schneidende Achse.

a Abstand des Flächenschwerpunktes von der Achse

2. Guldinsche Regel: Volumen $V = 2\pi aA$

Torus

A speziell Kreisfläche mit Radius r

$V = 2\pi^2 ar^2$

$S = 4\pi^2 ar$

Rotationsparaboloid

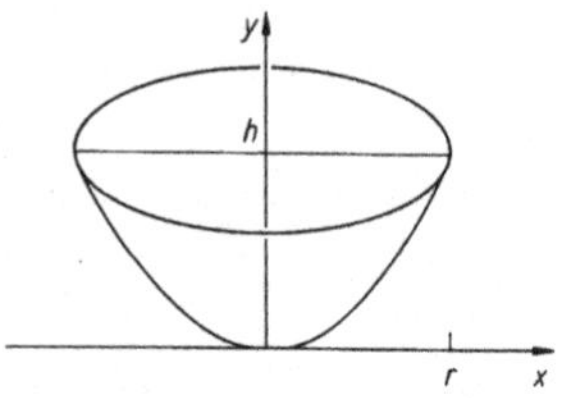

Erzeugende Kurve $y = h(x/r)^2$, Drehung um y-Achse

$V = \pi r^2 h/2$

$$r^2 = (s-a)(s-b)(s-c)/s\,,$$
$$2s = a+b+c\,,$$
$$r = s\tan\frac{\alpha}{2}\tan\frac{\beta}{2}\tan\frac{\gamma}{2}\,, \qquad (4\text{-}43)$$
$$R = abc/(4rs)\,,$$
$$r/R = 4\sin\frac{\alpha}{2}\sin\frac{\beta}{2}\sin\frac{\gamma}{2}\,.$$

Beziehungen zwischen Seitenlängen und Winkeln. Formeln für a und α gelten entsprechend zyklisch fortgesetzt für die anderen Größen.

$$\alpha+\beta+\gamma = 180° \mathrel{\hat=} \pi\,,$$
$$\sin\alpha = \sin(\beta+\gamma)\,, \qquad (4\text{-}44)$$
$$\cos\alpha = -\cos(\beta+\gamma)\,.$$

Sinussatz:

$$a/\sin\alpha = b/\sin\beta = c/\sin\gamma = 2R\,. \qquad (4\text{-}45)$$

Cosinussatz: $a^2 = b^2 + c^2 - 2bc\cos\alpha$,

$(\alpha = \pi/2$: Satz des Pythagoras) . (4-46)

Tangenssatz:

$$(a-b)\tan\frac{\alpha+\beta}{2} = (a+b)\tan\frac{\alpha-\beta}{2}\,. \qquad (4\text{-}47)$$

Halbwinkelsatz:

$$\left(\sin\frac{\alpha}{2}\right)^2 = \frac{(s-b)(s-c)}{bc}\,, \qquad (4\text{-}48)$$
$$\left(\cos\frac{\alpha}{2}\right)^2 = \frac{s(s-a)}{bc}\,.$$

Mollweide-Formel:

$$(b+c)\sin(\alpha/2) = a\cos[(\beta-\gamma)/2]\,, \qquad (4\text{-}49)$$
$$(b-c)\cos(\alpha/2) = a\sin[(\beta-\gamma)/2]\,.$$

Nichtebene Dreiecke werden mit den Mitteln der Differenzialgeometrie behandelt. Kugeldreiecke sind wichtig für Geografie und Geodäsie. Die Schnittlinie von Kugel und Mittelpunktebene ist ein Großkreis mit dem Kugelradius R. Durch 2 Punkte A, B auf der Kugeloberfläche, die nicht auf einem Durchmesser liegen, lässt sich genau ein Großkreis zeichnen. Der kürzere Bogen ist der kürzeste Weg auf der Oberfläche von A nach B (*geodätische Linie*).

5 Projektionen

Die ebene Abbildung räumlicher Gebilde auf dem Zeichenpapier – der Projektionsebene – soll einen

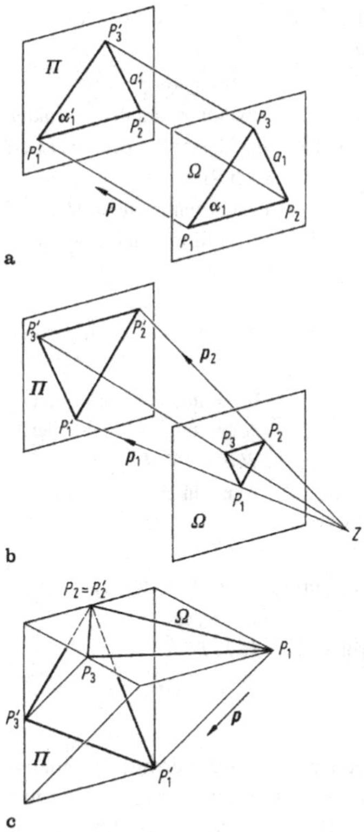

Bild 5-1. Projektionen. **a** Parallelprojektion mit $\Omega \parallel \Pi$; **b** Zentralprojektion mit $\Omega \parallel \Pi$; **c** Parallelprojektion mit $\Omega \nparallel \Pi$

möglichst realistischen Eindruck der Wirklichkeit vermitteln und die eindeutige Reproduktion geometrischer Daten ermöglichen. Typische Merkmale bei der Abbildung eines Dreieckes $P_1P_2P_3$ (Seitenlänge a_i, Winkel α_i) in das Bild $P_1'P_2'P_3'$ (Seitenlänge a_i', Winkel α_i') sind

- (S) Strecken $a_i \leftrightarrow a_i'$
- (W) Winkel $\alpha_i \leftrightarrow \alpha_i'$
- (A) Flächen $A_{P_1P_2P_3} \leftrightarrow A_{P_1'P_2'P_3'}$
- (P) Parallelität
- (V) Streckenverhältnis
- (T) Teilungsverhältnis zwischen 3 Punkten einer Geraden
- (I) Inzidenz (Zugehörigkeit von mehr als 2 Punkten zu einer Geraden)

Tabelle 5-1. Parallelprojektionen (PP) eines Körpers auf eine Ebene Π

Typ	Eigenschaften
Orthogonale oder normale PP	Projektionsstrahlen $\boldsymbol{p}$ senkrecht zur Ebene; das Bild in Π heißt auch Riss
Schräge PP	$\boldsymbol{p}$ nicht senkrecht zu Π z. B. Militär- und Kavalierperspektive

Tabelle 5-2. Projektionen einer ebenen Figur in der Originalebene Ω in die Projektionsebene Π nach Bild 5-1

Typ	Invariante Größen (durch Abbildung nicht verändert)
Zentralprojektion $\Omega \parallel \Pi$	W, P, V, T, I Ähnlichkeit
Zentralprojektion $\Omega \nparallel \Pi$	I
Parallelprojektion $\Omega \parallel \Pi$	S, W, A, P, V, T, I Kongruenz
Parallelprojektion $\Omega \nparallel \Pi$	P, T, I

Axonometrische Bilder vermitteln einen anschaulichen Eindruck und liefern zudem alle geometrisch relevanten Daten, indem das Objekt zusammen mit einem Koordinatenkreuz $\boldsymbol{e}_1, \boldsymbol{e}_2, \boldsymbol{e}_3$ dargestellt wird. Bei *normaler Axonometrie* ist die Projektionsrichtung $\boldsymbol{p}$ senkrecht zur Projektionsebene Π, die durch das Spurendreieck der Achsendurchstoßpunkte S_1, S_2, S_3 durch Π bestimmt wird; siehe Bild 5-2.

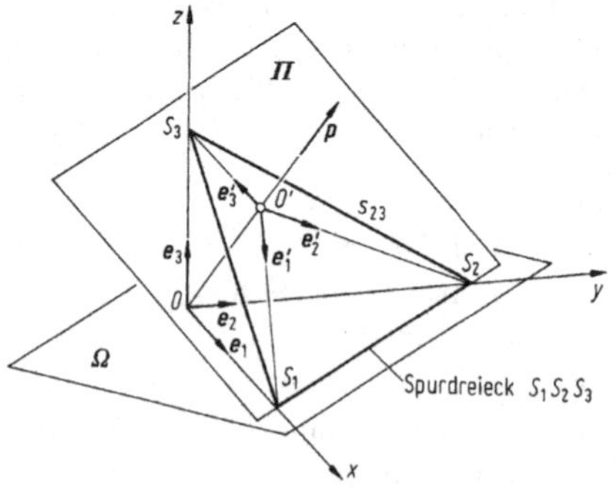

Bild 5-2. Axonometrische Abbildung mit Projektionsrichtung $\boldsymbol{p}$

Durch Klappung um die Spurenachsen $s_{ij} = \overline{S_iS_j}$ erzeugt man nach Bild 5-3 ein unverzerrtes Bild der $\boldsymbol{e}_i$, $\boldsymbol{e}_j$-Ebene mit den orthogonalen Achsen $\boldsymbol{e}_i$, $\boldsymbol{e}_j$ und den wahren Längen e im Thaleskreis. Die Längenverhältnisse sind quadratisch gekoppelt.

$$m_i = e_i/e\,, \quad m_1^2 + m_2^2 + m_3^2 = 2\,. \qquad (5\text{-}1)$$

Durch Klappen um das Bild $\overline{O'A_i}$ der Achse $\boldsymbol{e}_i$ in Bild 5-3 erhält man das *Achsenprofil* mit dem typischen Winkel α_i als Funktion des Maßstabes.

$$e_i = e\cos\alpha_i\,, \quad \cos\alpha_i = m_i\,, \quad \alpha_i < \pi/2\,. \qquad (5\text{-}2)$$

Bei vorgegebenen Maßstäben e_i bez. Winkeln α_i zeichnet man wie im Bild 5-4 zunächst die z-Achse mit Winkel α_3 bei S_3 sowie den Ursprung O' in beliebigem Abstand von S_3. Der Ursprung O im Achsenprofil $O'S_3O$ folgt ebenso zwangsläufig wie

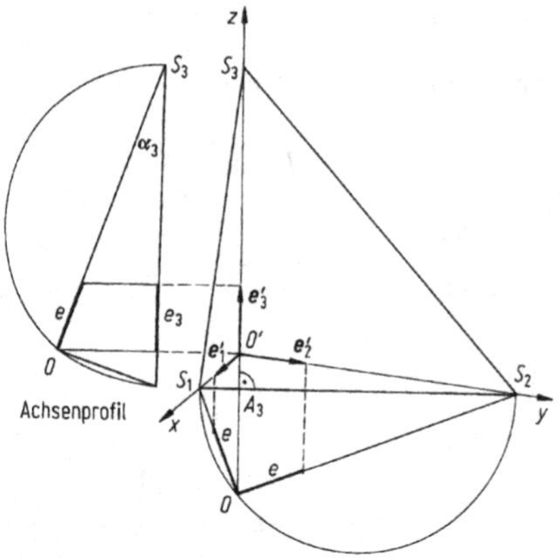

Bild 5-3. Normale Axonometrie

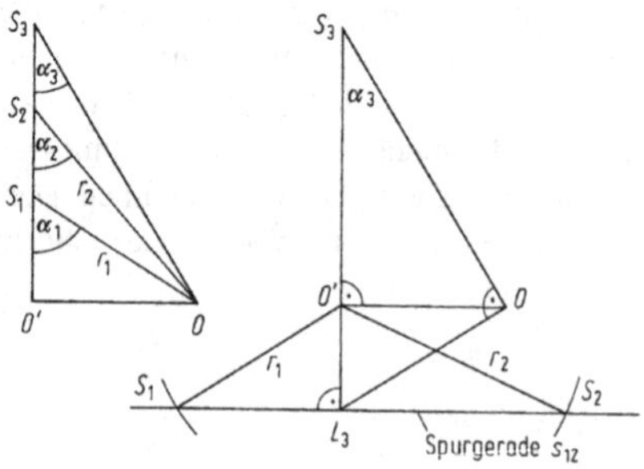

Bild 5-4. Konstruktion des Spurdreieckes bei vorgegebenen Maßstäben $m_i = \cos\alpha_i$

Tabelle 5-3. Axonometrische Abbildungen. Maßstäbe $m_i = e_i/e$ und Winkel α_{ij} zwischen den Bildern e_i' der Achsen

Maßstäbe	Winkel	Typ der Abbildung
$m_1 = m_2 = m_3 = m$	$\alpha_{ij} = 120°$	Isometrie. $m = \sqrt{2/3}$
$m_1 = m/2$, $m_2 = m_3 = m$	$\alpha_{12} = \alpha_{13} = 131{,}42°$ $\alpha_{23} = 97{,}18°$	Sonderfall der Dimetrie; auch Ingenieuraxonometrie genannt. $m = 2\sqrt{2}/3$
$m_1 \neq m_2 \neq m_3$	–	Trimetrie. Alle 3 Maßstäbe verschieden

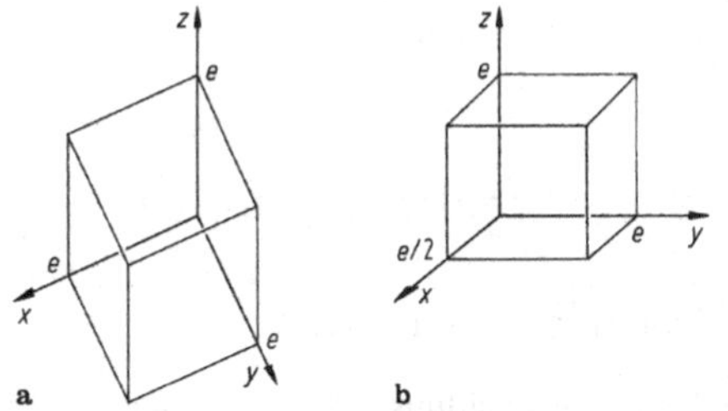

Bild 5-5. Würfel in **a** Militär-, **b** Kavalierperspektive

der Punkt L_3 mit der Senkrechten s_{12} zu $\overline{S_3L_3}$ als Ort für S_1 und S_2. Das Dreieck $S_3O'O$ überträgt man in eine Hilfsskizze, ergänzt die Winkel α_1, α_2 und findet die Radien $r_1 = \overline{O'S_1}$, $r_2 = \overline{O'S_2}$ zweier Kreise, die im Hauptbild um O' geschlagen sowohl S_1 (zu r_1) als auch S_2 (zu r_2) auf der Spurgerade s_{12} markieren.

Militärperspektive ist eine schräge Parallelprojektion mit der $\boldsymbol{e}_1$, $\boldsymbol{e}_2$-Ebene als Projektionsebene Π und der $\boldsymbol{e}_3$-Achse lotrecht nach oben (Projektionsrichtung $\boldsymbol{p}$ unter 45° zu Π). Alle Maßstäbe werden gleich gewählt, wobei Flächen parallel zu Π und Längen parallel $\boldsymbol{e}_3$ unverzerrt erhalten bleiben, siehe Bild 5-5a.

Kavalierperspektive ist eine schräge Parallelprojektion mit der $\boldsymbol{e}_2$, $\boldsymbol{e}_3$-Ebene als Bildebene Π, $\boldsymbol{p}$ unter 45° zu Π und $m_2 = m_3 = m$ sowie $m_1 = m/2$ siehe Bild 5-5b. Der Winkel zwischen den Bildern der $\boldsymbol{e}_1$ und $\boldsymbol{e}_2$-Achsen wird meist zu 30° oder 45° gewählt.

6 Algebraische Funktionen einer Veränderlichen

6.1 Sätze über Nullstellen

Rationale Funktionen enthalten nur die Grundoperationen Addition, Subtraktion, Multiplikation und Division. *Ganzrationale Funktionen*

$$P_n(z) = a_n z^0 + a_{n-1} z^1 + \ldots + a_1 z^{n-1} + a_0 z^n\,, \quad n \in \mathbb{N}\,, \quad a_0 \neq 0\,, \tag{6-1}$$

auch Polynome n-ten Grades genannt, enthalten keine Division. Die Variablen z und die Koeffizienten a_i können auch komplex sein. Die Berechnung von Funktionswerten für spezielle Werte z geschieht effektiv nach dem *Horner-Schema*, siehe 34.2, (34-13).

Algebraische Gleichungen haben die Form $P_n(z) = 0$; in der Normalform ist der Koeffizient $a_0 = 1$. Ihre Lösungen werden auch Wurzeln genannt. Sie entsprechen den Nullstellen z_i des Polynoms $P_n(z)$.

Fundamentalsatz der Algebra. Jede algebraische Gleichung n-ten Grades besitzt n Lösungen z_i, wobei r-fache Wurzeln r-mal zu zählen sind; jedes Polynom n-ten Grades lässt sich als Produkt seiner Linearfaktoren $(z - z_i)$ darstellen:

$$P_n(z) = \sum_{i=0}^{n} a_{n-i} z^i = a_0 (z - z_1) \ldots (z - z_n) = a_0 \prod_{i=1}^{n} (z - z_i)\,; \quad z_i, a_i \in \mathbb{C}\,. \tag{6-2}$$

Reelle Koeffizienten $\boldsymbol{a_i}$. Die Nullstellen können weiterhin komplex sein, doch treten sie paarweise konjugiert komplex auf.

$$a_i \in \mathbb{R}: \quad r \text{ Nullstellen reell}\,, \quad t \text{ Paare komplex}\,, \quad z = x \pm \mathrm{j}y\,;$$
$$0 = a_0 \left\{ \prod_{i=1}^{r} (z - z_i) \right\} \times \left\{ \prod_{k=1}^{t} \left(z^2 - 2x_k z + x_k^2 + y_k^2 \right) \right\}\,, \quad r + 2t = n\,. \tag{6-3}$$

Durch Ausmultiplizieren der faktorisierten Normalform $P_n(z) = 0, a_0 = 1$, erhält man die **Vieta'schen Wurzelsätze**.

$$z_1 + z_2 + \ldots + z_n = \sum_{i=1}^{n} z_i = -a_1 ,$$

$$z_1 z_2 + z_1 z_3 + \ldots + z_{n-1} z_n = \sum_{\substack{i,k=1 \\ (i<k)}}^{n} z_i z_k = a_2 ,$$

$$z_1 z_2 z_3 + z_1 z_2 z_4 + \ldots + z_{n-2} z_{n-1} z_n = \sum_{\substack{i,j,k=1 \\ (i<j<k)}}^{n} z_i z_j z_k = -a_3 , \quad (6\text{-}4)$$

$$\prod_{i=1}^{n} z_i = (-1)^n a_n .$$

Bei *Stabilitätsuntersuchungen* dynamischer Systeme profitiert man von generellen Aussagen über die Realteile x_k der komplexen Nullstellen

$$z_k = x_k + \mathrm{j} y_k .$$

Gegeben: $P(z) = a_n + a_{n-1} z + \ldots + a_1 z^{n-1} + z^n = 0$.
Gesucht: Bedingungen für ausschließlich negative Realteile ($x_k < 0$).

Notwendig: *Stodola*: $a_k > 0 , \quad k = 1, 2, \ldots, n .$ (6-5)

Hinreichend: *Hurwitz*: $H_k > 0$, $k = 1, 2, \ldots, n$.
H_k sind die Hauptabschnittsdeterminanten der (n,n)-*Hurwitz-Matrix*.

$$\boldsymbol{H} = \begin{bmatrix} a_1 & 1 & 0 & 0 & 0 & 0 & \ldots & 0 \\ a_3 & a_2 & a_1 & 1 & 0 & 0 & \ldots & 0 \\ a_5 & a_4 & a_3 & a_2 & a_1 & 1 & \ldots & 0 \\ \cdot & & & \cdot & & & & \cdot \\ \cdot & & & & \cdot & & & \cdot \\ \cdot & & & & & \cdot & & \cdot \\ 0 & 0 & 0 & 0 & 0 & 0 & \ldots & a_n \end{bmatrix} , \quad (6\text{-}6)$$

$$H_1 = a_1 , \quad H_2 = a_1 a_2 - a_3 ,$$
$$H_3 = a_3 H_2 - a_1(a_1 a_4 - a_5) \quad \text{usw.}$$

Lienard-Chipart:

$$a_n > 0 , \quad H_{n-1} > 0 , \quad a_{n-2} > 0 , \quad (6\text{-}7)$$
$$H_{n-3} > 0 , \quad \ldots , \quad H_1 = a_1 > 0 .$$

Routh:

$$R_k > 0 , \quad k = 1, 2, \ldots, n , \quad (6\text{-}8)$$
$$R_k = H_k / H_{k-1} , \quad H_0 = 1 .$$

6.2 Quadratische Gleichungen

Für die quadratische Gleichung gibt es eine explizite Lösung, wobei zugunsten der numerischen Stabilität der Vieta'sche Satz herangezogen wird.

$$a z^2 + b z + c = 0 , \quad a \neq 0 , \quad D = b^2 - 4ac ,$$
$$z_1 = (-b - \operatorname{sgn}(b)\sqrt{D})/2a , \quad (6\text{-}9)$$
$$z_2 = c/z_1 , \quad b \neq 0 .$$

7 Transzendente Funktionen

7.1 Exponentialfunktionen

Von den Exponentialfunktionen $y = a^x$ mit der allgemeinen Basis a und dem variablen Exponenten $x \in \mathbb{C}$ ist die mit Basis e besonders wichtig.

$$f(x) = \mathrm{e}^x , \quad \text{Umkehrfunktion } f(x) = \ln x . \quad (7\text{-}1)$$

Die trigonometrischen und hyperbolischen Funktionen lassen sich auf e^x zurückführen:

$$\sin x = (\mathrm{e}^{\mathrm{j}x} - \mathrm{e}^{-\mathrm{j}x})/2\mathrm{j} ,$$
$$\cos x = (\mathrm{e}^{\mathrm{j}x} + \mathrm{e}^{-\mathrm{j}x})/2 ,$$
$$\sinh x = (\mathrm{e}^{x} - \mathrm{e}^{-x})/2 , \quad (7\text{-}2)$$
$$\cosh x = (\mathrm{e}^{x} + \mathrm{e}^{-x})/2 , \quad x \in \mathbb{R} .$$
$$\mathrm{e}^{\mathrm{j}x} = \cos x + \mathrm{j} \sin x .$$

$$\sin \mathrm{j}x = \mathrm{j} \sinh x , \quad \cos \mathrm{j}x = \cosh x .$$
$$\sinh \mathrm{j}x = \mathrm{j} \sin x , \quad \cosh \mathrm{j}x = \cos x . \quad (7\text{-}3)$$

Diese Exponentialdarstellungen erlauben die Herleitung von Summen- und Produktformeln.

Beispiel:

$$y = (\sin x)^3 = (\mathrm{e}^{\mathrm{j}x} - \mathrm{e}^{-\mathrm{j}x})^3/(2\mathrm{j})^3$$
$$= (\mathrm{e}^{3\mathrm{j}x} - 3\mathrm{e}^{2\mathrm{j}x}\mathrm{e}^{-\mathrm{j}x} + 3\mathrm{e}^{\mathrm{j}x}\mathrm{e}^{-2\mathrm{j}x} - \mathrm{e}^{-3\mathrm{j}x})/(-8\mathrm{j})$$
$$= (3 \sin x - \sin 3x)/4 .$$

7.2 Trigonometrische Funktionen

Allgemein benutzt werden vier trigonometrische Funktionen (Kreisfunktionen),

Tabelle 7-1. Spezielle Werte trigonometrischer Funktionen

Bogenmaß x / Gradmaß x	0 / 0°	$\pi/6$ / 30°	$\pi/4$ / 45°	$\pi/3$ / 60°	$\pi/2$ / 90°
$\sin x$	0	1/2	$\sqrt{2}/2$	$\sqrt{3}/2$	1
$\cos x$	1	$\sqrt{3}/2$	$\sqrt{2}/2$	1/2	0
$\tan x$	0	$\sqrt{3}/3$	1	$\sqrt{3}$	–
$\cot x$	–	$\sqrt{3}$	1	$\sqrt{3}/3$	0

$$\begin{aligned} &\text{Sinus} && f(x) = \sin x = \frac{g}{h}\,, \\ &\text{Cosinus} && f(x) = \cos x = \frac{a}{h}\,, \\ &\text{Tangens} && f(x) = \tan x = \frac{g}{a}\,, \\ &\text{Cotangens} && f(x) = \cot x = \frac{a}{g}\,, \end{aligned} \tag{7-4}$$

die am Kreis nach Bild 7-1 für ein rechtwinkliges Dreieck mit Gegenkathete g, Ankathete a und Hypotenuse h darstellbar sind.
Für die Rechenpraxis sind spezielle Funktionswerte (Vielfache von $\pi/12$) von Nutzen.

Umrechnung zwischen Bogenmaß und Gradmaß:

$$180 x_{\text{Bogen}} = \pi x_{\text{Grad}}\,. \tag{7-5}$$

Periodizität:

$$\begin{aligned} &\sin(x + 2\pi k) = \sin x\,, \\ &\cos(x + 2\pi k) = \cos x\,, \\ &\tan(x + \pi k) = \tan x\,, \\ &\cot(x + \pi k) = \cot x\,; \quad k \in \mathbb{Z}\,. \end{aligned} \tag{7-6}$$

$$\begin{aligned} &\sin(-x) = -\sin x\,, \quad \cos(-x) = \cos x\,, \\ &\tan(-x) = -\tan x\,, \quad \cot(-x) = -\cot x\,. \end{aligned} \tag{7-7}$$

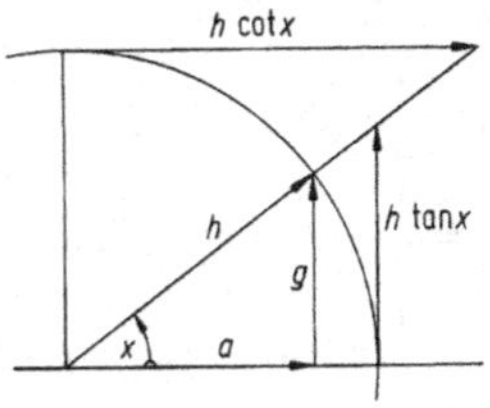

Bild 7-1. Trigonometrische Funktionen am Kreis mit Radius h

Tabelle 7-2. Periodizität bezüglich $\pi/2$

y	$\frac{\pi}{2} + x$	$\pi + x$	$\frac{3}{2}\pi + x$
$\sin y =$	$\cos x$	$-\sin x$	$-\cos x$
$\cos y =$	$-\sin x$	$-\cos x$	$\sin x$
$\tan y =$	$-\cot x$	$\tan x$	$-\cot x$
$\cot y =$	$-\tan x$	$\cot x$	$-\tan x$

Zusammenhang zwischen den trigonometrischen Funktionen bei gleichem Argument:

$$\begin{aligned} &\sin^2 x + \cos^2 x = 1\,, \quad \tan x = \sin x/\cos x\,, \\ &\tan x \cdot \cot x = 1\,. \end{aligned} \tag{7-8}$$

Additionstheoreme:
Für Summe und Differenz zweier Argumente:

$$\begin{aligned} &\sin(x \pm y) = \sin x \cos y \pm \cos x \sin y\,; \\ &\cos(x \pm y) = \cos x \cos y \mp \sin x \sin y\,; \\ &\tan(x \pm y) = \frac{\tan x \pm \tan y}{1 \mp \tan x \tan y}\,; \\ &\cot(x \pm y) = \frac{\cot x \cot y \mp 1}{\cot y \pm \cot x}\,. \end{aligned} \tag{7-9}$$

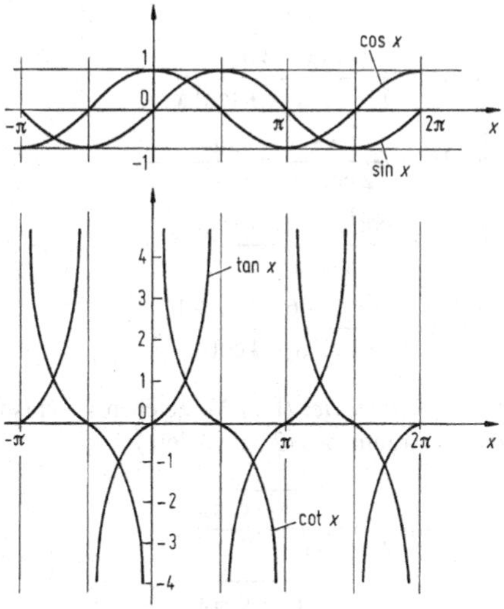

Bild 7-2. Trigonometrische Funktionen

Tabelle 7-3. Beziehungen zwischen trigonometrischen Funktionen gleichen Arguments

	$\sin^2 x$	$\cos^2 x$	$\tan^2 x$	$\cot^2 x$
$\sin^2 x =$	–	$1-\cos^2 x$	$\dfrac{\tan^2 x}{1+\tan^2 x}$	$\dfrac{1}{1+\cot^2 x}$
$\cos^2 x =$	$1-\sin^2 x$	–	$\dfrac{1}{1+\tan^2 x}$	$\dfrac{\cot^2 x}{1+\cot^2 x}$
$\tan^2 x =$	$\dfrac{\sin^2 x}{1-\sin^2 x}$	$\dfrac{1-\cos^2 x}{\cos^2 x}$	–	$\dfrac{1}{\cot^2 x}$
$\cot^2 x =$	$\dfrac{1-\sin^2 x}{\sin^2 x}$	$\dfrac{\cos^2 x}{1-\cos^2 x}$	$\dfrac{1}{\tan^2 x}$	–

Für Vielfache des Argumentes:

$$\begin{aligned}
\sin 2x &= 2\sin x\cos x = \frac{2\tan x}{1+\tan^2 x}\,;\\
\sin 3x &= 3\sin x - 4\sin^3 x\,;\\
\sin 4x &= 8\cos^3 x\sin x - 4\cos x\sin x\,;\\
\cos 2x &= \cos^2 x - \sin^2 x = \frac{1-\tan^2 x}{1+\tan^2 x}\,;\\
\cos 3x &= 4\cos^3 x - 3\cos x\,;\\
\cos 4x &= 8\cos^4 x - 8\cos^2 x + 1\,;\\
\tan 2x &= \frac{2\tan x}{1-\tan^2 x} = \frac{2}{\cot x - \tan x}\,;\\
\tan 3x &= \frac{3\tan x - \tan^3 x}{1-3\tan^2 x}\,;\\
\tan 4x &= \frac{4\tan x - 4\tan^3 x}{1-6\tan^2 x + \tan^4 x}\,;\\
\cot 2x &= \frac{\cot^2 x - 1}{2\cot x} = \frac{\cot x - \tan x}{2}\,;\\
\cot 3x &= \frac{\cot^3 x - 3\cot x}{3\cot^2 x - 1}\,;\\
\cot 4x &= \frac{\cot^4 x - 6\cot^2 x + 1}{4\cot^3 x - 4\cot x}\,.
\end{aligned} \tag{7-10}$$

Für halbe Argumente: (Das Vorzeichen ist entsprechend dem Argument $x/2$ zu wählen.)

$$\begin{aligned}
\sin\frac{x}{2} &= \pm\sqrt{\frac{1-\cos x}{2}}\,;\\
\cos\frac{x}{2} &= \pm\sqrt{\frac{1+\cos x}{2}}\,;\\
\tan\frac{x}{2} &= \pm\sqrt{\frac{1-\cos x}{1+\cos x}}\\
&= \frac{\sin x}{1+\cos x} = \frac{1-\cos x}{\sin x}\,;\\
\cot\frac{x}{2} &= \pm\sqrt{\frac{1+\cos x}{1-\cos x}}\\
&= \frac{\sin x}{1-\cos x} = \frac{1+\cos x}{\sin x}\,.
\end{aligned} \tag{7-11}$$

Produkte von Funktionen:

$$\begin{aligned}
&\sin(x+y)\sin(x-y) = \cos^2 y - \cos^2 x\,;\\
&\cos(x+y)\cos(x-y) = \cos^2 y - \sin^2 x\,;\\
&\left.\begin{matrix}\sin x\sin y\\ \cos x\cos y\end{matrix}\right\} = \frac{1}{2}\{\cos(x-y) \mp \cos(x+y)\,;\\
&\left.\begin{matrix}\sin x\cos y\\ \cos x\sin y\end{matrix}\right\} = \frac{1}{2}\{\sin(x+y) \pm \sin(x-y)\,.
\end{aligned} \tag{7-12}$$

Potenzen:

$$\begin{aligned}
\sin^2 x &= \frac{1}{2}(1-\cos 2x)\,;\\
\cos^2 x &= \frac{1}{2}(1+\cos 2x)\,;\\
\sin^3 x &= \frac{1}{4}(3\sin x - \sin 3x)\,;\\
\cos^3 x &= \frac{1}{4}(3\cos x + \cos 3x)\,;\\
\sin^4 x &= \frac{1}{8}(\cos 4x - 4\cos 2x + 3)\,;\\
\cos^4 x &= \frac{1}{8}(\cos 4x + 4\cos 2x + 3)\,.
\end{aligned} \tag{7-13}$$

Tabelle 7-4. Additionstheoreme für Summe und Differenz zweier trigonometrischer Funktionen

f	g	$f+g$	$(f \pm g)$	$f-g$
$\sin x$	$\sin y$	$2\sin\frac{x+y}{2}\cos\frac{x-y}{2}$;		$2\cos\frac{x+y}{2}\sin\frac{x-y}{2}$
$\cos x$	$\cos y$	$2\cos\frac{x+y}{2}\cos\frac{x-y}{2}$;		$-2\sin\frac{x+y}{2}\sin\frac{x-y}{2}$
$\cos x$	$\sin x$		$\sqrt{2}\sin\left(\frac{\pi}{4}\pm x\right)=\sqrt{2}\cos\left(\frac{\pi}{4}\mp x\right)$	
$\tan x$	$\tan y$		$\frac{\sin(x\pm y)}{\cos x\cos y}$	
$\cot x$	$\cot y$		$\pm\frac{\sin(x\pm y)}{\sin x\sin y}$	
$\tan x$	$\cot y$	$\frac{\cos(x-y)}{\cos x\sin y}$		
$\cot x$	$\tan y$			$\frac{\cos(x+y)}{\sin x\cos y}$

Bezug zu *harmonischen Schwingungen* mit der Frequenz ω, der Zeit t, der Amplitude A und der Phase φ:

$$f(t) = a\sin\omega t + b\cos\omega t = A\sin(\omega t+\varphi)\,,$$
$$A^2 = a^2+b^2\,,\quad \tan\varphi = b/a\,.$$
$$\sum_{i=1}^{n} A_i\sin(\omega t+\varphi_i) = A\sin(\omega t+\varphi_s)\,, \tag{7-14}$$
$$n=2:\quad \tan\varphi_s = (A_1\sin\varphi_1 + A_2\sin\varphi_2)/(A_1\cos\varphi_1 + A_2\cos\varphi_2)\,.$$

Inverse trigonometrische Funktionen

Sie werden auch Arcus- oder zyklometrische Funktionen genannt und ergeben sich durch Spiegelung an der Geraden $y = x$. Allgemein werden vier Arcusfunktionen benutzt, siehe Bild 7-3.

$$\begin{aligned}
&\text{Arcussinus} && f(x) = \arcsin x \text{ (auch } \sin^{-1} x)\,,\\
&\text{Arcuscosinus} && f(x) = \arccos x \text{ (auch } \cos^{-1} x)\,,\\
&\text{Arcustangens} && f(x) = \arctan x \text{ (auch } \tan^{-1} x)\,,\\
&\text{Arcuscotangens} && f(x) = \operatorname{arccot} x \text{ (auch } \cot^{-1} x)\,.
\end{aligned} \tag{7-15}$$

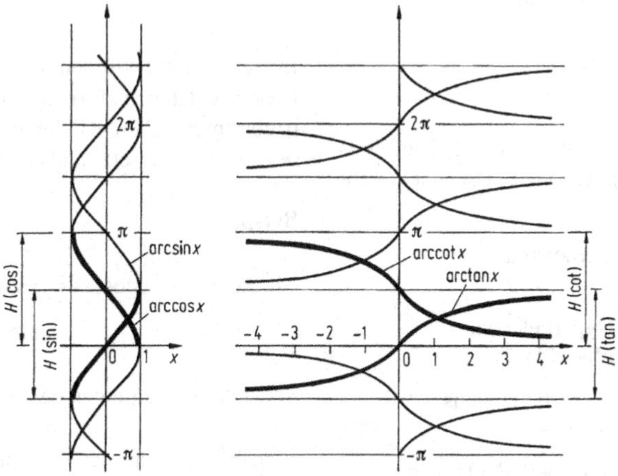

Bild 7-3. Inverse trigonometrische Funktionen. Kennzeichnung der Hauptwerte durch $H()$

Tabelle 7-5. Beziehungen zwischen hyperbolischen Funktionen gleichen Arguments

	$\sinh^2 x$	$\cosh^2 x$	$\tanh^2 x$	$\coth^2 x$
$\sinh^2 x$	–	$\cosh^2 x - 1$	$\dfrac{\tanh^2 x}{1-\tanh^2 x}$	$\dfrac{1}{\coth^2 x - 1}$
$\cosh^2 x$	$\sinh^2 x + 1$	–	$\dfrac{1}{1-\tanh^2 x}$	$\dfrac{\coth^2 x}{\coth^2 x - 1}$
$\tanh^2 x$	$\dfrac{\sinh^2 x}{\sinh^2 x + 1}$	$\dfrac{\cosh^2 x - 1}{\cosh^2 x}$	–	$\dfrac{1}{\coth^2 x}$
$\coth^2 x$	$\dfrac{\sinh^2 x + 1}{\sinh^2 x}$	$\dfrac{\cosh^2 x}{\cosh^2 x - 1}$	$\dfrac{1}{\tanh^2 x}$	–

Die Arcusfunktionen sind mehrdeutig, deshalb werden sogenannte *Hauptwerte* definiert:

$$\begin{aligned} -\pi/2 &\leqq \arcsin x \leqq +\pi/2\,, && \text{auch Arcsin}\, x\,,\\ 0 &\leqq \arccos x \leqq \pi\,, && \text{auch Arccos}\, x\,,\\ -\pi/2 &< \arctan x < +\pi/2\,, && \text{auch Arctan}\, x\,,\\ 0 &< \operatorname{arccot} x < \pi\,, && \text{auch Arccot}\, x\,. \end{aligned} \tag{7-16}$$

Beziehungen im Bereich der Hauptwerte:

$$\begin{aligned} \arcsin x &= \pi/2 - \arccos x = \arctan\left(x/\sqrt{1-x^2}\right)\,,\\ \arccos x &= \pi/2 - \arcsin x = \operatorname{arccot}\left(x/\sqrt{1-x^2}\right)\,,\\ \arctan x &= \pi/2 - \operatorname{arccot} x = \arcsin\left(x/\sqrt{1+x^2}\right)\,,\\ \operatorname{arccot} x &= \pi/2 - \arctan x = \arccos\left(x/\sqrt{1+x^2}\right)\,, \end{aligned}$$

$$\operatorname{arccot} x = \begin{cases} \arctan(1/x)\,, & \text{für } x > 0\,,\\ \pi + \arctan(1/x) & \text{für } x < 0\,. \end{cases} \tag{7-17}$$

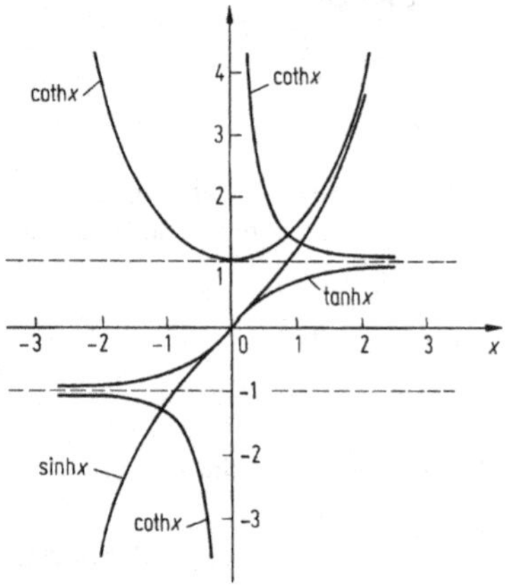

Bild 7-4. Hyperbolische Funktionen

7.3 Hyperbolische Funktionen

Allgemein benutzt werden vier hyperbolische Funktionen, auch *Hyperbelfunktionen* genannt, siehe Bild 7-4.

Hyperbolischer Sinus, Hyperbelsinus

$$\sinh x = (e^x - e^{-x})/2\,,$$

Hyperbolischer Cosinus, Hyperbelcosinus

$$\cosh x = (e^x + e^{-x})/2\,,$$

Hyperbolischer Tangens, Hyperbeltangens

$$\tanh x = (e^x - e^{-x})/(e^x + e^{-x})\,, \tag{7-18}$$

Hyperbolischer Cotangens, Hyperbelcotangens

$$\coth x = (e^x + e^{-x})/(e^x - e^{-x})\,.$$

Beziehungen zwischen den hyperbolischen Funktionen entstehen formal aus den entsprechenden trigonometrischen Gleichungen, wenn man $\sin x$ durch $\mathrm{j}\sinh x$ ersetzt und $\cos x$ durch $\cosh x$.

Beispiel:

$$\begin{aligned} \sin 2x = 2\sin x\cos x &\rightarrow \mathrm{j}\sinh 2x = 2\mathrm{j}\,\sinh x\cosh x\,,\\ &\rightarrow \sinh 2x = 2\sinh x\cosh x\,. \end{aligned}$$

Spezielle Beziehungen bei gleichem Argument:

$$\cosh^2 x - \sinh^2 x = 1\,, \quad \tanh x = \sinh x/\cosh x\,,$$
$$\tanh x \coth x = 1\,.$$

Additionstheoreme für Summe und Differenz zweier Argumente:

$$\sinh(x \pm y) = \sinh x \cosh y \pm \cosh x \sinh y\,;$$

$$\cosh(x \pm y) = \cosh x \cosh y \pm \sinh x \sin y\,;$$

$$\tanh(x \pm y) = \frac{\tanh x \pm \tanh y}{1 \pm \tanh x \tanh y}\,; \qquad (7\text{-}19)$$

$$\coth(x \pm y) = \frac{1 \pm \coth x \coth y}{\coth x \pm \coth y}\,.$$

Theoreme für doppeltes und halbes Argument:

$$\sinh 2x = 2 \sinh x \cosh x\,;$$

$$\cosh 2x = \sinh^2 x + \cosh^2 x\,;$$

$$\tanh 2x = \frac{2 \tanh x}{1 + \tanh^2 x}\,;$$

$$\coth 2x = \frac{1 + \coth^2 x}{2 \coth x}\,; \qquad (7\text{-}20)$$

$$\sinh^2 x = (\cosh 2x - 1)/2\,;$$

$$\cosh^2 x = (\cosh 2x + 1)/2\,;$$

$$\tanh x = \frac{\cosh 2x - 1}{\sinh 2x} = \frac{\sinh 2x}{\cosh 2x + 1}\,.$$

Summe und Differenz zweier Funktionen:

$$\sinh x \pm \sinh y = 2 \sinh \frac{1}{2}(x \pm y) \cosh \frac{1}{2}(x \mp y)\,;$$

$$\cosh x + \cosh y$$

$$= 2 \cosh \frac{1}{2}(x + y) \cosh \frac{1}{2}(x - y)\,; \qquad (7\text{-}21)$$

$$\cosh x - \cosh y = 2 \sinh \frac{1}{2}(x + y) \sinh \frac{1}{2}(x - y)\,;$$

$$\tanh x \pm \tanh y = \sinh(x \pm y)/\cosh x \cosh y\,.$$

Potenzen werden nach (7-2) über e-Funktionen berechnet.

Satz von Moivre:

$$(\cosh x \pm \sinh x)^n = \cosh nx \pm \sinh nx = \mathrm{e}^{\pm nx}\,. \qquad (7\text{-}22)$$

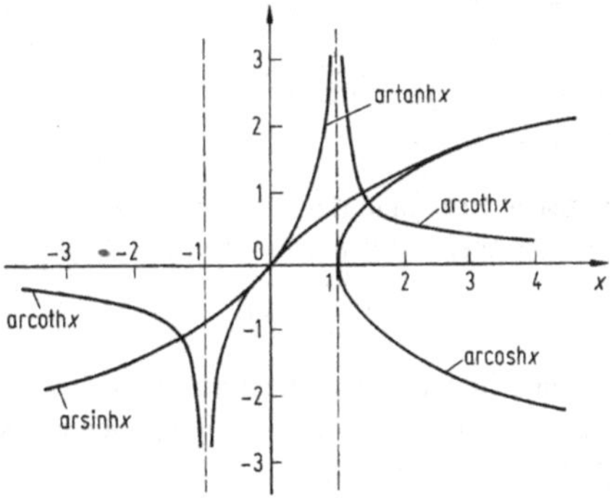

Bild 7-5. Inverse hyperbolische Funktionen

Inverse hyperbolische Funktionen

Sie werden auch *Areafunktionen* genannt (entsprechend der Flächenzuordnung an der Einheitshyperbel) und ergeben sich durch Spiegelung an der Geraden $y = x$, siehe Bild 7-5.

Areasinus	$f(x) = \operatorname{arsinh} x\,;$
Areacosinus	$f(x) = \operatorname{arcosh} x\,;$
Areatangens	$f(x) = \operatorname{artanh} x\,;$
Areacotangens	$f(x) = \operatorname{arcoth} x\,.$

Statt Areasinus usw. sagt man auch Areasinus hyperbolicus oder Areahyperbelsinus.

Explizite Darstellung durch logarithmische Funktionen:

$$y = \operatorname{arcosh} x = \begin{cases} \ln\left(x + \sqrt{x^2 - 1}\right), & x > 1\,, y \geqq 0\,, \\ \ln\left(x - \sqrt{x^2 - 1}\right), & x \geqq 1\,, y \leqq 0\,, \end{cases}$$

$$\operatorname{arsinh} x = \ln\left(x + \sqrt{x^2 + 1}\right),$$

$$\operatorname{artanh} x = \frac{1}{2} \ln \frac{1 + x}{1 - x}\,, \quad |x| < 1\,, \qquad (7\text{-}23)$$

$$\operatorname{arcoth} x = \frac{1}{2} \ln \frac{x + 1}{x - 1}\,, \quad |x| > 1\,.$$

8 Höhere Funktionen

8.1 Algebraische Funktionen 3. und 4. Ordnung

Algebraische Kurven in der Ebene sind Graphen von Potenzfunktionen mit ganzzahligen Exponenten.

$$F(x^m, y^n) = 0\,. \tag{8-1}$$

Die Vielfalt ihrer Erscheinungsformen ist sehr groß, und die Hervorhebung spezieller Funktionen ist weitgehend historisch bedingt, siehe Tabelle 8-1.

8.2 Zykloiden, Spiralen

Zykloiden (Rollkurven) entstehen durch Abrollen eines zentrischen Kreises mit Radius r auf einer Kreisscheibe K mit Radius R_S längs einer Leitkurve k_L, indem man die Bahn eines fest gewählten Punktes P auf K mit Mittelpunktabstand r_p aufzeichnet, siehe Bilder 8-2, 8-3 und Tabellen 8-2, 8-3. (Tabelle 8-3 und Bild 8-4 siehe S. A 43.)

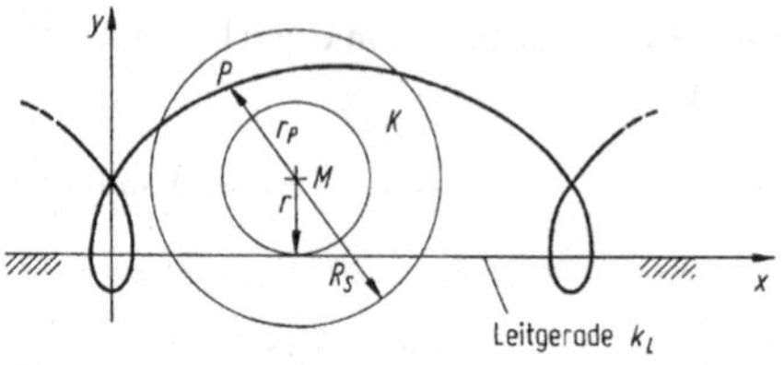

Bild 8-2. Verlängerte Zykloide mit $r_p > r$

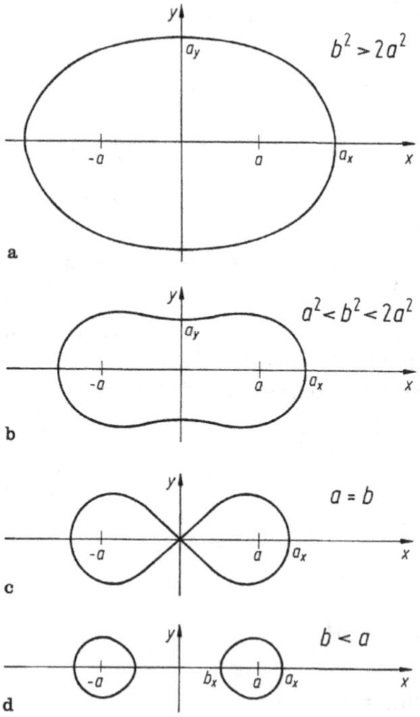

Bild 8-1. Cassini'sche Kurven. $a_x^2 = a^2 + b^2$, $b_x^2 = a^2 - b^2$, $a_y^2 = -a^2 + b^2$. Fall c auch Lemniskate

8.3 Delta-, Heaviside- und Gammafunktion

Deltafunktion von Dirac. Sie ist definiert über die Integraltransformation einer Funktion $f(x)$, die an einer Stelle $x = x_i$ stetig ist. Bei gleicher Gewichtung der Randwerte $x_i = a$ und $x_i = b$ spricht man von einer symmetrischen Deltafunktion:

$$\int_a^b f(x)\delta(x - x_i)\,\mathrm{d}x = \begin{cases} 0 & \text{für } x_i < a \\ \frac{1}{2} f(a) & \text{für } x_i = a \\ f(x_i) & \text{für } a < x_i < b \\ 0 & \text{für } x_i > b \\ \frac{1}{2} f(b) & \text{für } x_i = b\,. \end{cases} \tag{8-2}$$

Für $f(x) \equiv 1$ erhält man die **Sprung-** *oder* **Heaviside-Funktion** mit

$$\frac{\mathrm{d}}{\mathrm{d}x} H(x - x_i) = \delta(x - x_i)\,.$$

$$\begin{aligned} &\text{Symmetrisch} \quad H(x - x_i) = \begin{cases} 0 & \text{für } x < x_i\,, \\ \frac{1}{2} & \text{für } x = x_i\,, \\ 1 & \text{für } x > x_i\,, \end{cases} \\ &\text{Anti-metrisch} \quad H_-(x - x_i) = \begin{cases} 0 & \text{für } x < x_i\,, \\ 1 & \text{für } x \geqq x_i\,, \end{cases} \\ &\qquad\qquad H_+(x - x_i) = \begin{cases} 0 & \text{für } x \leqq x_i\,, \\ 1 & \text{für } x > x_i\,. \end{cases} \end{aligned} \tag{8-3}$$

Eine exakte mathematische Analyse der Deltafunktion erfolgt in der Theorie der *Distributionen*; kontinuierliche Approximationen der Delta- und Sprung-

Tabelle 8-1. Einige Kurven 3. und 4. Ordnung ($a > 0$, $b > 0$)

Name	Kartesische Koordinaten	Polarkoordinaten
Zissoide	$y^2(a-x) = x^3$	$r = a\sin^2\varphi/\cos\varphi$
Strophoide	$(a-x)y^2 = (a+x)x^2$	$r = -a\cos 2\varphi/\cos\varphi$
Kartesisches Blatt	$x^3 + y^3 = 3axy$	$r = \dfrac{3a\sin\varphi\cos\varphi}{\sin^3\varphi + \cos^3\varphi}$
Konchoide	$(x-a)^2(x^2+y^2) = x^2b^2$	$r = b + a/\cos\varphi$
Cassini'sche Kurve	$(x^2+y^2)^2 - 2a^2(x^2-y^2) = b^4 - a^4$	$r^2 = a^2\cos 2\varphi \pm \sqrt{b^4 - a^4\sin^2 2\varphi}$ Bild 8-1

Tabelle 8-2. Zykloiden. $r_P = r$ gewöhnliche Form, $r_P > r$ verlängerte Form, $r_P < r$ verkürzte Form

Leitkurve	Name	Parameterdarstellung
Gerade	Zykloide	$x = rt - r_P\sin t$ $y = rt - r_P\cos t$
Kreis K_L mit Radius R	Abrollen auf Außenseite von K_L: Epizykloide	$x = (R+r)\cos\left(\frac{rt}{R}\right) - r_P\cos\left(\frac{R+r}{R}t\right)$ $y = (R+r)\sin\left(\frac{rt}{R}\right) - r_P\sin\left(\frac{R+r}{R}t\right)$
Kreis K_L mit Radius $R > r$	Abrollen auf Innenseite von K_L: Hypozykloide	$x = (R-r)\cos\left(\frac{rt}{R}\right) + r_P\cos\left(\frac{R-r}{R}t\right)$ $y = (R-r)\sin\left(\frac{rt}{R}\right) - r_P\sin\left(\frac{R-r}{R}t\right)$
Kreis $r = R$	Epizykloide: Kardioide (Herzkurve)	Kartesisch/Polar $(x^2+y^2-r_P^2)^2 = 4r_P^2[(x-r_P)^2+y^2]$ $\varrho = 2r_P(1-\cos\varphi)$, siehe Bild 8-3a
Kreis $r = r_P = R/4$	Hypozykloide: Astroide (Sternkurve)	$(x^2+y^2-R^2)^3 + 27R^2x^2y^2 = 0$ siehe Bild 8-3b

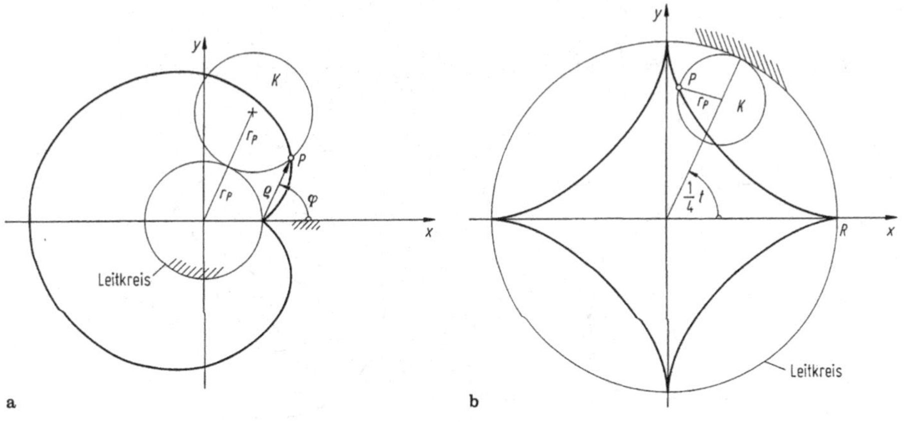

Bild 8-3. **a** Gewöhnliche Epizykloide mit $r = r_P$, **b** gewöhnliche Hypozykloide mit $r = r_P = R/4$

Tabelle 8-3. Weitere kinematisch begründete Kurven

Name	Entstehung, Darstellung
Kreisresolvente	Bahn des Angriffspunktes A an einem Faden, der straff von einer festen Rolle mit Radius r abgewickelt wird, wobei der jeweils freie „Fadenstrahl" AB die Rolle in B tangiert. $\tau = t/r$. $x = r(\cos\tau + \tau\sin\tau)$, $y = r(\sin\tau - \tau\cos\tau)$. t: abgewickelte Kreisbogenlänge. Siehe Bild 8-4a.
Kettenlinie	Gleichgewichtsform eines Seiles (keine Biegesteifigkeit) mit konstantem Querschnitt, das im Schwerefeld zwischen 2 Punkten aufgehängt ist. $y = a\cosh(x/a)$.
Schleppkurve, auch Traktrix	Evolvente der Kettenlinie. $x = h(t - \tanh t), \quad y = h/\cosh t$. Der Tangentenabschnitt von einem beliebigen Kurvenpunkt P bis zum Schnitt T der Tangente in P mit der x-Achse ist für alle P konstant.
Archimed'sche Spirale	Bahn eines Punktes P, dessen Abstand r zum Nullpunkt 0 proportional ist zum Umlaufwinkel φ, der von einem festen Anfangsstrahl durch 0 gemessen wird, siehe Bild 8-4b. $r = a\varphi, \quad 0 \leqq \varphi < \infty$.
Hyperbolische Spirale	Gekennzeichnet durch inverse Proportionalität zwischen r und φ. $r = a/\varphi, \quad 0 < \varphi < \infty$.
Logarithmische Spirale	$r = a\mathrm{e}^{m\varphi}, \quad m > 0, \quad a > 0$. Die Tangente in einem Spiralenpunkt P bildet mit dem Strahl P einen konstanten Winkel τ. $\tau = \operatorname{arccot} m$
Klothoide (Cornu'sche Spirale)	Ihre Bogenlänge s ist proportional zur Krümmung: $s = a^2\,\mathrm{d}\alpha/\mathrm{d}s$. $x = \int_0^s \cos\left(\frac{\sigma^2}{2a^2}\right)\mathrm{d}\sigma, \quad y = \int_0^s \sin\left(\frac{\sigma^2}{2a^2}\right)\mathrm{d}\sigma.$ C, S: Fresnel'sche Integrale. $\sigma = ta\sqrt{\pi}$. $C = \int_0^u \cos\left(\frac{\pi}{2}t^2\right)\mathrm{d}t = u - \left(\frac{\pi}{2}\right)^2 \cdot \frac{u^5}{2!5} + \left(\frac{\pi}{2}\right)^4 \cdot \frac{u^9}{4!9} - + \ldots$ $S = \int_0^u \sin\left(\frac{\pi}{2}t^2\right)\mathrm{d}t = \frac{\pi}{2} \cdot \frac{u^3}{1!3} - \left(\frac{\pi}{2}\right)^3 \cdot \frac{u^7}{3!7} + \left(\frac{\pi}{2}\right)^5 \cdot \frac{u^{11}}{5!11} - + \ldots$

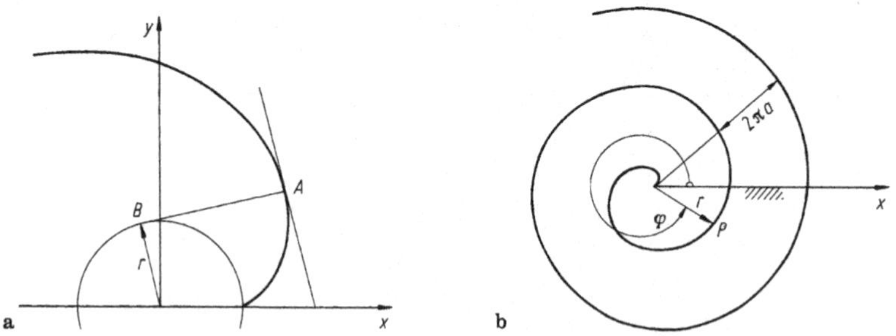

Bild 8-4. **a** Kreisresolvente, **b** Archimed'sche Spirale

funktion beruhen auf einer Kontraktion der wirksamen „Belastungslänge“ a, so zum Beispiel:

$$\delta(x-0): \left[\frac{a}{\pi(x^2+a^2)}\right],$$
$$\left[\frac{1}{a\sqrt{\pi}}\exp(-x^2/a^2)\right].$$
$$H(x-0): \left[\frac{1}{2}+\frac{1}{\pi}\arctan(x/a)\right].$$
$$\text{Jeweils} \quad a \to 0. \tag{8-4}$$

Rechenregeln für $H(x)$ und $\delta(x)$.

$$\frac{\mathrm{d}}{\mathrm{d}x}H(x)=\delta(x), \quad x\delta(x)=0,$$
$$\delta(ax)=(1/a)\delta(x) \quad (a>0),$$
$$\delta[f(x)]=\sum_j \frac{\delta(x-x_j)}{|f'(x_j)|} \text{ mit}$$
$$f(x_j)=0 \quad \text{einfache Nullstelle},$$
$$\frac{\mathrm{d}^n}{\mathrm{d}x^n}\delta(x)=(-1)^n n!\frac{\delta(x)}{x^n},$$
$$\int_{-\infty}^{\infty}\delta(x_i-x)\delta(x-x_j)\,\mathrm{d}x=\delta(x_i-x_j),$$
$$\int_{-\infty}^{\infty}f(x)\delta'(x_j-x)\,\mathrm{d}x=f'(x_j) \quad (\text{falls } f' \text{ in } x_j \text{ stetig}),$$
$$H(s)=\frac{1}{2\pi}\int_{-\infty}^{\infty}\frac{\sin st}{t}\mathrm{d}t+\frac{1}{2},$$
$$\delta(x-a)=\frac{1}{2\pi}\int_{-\infty}^{\infty}\mathrm{e}^{(x-a)\mathrm{j}t}\mathrm{d}t. \tag{8-5}$$

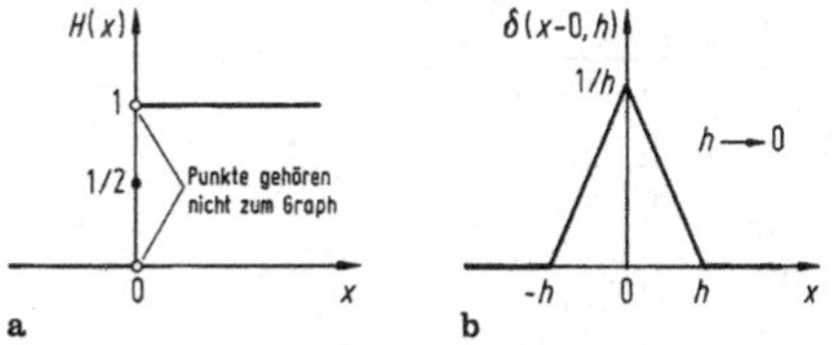

Bild 8-5. **a** Heaviside-Funktion, **b** Approximation der δ-Funktion

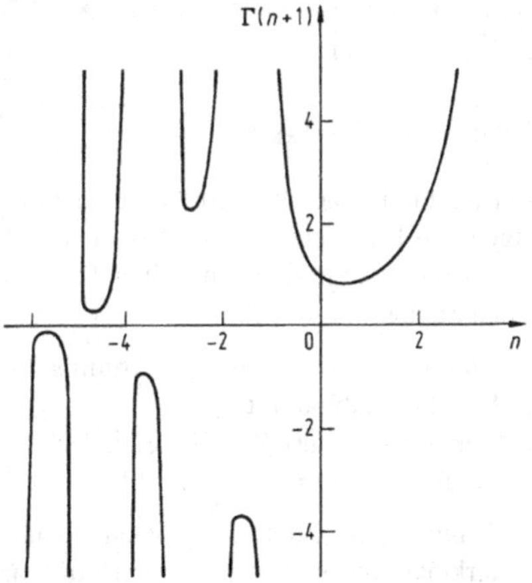

Bild 8-6. Gammafunktion

Gammafunktion $\Gamma(x)$ und *Gauß'sche Pi-Funktion* $\Pi(x)$ sind Erweiterungen der Fakultät-Funktion auf nichtganzzahlige Argumente x, siehe Bild 8-6, es gilt $\Pi(x)=\Gamma(x+1)$.

Formeln für $\Gamma(x)$:

$$\Gamma(x)=\int_0^{\infty}\mathrm{e}^{-t}t^{x-1}\mathrm{d}t, \quad x>0.$$
$$\Gamma(x)=\lim_{n\to\infty}\frac{n^x(n-1)!}{x(x+1)(x+2)\dots(x+n-1)}, \quad x\neq -1, -2, \dots$$
$$\Gamma(x+1)=x\Gamma(x),$$
$$\Gamma(x)\Gamma(1-x)=\pi/(\sin\pi x) \text{ für } x^2\neq 0, 1, 4, 9, \dots,$$
$$n=0, 1, 2, \dots: \Gamma(n+1)=\Pi(n)=n!,$$
$$\Gamma\left(n+\tfrac{1}{2}\right)=(2n)!\,\sqrt{\pi}/(n!\,2^{2n}). \tag{8-6}$$

Betafunktion

$$B(x,y)=\int_0^1 t^{x-1}(1-t)^{y-1}\mathrm{d}t=\frac{\Gamma(x)\Gamma(y)}{\Gamma(x+y)}. \tag{8-7}$$

9 Differenziation reeller Funktionen einer Variablen

9.1 Grenzwert, Stetigkeit

Reellwertige Funktionen beschreiben eindeutige Zuordnungen von Elementen y einer Teilmenge W der reellen Zahlen zu den Elementen x einer Teilmenge D der reellen Zahlen

D: Definitionsbereich (-menge), Argumentmenge der Funktion (Abbildung) f

W: Bildbereich (-menge), Wertebereich der Funktion f $\quad W(f) = \{y |\, y = f(x) \text{ für } x \in D\}$. (9-1)

Die Eindeutigkeit der Zuordnung ist das kennzeichnende Merkmal von Funktionen. Der Definitionsbereich muss kein Kontinuum sein. Funktionen können z. B. durch Gleichungen mit zwei Variablen x und y erklärt sein oder durch Wertetabellen, die durch graphische Darstellungen veranschaulicht werden können.

Beispiel 1:

$$f_1 : y = (x^2 - x)/x\,, \quad D = \mathbb{R}\backslash\{0\}\,, \quad \text{d.h.,} \quad x \neq 0\,,$$
$$W = \mathbb{R}\backslash\{-1\}\,, \quad \text{d.h.,}\, y \neq -1\,.$$

Beispiel 2:

$$f_2 : y = \begin{cases} (x^2 - x)/x & \text{für} \quad x \neq 0 \\ 1 & \text{für} \quad x = 0\,. \end{cases}$$

Nicht zur Funktion gehörende Paare $\{x, y = f(x)\}$ werden in der Abbildung durch einen leeren Kreis markiert, siehe Bild 9-1.

Grenzwert. Konvergiert bei jeder Annäherung von x gegen einen festen Wert x_0 (das heißt $x \to x_0$ ohne $x = x_0$) die zugehörige Folge der Funktionswerte $f(x)$ gegen einen Grenzwert g_0, so heißt g_0 der Grenzwert der Funktion f an der Stelle $x = x_0$. Hierbei ist vorausgesetzt, dass in der Umgebung von x_0 unendlich viele Werte x aus D für die Annäherung $x \to x_0$ zur Verfügung stehen (x_0 Häufungspunkt).

$$\lim_{x \to x_0} f(x) = g_0 (x \in D)\,. \qquad (9\text{-}2)$$

Grenzwert g_0 (falls überhaupt vorhanden) und Funktionswert $f(x_0)$ (falls definiert) sind wohl zu unterscheiden. Man definiert 3 *Grenzwerte*:

Grenzwert, allgemein: $\lim_{x \to x_0} f(x) = g\,,$

Tabelle 9-1. Ableitungen elementarer reeller Funktionen. D: Bereich der Differenzierbarkeit

$f(x)$	f'	D	$f(x)$	f'	D
c	0	$c \in \mathbb{R}$	$x^n (n \in \mathbb{N})$	nx^{n-1}	$x \in \mathbb{R}$
$x^r (r \in \mathbb{R})$	rx^{r-1}	$x > 0$	$x^{1/n} (n \in \mathbb{N})$	$\frac{1}{nx^{1-1/n}}$	$x > 0$
e^x, auch $\exp(x)$	e^x	$x \in \mathbb{R}$	$\ln x$	x^{-1}	$x > 0$
$\sin x$	$\cos x$	$x \in \mathbb{R}$	$\arcsin x$	$\frac{1}{\sqrt{1-x^2}}$	$\lvert x\rvert < 1$
$\cos x$	$-\sin x$	$x \in \mathbb{R}$	$\arccos x$	$-\frac{1}{\sqrt{1-x^2}}$	$\lvert x\rvert < 1$
$\tan x$	$\frac{1}{\cos^2 x} = 1 + \tan^2 x$	$x \neq \pi/2 + n\pi$	$\arctan x$	$\frac{1}{1+x^2}$	$x \in \mathbb{R}$
$\cot x$	$-\frac{1}{\sin^2 x} = -1 - \cot^2 x$	$x \neq n\pi$	$\operatorname{arccot} x$	$-\frac{1}{1+x^2}$	$x \in \mathbb{R}$
$\sinh x$	$\cosh x$	$x \in \mathbb{R}$	$\operatorname{arsinh} x$	$\frac{1}{\sqrt{1+x^2}}$	$x \in \mathbb{R}$
$\cosh x$	$\sinh x$	$x \in \mathbb{R}$	$\operatorname{arcosh} x$	$\frac{1}{\sqrt{x^2-1}}$	$x > 1$
$\tanh x$	$\frac{1}{\cosh^2 x} = 1 - \tanh^2 x$	$x \in \mathbb{R}$	$\operatorname{artanh} x$	$\frac{1}{1-x^2}$	$\lvert x\rvert < 1$
$\coth x$	$-\frac{1}{\sinh^2 x} = 1 - \coth^2 x$	$x \neq 0$	$\operatorname{arcoth} x$	$\frac{1}{1-x^2}$	$\lvert x\rvert > 1$

Grenzwert, linksseitig: $\lim\limits_{x \to x_0 - 0} f(x) = g_l$,

Grenzwert, rechtsseitig: $\lim\limits_{x \to x_0 + 0} f(x) = g_r$. (9-3)

Beispiel 3:

$$\lim_{x \to 0} f_2 = \lim_{x \to 0} (x - 1) = -1 .$$

Grenzwertsätze. Mit lim für $\lim\limits_{x \to x_0}$ und $\lim f_1(x) = g_1$ und $\lim f_2(x) = g_2$ sowie $g_1, g_2, c \in \mathbb{R}$ gilt:

$$\begin{aligned}
&\lim cf = c \lim f = cg , \\
&\lim (f_1 \pm f_2) = (\lim f_1) \pm (\lim f_2) = g_1 \pm g_2 , \\
&\lim (f_1 f_2) = (\lim f_1)(\lim f_2) = g_1 g_2 , \qquad (9\text{-}4) \\
&\lim (f_1 / f_2) = (\lim f_1)/(\lim f_2) = g_1 / g_2 , \quad g_2 \neq 0 .
\end{aligned}$$

Stetigkeit. Eine Funktion $f(x)$ heißt an der Stelle x_0 ihres Definitionsbereiches stetig, wenn dort der Grenzwert g_0 existiert und $g_0 = f(x_0)$ gilt:

$$\lim_{x \to x_0} f(x) = f(x_0) . \qquad (9\text{-}5)$$

Beispiel 4:

f_2 ist bei $x_0 = 0$ nicht stetig, weil $g_0 = -1$ und $f_2(x_0) = 1$ nicht übereinstimmen.

Beispiel 5:

$$f_3 : y = \begin{cases} \dfrac{x^2(x^2 - 1)}{(x + 1)(x - 1)} & \text{für} \quad x \neq \pm 1 \\ 1 & \text{für} \quad x = \pm 1 \end{cases} ,$$

f_3 stetig für alle $x \in \mathbb{R}$.

9.2 Ableitung einer Funktion

Eine Funktion f ist in x_0 differenzierbar, wenn der **Differenzenquotient**

$$\frac{f(x) - f(x_0)}{x - x_0} \quad \text{mit} \quad x, x_0 \in D \quad \text{und} \quad x \neq x_0 \quad (9\text{-}6)$$

für x gegen x_0 einen Grenzwert besitzt, den man mit f' (f Strich) oder auch $\dot{f}$ (f Punkt, falls x z. B. für die Zeit steht) bezeichnet und auch *Ableitung der Funktion f* nennt.

$$\begin{aligned}
f'(x_0) &= \lim_{\Delta x \to 0} \frac{f(x_0 + \Delta x) - f(x_0)}{\Delta x} \\
&= \lim_{\Delta x \to 0} \frac{\Delta f}{\Delta x}, \quad x = x_0 + \Delta x . \qquad (9\text{-}7)
\end{aligned}$$

Nach Bild 9-2 steht der Differenzenquotient für die Steigung $\tan \alpha = \Delta y / \Delta x$ der Sekante, die für x gegen x_0 gegen die Tangente im Punkt $(x_0, f(x_0))$ konvergiert, falls f' in x_0 existiert. Den Grenzwert des Differenzenquotienten nennt man auch *Differenzialquotient*; sein Zähler $\mathrm{d}f = \mathrm{d}y$ gibt den differenziellen Zuwachs der Funktion beim Fortschreiten um $\mathrm{d}x$ in x-Richtung an.

$$\begin{aligned}
&f' = \lim_{\Delta x \to 0} \frac{\Delta f}{\Delta x} = \frac{\mathrm{d}y}{\mathrm{d}x} \quad \text{oder} \quad \mathrm{d}y = f' \, \mathrm{d}x , \\
&f(x_0 + \mathrm{d}x) = f(x_0) + \mathrm{d}y . \qquad (9\text{-}8)
\end{aligned}$$

Beispiel 1:

$$\begin{aligned}
f(x) &= x^2 + x . \\
f'(x_0) &= \lim_{\Delta x \to 0} \frac{[(x_0 + \Delta x)^2 + x_0 + \Delta x] - [x_0^2 + x_0]}{\Delta x} \\
&= \lim_{\Delta x \to 0} (2x_0 + \Delta x + 1) = 2x_0 + 1 .
\end{aligned}$$

Beispiel 2:

$$\begin{aligned}
f(x) &= \sin x . \\
f'(x_0) &= \lim_{\Delta x \to 0} \frac{\sin(x_0 + \Delta x) - \sin x_0}{\Delta x}
\end{aligned}$$

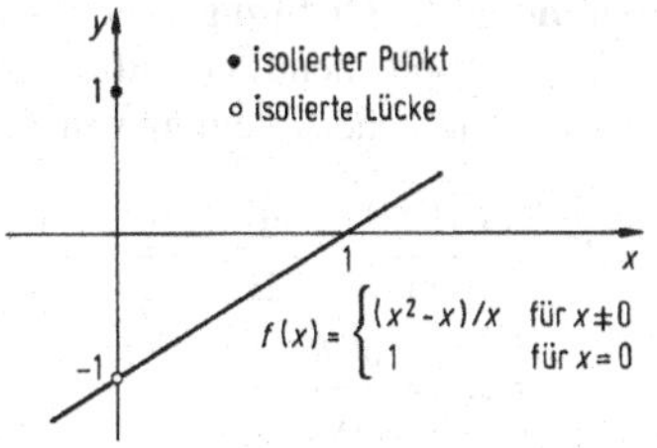

Bild 9-1. Unstetige Funktion

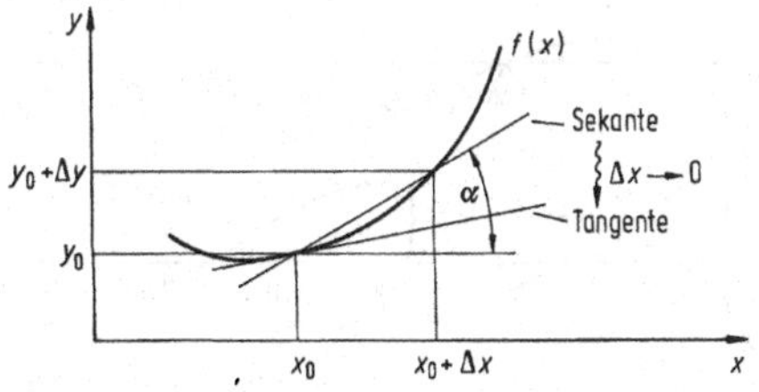

Bild 9-2. Sekante und Tangente

$$= \lim_{\Delta x\to 0} \frac{\sin x_0 \cos \Delta x + \cos x_0 \sin \Delta x - \sin x_0}{\Delta x}$$
$$= \sin x_0 \lim_{\Delta x\to 0} \frac{\cos \Delta x - 1}{\Delta x}$$
$$+ \cos x_0 \lim_{\Delta x\to 0} \frac{\sin \Delta x}{\Delta x} = \cos x_0 .$$

Für die Grenzwertberechnung der Quotienten benutze man die Reihenentwicklungen in Tabelle 9-3.

Einseitige Ableitungen in x_0 sind dann von Bedeutung, wenn der Grenzwert des Differenzenquotienten (9-6) nur bei einseitiger Annäherung an den Wert x_0 existiert. Man spricht dann von links- oder rechtsseitiger Ableitung, siehe Bild 9-3.

Ableitungsregeln. Bei Existenz der Ableitungen f' und g' zweier Funktionen $f(x)$ und $g(x)$ gilt:

$$(f \pm g)' = f' \pm g' ,$$
$$(fg)' = f'g + fg' ,$$
$$f = \text{const} = c: (cg)' = cg' , \quad (9\text{-}9)$$
$$(f/g) = (f'g - fg')/g^2, \quad g \neq 0 .$$

Kettenregel. Lässt sich eine Funktion als ineinandergeschachtelter Ausdruck von differenzierbaren Teilfunktionen darstellen, dann ist die Kettenregel von Nutzen, wobei die einzelnen Differenzialquotienten als Einheit zu behandeln sind.

$f(x) = f[g(x)]$	$f(x) = f\{g[h(x)]\}$
$f'(x) = \left(\frac{df}{dg}\right)\cdot\left(\frac{dg}{dx}\right)$	$f'(x) = \left(\frac{df}{dg}\right)\cdot\left(\frac{dg}{dh}\right)\cdot\left(\frac{dh}{dx}\right)$

(9-10)

Die Quotientenkette lässt sich beliebig weiterführen.

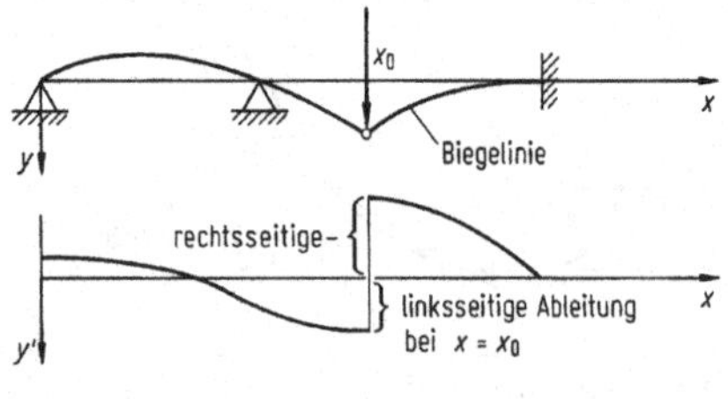

Bild 9-3. Einseitige Ableitungen bei einem Gelenkträger

Beispiel 1:

$$f(x) = \sin(x^2) . \quad g(x) = x^2 .$$
$$f' = \left[\frac{d(\sin g)}{dg}\right] \left[\frac{d(x^2)}{dx}\right]$$
$$= (\cos g)\, 2x = 2x \cos x^2 .$$

Beispiel 2:

$$f(x) = [\sin x^2]^3 . \quad g(x) = \sin h , \quad h(x) = x^2 .$$
$$f' = (3g^2)(\cos h)2x = 6x[\sin x^2]^2 \cos x^2 .$$

Ableitungen von Umkehrfunktionen. Bei Umkehrfunktionen wird die Gleichberechtigung von x und $y = f(x)$ benutzt.

$$\frac{dy}{dx} = \left(\frac{dx}{dy}\right)^{-1} . \quad (9\text{-}11)$$

Beispiel:

$$f(x) = y = \arcsin x . \text{ Umkehrung } x = \sin y .$$
$$dx/dy = \cos y = \sqrt{1 - x^2} , \quad f' = 1/\sqrt{1 - x^2} .$$

Logarithmisches Ableiten. Statt $f(x)$ wird die logarithmierte Hilfsform $h = \ln f(x)$ abgeleitet.

$$h' = f'/f \quad \text{(Kettenregel)} \quad \to f' = h'f . \quad (9\text{-}12)$$

Beispiel:

$$f(x) = x\sqrt{1 + x}/(1 + x^2) .$$
$$h = \ln f(x) = \ln x + \frac{1}{2}\ln(1 + x) - \ln(1 + x^2) .$$
$$f' = \left(\frac{1}{x} + \frac{1}{2(1 + x)} - \frac{2x}{1 + x^2}\right) x\sqrt{1 + x}/(1 + x^2) .$$

Ableitungen höherer Ordnung. Die n-te Ableitung $f^{(n)}$ einer entsprechend oft differenzierbaren Funktion f ist die einfache Ableitung von $f^{(n-1)}$.

$$f^{(n)} = \frac{df^{(n-1)}}{dx} = \frac{d}{dx}\left[\frac{df^{(n-2)}}{dx}\right]$$
$$= \ldots = \frac{d^n f}{dx^n} . \quad (9\text{-}13)$$

Man schreibt auch $f^{(0)} = f$, $f^{(1)} = f'$, $f^{(2)} = f''$ usw.

Tabelle 9-2. MacLaurin-Restglieder mit Abschätzung $R_n(x\xi) \leqq \overline{R}_n(x)$

$f(x)$	$R_n(x\xi)$	$\overline{R}_n(x)$
e^x	$\frac{e^{\xi x}}{(n+1)!}x^{n+1}$	$\frac{e^{\lvert x\rvert}}{(n+1)!}\lvert x\rvert^{n+1}$
$\ln(1+x)$	$\frac{(-1)^n}{(1+\xi x)^{n+1}} \cdot \frac{x^{n+1}}{n+1}$	$\frac{x^{n+1}}{n+1}(x \geqq 0)$
		$\frac{\lvert x\rvert^{n+1}}{1+x}(-1 < x < 0)$
$(1+x)^r$	$B(1+\xi x)^{r-n-1}x^{n+1}$	$\lvert B\rvert x^{n+1}(x \geqq 0, r < n+1)$
$x > -1, r \in \mathbb{R}$	$B = \binom{r}{n+1}$	$\left.\begin{matrix}(n+1)\lvert B\rvert\lvert x\rvert^{n+1} \\ (r \geqq 1, -1 < x < 0)\end{matrix}\right\}$
		$\left.\begin{matrix}(n+1)\lvert B\rvert\frac{\lvert x\rvert^{n+1}}{(1+x)^{1-r}} \\ (r < 1, -1 < x < 0)\end{matrix}\right\}$

Mehrfache Ableitung eines Produktes

$$f(x) = u(x)v(x)\,.$$

$$[u(x)v(x)]^{(n)} = \sum_{k=0}^{n}\binom{n}{k}u^{(n-k)}v^{(k)}\,. \qquad (9\text{-}14)$$

Die Binomialkoeffizienten entnimmt man zweckmäßig dem Pascal'schen Dreieck, siehe 2.5.3.

Beispiel:

$$(uv)''' = u'''v + 3u''v' + 3u'v'' + uv'''\,.$$

9.2.1 Funktionsdarstellung nach Taylor

Jedes Polynom n-ten Grades $p(x)$ lässt sich durch seine n Ableitungswerte an einer beliebigen Stelle x_0 darstellen.

Taylor-Formel für Polynome:

$$p(x) = \sum_{k=0}^{n} a_k x^k = \sum_{k=0}^{n}\frac{f^{(k)}(x_0)}{k!}(x - x_0)^k\,. \qquad (9\text{-}15)$$

Für eine beliebige Funktion $f(x)$, die in der Umgebung von x_0 $(n+1)$-fach differenzierbar ist, gilt eine entsprechende Formel, die in der Regel nicht abbricht, sondern ein Restglied R_n hinterlässt.

Allgemeine Taylor-Formel:

$$f(x) = \sum_{k=0}^{n}\frac{f^{(k)}(x_0)}{k!}(x - x_0)^k + R_n(x, x_0)\,,$$

$$R_n(x, x_0) = \frac{f^{(n+1)}(x_0 + \xi(x - x_0))}{(n+1)!}(x - x_0)^{n+1}\,,$$

$$0 < \xi < 1\,. \qquad (9\text{-}16)$$

Mittelwertsatz. Die Restgliedformel in (9-16) folgt aus dem Mittelwertsatz für eine im abgeschlossenen Intervall $a \leqq x \leqq b$ stetige und im offenen Intervall $a < x < b$ differenzierbare Funktion $f(x)$. Es existiert wenigstens eine Stelle $x = c$ zwischen $x = a$ und $x = b$ mit einer Steigung gleich der der Sekante von $x = a$ nach $x = b$, siehe Bild 9-4.

$$f'(c) = \frac{f(b) - f(a)}{b - a}$$

$$c = a + \xi(b - a)\,, \quad 0 < \xi < 1\,. \qquad (9\text{-}17)$$

MacLaurin-Formel ist eine spezielle Taylor-Form mit $x_0 = 0$.

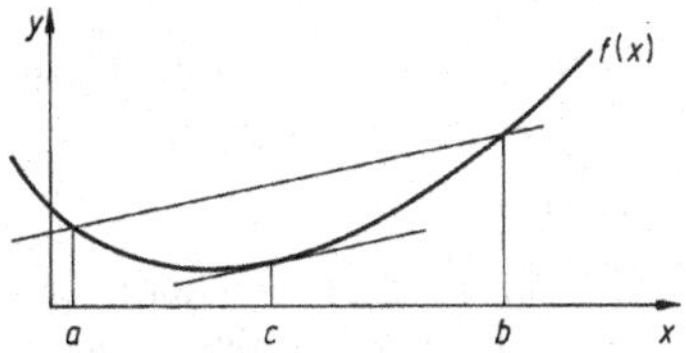

Bild 9-4. Mittelwertsatz

Tabelle 9-3. MacLaurin-Reihen

$f(x)$	Allgemein	Erste 4 Glieder; Konvergenz
$(1+x)^r$	$\sum_{n=0}^{\infty}\binom{r}{n}x^n$	$1+rx+\frac{r(r-1)}{2!}x^2+\frac{r(r-1)(r-2)}{3!}x^3$ $\lvert x\rvert<1,\quad r\in\mathbb{R};\quad -1<x\leqq 1,\quad r>-1$ $x\in\mathbb{R},\quad r\in\mathbb{N};\quad -1\leqq x\leqq 1,\quad r>0$
$\frac{1}{1+x}$	$\sum_{n=0}^{\infty}(-1)^n x^n$	$1-x+x^2-x^3;\quad \lvert x\rvert<1$
$\sqrt{1+x}$	$\sum_{n=0}^{\infty}\binom{1/2}{n}x^n$	$1+\frac{1}{2}x-\frac{1}{8}x^2+\frac{1}{16}x^3;\quad \lvert x\rvert\leqq 1$
$\frac{1}{\sqrt{1+x}}$	$\sum_{n=0}^{\infty}\binom{-1/2}{n}x^n$	$1-\frac{1}{2}x+\frac{3}{8}x^2-\frac{5}{16}x^3;\quad -1<x<1$
e^x	$\sum_{n=0}^{\infty}\frac{x^n}{n!}$	$1+x+\frac{x^2}{2!}+\frac{x^3}{3!};\quad \lvert x\rvert<\infty$ $\to e=2{,}71828\ldots$
$\ln(1+x)$	$\sum_{n=1}^{\infty}(-1)^{n+1}\frac{x^n}{n}$	$x-\frac{x^2}{2}+\frac{x^3}{3}-\frac{x^4}{4};\quad -1<x\leqq 1$ $\ln 2=0{,}693147\ldots$
$\sin x$	$\sum_{n=0}^{\infty}(-1)^n\frac{x^{2n+1}}{(2n+1)!}$	$x-\frac{x^3}{3!}+\frac{x^5}{5!}-\frac{x^7}{7!};\quad \lvert x\rvert<\infty$
$\cos x$	$\sum_{n=0}^{\infty}(-1)^n\frac{x^{2n}}{(2n)!}$	$1-\frac{x^2}{2!}+\frac{x^4}{4!}-\frac{x^6}{6!};\quad \lvert x\rvert<\infty$
$\tan x$	–	$x+\frac{1}{3}x^3+\frac{2}{3\cdot 5}x^5+\frac{17}{9\cdot 5\cdot 7}x^7;\quad \lvert x\rvert<\frac{\pi}{2}$
$x\cot x$	–	$1-\frac{1}{3}x^2-\frac{1}{3^2\cdot 5}x^4-\frac{2}{3^3\cdot 5\cdot 7}x^6;\quad \lvert x\rvert<\pi$
$\arcsin x$	$\sum_{n=0}^{\infty}\frac{(2n)!x^{2n+1}}{4^n(n!)^2(2n+1)}$	$x+\frac{1}{6}x^3+\frac{3}{40}x^5+\frac{5}{112}x^7;\quad \lvert x\rvert<1$
$\arctan x$	$\sum_{n=0}^{\infty}(-1)^n\frac{x^{2n+1}}{2n+1}$	$x-\frac{x^3}{3}+\frac{x^5}{5}-\frac{x^7}{7};\quad \lvert x\rvert\leqq 1$ $\to \arctan 1=\frac{\pi}{4}=1-\frac{1}{3}+\frac{1}{5}-\frac{1}{7}\ldots$
$\sinh x$	$\sum_{n=0}^{\infty}\frac{x^{2n+1}}{(2n+1)!}$	$x+\frac{x^3}{3!}+\frac{x^5}{5!}+\frac{x^7}{7!};\quad \lvert x\rvert<\infty$
$\cosh x$	$\sum_{n=0}^{\infty}\frac{x^{2n}}{(2n)!}$	$1+\frac{x^2}{2!}+\frac{x^4}{4!}+\frac{x^6}{6!};\quad \lvert x\rvert<\infty$

$$f(x)=\sum_{k=0}^{n}\frac{f^{(k)}(0)}{k!}x^k+\frac{f^{(n+1)}(\xi x)}{(n+1)!}x^{n+1}\,,$$

$$0<\xi<1\,. \tag{9-18}$$

Mit (9-17) und (9-18) können Funktionen durch Polynome approximiert werden, wodurch auch Entwicklungen für spezielle Konstanten wie $\arctan 1=\pi/4$, e oder ln 2 entstehen (Tabelle 9-3).

Beispiel:

$$f(x)=e^x=1+\frac{x}{1!}+\frac{x^2}{2!}+\frac{x^3}{3!}+R_3\,.$$

Speziell

$$x=1: e\leqq 1+1+\frac{1}{2}+\frac{1}{6}+\frac{e}{24}\,.\quad e\leqq 2{,}783\,.$$

9.2.2 Grenzwerte durch Ableitungen

Hat eine Funktion $f(x)$ für $x = x_0$ eine numerisch unbestimmte Form wie

$$\frac{0}{0}\,,\quad \frac{\infty}{\infty}\,,\quad 0\cdot\infty\,,\quad \infty-\infty\,,\quad 0^0\,,\quad \infty^0\,,\quad 1^\infty\,, \tag{9-19}$$

kann dennoch ein Grenzwert $\lim\limits_{x=x_0} f(x)$ existieren. Für die grundlegenden Quotientenformen 0/0 und ∞/∞ gilt die

Regel von de l'Hospital für $\frac{0}{0}$, $\frac{\infty}{\infty}$:

$$f(x_0) = \frac{u(x_0)}{v(x_0)} = \lim_{x\to x_0} \frac{u(x)}{v(x)} = \lim_{x\to x_0} \frac{u'(x)}{v'(x)}\,. \tag{9-20}$$

Falls erforderlich, ist die Ableitungsordnung zu erhöhen, siehe Beispiel 1.
Die anderen Fälle in (9-19) werden auf (9-20) zurückgeführt.

$$f(x_0) = u(x_0)\cdot v(x_0) = 0\cdot\infty = \frac{u(x_0)}{v^{-1}(x_0)}\,;\quad \text{Typ } \frac{0}{0}\,.$$

$$f(x_0) = u(x_0) - v(x_0) = \infty - \infty$$

$$= \frac{v^{-1}(x_0) - u^{-1}(x_0)}{[u(x_0)v(x_0)]^{-1}}\,;\quad \text{Typ } \frac{0}{0}\,.$$

$$f = [u(x_0)]^{v(x_0)} = \begin{cases} 0^0 \\ \infty^0\,; \\ 1^\infty \end{cases}$$

$$\ln f = v(x_0)\ln[u(x_0)]\,;\quad \text{Typ } 0\cdot\infty\,. \tag{9-21}$$

Beispiel 1:

$$f(x) = \frac{x^2}{\exp x}\,.\quad \text{Gesucht } \lim_{x\to\infty} f = g\,.\quad \text{Typ } \frac{\infty}{\infty}\,.$$

$$g = \lim_{x\to\infty} \frac{2x}{\exp x}$$

$$\left(\text{immer noch } \frac{\infty}{\infty}\right) = \lim_{x\to\infty} \frac{2}{\exp x} = 0\,.$$

Beispiel 2:

$$f(x) = [\cos x]^{1/x}\,.$$

$$\text{Gesucht } \lim_{x\to 0} f(x) = g\,.\quad \text{Typ } 1^\infty\,.$$

$$\ln g = \lim_{x\to 0} \frac{\ln(\cos x)}{x} = \lim_{x\to 0} \frac{\frac{-\sin x}{\cos x}}{1} = 0 \to g = 1\,.$$

Grenzwertberechnungen durch eine Reihenentwicklung nach Taylor oder MacLaurin sind oft nützlich.

Beispiel 3:

$$f(x) = \frac{\tan x - x}{x\cos x - \sin x}\,.$$

$$\text{Gesucht } \lim_{x\to 0} f = g\,.\quad \text{Typ } \frac{0}{0}\,.$$

$$f(x) = \frac{\frac{1}{3}x^3 + \frac{2}{15}x^5 + \ldots}{\left(x - \frac{x^3}{2} + \ldots\right) - \left(x - \frac{x^3}{6} + \ldots\right)}\,,$$

$$\lim_{x\to 0} f(x) = \frac{1/3}{-1/2 + 1/6} = -1\,.$$

9.2.3 Extrema, Wendepunkte

Extrema sind Maxima oder Minima. Strenge oder eigentliche Maxima (Minima) einer Funktion $f(x_0)$ für $x = x_0$ zeichnen sich dadurch aus, dass in ihrer Umgebung kein größerer (kleinerer) Wert existiert. Man nennt sie auch relative oder lokale Extrema.
Der Größtwert (Kleinstwert) der Funktion $f(x)$ innerhalb des vorgegebenen Intervalls $a \leqq x \leqq b$ heißt absolutes oder globales Maximum (Minimum). Ein Wert $f(x_0)$ kann sowohl lokal als auch global extremal sein, siehe Bild 9-5.

Lokale Extrema $f(x_0)$ bei $x = x_0$:
Notwendige Bedingung $f'(x_0) = 0$.
Hinreichende Bedingung aus Vorzeichenverhalten von $f'(x_0 - \delta)$ und $f'(x_0 + \delta)$ bei Differenzierbarkeit in lokaler Umgebung von x_0; $\delta > 0$.

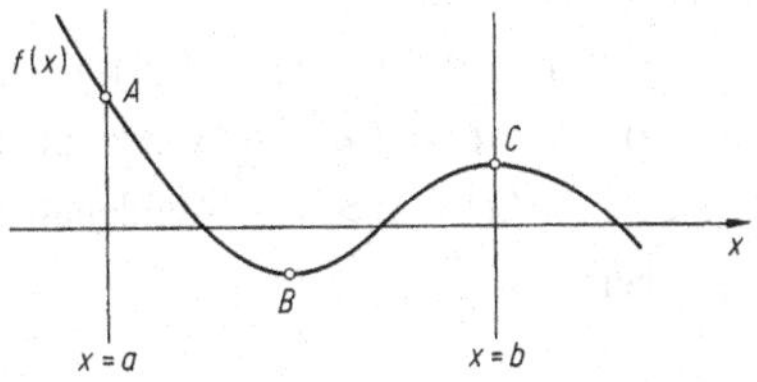

Bild 9-5. Lokale und globale Extrema im Intervall $a \leqq x \leqq b$. A globales Maximum, B lokales und globales Minimum, C lokales Maximum

$f'(x_0-\delta)$	$f'(x_0+\delta)$	
>0	>0	kein relatives
<0	<0	Extremum
<0	>0	Minimum
>0	<0	Maximum

(9-22)

Hinreichende Bedingung aus höheren Ableitungen $f^{(k)}(x_0)$ mit $k > 1$.

$$f''(x_0)\ \begin{matrix} <0: & \text{Maximum} \\ >0: & \text{Minimum} \end{matrix}\ ,$$

$$\begin{aligned} f''(x_0) = 0:\ & \text{So lange differenzieren und } x = x_0 \\ & \text{setzen bis } f^{(k)}(x_0) \neq 0\,, k > 2\,. \\ & \text{Wenn } k \text{ gerade:} \\ & f^{(k)}(x_0)\ \begin{matrix} <0: & \text{Maximum} \\ >0: & \text{Minimum} \end{matrix}\ , \\ & \text{wenn } k \text{ ungerade: kein Extremum}\,. \end{aligned} \tag{9-23}$$

Wendepunkte: Die Funktion $f(x)$ hat an der Stelle x_0 einen Wendepunkt, wenn die Ableitung f' bei x_0 ein relatives Extremum besitzt mit der notwendigen Bedingung $f''(x_0) = 0$.

Sattel- oder Stufenpunkt: $f'(x_0) = 0, f''(x_0) = 0$.

Beispiel:

$$f(x) = (x-1)^3(x+1)\,, \quad -\infty < x < \infty\,.$$

$$f' = (x-1)^2(4x+2)\,. \quad f'(-1/2) = 0\,, \quad f'(1) = 0\,.$$

$$f'\left(-\frac{1}{2}-\delta\right) < 0\,, \quad f'\left(-\frac{1}{2}+\delta\right) < 0 \to \text{Minimum}\,.$$

$$f'(1-\delta) > 0\,, \quad f'(1+\delta) > 0$$

$\to$ kein relatives Extremum.

$$f'' = (x-1)(12x)\,. \quad f''(1) = 0\,, \quad f''(0) = 0\,.$$

$$f''(0-\delta) > 0\,, \quad f''(0+\delta) < 0 \to \text{Wendepunkt}\,.$$

$$f''(1-\delta) < 0\,, \quad f''(1+\delta) > 0 \to \text{Wendepunkt}\,.$$

Sattelpunkt bei $x_0 = 1$.

9.3 Fraktionale Ableitungen

Stoffgesetze in der Strukturdynamik werden u. a. auch durch fraktionale, d. h. nicht ganzzahlige Ableitungen z. B. der Verschiebungsfunktion $u(t)$ nach der Zeit t beschrieben:

$$\frac{\mathrm{d}^\alpha u(t)}{\mathrm{d}t^\alpha} = {}_a\mathrm{D}^\alpha[u(t)]\,, \quad \alpha \text{ rational}\,. \tag{9-24}$$

Die Definition nach Riemann und Liouville,

$${}_a\mathrm{D}^\alpha[u(t)] = \frac{1}{\Gamma(1-\alpha)}\frac{\mathrm{d}}{\mathrm{d}t}\int_a^t \frac{u(t-\tau)}{\tau^\alpha}\mathrm{d}\tau\,, \quad 0 < \alpha < 1\,, \tag{9-25}$$

kann mithilfe der Verkettungsregel (9-29) auf $\alpha \geq 1$ erweitert werden. Die Definition nach Grünwald,

$$\begin{aligned} &{}_a\mathrm{D}^\alpha[u(t)] \\ &= \lim_{n\to\infty}\left\{\left(\frac{t-a}{n}\right)^{-\alpha}\sum_{j=0}^{n-1}\frac{\Gamma(j-\alpha)}{\Gamma(-\alpha)\Gamma(j+1)}x\cdot\right. \\ &\quad \left. u\left(t-j\frac{t-a}{n}\right)\right\}\,, \end{aligned} \tag{9-26}$$

gilt für alle reellen Zahlen α. Beide Definitionen enthalten die Gammafunktion

$$\Gamma(1-\alpha) = \int_0^\infty x^{-\alpha}\exp(-x)\,\mathrm{d}x \tag{9-27}$$

und besitzen die folgenden Eigenschaften:

Linearität:

$$\mathrm{D}^\alpha[c_1f_1(t) + c_2f_2(t)] = c_1\mathrm{D}^\alpha[f_1(t)] + c_2\mathrm{D}^\alpha[f_2(t)]\,, \tag{9-28}$$

Verkettung:

$$\mathrm{D}^\alpha\{\mathrm{D}^\beta[f(t)]\} = \mathrm{D}^{\alpha+\beta}[f(t)]\,, \tag{9-29}$$

Laplace-Transformation: (vgl. 23.2)

$$\begin{aligned} \mathrm{L}\left\{\frac{\mathrm{d}^\alpha f(t)}{\mathrm{d}t^\alpha}\right\} &= \int_0^\infty \{\ldots\}\mathrm{e}^{-st}\mathrm{d}t \\ &= s^\alpha\mathrm{L}\{f(t)\} - \sum_{j=0}^{n-1}s^j\frac{\mathrm{d}^{\alpha-1-j}}{\mathrm{d}t^{\alpha-1-j}}f(0)\,, \\ & n-1 < \alpha \leq n\,. \end{aligned} \tag{9-30}$$

Beispiel: Die einhalbte Ableitung ${}_0\mathrm{D}^{\frac{1}{2}}$ der Funktion $f(t) = t^2$ lässt sich mithilfe der Definition

$${}_0\mathrm{D}^{\frac{1}{2}}[t^2] = \frac{1}{\Gamma\left(\frac{1}{2}\right)}\frac{\mathrm{d}}{\mathrm{d}t}\int_0^t\frac{(t-\tau)^2}{\tau^{\frac{1}{2}}}\mathrm{d}\tau$$

und unter Benutzung der Leibniz-Regel (12.1, (12-2))

$$ {}_0\mathrm{D}^{\frac{1}{2}}[t^2] = \frac{1}{\Gamma\left(\frac{1}{2}\right)} \int_0^t \frac{\partial}{\partial t}\left[\frac{(t-\tau)^2}{\tau^{\frac{1}{2}}}\right] \mathrm{d}\tau + \frac{1}{\Gamma\left(\frac{1}{2}\right)} \frac{(t-t)^2}{t^{\frac{1}{2}}} $$

wie folgt darstellen:

$$ {}_0\mathrm{D}^{\frac{1}{2}}[t^2] = \frac{2}{\Gamma\left(\frac{1}{2}\right)} \int_0^t \left(t\tau^{-\frac{1}{2}} - \tau^{\frac{1}{2}}\right) \mathrm{d}\tau = \frac{8}{3} \frac{t^{\frac{3}{2}}}{\sqrt{\pi}} ; $$

$$ \Gamma\left(\frac{1}{2}\right) = \sqrt{\pi} . $$

Die Funktion

$$ \tilde{f} = \frac{1}{\sqrt{\pi t}} + \exp(t)[1 - \mathrm{erf}(-\sqrt{t})] \text{ mit } \mathrm{D}^{\frac{1}{2}}[\tilde{f}] = \tilde{f} $$

stimmt mit ihrer einhalbten Ableitung überein, sie ist demnach Eigenfunktion $\tilde{f}$ zum Operator $\mathrm{D}^{\frac{1}{2}}$. Dabei ist

$$ \mathrm{erf}(z) = \frac{2}{\sqrt{\pi}} \int_0^z \exp(-t^2)\, \mathrm{d}t $$

die sog. *error function oder Gauß'sche Fehlerfunktion*. Einzelheiten sind der Spezialliteratur [1]–[3] zu entnehmen.

Tabelle 9-4. Ausgewählte fraktionale Ableitungen für $\alpha = \frac{1}{2}, a = 0$

$f(t)$	${}_0\mathrm{D}^{\frac{1}{2}}[f(t)]$
C (beliebige Konstante)	$C/\sqrt{\pi t}$
$\sqrt{t}$	$\frac{1}{2}\sqrt{\pi}$
$1/\sqrt{t}$	0
t	$2\sqrt{t/\pi}$
$t^n; n = 0, 1, 2 \ldots$	$\frac{(n!)^2(4t)^n}{(2n)!\sqrt{\pi t}}$
$\exp(t)$	$1/\sqrt{\pi t} + \exp(t)\mathrm{erf}(\sqrt{t})$; $\mathrm{erf}\, z = \frac{2}{\sqrt{\pi}} \int_0^z \mathrm{e}^{-x^2}\, \mathrm{d}x$
$\exp(t)\mathrm{erf}(\sqrt{t})$	$\exp(t)$

10 Integration reeller Funktionen einer Variablen

10.1 Unbestimmtes Integral

Die zum Differenzieren inverse Operation nennt man Integration

Gegeben: $f(x)$.

Gesucht: $F(x) = \int f(x)\, \mathrm{d}x$ so, dass

$$ F'(x) = \frac{\mathrm{d}F}{\mathrm{d}x} = f(x) . $$

$F(x)$: *Stamm- oder Integralfunktion* zu $f(x)$. (10-1)

Beispiel:

Gegeben: $f(x) = \cos x$.

$F(x) = C + \sin x , \quad C \in \mathbb{R} , \quad$ da

$F'(x) = (C + \sin x)' = 0 + \cos x = f(x)$.

Die Menge aller Stammfunktionen, die sich durch eine reelle Konstante $C \in \mathbb{R}$ unterscheiden, nennt man unbestimmtes Integral.
Tabelle 10-1 wird durch die Umkehrung der Ableitungstabelle 9-1 gewonnen.

Integrationsregeln

$$ \int r f(x)\, \mathrm{d}x = r \int f(x)\, \mathrm{d}x , \quad r \in \mathbb{R} . $$
$$ \int (f(x) + g(x))\, \mathrm{d}x = \int f(x)\, \mathrm{d}x + \int g(x)\, \mathrm{d}x . \quad (10\text{-}2) $$

Integrationstechniken haben das Ziel, eine gegebene Funktion $f(x)$ so umzuformen, dass ein Grundintegral entsteht.
Partielle Integration ist die inverse Differenziation eines Produktes $u(x)v(x)$. Sie ist nur dann sinnvoll, wenn $u'v$ einfacher zu integrieren ist als uv'.

$$ \int uv'\, \mathrm{d}x = uv - \int u'v\, \mathrm{d}x . \quad (10\text{-}3) $$

Beispiel:

$$ \int x \cos x\, \mathrm{d}x = x \sin x - \int 1 \cdot \sin x\, \mathrm{d}x $$
$$ = x \sin x + \cos x . $$

Tabelle 10-1. Elementare Integralfunktionen $\int f(x)\,\mathrm{d}x = F(x) + C$

$f(x)$	$F(x) = \int f(x)\,\mathrm{d}x$	$f(x)$	$F(x)$
a	ax	x^r	$\dfrac{x^{r+1}}{r+1}, \; r \neq -1$
e^x	e^x	$\dfrac{1}{x}$	$\ln \lvert x \rvert$
$\cos x$	$\sin x$		
$\sin x$	$-\cos x$	$\dfrac{1}{\sqrt{1-x^2}}$	$\begin{cases} \arcsin x \\ -\arccos x \end{cases}$
$\dfrac{1}{\cos^2 x}$	$\tan x$		
$\dfrac{1}{\sin^2 x}$	$-\cot x$	$\dfrac{1}{1+x^2}$	$\begin{cases} \arctan x \\ -\operatorname{arccot} x \end{cases}$
$\cosh x$	$\sinh x$	$\dfrac{1}{\sqrt{1+x^2}}$	$\operatorname{arsinh} x$
$\sinh x$	$\cosh x$	$\dfrac{1}{\sqrt{x^2-1}}$	$\operatorname{arcosh} x$
$\dfrac{1}{\cosh^2 x}$	$\tanh x$		
$\dfrac{1}{\sinh^2 x}$	$-\coth x$	$\dfrac{1}{1-x^2}$	$\begin{cases} \operatorname{artanh} x, \\ \lvert x \rvert < 1 \\ \operatorname{arcoth} x, \\ \lvert x \rvert > 1 \end{cases}$

Die **Substitutionsmethode** ist das Analogon zur Kettenregel, wobei die geeignete Wahl einer Hilfsfunktion von entscheidender Bedeutung ist; s. Tabelle 10-2.

$$\int f[g(x)]\,\mathrm{d}x = \int \frac{f(g)}{g'}\mathrm{d}g\,. \qquad (10\text{-}4)$$

Tabelle 10-2. Geeignete Hilfsfunktionen zur Substitution

Typ	$f(x)$	$g(x)$
1	$f\left(x, \sqrt[n]{\dfrac{ax+b}{cx+d}}\right)$	$\sqrt[n]{\dfrac{ax+b}{cx+d}}$
2	$f(x, \sqrt{1 \pm x^2})$	$\sqrt{1 \pm x^2}$
3	$f(x, \sqrt{ax^2+bx+c})$	$\Delta > 0\colon \dfrac{2ax+b}{\sqrt{\Delta}} \to$ Typ 2
	$\Delta = b^2 - 4ac$	$\Delta < 0\colon \dfrac{2ax+b}{\sqrt{-\Delta}} \to$ Typ 2
4	$f(\mathrm{e}^x)$	e^x
5	$f(\cos x, \sin x)$	$\tan\dfrac{x}{2}$ (trigonometrische Umformungen nutzen)
6	$f(\sinh x, \cosh x)$	e^x

Tabelle 10-3. Integralfunktionen $\int f(x)\,\mathrm{d}x = F(x) + C$

$f(x)$	$F(x)$
$(ax+b)^n$	$(ax+b)^{n+1}/(a(n+1))\,, \quad n \neq -1$ $\ln \lvert ax+b \rvert / a\,, \quad n = -1$
$(a^2+x^2)^{-1}$	$a^{-1} \arctan(x/a)$
$(a^2-x^2)^{-1}$	$\dfrac{1}{2a} \ln \left\lvert \dfrac{a+x}{a-x} \right\rvert$
$(ax^2+bx+c)^{-1}$, $\Delta^2 = 4ac - b^2$	$\begin{cases} \Delta^2 > 0\colon & \dfrac{2}{\Delta} \arctan \dfrac{2ax+b}{\Delta} \\ \Delta = 0\colon & -2/(2ax+b) \\ \Delta^2 < 0\colon & \dfrac{\mathrm{j}}{\Delta} \ln \left\lvert \dfrac{2ax+b+\mathrm{j}\Delta}{2ax+b-\mathrm{j}\Delta} \right\rvert \end{cases}$
$\dfrac{x}{ax^2+bx+c} = \dfrac{x}{q(x)}$	$\dfrac{1}{2a} \ln \lvert q(x) \rvert - \dfrac{b}{2a} \int \dfrac{\mathrm{d}x}{q(x)}$
$1/\sqrt{a^2-x^2}$	$\arcsin(x/a)$; $-\arccos(x/a)$
$1/\sqrt{a^2+x^2}$	$\ln(x + \sqrt{x^2+a^2})$
$\sqrt{a^2-x^2}$	$(x/2)\sqrt{a^2-x^2}$ $+(a^2/2)\arcsin(x/a)$
$\sqrt{x^2+a^2} = f(x)$	$(x/2)f(x) + (a^2/2)\ln(x + f(x))$
$\sin mx \cos nx$ $(m^2 \neq n^2)$	$-\dfrac{\cos(m-n)x}{2(m-n)} - \dfrac{\cos(m+n)x}{2(m+n)}$
$\sin mx \sin nx$ $(m^2 \neq n^2)$	$\dfrac{\sin(m-n)x}{2(m-n)} - \dfrac{\sin(m+n)x}{2(m+n)}$
$\cos mx \cos nx$ $(m^2 \neq n^2)$	$\dfrac{\sin(m-n)x}{2(m-n)} + \dfrac{\sin(m+n)x}{2(m+n)}$
$\mathrm{e}^{ax} \sin bx$	$\mathrm{e}^{ax}(a \sin bx - b \cos bx)/(a^2+b^2)$
$\mathrm{e}^{ax} \cos bx$	$\mathrm{e}^{ax}(a \cos bx + b \sin bx)/(a^2+b^2)$
$1/\sin x$	$\ln \lvert \tan(x/2) \rvert$
$1/(1+\cos x)$	$\tan(x/2)$
$\tan x$	$-\ln \lvert \cos x \rvert$
$1/\sinh x$	$-2 \operatorname{artanh}(\mathrm{e}^x)$
$\ln x$	$x \ln x - x$
$\arcsin x$	$x \arcsin x + \sqrt{1-x^2}$
$\arccos x$	$x \arccos x - \sqrt{1-x^2}$
$\arctan x$	$x \arctan x - \ln \sqrt{1+x^2}$
$\operatorname{arccot} x$	$x \operatorname{arccot} x + \ln \sqrt{1+x^2}$
$\sin^2 x$	$(2x - \sin 2x)/4$
$\tan^2 x$	$\tan x - x$
$x \sin x$	$\sin x - x \cos x$
$x^2 \sin x$	$2x \sin x - (x^2 - 2)\cos x$
$1/\cos x$	$\ln \lvert \tan(x/2 + \pi/4) \rvert$
$1/(1-\cos x)$	$-\cot(x/2)$
$\cot x$	$\ln \lvert \sin x \rvert$

Tabelle 10-3. Fortsetzung

$1/\cosh x$	$2\arctan(e^x)$
$\ln x/x$	$(\ln x)^2/2$
$\operatorname{arsinh} x$	$x \operatorname{arsinh} x - \sqrt{1+x^2}$
$\operatorname{arcosh} x$	$x \operatorname{arcosh} x - \sqrt{x^2-1}$
$\operatorname{artanh} x$	$x \operatorname{artanh} x + \ln\sqrt{1-x^2}$
$\operatorname{arcoth} x$	$x \operatorname{arcoth} x + \ln\sqrt{x^2-1}$
$\cos^2 x$	$(2x + \sin 2x)/4$
$\cot^2 x$	$-\cot x - x$
$x\cos x$	$\cos x + x\sin x$
$x^2\cos x$	$2x\cos x + (x^2-2)\sin x$

Beispiel 1:

$$\int [\cos(3x+1)]\,dx = \int \frac{\cos g}{3}dg = \frac{1}{3}\sin(3x+1) + C\,.$$

Beispiel 2:

$$\int \frac{x\,dx}{\sqrt{x^2+a}}\,.\quad g = \sqrt{x^2+a}\,,$$

$$g' = x/\sqrt{x^2+a} \rightarrow F = \int dg = \sqrt{x^2+a} + C\,.$$

Partialbruchzerlegung. Sie ist anwendbar bei einer echt gebrochen rationalen Funktion $f(x) = u_n(x)/v_m(x)$ (Nennergrad $m >$ Zählergrad n), die sich nach den Regeln der Algebra in eine Summe von Partialbrüchen $P(x)$ zerlegen lässt. Die Zerlegung wird durch die Nullstellen des Nennerpolynoms gesteuert.

k-fache reelle Nullstelle x_0:

$$P(x) = \sum_{i=1}^{k} \frac{A_i}{(x-x_0)^i}$$

k-fache konjugiert komplexe Nullstelle $x_0 = s_0 \pm jt_0$: (10-5)

$$P(x) = \sum_{i=1}^{k} \frac{B_i + xC_i}{\left(x^2 - 2s_0x + s_0^2 + t_0^2\right)^i}\,.$$

Die Koeffizienten A_i, B_i, C_i, werden bestimmt durch Koeffizientenvergleich, Gleichsetzen an den Nullstellen x_0 oder Gleichsetzen an beliebigen Stellen x_i.

Die Darstellbarkeit einer Integralfunktion durch elementare Funktionen ist relativ selten. Beispiele dazu zeigen die Tabellen 10-1 und 10-3. Als Ausweg bleibt die numerische Integration oder die gliedweise Integration einer Reihenentwicklung von $f(x)$; siehe dazu Tabelle 10-4.

Tabelle 10-4. Nichtelementare Integralfunktionen

$f(x)$	$F(x) = \int f(x)\,dx$
	Integralsinus
$\frac{\sin x}{x}$	$\sum_{k=0}^{\infty} \frac{(-1)^k x^{2k+1}}{(2k+1)(2k+1)!} + C$
	Integralcosinus
$\frac{\cos x}{x}$	$\ln x + \sum_{k=1}^{\infty} \frac{(-1)^k x^{2k}}{2k(2k)!} + C\,,\quad 0 < x\,.$
	Hyperbolischer Integralsinus
$\frac{\sinh x}{x}$	$\sum_{k=0}^{\infty} \frac{x^{2k+1}}{(2k+1)(2k+1)!} + C$
	Hyperbolischer Integralcosinus
$\frac{\cosh x}{x}$	$\ln x + \sum_{k=1}^{\infty} \frac{x^{2k}}{2k(2k)!} + C\,,\quad 0 < x\,.$
$(\ln x)^{-1}$	$\ln\lvert\ln x\rvert + \sum_{k=1}^{\infty} \frac{(\ln x)^k}{kk!} + C\,,\quad 0 < x\,.$
	Gauß'sches Fehlerintegral
e^{-x^2}	$\sum_{k=0}^{\infty} \frac{(-1)^k x^{2k+1}}{k!(2k+1)}$

10.2 Bestimmtes Integral

10.2.1 Integrationsregeln

Die Fläche zwischen der x-Achse und dem Bild der Funktion $f(x)$ in Bild 10-1 lässt sich als Flächensumme über- oder unterschießender Rechtecke darstellen, die im Übergang zu unendlich vielen Streifen dem wahren Wert der Fläche A zustrebt.

$$\sum_{i=1}^{n} f_i\,(\text{links})\,\Delta x \leqq A \leqq \sum_{i=1}^{n} f_i\,(\text{rechts})\,\Delta x\,,$$

$$A = \lim_{n\to\infty} \sum_{i=1}^{n} f_i \Delta x = \int_{x_a}^{x_e} f\,dx\,,\quad x_e \geqq x_a\,. \tag{10-6}$$

Für die konkrete Rechnung wesentlich ist der **Hauptsatz der Differenzial- und Integralrechnung**

$$\int_{x_a}^{x_e} f(x)\,dx = F(x_e) - F(x_a)\,,\quad F'(x) = f(x)\,. \tag{10-7}$$

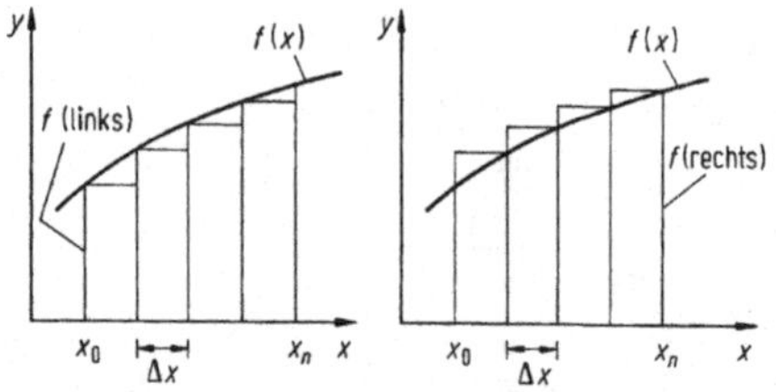

Bild 10-1. Geometrische Interpretation des bestimmten Integrals im Intervall $x_0 \leqq x \leqq x_n$

Das bestimmte Integral ist vorzeichenbehaftet und positiv erklärt für $f(x) > 0$ sowie $x_e \geqq x_a$. Für im Intervall $x_a \leqq x \leqq x_e$ stetige Funktionen gelten folgende *Regeln für bestimmte Integrale* ($x_a = a, x_e = e$):

$$\int_a^a f(x)\,dx = 0\,, \quad \int_a^e f(x)\,dx = -\int_e^a f(x)\,dx\,.$$

$$\int_a^z f(x)\,dx + \int_z^e f(x)\,dx = \int_a^e f(x)\,dx\,,$$

$$a \leqq z \leqq e\,.$$

$$\left|\int_a^e f(x)\,dx\right| \leqq \int_a^e |f(x)|\,dx\,. \tag{10-8}$$

$$\int_a^e f(x)\,dx \leqq \int_a^e g(x)\,dx \quad \text{falls}$$

$$f(x) \leqq g(x)\,.$$

$$\begin{cases} \left(\int_a^e f(x)g(x)\,dx\right)^2 \\ \leqq \left(\int_a^e f^2(x)\,dx\right)\left(\int_a^e g^2(x)\,dx\right)\,, \\ \text{Schwarz'sche Ungleichung}\,; \end{cases} \tag{10-9}$$

$$\begin{cases} \left|\int_a^e [f(x) + g(x)]\,dx\right| \\ \leqq \int_a^e |f(x)|\,dx + \int_a^e |g(x)|\,dx\,, \\ \text{Dreiecksungleichung}\,; \end{cases} \tag{10-10}$$

$$\begin{cases} \int_a^e f(x)\,dx = f(z)(e-a)\,, \quad a \leqq z \leqq e\,, \\ \text{Mittelwertsatz der Integralrechnung}\,. \end{cases} \tag{10-11}$$

10.2.2 Uneigentliche Integrale

Bei unbeschränkten Integrationsgrenzen oder unbeschränkten Funktionswerten $f(\xi)$ an einer Stelle $x = \xi$ berechnet man die uneigentlichen Integrale als Grenzwerte bestimmter Integrale.

$$\int_a^\infty f(x)\,dx = \lim_{b\to\infty} \int_a^b f(x)\,dx\,.$$

$$\int_{-\infty}^\infty f(x)\,dx = \lim_{\substack{a\to-\infty\\ b\to\infty}} \int_a^b f(x)\,dx\,, \tag{10-12}$$

$a \to -\infty$ und $b \to \infty$ unabhängig voneinander.

$$\int_a^b f(x)\,dx = \lim_{\substack{\varepsilon\to 0\\ \delta\to 0}} \left[\int_a^{\xi-\varepsilon} f(x)\,dx + \int_{\xi+\delta}^b f(x)\,dx\right]\,,$$

$\epsilon \to 0, \delta \to 0$ unabhängig voneinander,

falls $f(\xi)$ unbeschränkt; $\quad \varepsilon, \delta > 0$.

Bei zweiseitiger Annäherung mit gleicher Rate spricht man vom *Cauchy'schen Hauptwert*.

$$\int_{-\infty}^\infty f(x)\,dx = \lim_{a\to\infty} \int_{-a}^a f(x)\,dx$$

$$\int_a^b f(x)\,dx = \lim_{\varepsilon\to 0} \left[\int_a^{\xi-\varepsilon} f(x)\,dx + \int_{\xi+\varepsilon}^b f(x)\,dx\right]\,,$$

$\varepsilon > 0\,, \quad$ falls $f(\xi)$ unbeschränkt. (10-13)

Beispiel 1:

$\int_{-\infty}^{\infty} x\ dx$ ist divergent. Der Cauchy'sche Hauptwert ist bestimmt, und zwar null.

Beispiel 2:

$$\int_0^1 \ln x\ dx = \lim_{\varepsilon\to 0} \int_\varepsilon^1 \ln x\ dx$$

$$= \lim_{\varepsilon\to 0} [x \ln x - x]_\varepsilon^1 = \lim_{\varepsilon\to 0} (-1 + \varepsilon - \varepsilon \ln \varepsilon) = -1\,.$$

$$\lim_{\varepsilon\to 0} \varepsilon \ln \varepsilon = \lim \frac{\ln \varepsilon}{\varepsilon^{-1}} = \lim \frac{\varepsilon^{-1}}{-\varepsilon^{-2}} = 0\,.$$

Tabelle 10-5. Einige Werte bestimmter Integrale

$f(x)$	a	e	$F = \int_a^e f(x)\,\mathrm{d}x$
$(\sin x)^{2n}$ $(\cos x)^{2n}$	0	$\frac{\pi}{2}$	$\frac{\pi}{2}\cdot\frac{1\cdot 3\cdot 5\ldots(2n-1)}{2\cdot 4\cdot 6\ldots(2n)}\,,\quad n\in\mathbb{N}\backslash\{0\}\,.$
$(\sin x)^{2n+1}$ $(\cos x)^{2n+1}$	0	$\frac{\pi}{2}$	$\frac{2\cdot 4\cdot 6\ldots(2n)}{3\cdot 5\cdot 7\ldots(2n+1)}\,,\quad n\in\mathbb{N}\,.$
$\cos mx\cos nx$ $\sin mx\sin nx$	0	π	$\begin{cases} 0 & \text{für}\quad m\neq n \\ \frac{\pi}{2} & \text{für}\quad m=n \end{cases}\,,\quad m,n\in\mathbb{N}\,.$
$(\sin x)^{2m+1}(\cos x)^{2n+1}$	0	$\frac{\pi}{2}$	$\begin{cases} \frac{\Gamma(m+1)\Gamma(n+1)}{2\Gamma(m+n+2)}\,; & m,n\neq -1\,. \\ \frac{m!n!}{2(m+n+1)!}\,; & m,n\in\mathbb{N}\backslash\{0\}\,. \\ \text{Gammafunktion }\Gamma & \\ \Gamma(r)=\lim\limits_{n\to\infty}\frac{n^r n!}{r(r+1)(r+2)\ldots(r+n)}\,, & r>0\,. \end{cases}$
$\mathrm{e}^{-x}x^{r-1}$	0	∞	$\begin{cases} \Gamma(r)\,, & r>0. \\ (r-1)!, & r\in\mathbb{N}\backslash\{0\}\,. \end{cases}$
$\mathrm{e}^{-ax}\cos bx$	0	∞	$a/(a^2+b^2)$, $1/a$ für $b=0$
$\mathrm{e}^{-ax}\sin bx$	0	∞	$b/(a^2+b^2)$
$\exp(-x^2a^2)$	0	∞	$\sqrt{\pi}/(2a)$
$\sin mx\cos nx$ $m-n=d$	0	π	$\begin{cases} 0 & d\text{ gerade} \\ \frac{2m}{m^2-n^2} & d\text{ ungerade} \end{cases}$

11 Differenziation reeller Funktionen mehrerer Variablen

11.1 Grenzwert, Stetigkeit

Reellwertige Funktionen mit mehreren Veränderlichen beschreiben eine eindeutige Zuordnung von Elementen $f(x)$ einer Teilmenge W der reellen Zahlen zu den Elementen x_1 bis x_n $(n \in \mathbb{N})$, (auch zusammengefasst zur Spalte $\boldsymbol{x}$), einer Teilmenge D der reellen Zahlen des $\mathbb{R}^n$.

D: Definitionsbereich (-menge) der Funktion.

W: Wertebereich (-menge) der Funktion.

$$W(f) = \{f(\boldsymbol{x})\,|\boldsymbol{x}\in D\}\,. \qquad (11\text{-}1)$$

Übliche Bezeichnung bei $n = 2$ Veränderlichen:

$x_1 = x\,,\quad x_2 = y\,;\quad f(x, y) = z\,.$

Im dreidimensionalen Raum $\mathbb{R}^3$ unserer Anschauung sei jedem Punkt (x, y) ein Wert z eindeutig zugeordnet, vgl. Bild 11-1. Für vorgegebene konstante z-Werte c erhält man sogenannte Niveaulinien $c = f(x, y)$.

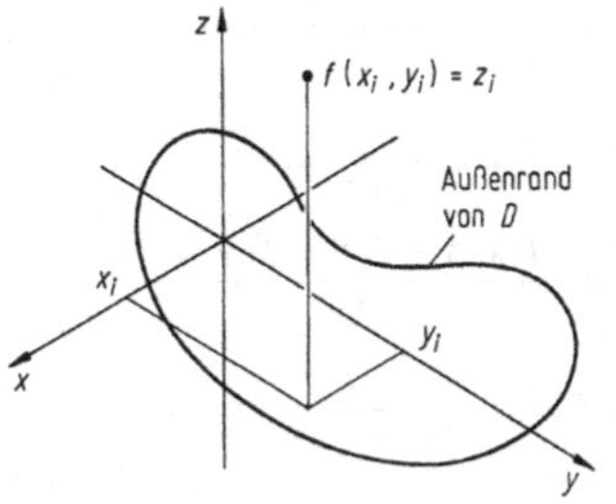

Bild 11-1. Abbildung $z = f(x, y)$ für einen Punkt i im $\mathbb{R}^3$

Beispiel:

$z = f(x, y) = \sqrt{1 - x^2 - y^2}$.
Halbkugel. Niveaulinien mit $0 \leqq c < 1$ sind Kreise mit dem Radius $\sqrt{1 - c^2}$.

Grenzwert. Konvergiert bei jeder Annäherung von $\boldsymbol{x}$ gegen einen festen Wert $\boldsymbol{x}_0$ (das heißt $\boldsymbol{x} \to \boldsymbol{x}_0$ ohne $\boldsymbol{x} = \boldsymbol{x}_0$) die zugehörige Folge der Funktionswerte $f(\boldsymbol{x})$ gegen einen Grenzwert g_0, so heißt g_0 der Grenzwert der Funktion f an der Stelle $\boldsymbol{x}_0$. Hierbei ist vorausgesetzt, dass in jeder Umgebung von $\boldsymbol{x}_0$ unendlich viele Punkte aus D für die Annäherung $\boldsymbol{x} \to \boldsymbol{x}_0$ zur Verfügung stehen (d. h. $\boldsymbol{x}_0$ ist Häufungspunkt).

$$\lim_{\boldsymbol{x}\to\boldsymbol{x}_0} f(\boldsymbol{x}) = g_0(\boldsymbol{x} \in D)\,. \tag{11-2}$$

Grenzwert g_0 (falls überhaupt vorhanden) und Funktionswert $f(\boldsymbol{x}_0)$ (falls definiert) sind wohl zu unterscheiden.

Beispiel:

$$f = (x^2 + y^2)/(xy).$$

$$\lim_{\boldsymbol{x}\to\boldsymbol{0}} f = \lim_{\boldsymbol{x}\to\boldsymbol{0}} \left(\frac{x}{y} + \frac{y}{x}\right).$$

Ein Grenzwert g_0 existiert nicht ($g_0 = 2$ ist falsch), da beim Annäherungsprozess $\boldsymbol{x} \to \boldsymbol{0}$ das Verhältnis x/y beliebig gewählt werden kann.

Es gelten die Grenzwertsätze und der Stetigkeitsbegriff nach 9.1.

11.2 Ableitungen

Eine reellwertige Funktion $f(x, y)$ ist in einem beliebigen Punkt $(x, y) \in D$ partiell differenzierbar, wenn die Differenzenquotienten beim Grenzübergang

$$\begin{aligned} &\lim_{\Delta x\to 0} \frac{f(x + \Delta x, y) - f(x, y)}{\Delta x} \\ &= f_{,x}(x, y) = \frac{\partial f}{\partial x}(x, y), \\ &\lim_{\Delta y\to 0} \frac{f(x, y + \Delta y) - f(x, y)}{\Delta y} \\ &= f_{,y}(x, y) = \frac{\partial f}{\partial y}(x, y) \end{aligned} \tag{11-3}$$

jeweils Grenzwerte besitzen; man nennt diese *partielle Ableitungen*. Bei der Berechnung von $f_{,x}$ ist y als unveränderlich, also wie eine Konstante zu behandeln. Entsprechendes gilt für $f_{,y}$ bzw. x.

Zur Bezeichnung. Statt $f_{,x}$ und $f_{,y}$ schreibt man oft nur f_x und f_y.
Zur Unterscheidung gegenüber Indizes, besonders bei Tensoren und Matrizen, ist das zusätzliche Komma sehr zu empfehlen. (11-4)

Die partiellen Ableitungen entsprechen nach Bild 11-2 den Tangentensteigungen in den Koordinatenflächen.
Entsprechende Differenzierbarkeit vorausgesetzt, sind höhere partielle Ableitungen möglich.

$$\begin{aligned} \frac{\partial}{\partial x}(f_{,x}) &= f_{,xx} = \frac{\partial^2 f}{\partial x^2}\,, \\ \frac{\partial}{\partial y}(f_{,x}) &= f_{,xy} = \frac{\partial^2 f}{\partial x \partial y}\,, \\ \frac{\partial}{\partial x}(f_{,y}) &= f_{,yx} = \frac{\partial^2 f}{\partial y \partial x}\,. \end{aligned} \tag{11-5}$$

Wenn $f_{,xy}$ und $f_{,yx}$ stetig in D, dann $f_{,xy} = f_{,yx}$.
Für die partiellen Ableitungen gelten die Ableitungsformeln nach 9-2.

Beispiel. $f = xy^2 \sin(xy)$.

$$\begin{aligned} f_{,x} &= y^2[\sin(xy) + xy\cos(xy)]\,, \\ f_{,y} &= x[2y\sin(xy) + y^2x\cos(xy)]\,, \\ f_{,xy} &= 2y[\sin(xy) + xy\cos(xy)] \\ &\quad + y^2[x\cos(xy) - x^2y\sin(xy) + x\cos(xy)]\,, \\ f_{,yx} &= 2y\sin(xy) + y^2x\cos(xy) \\ &\quad + x[2y^2\cos(xy) - y^3x\sin(xy) + y^2\cos(xy)]\,. \end{aligned}$$

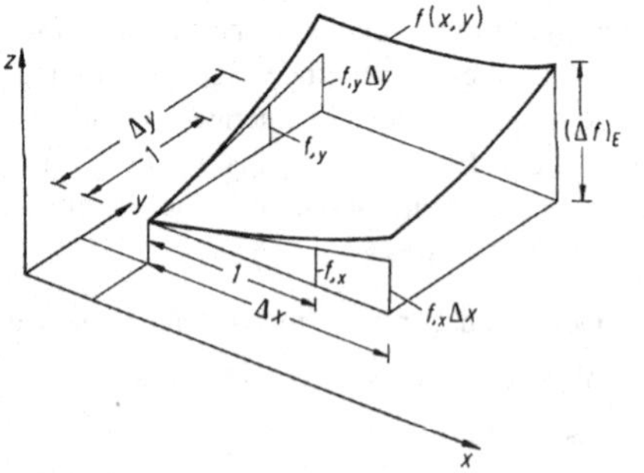

Bild 11-2. Partielle Ableitungen $f_{,x}$ und $f_{,y}$ als Tangentensteigungen in den Koordinatenflächen

Eine reellwertige Funktion ist total differenzierbar, wenn die Differenz der Funktionszuwächse $(\Delta f)_1$ und $(\Delta f)_e$ bei Annäherung der Punkte (x, y) und $(x + \Delta x, y + \Delta y)$ relativ zum Abstand r gegen null strebt (1: lineare Entwicklung, e: exakt).

$$\lim_{r\to 0}[(\Delta f)_e - (\Delta f)_1]/r = 0\,, \quad r^2 = \Delta x^2 + \Delta y^2\,,$$

$$(\Delta f)_e = f(x + \Delta x, y + \Delta y) - f(x, y)\,, \qquad (11\text{-}6)$$

$$(\Delta f)_1 = f_{,x}\,\Delta x + f_{,y}\,\Delta y\,.$$

Dies ist für stetige partielle Ableitungen gewährleistet. Beim Übergang von Differenzen $\Delta x, \Delta y$ zu Differenzialen $\mathrm{d}x, \mathrm{d}y$ entsteht das **totale Differenzial**

$$\mathrm{d}f = f_{,x}\,\mathrm{d}x + f_{,y}\,\mathrm{d}y\,, \qquad (11\text{-}7)$$

allgemein $\mathrm{d}f = \sum_{k=1}^{n} f_{,k}\,\mathrm{d}x_k\,, \quad f_{,k} = \partial f/\partial x_k\,.$

Gleichung der Tangentialebene im Punkt (x_0, y_0):

$$z(x, y) = f(x_0, y_0) + f_{,x}(x_0, y_0)(x - x_0) + f_{,y}(x_0, y_0)(y - y_0)\,. \qquad (11\text{-}8)$$

Totale Differenziale höherer Ordnung

$$\mathrm{d}^2 f = f_{,xx}(\mathrm{d}x)^2 + 2f_{,xy}\,\mathrm{d}x\,\mathrm{d}y + f_{,yy}(\mathrm{d}y)^2 = (\partial_{,x}\mathrm{d}x + \partial_{,y}\mathrm{d}y)^2 f\,, \quad \partial_{,x} = \partial/\partial x\,,$$

$$\mathrm{d}^k f = (\partial_{,x}\mathrm{d}x + \partial_{,y}\mathrm{d}y)^k f\,, \qquad (11\text{-}9)$$

allgemein $\mathrm{d}^k f = \left(\sum_{r=1}^{n} \partial_{,r}\,\mathrm{d}x_r\right)^k f\,, \quad \partial_{,r} = \partial/\partial x_r.$

Kettenregel. Sind die Argumente x und y in $f(x, y)$ ihrerseits differenzierbare Funktionen $x(t), y(t)$ (Parameterdarstellung in $t \in \mathbb{R}$) oder $x(u, v), y(u, v)$, so gilt für die totalen Differenziale $\mathrm{d}x, \mathrm{d}y$ (11-7).

$$x(t), y(t)\colon \mathrm{d}f = f_{,x}\,x_{,t}\mathrm{d}t + f_{,y}\,y_{,t}\,\mathrm{d}t\,. \qquad (11\text{-}10)$$

$x(u, v), y(u, v)$:

$$\mathrm{d}f = f_{,x}(x_{,u}\,\mathrm{d}u + x_{,v}\,\mathrm{d}v) + f_{,y}(y_{,u}\,\mathrm{d}u + y_{,v}\,\mathrm{d}v) = f_{,u}\,\mathrm{d}u + f_{,v}\,\mathrm{d}v\,.$$

$$\to \underset{\boldsymbol{u}}{\mathrm{grad}}\, f = \boldsymbol{J}\,\underset{\boldsymbol{x}}{\mathrm{grad}}\, f, \boldsymbol{u} = \begin{bmatrix} u \\ v \end{bmatrix}, \quad \boldsymbol{x} = \begin{bmatrix} x \\ y \end{bmatrix}, \qquad (11\text{-}11)$$

Jacobi- oder *Funktionalmatrix*: $\boldsymbol{J} = \begin{bmatrix} x_{,u} & y_{,u} \\ x_{,v} & y_{,v} \end{bmatrix}$,

Gradient von f nach $\boldsymbol{x}$: $\underset{\boldsymbol{x}}{\mathrm{grad}}\, f = \begin{bmatrix} f_{,x} \\ f_{,y} \end{bmatrix}$,

Umkehrung: $\underset{\boldsymbol{x}}{\mathrm{grad}}\, f = \boldsymbol{J}^{-1}\,\underset{\boldsymbol{u}}{\mathrm{grad}}\, f\,.$

Beispiel: Gesucht $F = f^2_{,x} + f^2_{,y}$ in Polarkoordinaten

$$r \mathrel{\hat{=}} u \text{ und } \varphi = v\,, \quad x = r\cos\varphi\,, \quad y = r\sin\varphi\,.$$

$$\boldsymbol{J} = \begin{bmatrix} \cos\varphi & \sin\varphi \\ -r\sin\varphi & r\cos\varphi \end{bmatrix},$$

$$\boldsymbol{J}^{-1} = \frac{1}{r}\begin{bmatrix} r\cos\varphi & -\sin\varphi \\ r\sin\varphi & \cos\varphi \end{bmatrix}.$$

$$F = [f_{,x} f_{,y}]\begin{bmatrix} f_{,x} \\ f_{,y} \end{bmatrix} = [f_{,u} f_{,v}]\boldsymbol{J}^{-\mathrm{T}}\boldsymbol{J}^{-1}\begin{bmatrix} f_{,u} \\ f_{,v} \end{bmatrix}.$$

$$\boldsymbol{J}^{-\mathrm{T}}\boldsymbol{J}^{-1} = \begin{bmatrix} 1 & 0 \\ 0 & 1/r^2 \end{bmatrix} \to F = f^2_{,u} + f^2_{,v}/r^2\,.$$

Zweite Ableitung.

$$f_{,uu} = (f_{,u})_{,u}\,.$$

$$f_{,uu} = (f_{,xx}\,x_{,u} + f_{,xy}\,y_{,u})x_{,u} + (f_{,yx}\,x_{,u} + f_{,yy}\,y_{,u})y_{,u}\,. \qquad (11\text{-}12)$$

Implizites Differenzieren ist nützlich, wenn eine Funktion $y = f(x)$ nur einer Veränderlichen x in der sogenannten impliziten Form $F(x, y) = 0$ vorliegt. Durch Bilden des totalen Differenzials $\mathrm{d}F/\mathrm{d}x = 0$ nach (11-7) gilt

$$f'(x) = -F_{,x}/F_{,y}\,. \qquad (11\text{-}13)$$

Entsprechend gilt für $z = f(x, y)$ in impliziter Form, $F(x, y, z) = 0$:

$$f_{,x} = -F_{,x}/F_{,z}\,; \quad f_{,y} = -F_{,y}/F_{,z}\,. \qquad (11\text{-}14)$$

Beispiel:

$$F(x, y) = x^2 - xy + y^2 = 0\,,$$

$$f' = \mathrm{d}y/\mathrm{d}x = -(2x - y)/(2y - x)\,, \; x \neq 2y\,.$$

Vollständiges Differenzial. Eine Form $\Delta = g_1(x, y)\mathrm{d}x + g_2(x, y)\mathrm{d}y$ mit 2 gegebenen Funktionen g_1, g_2 hat dann den Charakter eines totalen Differenzials $\mathrm{d}f = f_{,x}\,\mathrm{d}x + f_{,y}\,\mathrm{d}y$, wenn g_1 und g_2 auf f rückführbar sind.

$$f_{,x} = g_1,\; f_{,y} = g_2 \quad \text{oder} \quad f_{,xy} = g_{1,y},\; f_{,yx} = g_{2,x}\,.$$

Aus $f_{,xy} = f_{,yx}$ folgt die Bedingung, dass $g_1(x, y)$ und $g_2(x, y)$ ein vollständiges Differenzial bilden:

$$g_{1,y} = g_{2,x}\,. \qquad (11\text{-}15)$$

Beispiel:

$g_1 = 3x^2y$ und $g_2 = x^3$ bilden wegen $g_{1,y} = g_{2,x} = 3x^2$ ein vollständiges Differenzial mit $\mathrm{d}f$. Aus $g_1 = f_{,x}$ und $g_2 = f_{,y}$ folgt $f = x^3y + C$.

11.2.1 Funktionsdarstellung nach Taylor

Für eine reellwertige Funktion $f(x, y)$, die in der Umgebung

$$x = x_0 + th_x\,, \quad y = y_0 + th_y\,, \quad |t| \leqq 1 \text{ von } (x_0, y_0)$$

$(n + 1)$-mal differenzierbar ist, gilt eine Entwicklung zunächst im Parameter t

$$f(x, y) = f(t) = \sum \frac{t^k}{k!}\frac{\mathrm{d}^k f(t=0)}{(\mathrm{d}t)^k} + R_n(t, 0)\,, \qquad (11\text{-}16)$$

wobei die Zuwächse $\mathrm{d}^k f$ durch partielle Ableitungen bezüglich x und y darstellbar sind.

$$\mathrm{d}f/\mathrm{d}t = f_{,x}\,h_x + f_{,y}\,h_y\,,$$
$$\mathrm{d}^2 f/\mathrm{d}t^2 = f_{,xx}\,h_x^2 + 2f_{,xy}\,h_x h_y + f_{,yy}\,h_y^2\,, \qquad (11\text{-}17)$$

allgemein

$$\mathrm{d}^n f/\mathrm{d}t^n = \sum_{r=0}^{n}\binom{n}{r} h_x^{n-r} h_y^r \frac{\partial^n f}{\partial x^{n-r}\partial y^r}\,.$$

Für $t = 1$, also $x = x_0 + h_x$, $y = y_0 + h_y$, entsteht die *Taylor-Formel mit Restglied*:

$$f(x_0 + h_x, y_0 + h_y) = f(x_0, y_0) + \sum_{k=1}^{n}\frac{\mathrm{d}^k f(x_0, y_0)}{(\mathrm{d}t)^k n!} + R_n(\xi, x_0, y_0)\,, \qquad (11\text{-}18)$$

$$R_n(\xi, x_0, y_0) = \frac{1}{(n+1)!}\cdot\frac{\mathrm{d}^{n+1} f(x_0 + \xi h_x, y_0 + \xi h_y)}{(\mathrm{d}t)^{n+1}}\,,$$

$0 < \xi < 1$, ξ aus Abschätzung des Restgliedes.

Mittelwertsatz. Das Restglied in (11-18) folgt aus dem Mittelwertsatz für eine im Intervall $x_0 \leqq x \leqq (x_0 + h_x)$ und $y_0 \leqq y \leqq (y_0 + h_y)$ stetige und differenzierbare Funktion. Es gibt wenigstens eine Stelle $x = x_0 + \xi h_x$, $y = y_0 + \xi h_y$ im Intervall, wo Funktionsdifferenz und totaler Zuwachs übereinstimmen:

$$f(1) - f(0) = f_{,x}(\xi)h_x + f_{,y}(\xi)h_y\,,$$
$$f(r) = f(x_0 + rh_x, y_0 + rh_y)\,, \quad r = 0, 1, \xi\,. \qquad (11\text{-}19)$$

Für $x_0 = 0$, $y_0 = 0$ sowie $h_x = x$, $h_y = y$ entsteht aus (11-18) die *MacLaurin-Formel*:

$$f(x, y) = f(0, 0) + \sum_{k=1}^{n}\frac{\mathrm{d}^k f(0, 0)}{(\mathrm{d}t)^k n!} + R_n(\xi, 0, 0)\,,$$

$$\mathrm{d}^k f/\mathrm{d}t^k = \sum_{r=0}^{k}\binom{k}{r} x^{n-r} y^r \frac{\partial^k f}{\partial x^{k-r}\partial y^r}\,, \qquad (11\text{-}20)$$

$$R_n(\xi, 0, 0) = \frac{1}{(n+1)!}\cdot\frac{\mathrm{d}^{n+1} f(\xi x, \xi y)}{(\mathrm{d}t)^{n+1}}\,,$$

$0 < \xi < 1$.

Beispiel:

$f(x, y) = (\sin x)(\sin y)$. Gesucht: Entwicklung an der Stelle $x = 0$, $y = 0$ für $n = 2$.

$$f(x, y) = [f_{,x}(0, 0)x + f_{,y}(0, 0)y] + \frac{1}{2}[f_{,xx}(0, 0)x^2 + 2f_{,xy}(0, 0)xy + f_{,yy}(0, 0)y^2] + R_2 = xy + R_2\,.$$

$$R_2 = \frac{1}{6}[f_{,xxx}(\xi x, \xi y)x^3 + 3f_{,xxy}(\xi x, \xi y)x^2 y + 3f_{,xyy}(\xi x, \xi y)xy^2 + f_{,yyy}(\xi x, \xi y)y^3]$$
$$= -\frac{1}{6}[x(x^2 + 3y^2)\cos\xi x\sin\xi y + y(3x^2 + y^2)\sin\xi x\cos\xi y]\,, \quad 0 < \xi < 1\,.$$

Abschätzung:

$$|R_2| \leqq \frac{1}{6}[|x|(x^2 + 3y^2) + |y|(3x^2 + x^2)]\,,$$

$$|R_2| \leqq \frac{1}{6}(|x| + |y|)^3\,.$$

11.2.2 Extrema

Wie in 9.2.3 dargestellt, zeichnen sich relative oder lokale Maxima (Minima) einer Funktion $f(x, y)$ an einer Stelle (x_0, y_0) dadurch aus, dass in ihrer Umgebung kein größerer (kleinerer) Wert existiert. Der Größtwert (Kleinstwert) der Funktion $f(x, y)$ innerhalb eines vorgegebenen Gebietes G, $(x, y) \in G$, heißt absolutes Maximum (Minimum).

Notwendige Bedingung für Extremum bei (x_0, y_0):

$$\mathrm{d}f(x_0, y_0) = 0 \rightarrow f_{,x}(x_0, y_0) = 0,\ f_{,y}(x_0, y_0) = 0\,.$$

$f(x_0, y_0)$ heißt auch stationärer Wert. (11-21)

Durch Diskussion der Taylor-Entwicklung (11-18) an der Stelle (x_0, y_0) mit $n = 2$ entsprechend der Theorie von Flächen 2. Ordnung (4.2.5) klärt man den Charakter des stationären Punktes.

$$D = f_{,xx}(x_0, y_0)f_{,yy}(x_0, y_0) - f^2_{,xy}(x_0, y_0)$$

$D > 0$ $f_{,xx} > 0$ Minimum ,
$D > 0$ $f_{,xx} < 0$ Maximum ,
$D < 0$ Sattelpunkt , (11-22)
$D = 0$ Untersuchung durch Taylor-Entwicklung mit $n > 2$ im stationären Punkt.

Für eine Funktion $f(\boldsymbol{x})$ endlich vieler Argumente x_1 bis x_n verläuft die Berechnung und Klassifizierung von Extrema ähnlich.
Notwendige Bedingungen für Extremum bei $\boldsymbol{x}_0$:

$$f_{,i}(\boldsymbol{x}_0) = 0 \quad \text{für} \quad i = 1 \text{ bis } n.$$

Charakter des stationären Punktes erkennbar aus der Definitheit der *Hesse-Matrix*.

$$\boldsymbol{H} = \begin{bmatrix} f_{,11} & f_{,12} & \cdots & f_{,1n} \\ f_{,21} & f_{,22} & \cdots & f_{,2n} \\ \vdots & & & \vdots \\ f_{,n1} & \cdots & \cdots & f_{,nn} \end{bmatrix}, \quad f_{,ij} = f_{,ji}(\boldsymbol{x}_0) . \quad (11\text{-}23)$$

$\boldsymbol{H}$ positiv definit: Minimum,
$\boldsymbol{H}$ negativ definit: Maximum,
$\boldsymbol{H}$ indefinit: kein Extremum.

Extrema mit Nebenbedingungen. Wird die Argumentmenge D einer Funktion $f(\boldsymbol{x})$ mit $\boldsymbol{x} \in D$ durch die Erfüllung zusätzlicher Bedingungen

$$g_1(\boldsymbol{x}) = 0 \text{ bis } g_r(\boldsymbol{x}) = 0 , \quad \text{kurz} \quad \boldsymbol{g}(\boldsymbol{x}) = \boldsymbol{o} ,$$

eingeschränkt, so kann man die sogenannten Nebenbedingungen $\boldsymbol{g} = \boldsymbol{o}$ zur Elimination von r Argumenten aus $\boldsymbol{x}$ benutzen oder aber eine Darstellung mithilfe der **Lagrange'schen Multiplikatoren** λ_1 bis λ_r, kurz $\boldsymbol{\lambda}$, verwenden:

$$\begin{aligned} &\text{Darstellung 1:} \quad z = f(\boldsymbol{x}) \text{ mit } \boldsymbol{g}(\boldsymbol{x}) = \boldsymbol{o} . \\ &\text{Darstellung 2:} \quad F(\boldsymbol{x}, \boldsymbol{\lambda}) = f(\boldsymbol{x}) + \boldsymbol{\lambda}^{\mathrm{T}} \boldsymbol{g}(\boldsymbol{x}) , \\ &\qquad\qquad\qquad \boldsymbol{g}(\boldsymbol{x}) = \boldsymbol{o} . \end{aligned} \quad (11\text{-}24)$$

Darstellung 1 und Darstellung 2 sind gleichwertig. Notwendige Bedingungen für Extrema von

$F(\boldsymbol{x}_0, \boldsymbol{\lambda}_0)$ an der Stelle $\boldsymbol{x}_0, \boldsymbol{\lambda}_0$:

$$F_{,i}(\boldsymbol{x}_0, \boldsymbol{\lambda}_0) = f_{,i}(\boldsymbol{x}_0) + \boldsymbol{\lambda}_0^{\mathrm{T}} \boldsymbol{g}_{,i}(\boldsymbol{x}_0) = 0 ,$$
$$i = 1, \ldots, n, \; g_k(\boldsymbol{x}_0) = 0 , \quad k = 1, \ldots, r . \quad (11\text{-}25)$$

Es gibt insgesamt $n + r$ Gleichungen für n Argumente in $\boldsymbol{x}_0$ und r Multiplikatoren in $\boldsymbol{\lambda}_0$.

Beispiel: Auf einer Halbkugel $z = +\sqrt{1 - x^2 - y^2}$ sind Extrema mit der Nebenbedingung $g = x + y - 1 = 0$ gesucht.

$$f_{,1} + \lambda_0 g_{,1} = \frac{-x_0}{z_0} + \lambda_0 = 0 ,$$
$$f_{,2} + \lambda_0 g_{,2} = \frac{-y_0}{z_0} + \lambda_0 = 0 ,$$
$$x_0 + y_0 - 1 = 0 ,$$
$$\rightarrow x_0 = y_0 = 1/2 , \quad \lambda_0 = 1/\sqrt{2} ; \quad z_0 = 1/\sqrt{2} .$$

12 Integration reeller Funktionen mehrerer Variablen

12.1 Parameterintegrale

Eine Funktion $F(x)$ kann als bestimmtes Integral

$$F(x) = \int_{y_1(x)}^{y_2(x)} f(x, y)\,\mathrm{d}y \quad (12\text{-}1)$$

einer Variablen y dargestellt werden. Bezüglich der Integration ist x ein konstanter Parameter, daher der Name Parameterintegral. Falls Grenzen und Funktion f differenzierbar sind, kann die Ableitung nach x gebildet werden.

Leibniz-Regel

$$\frac{\mathrm{d}F(x)}{\mathrm{d}x} = \int_{y_1(x)}^{y_2(x)} f_{,x}\,\mathrm{d}y + f(x, y_2(x)) y_{2,x}(x) - f(x, y_1(x)) y_{1,x}(x) . \quad (12\text{-}2)$$

Beispiel: Durch zweifaches Ableiten der Funktion

$$u(t) = \frac{1}{k} \int_0^t f(\tau) \sin k(t - \tau)\,\mathrm{d}\tau :$$

$$\frac{\mathrm{d}}{\mathrm{d}t} u(t) = \frac{1}{k} \int_0^t f(\tau) k \cos k(t - \tau)\,\mathrm{d}\tau + 0 ,$$

$$\frac{\mathrm{d}^2}{\mathrm{d}t^2} u(t) = \frac{1}{k} \int_0^t f(\tau)(-k^2) \sin k(t - \tau)\mathrm{d}\tau + f(t) \cos k(t - t) \cdot 1 = -k^2 u(t) + f(t) ,$$

stellt man fest, dass $u(t)$ der Schwingungsgleichung

$$\ddot{u}(t) + k^2 u(t) = f(t)$$

genügt und die Partikularlösung für eine beliebige analytische Erregerfunktion $f(t)$ als sog. Duhamel-Integral darstellt.

12.2 Doppelintegrale

Ist in der x, y-Ebene eine stetige Funktion $f(x, y)$ auf einem Definitionsbereich B gegeben, der durch stetige Funktionen $y(x)$ bzw. $x(y)$ begrenzt wird (hierbei sind eventuell Bereichsunterteilungen nach Bild 12-1 erforderlich), so sind folgende Parameterintegrale erklärt:

$$F_y(y) = \int_{x_0(y)}^{x_1(y)} f(x, y)\,\mathrm{d}x\,, \quad F_x(x) = \int_{y_0(x)}^{y_1(x)} f(x, y)\,\mathrm{d}y\,. \tag{12-3}$$

Deren neuerliche Integration ergibt denselben Wert.

$$V = \int_{x_0}^{x_1} \left(\int_{y_0(x)}^{y_1(x)} f(x, y)\,\mathrm{d}y \right) \mathrm{d}x \tag{12-4}$$

$$= \int_{y_0}^{y_1} \left(\int_{x_0(y)}^{x_1(y)} f(x, y)\,\mathrm{d}x \right) \mathrm{d}y = \int_B f(x, y)\,\mathrm{d}B\,.$$

Im Raum $\mathbb{R}^3$ unserer Anschauung entspricht der Wert V dem Volumen zwischen der ebenen Grundfläche des Definitionsbereiches B und der Deckfläche als Darstellung der Funktion $f(x,y)$. Die Mantelfläche steht senkrecht auf der x, y-Ebene. Entsprechend dieser Interpretation kann das Volumen V auch als Summe von Elementarquadern dargestellt werden:

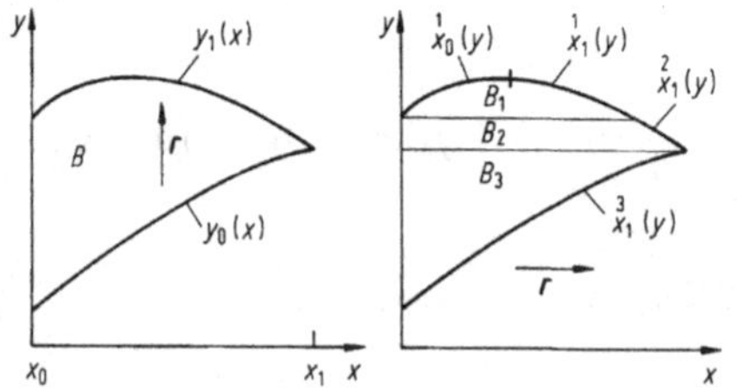

Bild 12-1. Aufteilung der Berandung des Definitionsbereiches B in stetige Funktionen. $\boldsymbol{r}$: Integrationsrichtung

$$V = \lim_{n\to\infty} \sum_{k=1}^{n} f(x_k, y_k)\Delta B_k\,. \tag{12-5}$$

Die Unterteilung des Definitionsbereiches B in Gebiete mit eindeutigen Berandungsfunktionen ist abhängig von der Reihenfolge der Integrationen, sodass diese mit Bedacht festzulegen ist.
Es gelten folgende Regeln:

$$\int_B cf\,\mathrm{d}B = c\int_B f\,\mathrm{d}B\,,$$

$$\int_B (f+g)\,\mathrm{d}B = \int_B f\,\mathrm{d}B + \int_B g\,\mathrm{d}B\,, \tag{12-6}$$

$$\sum_{k=1}^{n} \int_{B_k} f\,\mathrm{d}B = \int_B f\,\mathrm{d}B\,.$$

$$\begin{cases} \int_B f\,\mathrm{d}B = f(\xi, \eta)B \quad \text{(Mittelwertsatz)}\,, \\ \text{Punkt } P(\xi, \eta) \in B\,. \end{cases} \tag{12-7}$$

Speziell für $f \equiv 1$:

$$\int_B \mathrm{d}B = B. \quad \text{Fläche des Grundgebietes}\,, \tag{12-8}$$

beschrieben durch den Definitionsbereich $(x, y) \in B$.

Beispiel: Gesucht ist das Integral $B = \int_B \mathrm{d}B$ über dem schraffierten Gebiet in Bild 12-2.

$$V = \int_0^1 \left(\int_{y^2}^{2-\sqrt{y}} \mathrm{d}x \right) \mathrm{d}y = \int_0^1 (2 - \sqrt{y} - y^2)\,\mathrm{d}y = 1$$

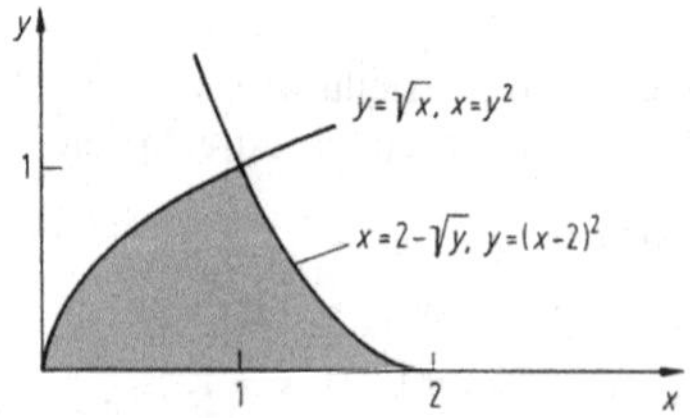

Bild 12-2. Mehrfach berandeter Definitionsbereich in der Ebene

oder

$$V = \int_0^1 \left(\int_0^{\sqrt{x}} \mathrm{d}y \right) \mathrm{d}x + \int_1^2 \left(\int_0^{(x-2)^2} \mathrm{d}y \right) \mathrm{d}x = 1 .$$

12.3 Uneigentliche Bereichsintegrale

Sie entstehen bei unbeschränktem Integranden $f(x_0, y_0)$ in einem Punkt $P_0(x_0, y_0)$ und/oder bei unbeschränktem Definitionsgebiet B.

Unbeschränktes Gebiet: $B \to B_\infty$. Falls $f > 0$ in B, gilt

$$\int_{B_\infty} f \,\mathrm{d}B = \lim_{n\to\infty} \int_{B_n} f \,\mathrm{d}B .$$

$B_1, B_2, \ldots$ ist eine Folge mit $\lim\limits_{n\to\infty} B_n = B_\infty$. (12-9)

Integrand f unbeschränkt (singulär) für $f(x, y) \to f(x_0, y_0)$:

$$\int_{B_0} f \,\mathrm{d}B = \lim_{n\to\infty} \int_{B_n} f \,\mathrm{d}B . \qquad (12\text{-}10)$$

$B_1, B_2, \ldots$ ist eine Folge mit $\lim\limits_{n\to\infty} B_n = B_0 = 0$.

Beispiel 1: Gesucht ist $V = \iint \mathrm{e}^{-(x+y)} \,\mathrm{d}x\,\mathrm{d}y$ im Definitionsbereich $x, y \geqq 0$.

$$V = \int_0^\infty \int_0^\infty \mathrm{e}^{-(x+y)} \,\mathrm{d}x\,\mathrm{d}y = \lim_{n\to\infty} \int_0^n \int_0^n \mathrm{e}^{-(x+y)} \,\mathrm{d}x\,\mathrm{d}y$$

$$= \lim_{n\to\infty} \left[\int_0^n \mathrm{e}^{-x} \,\mathrm{d}x \right]^2 = 1 .$$

Tabelle 10-5: $\int\limits_0^\infty \mathrm{e}^{-x} \,\mathrm{d}x = 1$.

Beispiel 2: Gesucht ist $V = \iint (y/\sqrt{x}) \,\mathrm{d}x\,\mathrm{d}y$ über dem Gebiet $0 \leqq x \leqq 1$, $0 \leqq y \leqq 1$. $P(0, y)$ ist unbeschränkt.

$$V = \lim_{\varepsilon\to 0} \int_\varepsilon^1 x^{-1/2} \left(\int_0^1 y \,\mathrm{d}y \right) \mathrm{d}x = \lim_{\varepsilon\to 0} [\sqrt{x}]_\varepsilon^1 = 1 .$$

12.4 Dreifachintegrale

Ist auf einem räumlichen Definitionsbereich B (z. B. beschrieben durch ein kartesisches x, y, z-System) eine stetige Funktion $f(x, y, z)$ gegeben, so ist das Dreifachintegral erklärt als Grenzwert der mit f gewichteten Elementarvolumina ΔB.

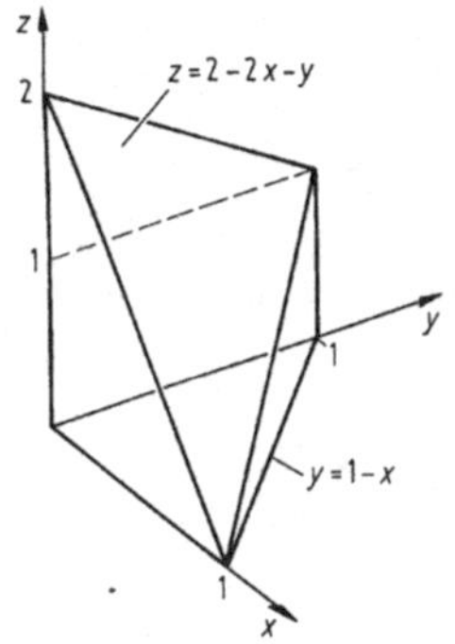

Bild 12-3. Fünffach begrenzter Definitionsbereich im Raum

$$R = \lim_{n\to\infty} \sum_{k=1}^{n} f(x_k, y_k, z_k)\Delta B_k = \int_B f \,\mathrm{d}B . \qquad (12\text{-}11)$$

Der Wert R entspricht einem Volumen im vierdimensionalen Riemann-Raum ($\mathbb{R}^4$). Für die konkrete Berechnung ist das Volumenintegral in Produkte von Parameterintegralen zu zerlegen. Die Reihenfolge der Integration folgt aus einer zweckmäßigen Aufteilung des Definitionsbereiches. Entscheidend sind auch hier eindeutige Berandungsfunktionen.

$$R = \int_B f \,\mathrm{d}B = \int_{z_0}^{z_1} \left(\int_{y_0(z)}^{y_1(z)} \left(\int_{x_0(y,z)}^{x_1(y,z)} f \,\mathrm{d}x \right) \mathrm{d}y \right) \mathrm{d}z = R_{xyz} . \qquad (12\text{-}12)$$

Entsprechend gilt:

$$R = R_{xzy} = R_{yxz} = R_{yzx} = R_{zxy} = R_{zyx} = R_{xyz} .$$

Für $f \equiv 1$ entspricht R dem Volumen

$$V = \int_B \mathrm{d}B . \qquad (12\text{-}13)$$

Es gelten entsprechende Regeln wie (12-6), (12-7) bei Doppelintegralen. Uneigentliche Integrale werden entsprechend (12-9), (12-10) behandelt. Günstiger sind hierfür häufig Kugelkoordinaten.

Beispiel: Über dem Fünfflächner nach Bild 12-3 ist das Flächenmoment 2. Grades $R = \int x^2 \,\mathrm{d}B$ zu berechnen.

$$R = \int_0^1 \left(\int_0^{1-x} \left(\int_0^{2-2x-y} x^2 \,\mathrm{d}z \right) \mathrm{d}y \right) \mathrm{d}x$$

Tabelle 12-1. Krummlinige Koordinaten

Koordinaten	J	$J\,du\,dv\,(dw)$
Polarkoordinaten (r, φ) (siehe 4.1.3)	$\begin{bmatrix} \cos\varphi & \sin\varphi \\ -r\sin\varphi & r\cos\varphi \end{bmatrix}$	$r\,dr\,d\varphi$
Zylinderkoordinaten (z, ϱ, φ) (siehe 4.1.6)	$\begin{bmatrix} 0 & 0 & 1 \\ \cos\varphi & \sin\varphi & 0 \\ -\varrho\sin\varphi & \varrho\cos\varphi & 0 \end{bmatrix}$	$\varrho\,dz\,d\varrho\,d\varphi$
Kugelkoordinaten (r, φ, ϑ) (siehe 4.1.7)	$\begin{bmatrix} \sin\varphi\cos\vartheta & \sin\varphi\sin\vartheta & \cos\varphi \\ r\cos\varphi\cos\vartheta & r\cos\varphi\sin\vartheta & -r\sin\varphi \\ -r\sin\varphi\sin\vartheta & r\sin\varphi\cos\vartheta & 0 \end{bmatrix}$	$r^2\sin\varphi\,dr\,d\varphi\,d\vartheta$

$$= \int_0^1 \left(\int_0^{1-x} x^2(2-2x-y)\,dy \right) dx$$

$$= \int_0^1 [2x^2(1-x)^2 - x^2(1-x)^2/2]\,dx = 1/20\,.$$

12.5 Variablentransformation

Bei der Integration kann eine Transformation der Variablen sehr nützlich sein. Wesentlich ist dabei die Determinante J der *Jacobi- oder Funktionalmatrix*, siehe 11.2, (11-11) und Tabelle 12-1.

Doppelintegrale

$$x = x(u, v)\,, \quad y = y(u, v)\,;$$

$$\iint_B f\,dx\,dy = \iint_T fJ\,du\,dv\,, \quad J > 0\,. \qquad (12\text{-}14)$$

B: Originalbereich,
T: transformierter Bereich,

$$J = \begin{vmatrix} x_{,u} & y_{,u} \\ x_{,v} & y_{,v} \end{vmatrix}\,.$$

Dreifachintegrale

$$x = x(u, v, w)\,, \quad y = y(u, v, w)\,, \quad z = z(u, v, w)\,;$$

$$\iiint_B f\,dx\,dy\,dz = \iiint_T f\,J\,du\,dv\,dw\,, \quad J > 0\,.$$

$$J = \begin{vmatrix} x_{,u} & y_{,u} & z_{,u} \\ x_{,v} & y_{,v} & z_{,v} \\ x_{,w} & y_{,w} & z_{,w} \end{vmatrix}\,. \qquad (12\text{-}15)$$

Transformation in das Einheitsdreieck nach Bild 12-4a. Sie folgt aus einer linearen Transformation mit punktweiser Zuordnung der Eckkoordinaten.

$$x = a_0 + a_1\xi + a_2\eta\,, \qquad y = b_0 + b_1\xi + b_2\eta\,.$$

$$P_1\colon x = x_1\,, \quad y = y_1\,; \quad \xi = 0\,, \quad \eta = 0\,.$$

$$P_2\colon x = x_2\,, \quad y = y_2\,; \quad \xi = 1\,, \quad \eta = 0\,.$$

$$P_3\colon x = x_3\,, \quad y = y_3\,; \quad \xi = 0\,, \quad \eta = 1\,.$$

$$\begin{bmatrix} x_1 \\ x_2 \\ x_3 \end{bmatrix} = \begin{bmatrix} 1 & 0 & 0 \\ 1 & 1 & 0 \\ 1 & 0 & 1 \end{bmatrix} \begin{bmatrix} a_0 \\ a_1 \\ a_2 \end{bmatrix} \quad \text{ergibt} \quad a_i(x_i)\,.$$

$$\begin{bmatrix} x \\ y \end{bmatrix} = \begin{bmatrix} x_1 \\ y_1 \end{bmatrix} + \begin{bmatrix} x_2 - x_1 & x_3 - x_1 \\ y_2 - y_1 & y_3 - y_1 \end{bmatrix} \begin{bmatrix} \xi \\ \eta \end{bmatrix}. \qquad (12\text{-}16)$$

$$\text{Jacobi-Matrix } \boldsymbol{J} = \begin{bmatrix} x_2 - x_1 & y_2 - y_1 \\ x_3 - x_1 & y_3 - y_1 \end{bmatrix},$$

$$\to \iint f\,dx\,dy = \iint f\,J\,d\xi\,d\eta\,,$$

$$J = 2A_\Delta = (x_2 - x_1)(y_3 - y_1) - (x_3 - x_1)(y_2 - y_1)\,.$$

Transformation zum Einheitstetraeder nach Bild 12-4b.

$$\begin{bmatrix} x \\ y \\ z \end{bmatrix} = \begin{bmatrix} x_1 \\ y_1 \\ z_1 \end{bmatrix} + \begin{bmatrix} x_2 - x_1 & x_3 - x_1 & x_4 - x_1 \\ y_2 - y_1 & y_3 - y_1 & y_4 - y_1 \\ z_2 - z_1 & z_3 - z_1 & z_4 - z_1 \end{bmatrix} \begin{bmatrix} \xi \\ \eta \\ \zeta \end{bmatrix},$$

$$\text{kurz} \quad \boldsymbol{x} = \boldsymbol{x}_1 + \boldsymbol{J}\boldsymbol{\xi}\,, \qquad (12\text{-}17)$$

$$\iiint f\,dx\,dy\,dz = \iiint f\,J\,d\xi\,d\eta\,d\zeta\,, \quad J = 6V\,.$$

V Volumen des Originaltetraeders.

Nichtlineare kartesische Transformationen ermöglichen die *Abbildung von krummlinig begrenzten Gebieten* auf gradlinig begrenzte. Für ein krummliniges Dreieck nach Bild 12-4c gilt

$$x = a_0 + a_1\,\xi + a_2\eta + a_3\,\xi^2 + a_4\,\xi\eta + a_5\eta^2\,,$$

$$y = b_0 + b_1\,\xi + b_2\eta + b_3\,\xi^2 + b_4\,\xi\eta + b_5\eta^2\,. \qquad (12\text{-}18)$$

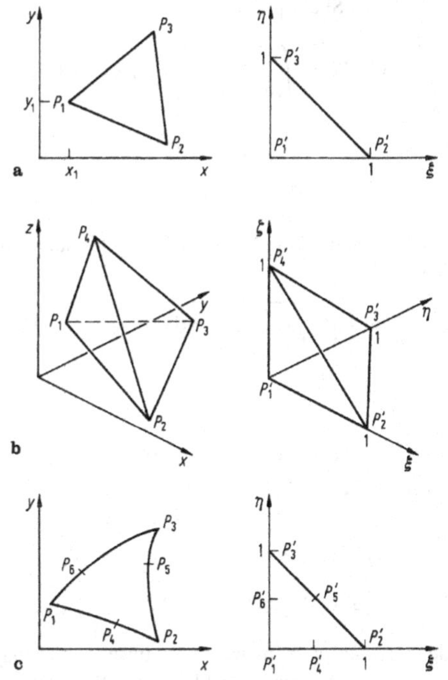

Bild 12-4. Transformationen auf Einheitsgebiete

Aus sechsmaliger Koordinatenzuordnung $(x_i, y_i) \to (\xi_i, \eta_i)$ folgt

$$\boldsymbol{a} = \boldsymbol{A}\boldsymbol{x}\,,\quad \boldsymbol{b} = \boldsymbol{A}\boldsymbol{y}\,,$$

$$\boldsymbol{A} = \begin{bmatrix} 1 & 0 & 0 & 0 & 0 & 0 \\ -3 & -1 & 0 & 4 & 0 & 0 \\ -3 & 0 & -1 & 0 & 0 & 4 \\ 2 & 2 & 0 & -4 & 0 & 0 \\ 4 & 0 & 0 & -4 & 4 & -4 \\ 2 & 0 & 2 & 0 & 0 & -4 \end{bmatrix}, \tag{12-19}$$

$$\begin{aligned} \boldsymbol{a}^{\mathrm{T}} &= [a_0 \quad a_1 \quad a_2 \quad a_3 \quad a_4 \quad a_5]\,, \\ \boldsymbol{b}^{\mathrm{T}} &= [b_0 \quad b_1 \quad b_2 \quad b_3 \quad b_4 \quad b_5]\,, \\ \boldsymbol{x}^{\mathrm{T}} &= [x_1 \quad x_2 \quad x_3 \quad x_4 \quad x_5 \quad x_6]\,, \\ \boldsymbol{y}^{\mathrm{T}} &= [y_1 \quad y_2 \quad y_3 \quad y_4 \quad y_5 \quad y_6]\,. \end{aligned}$$

$$\to \iint f\,\mathrm{d}x\,\mathrm{d}y = \iint f J\,\mathrm{d}\xi\,\mathrm{d}\eta\,,$$

$$J = J(\xi,\eta) = \begin{vmatrix} a_1 + 2a_3\xi + a_4\eta & b_1 + 2b_3\xi + b_4\eta \\ a_2 + a_4\xi + 2a_5\eta & b_2 + b_4\xi + 2\,b_5\eta \end{vmatrix}.$$

12.6 Kurvenintegrale

Ist über einer Kurve K nach Bild 12-5 eine eindeutige Funktion $f(x)$ gegeben, so sind über dem Definitionsbereich D zwei Kurvenintegrale erklärt.
Nichtorientiert:

$$\int_K f(\boldsymbol{x})\,\mathrm{d}s = \lim_{n\to\infty} \sum_{k=1}^{n} f(\boldsymbol{x}_k)\Delta s_k\,. \tag{12-20}$$

Orientiert (als Skalarprodukt):

$$\int_K \boldsymbol{f}(\boldsymbol{x}) \cdot \mathrm{d}\boldsymbol{x} = \lim_{n\to\infty} \sum_{k=1}^{n} \boldsymbol{f}(\boldsymbol{x}_k) \cdot \Delta \boldsymbol{x}_k\,. \tag{12-21}$$

Bei einer Parameterdarstellung $\boldsymbol{x} = \boldsymbol{x}(t)$ ergeben sich gewöhnliche Integrale in t.

$$\begin{aligned} &\boldsymbol{x} = \boldsymbol{x}(t)\text{:} \\ &\mathrm{d}s = \sqrt{\mathrm{d}x^2 + \mathrm{d}y^2 + \mathrm{d}z^2} = \sqrt{\dot{x}^2 + \dot{y}^2 + \dot{z}^2}\,\mathrm{d}t\,, \\ &\mathrm{d}()/\mathrm{d}t = ()^{\boldsymbol{\cdot}} \quad \mathrm{d}\boldsymbol{x} = \dot{\boldsymbol{x}}\,\mathrm{d}t\,. \end{aligned} \tag{12-22}$$

Für $f = 1$ folgt aus (12-20) die *Bogenlänge*

$$s = \int_{t_0}^{t_1} \sqrt{\dot{x}^2 + \dot{y}^2 + \dot{z}^2}\,\mathrm{d}t\,. \tag{12-23}$$

Beispiel: Für die Kurve

$$\boldsymbol{x}^{\mathrm{T}}(t) = [\sin t,\ \cos t,\ \sin 2t]\,,\quad 0 \leqq t \leqq \pi\,,\quad \text{und}$$
$$\boldsymbol{f}^{\mathrm{T}}(\boldsymbol{x}) = [z,\ 1,\ y]$$

ist das Kurvenintegral (12-21) zu berechnen.

$$\begin{aligned} \int \boldsymbol{f}(\boldsymbol{x}) \cdot \mathrm{d}\boldsymbol{x} &= \int_0^{\pi} \boldsymbol{f}(t) \cdot \dot{\boldsymbol{x}}\mathrm{d}t \\ &= \int_0^{\pi} \begin{bmatrix} \sin 2t \\ 1 \\ \cos t \end{bmatrix} \cdot \begin{bmatrix} \cos t \\ -\sin t \\ 2\cos 2t \end{bmatrix} \mathrm{d}t \\ &= \frac{4}{3} - 2 + 0 = -\frac{2}{3}\,. \end{aligned}$$

Wegunabhängiges Kurvenintegral. Das Kurvenintegral (12-21) zwischen zwei Punkten P_0 und P_1 auf K ist unabhängig vom Integrationsweg, falls $\boldsymbol{f}$ Gradient einer Funktion Φ ist.

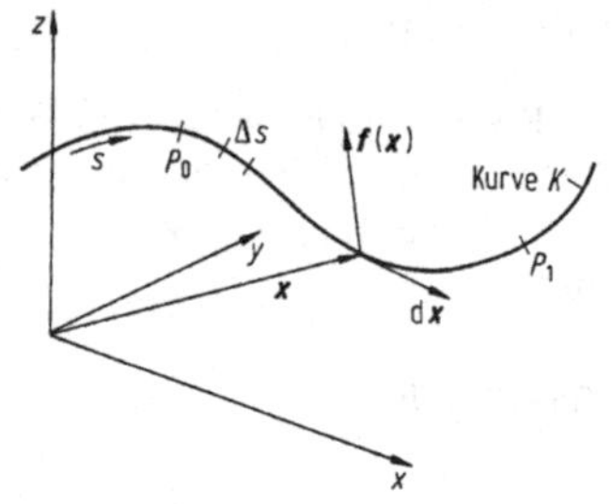

Bild 12-5. Funktion $f(x)$ längs einer Kurve K

$$f^{\mathrm{T}}(\boldsymbol{x}) = [\Phi_{,x}\ \Phi_{,y}\ \Phi_{,z}]\,,$$

$$\int_{P_0}^{P_1} f(\boldsymbol{x}) \cdot \mathrm{d}\boldsymbol{x} = \Phi_1 - \Phi_0\,. \qquad (12\text{-}24)$$

12.7 Oberflächenintegrale

Ist über einer Oberfläche S nach Bild 12-6 eine eindeutige Funktion $f(\boldsymbol{x})$ gegeben, so sind über dem Definitionsbereich D zwei Oberflächenintegrale erklärt. Nichtorientiert:

$$\int_S f(\boldsymbol{x})\,\mathrm{d}S = \iint_S f(\boldsymbol{x}(\boldsymbol{u}))|\boldsymbol{x}_{,u} \times \boldsymbol{x}_{,v}|\,\mathrm{d}u\,\mathrm{d}v\,.$$

Falls $z(x, y)$ die Oberfläche beschreibt, gilt

$$\int_S f(\boldsymbol{x})\,\mathrm{d}S = \iint_S f(x, y, z(x, y))\sqrt{1 + z_{,x}^2 + z_{,y}^2}\,\mathrm{d}x\,\mathrm{d}y\,. \qquad (12\text{-}25)$$

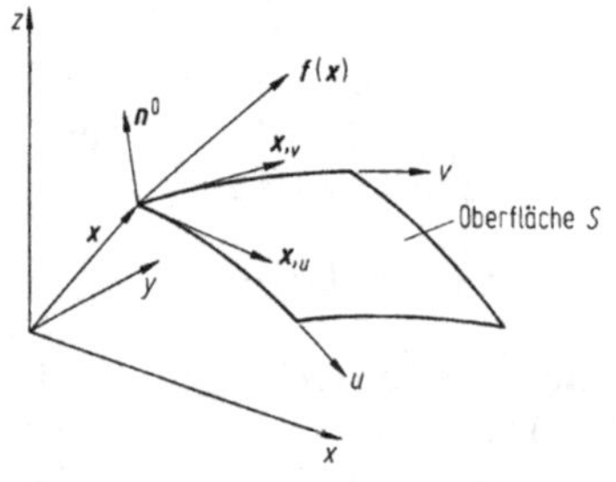

Bild 12-6. Funktion $f(x)$ über einer Oberfläche S

Orientiert (als Skalarprodukt):

$$\int_S f(x) \cdot \mathrm{d}S = \iint_S f(\boldsymbol{x}(\boldsymbol{u})) \cdot (\boldsymbol{x}_{,u} \times \boldsymbol{x}_{,v})\,\mathrm{d}u\,\mathrm{d}v = \int_S f(\boldsymbol{x}) \cdot \boldsymbol{n}^0\,\mathrm{d}S\,. \qquad (12\text{-}26)$$

Für $f = 1$ folgt aus (12-25) der Flächeninhalt A der Oberfläche S:

$$A = \iint_S \sqrt{1 + z_{,x}^2 + z_{,y}^2}\,\mathrm{d}x\,\mathrm{d}y\,. \qquad (12\text{-}27)$$

13 Differenzialgeometrie der Kurven

13.1 Ebene Kurven

13.1.1 Tangente, Krümmung

Ist der Ortsvektor $\boldsymbol{x}$ im Raum $\mathbb{R}^2$ unserer Anschauung eine Funktion eines unabhängigen Parameters t, so wird durch $\boldsymbol{x}(t)$ eine ebene Kurve nach Bild 13-1 beschrieben.

$$\boldsymbol{x}(t) = x(t)\boldsymbol{e}_1 + y(t)\boldsymbol{e}_2\,. \qquad (13\text{-}1)$$

Durch Elimination des Parameters t entstehen zwei typische Formen:

$$\text{Explizit: } y = f(x) \quad \text{oder} \quad x = g(y)\,,$$
$$\text{implizit: } F(x, y) = 0\,. \qquad (13\text{-}2)$$

Beispiel. Für eine Ellipse (Halbachse a in $\boldsymbol{e}_1$-Richtung, Halbachse b in $\boldsymbol{e}_2$-Richtung) sind die

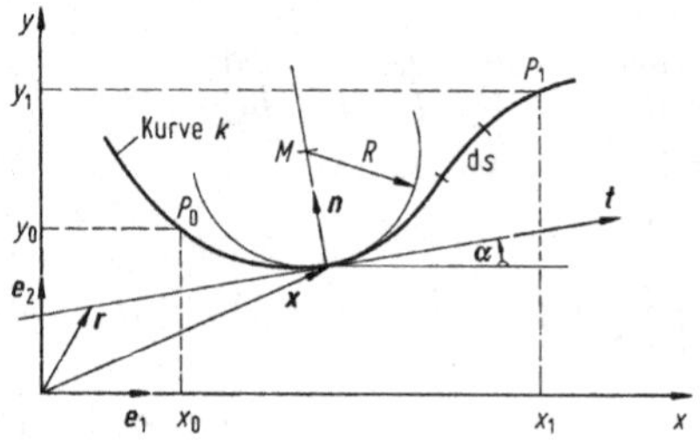

Bild 13-1. Ebene Kurve

Darstellungen (13-1), (13-2) anzugeben. Parameterdarstellung $x = a\cos t$, $y = b\sin t$.
Implizit: $F(x, y) = x^2/a^2 + y^2/b^2 - 1 = 0$. Explizit: $y = b\sqrt{1 - x^2/a^2}$ oder $x = a\sqrt{1 - y^2/b^2}$.
Bei entsprechender Differenzierbarkeit zeigt der Differenzialvektor $\mathrm{d}\boldsymbol{x}$ mit dem Betrag $\mathrm{d}s$ als Bogenlänge in Richtung der Tangente $\boldsymbol{t}$, die in der Regel als Einheitsvektor mit $\boldsymbol{t} \cdot \boldsymbol{t} = 1$ eingeführt wird.

$$\mathrm{d}\boldsymbol{x} = \mathrm{d}s\,\boldsymbol{t} = \mathrm{d}x\,\boldsymbol{e}_1 + \mathrm{d}y\,\boldsymbol{e}_2\,, \quad \mathrm{d}s^2 = \mathrm{d}x^2 + \mathrm{d}y^2\,. \tag{13-3}$$

Bogenlänge $s = \int_{P_0}^{P_1} \mathrm{d}s$.

Mit Parameter t:

$$s = \int_{t_0}^{t_1} \sqrt{\dot{x}^2 + \dot{y}^2}\,\mathrm{d}t\,, \quad ()^{\bullet} = \mathrm{d}()/\mathrm{d}t\,.$$

Ohne Parameter:

$$s = \begin{cases} \int_{x_0}^{x_1} \sqrt{1 + (\mathrm{d}y/\mathrm{d}x)^2}\,\mathrm{d}x \\ \int_{y_0}^{y_1} \sqrt{(\mathrm{d}x/\mathrm{d}y)^2 + 1}\,\mathrm{d}y \end{cases}. \tag{13-4}$$

Tangente

$$\boldsymbol{t} = \mathrm{d}\boldsymbol{x}/\mathrm{d}s = \frac{\mathrm{d}\boldsymbol{x}}{\mathrm{d}t} \cdot \frac{\mathrm{d}t}{\mathrm{d}s} = \begin{bmatrix} \dot{x} \\ \dot{y} \end{bmatrix} \frac{1}{\sqrt{\dot{x}^2 + \dot{y}^2}}\,, \tag{13-5}$$

$$\boldsymbol{t} = \begin{bmatrix} 1 \\ \mathrm{d}y/\mathrm{d}x \end{bmatrix} \frac{1}{\sqrt{1 + (\mathrm{d}y/\mathrm{d}x)^2}} = \begin{bmatrix} \mathrm{d}x/\mathrm{d}y \\ 1 \end{bmatrix} \frac{1}{\sqrt{(\mathrm{d}x/\mathrm{d}y)^2 + 1}}\,.$$

Geradengleichung der Tangente:

$$\boldsymbol{r} = \boldsymbol{x} + \tau\boldsymbol{t}\,, \quad \tau \text{ Skalar}\,, \tag{13-6}$$

$\boldsymbol{x}$ Ortsvektor zum Kurvenpunkt mit der Tangente $\boldsymbol{t}$.

Steigung:

$$\tan\alpha = \mathrm{d}y/\mathrm{d}x = \dot{y}/\dot{x}\,. \tag{13-7}$$

Normale:

$\boldsymbol{n}$ senkrecht zu $\boldsymbol{t}$, $\quad \boldsymbol{n} \cdot \boldsymbol{t} = 0$.

$$\boldsymbol{n} = \begin{bmatrix} -\dot{y} \\ \dot{x} \end{bmatrix} \frac{1}{\sqrt{\dot{x}^2 + \dot{y}^2}}\,, \tag{13-8}$$

$$\boldsymbol{n} = \begin{bmatrix} -\mathrm{d}y/\mathrm{d}x \\ 1 \end{bmatrix} \frac{1}{\sqrt{1 + (\mathrm{d}y/\mathrm{d}x)^2}} = \begin{bmatrix} -1 \\ \mathrm{d}x/\mathrm{d}y \end{bmatrix} \frac{1}{\sqrt{(\mathrm{d}x/\mathrm{d}y)^2 + 1}}\,.$$

Bei Vorgabe der Kurve in Polarkoordinaten r, φ mit $r = r(\varphi)$ folgt aus der trigonometrischen Parameterdarstellung $x = r\cos\varphi$, $y = r\sin\varphi$ die Steigung in Polarkoordinaten

$$\tan\alpha = \frac{\dot{y}}{\dot{x}} = \frac{\dot{r}\sin\varphi + r\cos\varphi}{\dot{r}\cos\varphi - r\sin\varphi}\,,$$

$$r = r(\varphi)\,, \quad \dot{r} = \mathrm{d}r/\mathrm{d}\varphi\,. \tag{13-9}$$

Die *Krümmung* κ ist definiert als Änderung der Tangentenneigung beim Fortschreiten entlang der Bogenlänge.

$$\kappa = \mathrm{d}\alpha/\mathrm{d}s = \frac{\mathrm{d}\alpha}{\mathrm{d}t} \cdot \frac{\mathrm{d}t}{\mathrm{d}s} = \frac{\dot{\alpha}}{\sqrt{\dot{x}^2 + \dot{y}^2}}\,, \quad \tan\alpha = \frac{\dot{y}}{\dot{x}}\,. \tag{13-10}$$

Jedem Punkt $P(x, y)$ oder $P(r, \varphi)$ der Kurve k kann ein Kreis mit Radius R – der Krümmungskreis – zugeordnet werden, der in P Tangente und Krümmung $\kappa = 1/R$ mit der Kurve k gemeinsam hat.

Evolute einer Kurve k_1 ist die Kurve k_2 als Verbindungslinie aller Krümmungskreis-Mittelpunkte; k_2 ist die Einhüllende der Normalenschar von k_1. Umgekehrt nennt man k_1 die Evolvente zu k_2.

Beispiel. Für eine Kurve k in Parabelform $y^2 = 2ax$ erhält man durch implizites Ableiten $y'y = a$ und $y''y + y'^2 = 0$ und damit die Koordinaten (x_M, y_M) des Krümmungskreis-Mittelpunktes. Wählt man y als Parameter der Kurve k, folgt aus Tabelle 13-1:

$$\begin{bmatrix} x_M \\ y_M \end{bmatrix} = \begin{bmatrix} y^2/2a \\ y \end{bmatrix} + \frac{y^3(1 + a^2/y^2)}{(-a^2)} \begin{bmatrix} -a/y \\ 1 \end{bmatrix}$$

und daraus $x_M = 3y^2/2a + a$, $y_M = -y^3/a^2$. Diese Evolutendarstellung im Parameter y lässt sich durch Elimination von y in eine explizite Form $27ay_M^2 - 8(x_M - a)^3 = 0$ überführen; dies ist die Gleichung einer *Neil'schen Parabel*.

Tabelle 13-1. Krümmungskreis mit Radius $R = 1/|\kappa|$ und Mittelpunkt $M(x_M, y_M)$ zum Kurvenpunkt $\boldsymbol{x}$

Kurven-darstellung	Krümmung κ	Mittelpunkt $\boldsymbol{x}_M$
Invariante Darstellung	$\begin{vmatrix} \mathrm{d}x/\mathrm{d}s & \mathrm{d}y/\mathrm{d}s \\ \mathrm{d}^2x/\mathrm{d}s^2 & \mathrm{d}^2y/\mathrm{d}s^2 \end{vmatrix}$ s Bogenlänge	$\boldsymbol{x}_M = \boldsymbol{x} + \frac{1}{\kappa}\boldsymbol{n}$
$x = x(t)$ $y = y(t)$	$\frac{\dot{x}\ddot{y} - \dot{y}\ddot{x}}{(\dot{x}^2 + \dot{y}^2)^{3/2}}, \quad ()^{\bullet} = \frac{\mathrm{d}()}{\mathrm{d}t}$	$\boldsymbol{x}_M = \boldsymbol{x} + \frac{\dot{x}^2 + \dot{y}^2}{\dot{x}\ddot{y} - \dot{y}\ddot{x}} \begin{bmatrix} -\dot{y} \\ \dot{x} \end{bmatrix}$
$y = y(x)$	$\frac{y''}{(1 + y'^2)^{3/2}}, \quad ()' = \frac{\mathrm{d}()}{\mathrm{d}x}$	$\boldsymbol{x}_M = \boldsymbol{x} + \frac{1 + y'^2}{y''} \begin{bmatrix} -y' \\ 1 \end{bmatrix}$
$r = r(\varphi)$	$\frac{r^2 + 2\dot{r}^2 - r\ddot{r}}{(r^2 + \dot{r}^2)^{3/2}}, \quad ()^{\bullet} = \frac{\mathrm{d}()}{\mathrm{d}\varphi}$	$\boldsymbol{x}_M = \boldsymbol{x} - \varrho \begin{bmatrix} r\cos\varphi + \dot{r}\sin\varphi \\ r\sin\varphi - \dot{r}\cos\varphi \end{bmatrix}$ $\varrho = \frac{r^2 + \dot{r}^2}{r^2 + 2\dot{r}^2 - r\ddot{r}}$

13.1.2 Hüllkurve

Eine implizite Kurvengleichung $F(x, y, \lambda) = 0$ mit kartesischen Koordinaten x, y kann zusätzlich von einem Parameter λ abhängen, wodurch eine ganze Kurvenschar beschrieben wird. Unter gewissen notwendigen Voraussetzungen kann die Schar durch eine Hüllkurve (*Enveloppe*) umhüllt werden, die jede Scharkurve in einem Punkt berührt (gemeinsame Tangente) und nur aus solchen Punkten besteht.

Notwendig für Existenz einer Hüllkurve:

$$\partial^2 F/\partial\lambda^2 \neq 0\,, \quad \begin{vmatrix} \partial F/\partial x & \partial F/\partial y \\ \partial^2 F/(\partial x \partial\lambda) & \partial^2 F/(\partial y \partial\lambda) \end{vmatrix} \neq 0\,. \tag{13-11}$$

Parameterdarstellung $x(\lambda)$, $y(\lambda)$ aus der Lösung zweier Gleichungen:

$$\partial F/\partial\lambda = F_{,\lambda}(x, y, \lambda) = 0\,, \quad F(x, y, \lambda) = 0\,. \tag{13-12}$$

Beispiel. Für die Kurvenschar

$$F(x, y, \lambda) = x^2 + (y - \lambda)^2 - \lambda^2/4 = 0$$

nach Bild 13-2 gelten die Voraussetzungen (13-11) und mit $F_{,\lambda} = 2(y - \lambda)(-1) - \lambda/2$ erhält man die Gleichungen (13-12) mit den Lösungen $y = 3\lambda/4$ und $x^2 = 3\lambda^2/16$. Nach Elimination von λ erweist sich die Hüllkurve als Paar $y = \pm x\sqrt{3}$ von Nullpunktgeraden.

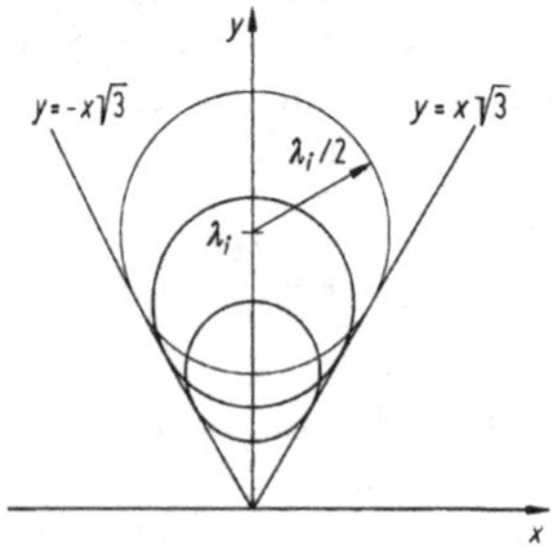

Bild 13-2. Kreisschar mit Hüllkurve

13.2 Räumliche Kurven

Ist der Ortsvektor $\boldsymbol{x}$ im Raum $\mathbb{R}^3$ unserer Anschauung eine Funktion einer Veränderlichen t (man kann dabei an die Zeit denken), so wird durch $\boldsymbol{x}(t)$ eine Raumkurve nach Bild 13-3 beschrieben.

$$\boldsymbol{x}(t) = x(t)\boldsymbol{e}_1 + y(t)\boldsymbol{e}_2 + z(t)\boldsymbol{e}_3$$

oder

$$\boldsymbol{x}(t) = \sum_{i=1}^{3} x_i(t)\,\boldsymbol{e}_i = x_i(t)\,\boldsymbol{e}_i \text{ (Summationskonvention)}\,. \tag{13-13}$$

Bei entsprechender Differenzierbarkeit zeigt der Differenzialvektor $\mathrm{d}\boldsymbol{x}$ mit dem Betrag $\mathrm{d}s$ in Richtung der Tangente $\boldsymbol{t}$, mit $\boldsymbol{t} \cdot \boldsymbol{t} = 1$.

$$\mathrm{d}\boldsymbol{x} = \boldsymbol{t}\,\mathrm{d}s\,, \quad \mathrm{d}s^2 = (\mathrm{d}\boldsymbol{x}) \cdot (\mathrm{d}\boldsymbol{x}) \tag{13-14}$$

$$\rightarrow \boldsymbol{t} = \frac{\mathrm{d}\boldsymbol{x}}{\mathrm{d}s} \cdot \frac{\mathrm{d}t}{\mathrm{d}t} = \dot{\boldsymbol{x}} / \sqrt{(\dot{\boldsymbol{x}}) \cdot (\dot{\boldsymbol{x}})}\,, \quad ()^{\bullet} = \mathrm{d}()\,\mathrm{d}t\,.$$

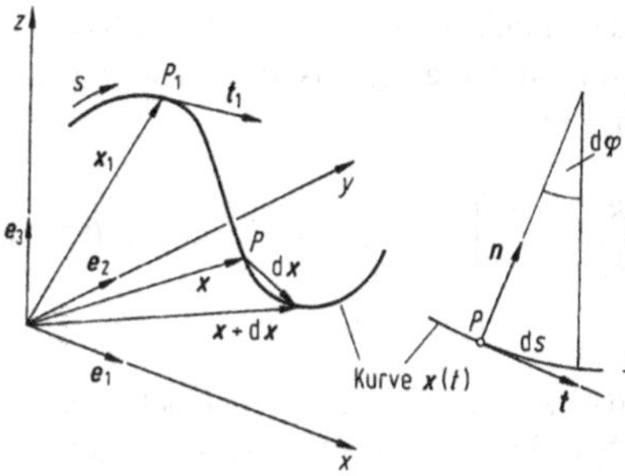

Bild 13-3. Raumkurve als Graph eines Vektors x mit nur einer Variablen s

Die Ableitung $\mathrm{d}(\boldsymbol{t}\cdot\boldsymbol{t}-1)/\mathrm{d}t = 2\mathrm{d}\boldsymbol{t}\cdot\boldsymbol{t} = 0$ erweist $\mathrm{d}\boldsymbol{t}$ als Senkrechte zur Tangente. Die dazugehörige Richtung nennt man Normalenrichtung $\boldsymbol{n}$ mit $\boldsymbol{n}\cdot\boldsymbol{n} = 1$.

$$\boldsymbol{n} = \dot{\boldsymbol{t}} / \sqrt{\dot{\boldsymbol{t}}\cdot\dot{\boldsymbol{t}}} \quad \text{(Normale)}. \qquad (13\text{-}15)$$

Die Einheitsvektoren $\boldsymbol{t}$ und $\boldsymbol{n}$ spannen eine Ebene auf, in die man nach Bild 13-3 einen Kreissektor mit Radius ϱ und Öffnungswinkel $\mathrm{d}\varphi$ einbeschreiben kann. Mit $\varrho\,\mathrm{d}\varphi = \mathrm{d}s$ und $\mathrm{d}\boldsymbol{t} = \boldsymbol{n}\,\mathrm{d}\varphi$ enthält $\mathrm{d}\boldsymbol{t}/\mathrm{d}s$ die *Krümmung* $|\kappa| = 1/\varrho$.

$$\boldsymbol{t}' = \mathrm{d}\boldsymbol{t}/\mathrm{d}s = \boldsymbol{n}/\varrho\,, \quad ()' = \mathrm{d}()/\mathrm{d}s\,. \qquad (13\text{-}16)$$

Insgesamt bilden $\boldsymbol{t}$, $\boldsymbol{n}$ und die Binormale $\boldsymbol{b} = \boldsymbol{t}\times\boldsymbol{n}$ das *begleitende orthogonale Dreibein*:

$$\boldsymbol{t} = \boldsymbol{x}' = \dot{\boldsymbol{x}} / \sqrt{\dot{\boldsymbol{x}}\cdot\dot{\boldsymbol{x}}}\,,$$

$$\boldsymbol{n} = \varrho\boldsymbol{t}' = \dot{\boldsymbol{t}} / \sqrt{\dot{\boldsymbol{t}}\cdot\dot{\boldsymbol{t}}}\,, \qquad (13\text{-}17)$$
$$\boldsymbol{b} = \boldsymbol{t}\times\boldsymbol{n}\,; \quad ()' = \mathrm{d}()/\mathrm{d}s\,, \quad ()^{\boldsymbol{\cdot}} = \mathrm{d}()/\mathrm{d}t\,.$$

Die Veränderung $\mathrm{d}\boldsymbol{b}$ der Binormalen beim Fortschreiten in positiver s-Richtung ist ein Vielfaches von $\boldsymbol{n}$, welches man *Windung* $1/\tau$ nennt:

$$\boldsymbol{b}' = \mathrm{d}\boldsymbol{b}/\mathrm{d}s = -\boldsymbol{n}/\tau\,. \qquad (13\text{-}18)$$

Bei gegebenem Ortsvektor $\boldsymbol{x}(t)$ kann man Krümmung $1/\varrho$ und Windung $1/\tau$ berechnen.

$$x(t) \text{ gegeben} \rightarrow \dot{\boldsymbol{x}}, \ddot{\boldsymbol{x}}\,.$$
$$\dot{s} = \mathrm{d}s/\mathrm{d}t = \sqrt{\dot{\boldsymbol{x}}\cdot\dot{\boldsymbol{x}}}\,,$$
$$\varrho^{-1} = |\dot{\boldsymbol{x}}\times\ddot{\boldsymbol{x}}|/\dot{s}^3\,, \qquad (13\text{-}19)$$
$$\tau^{-1} = (\dot{\boldsymbol{x}}, \ddot{\boldsymbol{x}}, \dddot{\boldsymbol{x}})/(\dot{\boldsymbol{x}}\times\ddot{\boldsymbol{x}})^2\,.$$

(Spatprodukt, siehe 3.3.5)

Die Differenzialbeziehungen (13-16), (13-18) und $\boldsymbol{n}' = (\boldsymbol{b}\times\boldsymbol{t})' = \boldsymbol{b}'\times\boldsymbol{t} + \boldsymbol{b}\times\boldsymbol{t}' = -\boldsymbol{n}\times\boldsymbol{t}/\tau + \boldsymbol{b}\times\boldsymbol{n}/\varrho$ ergeben zusammen die *Frenet'schen Formeln* der Basis $\boldsymbol{N} = [\boldsymbol{t}\ \boldsymbol{n}\ \boldsymbol{b}]$:

$$\frac{\mathrm{d}}{\mathrm{d}s}[\boldsymbol{t}\ \boldsymbol{n}\ \boldsymbol{b}] = [\boldsymbol{t}\ \boldsymbol{n}\ \boldsymbol{b}]\begin{bmatrix} 0 & -1/\varrho & 0 \\ 1/\varrho & 0 & -1/\tau \\ 0 & 1/\tau & 0 \end{bmatrix},$$

$$\text{kurz} \quad \boldsymbol{N}' = \boldsymbol{N}\tilde{\boldsymbol{\kappa}}\,, \quad \boldsymbol{\kappa}^{\mathrm{T}} = [1/\tau \quad 0 \quad 1/\varrho]\,. \qquad (13\text{-}20)$$

$\boldsymbol{\kappa}$ *Darboux'scher Vektor.* $\tilde{\boldsymbol{\kappa}}$ vgl. 3.3.4, (3-36).

14 Räumliche Drehungen

Die Drehung eines beliebigen Vektors $\boldsymbol{x} = x_i\boldsymbol{e}_i$ (Summationskonvention für $i = 1, 2, 3$) in sein Bild $\boldsymbol{y} = y_i\boldsymbol{e}_i$ ist dann winkel-, richtungs- und längentreu, wenn die Abbildungsmatrix $\boldsymbol{A}$ orthonormal (3.3.2) ist.

Drehung von $\boldsymbol{x}$ in $\boldsymbol{y}$:

$$\boldsymbol{y} = \boldsymbol{A}\boldsymbol{x}\,, \quad \boldsymbol{A}^{\mathrm{T}}\boldsymbol{A} = \boldsymbol{A}\boldsymbol{A}^{\mathrm{T}} = \boldsymbol{I}\,, \quad \det\boldsymbol{A} = 1\,. \qquad (14\text{-}1)$$

Speziell die Achsen $\boldsymbol{e}_i$ werden in die Achsen $\boldsymbol{a}_i$ (Spalten von $\boldsymbol{A}$) gedreht. Durch die Forderung $\boldsymbol{A}^{\mathrm{T}}\boldsymbol{A} = \boldsymbol{I}$ werden 6 Bestimmungsgleichungen für die 9 Koeffizienten a_{ij} formuliert. Für die Beschreibung der eigentlichen Drehung verbleiben dann noch 3 Parameter. Durch ein gegebenes Paar $(\boldsymbol{x}, \boldsymbol{y})$ wird die Drehung bestimmt.

$$\text{Drehachse: } \boldsymbol{c} = \boldsymbol{x}\times\boldsymbol{y}/|\boldsymbol{x}\times\boldsymbol{y}|\,,$$
$$\text{Drehwinkel } \delta\text{: } \boldsymbol{x}\cdot\boldsymbol{y} = |\boldsymbol{x}|\,|\boldsymbol{y}|\cos\delta\,. \qquad (14\text{-}2)$$
$$\boldsymbol{A} = \cos\delta\,\boldsymbol{I} + (1-\cos\delta)\boldsymbol{c}\boldsymbol{c}^{\mathrm{T}} + \sin\delta\,\tilde{\boldsymbol{c}}\,.$$
$$\tilde{\boldsymbol{c}} = (\boldsymbol{c}\times)\,, \quad \text{siehe 3.3.4 (3-36)}\,, \quad \boldsymbol{c}\cdot\boldsymbol{c} = \boldsymbol{c}^{\mathrm{T}}\boldsymbol{c} = 1\,.$$

Man kann unabhängig von einem Paar $(\boldsymbol{x}, \boldsymbol{y})$ diese Matrix $\boldsymbol{A}$ auch als Funktion von vier Parametern mit einer Nebenbedingung auffassen.

Parameter einer Drehung:

Drehachse $\boldsymbol{c}$ mit $\boldsymbol{c}^{\mathrm{T}}\boldsymbol{c} = 1$ und Drehwinkel δ. (14-3)

Andere Parameter (*Euler, Gibbs* usw.) lassen sich auf $\boldsymbol{c}$ und δ zurückführen.

Bei einer Drehung mit einem beliebig kleinen Winkel $\mathrm{d}\delta \neq 0$ ($\sin \mathrm{d}\delta = \mathrm{d}\delta$, $\cos \mathrm{d}\delta = 1$) spricht man von einer *infinitesimalen Drehung*

$$y = (I + \mathrm{d}\delta\, \tilde{c})\, x = x + \mathrm{d}\delta\, c \times x\,, \quad c^{\mathrm{T}} c = c \cdot c = 1\,. \tag{14-4}$$

Die Achsen a_i als Spalten der Matrix A werden speziell in ihre Bilder b_i als Spalten der Matrix B gedreht, wobei $B - A$ zu deuten ist als infinitesimale Basisveränderung infolge Drehung mit $\mathrm{d}\delta$ um die Achse c, $c^{\mathrm{T}} c = 1$.

$$B = A + \mathrm{d}\delta\tilde{c}A \rightarrow B - A = \mathrm{d}\delta\tilde{c}A$$
$$\text{oder} \quad \mathrm{d}A/\mathrm{d}\delta = \tilde{c}A = -A\tilde{c}\,. \tag{14-5}$$

$$\tilde{c} = (c\,\times) = \begin{bmatrix} 0 & -c_3 & c_2 \\ c_3 & 0 & -c_1 \\ -c_2 & c_1 & 0 \end{bmatrix}, \quad c = \begin{bmatrix} c_1 \\ c_2 \\ c_3 \end{bmatrix}.$$

Die schiefsymmetrische Struktur in (14-5) ist von fundamentaler Bedeutung für die räumliche Kinematik.

15 Differenzialgeometrie gekrümmter Flächen

Ist ein Ortsvektor x im Raum $\mathbb{R}^3$ unserer Anschauung Funktion von zwei Veränderlichen u_1, u_2, so wird durch $x(u_1, u_2)$ eine gekrümmte Fläche beschrieben:

$$x(u_1, u_2) = \sum_{i=1}^{3} x_i(u_1, u_2) e_i\,. \tag{15-1}$$

Bei entsprechender Differenzierbarkeit liegt der Differenzialvektor $\mathrm{d}x$ im Flächenpunkt P_{00} in der Tangentialebene in P_{00}, die durch die Vektoren $x_{,1}$ und $x_{,2}$ aufgespannt wird:

$$\mathrm{d}x = x_{,1}\, \mathrm{d}u_1 + x_{,2}\, \mathrm{d}u_2 = x_{,\alpha}\, \mathrm{d}u_\alpha\,. \quad x_{,\alpha} = \partial x/\partial u_\alpha\,. \tag{15-2}$$

Summationskonvention: Über gleiche Indizes wird summiert. $i, j, k = 1, 2, 3\,; \quad \alpha, \beta = 1, 2\,.$

Die Richtungsvektoren $x_{,1}(u_1, u_2)$ und $x_{,2}(u_1, u_2)$ bilden ein *Gauß'sches Koordinatennetz* nach Bild 15-1. Es entsteht durch die aufspannenden Vektoren

$$g_1 = x_{,1}\,, \; g_2 = x_{,2}\,,$$

einer jedem Punkt zugeordneten lokalen Basis, wobei die Skalarprodukte $g_\alpha \cdot g_\beta$ als Metrikkoeffizienten $g_{\alpha\beta}$ der Matrix G,

$$G = \begin{bmatrix} g_{11} & g_{12} \\ g_{21} & g_{22} \end{bmatrix}, \quad g_{\alpha\beta} = g_\alpha \cdot g_\beta\,, \quad \alpha, \beta = 1, 2\,; \quad g_{12} = g_{21} \tag{15-3}$$

die Metrik auf der gekrümmten Fläche charakterisieren. Nur im Sonderfall einer Orthonormalbasis wird G zur Einheitsmatrix E; in der Regel gilt $G \not\equiv E$. Die Fläche $\mathrm{d}S$ des infinitesimalen Vierecks $P_{00}P_{10}P_{11}P_{01}$ in Bild 15-1 wird in erster Näherung durch das Parallelogramm mit den Seiten $x_{,1}\,\mathrm{d}u_1$ und $x_{,2}\,\mathrm{d}u_2$ beschrieben.

$$\mathrm{d}S = |x_{,1} \times x_{,2}|\, \mathrm{d}u_1 \mathrm{d}u_2$$
$$\text{mit} \quad |x_{,1} \times x_{,2}| = \sqrt{(x_{,1} \times x_{,2})^2} = \sqrt{g_{11}\, g_{22} - g_{12}^2} = \sqrt{G}\,,$$

$$S = \iint \sqrt{G}\, \mathrm{d}u_1 \mathrm{d}u_2\,. \tag{15-4}$$

Das Kreuzprodukt in (15-4) beschreibt auch den Normalenvektor f, der senkrecht zur Tangentialfläche steht:

$$f = (x_{,1} \times x_{,2})/\sqrt{G}. \quad f \cdot f = 1\,. \tag{15-5}$$

Durch Reduktion der Variablen $u_1 = u_1(t)$ und $u_2 = u_2(t)$ auf eine einzige unabhängige Größe t werden Kurven $x(t)$ auf der Fläche $x(u_1, u_2)$ beschrieben. Über die Tangente $t = \mathrm{d}x(u_1(t), u_2(t))/\mathrm{d}s$ erhält man auch die Kurvennormale $n = \varrho\, \mathrm{d}t/\mathrm{d}s$.

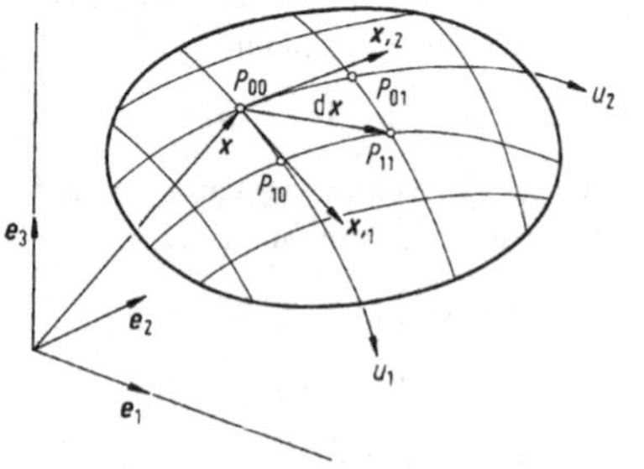

Bild 15-1. Raumfläche als Graph eines Vektors x mit zwei unabhängig Veränderlichen u_1 und u_2

$$t = \frac{\mathrm{d}\boldsymbol{x}\,\mathrm{d}t}{\mathrm{d}t\,\mathrm{d}s} = (\boldsymbol{x}_{,1}\,\dot{u}_1 + \boldsymbol{x}_{,2}\,\dot{u})\frac{\mathrm{d}t}{\mathrm{d}s}\,, \quad ()^{\bullet} = \mathrm{d}()/\mathrm{d}t\,,$$

$$\boldsymbol{n}/\varrho = \frac{\mathrm{d}\boldsymbol{t}\,\mathrm{d}t}{\mathrm{d}t\,\mathrm{d}s}$$

$$= (\boldsymbol{x}_{,\alpha\beta}\,\dot{u}_\alpha\dot{u}_\beta + \boldsymbol{x}_{,\alpha}\,\ddot{\boldsymbol{u}}_\alpha)\left(\frac{\mathrm{d}t}{\mathrm{d}s}\right)^2 + \boldsymbol{x}_{,\alpha}\,\dot{u}_\alpha\frac{\mathrm{d}^2t}{\mathrm{d}s^2}\,. \tag{15-6}$$

Der Winkel γ zwischen Flächennormale $\boldsymbol{f}$ und Kurvennormale $\boldsymbol{n}$ folgt aus ihrem Skalarprodukt:

$$\cos\gamma = \boldsymbol{f}\cdot\boldsymbol{n} = \boldsymbol{f}\cdot\boldsymbol{x}_{,\alpha\beta}\,\dot{u}_\alpha\dot{u}_\beta\left(\frac{\mathrm{d}t}{\mathrm{d}s}\right)^2\varrho\,.$$

Aus (15-2) folgt

$$(\mathrm{d}\boldsymbol{x})^2 = \mathrm{d}s^2 = g_{11}\mathrm{d}u_1^2 + 2g_{12}\,\mathrm{d}u_1\mathrm{d}u_2 + g_{22}\,\mathrm{d}u_2^2$$
$$= g_{\alpha\beta}\,\mathrm{d}u_\alpha\,\mathrm{d}u_\beta\,.$$
$$(\mathrm{d}s/\mathrm{d}t)^2 = g_{\alpha\beta}\dot{u}_\alpha\dot{u}_\beta\,. \tag{15-7}$$

Die Skalarprodukte $\boldsymbol{f}\cdot\boldsymbol{x}_{,\alpha\beta}$ erklärt man zu Komponenten des *Krümmungstensors* B:

$$b_{\alpha\beta} = \boldsymbol{f}\cdot\boldsymbol{x}_{,\alpha\beta} = \frac{(\boldsymbol{x}_{,1}\times\boldsymbol{x}_{,2})\cdot\boldsymbol{x}_{,\alpha\beta}}{\sqrt{G}}\,. \tag{15-8}$$

Für $\cos\gamma = 1$ sind $\boldsymbol{f}$ und $\boldsymbol{n}$ parallel. Die dazugehörigen Krümmungen $(1/\varrho_1)$, $(1/\varrho_2)$ nennt man Hauptkrümmungen, die Hauptkrümmungsrichtungen $\dot{\boldsymbol{x}} = \boldsymbol{x}_{,\alpha}\,\dot{u}_\alpha$ ergeben sich aus den Eigenvektoren des zu (15-7) zugeordneten Eigenwertproblems (15-9).

Hauptkrümmungen $1/\varrho = \lambda$,
Koordinaten $\boldsymbol{h}^{\mathrm{T}} = [\dot{u}_1, \dot{u}_2]$ der Hauptkrümmungsrichtungen aus $\cos\gamma = 1$ in (15-7):

$$\lambda = \frac{b_{\alpha\beta}\dot{u}_\alpha\dot{u}_\beta}{g_{\alpha\beta}\dot{u}_\alpha\dot{u}_\beta} = \frac{\boldsymbol{h}^{\mathrm{T}}\boldsymbol{B}\boldsymbol{h}}{\boldsymbol{h}^{\mathrm{T}}\boldsymbol{G}\boldsymbol{h}}\,, \quad \boldsymbol{B}^{\mathrm{T}} = \boldsymbol{B}\,, \quad \boldsymbol{G}^{\mathrm{T}} = \boldsymbol{G}\,.$$

Eigenwertproblem

$$(\boldsymbol{B} - \lambda\boldsymbol{G})\boldsymbol{h} = \boldsymbol{o} \tag{15-9}$$

ergibt Lösungen λ_1, $\boldsymbol{h}_1$; λ_2, $\boldsymbol{h}_2$.
Für die Eigenwerte λ_1, λ_2 gelten die Vieta'schen Wurzelsätze, siehe 6.1, (6-4).

Gauß'sches Krümmungsmaß:

$$K = \frac{1}{\varrho_1\varrho_2} = \frac{B}{G} = \frac{b_{11}b_{22} - b_{12}^2}{g_{11}g_{22} - g_{12}^2}\,. \tag{15-10}$$

Mittlere Krümmung:

$$H = \frac{1}{2}\left(\frac{1}{\varrho_1} + \frac{1}{\varrho_2}\right)$$
$$= \frac{1}{2G}(g_{11}b_{22} - 2g_{12}b_{12} + g_{22}b_{11})\,.$$

Klassifizierung der Flächen:

$K(\boldsymbol{x}_P) > 0$: elliptischer Flächenpunkt P,

$K(\boldsymbol{x}_P) < 0$: hyperbolischer Flächenpunkt P,

$K(\boldsymbol{x}_P) = 0$: parabolischer Flächenpunkt P. (15-11)

16 Differenzialgeometrie im Raum

16.1 Basen, Metrik

Vektoren im Raum $\mathbb{R}^3$ unserer Anschauung werden durch 3 Komponenten in den 3 Richtungen einer Basis $\boldsymbol{g}_1$, $\boldsymbol{g}_2$, $\boldsymbol{g}_3$ dargestellt, wobei man als Bezugssystem gerne eine kartesische Basis $\boldsymbol{e}_1$, $\boldsymbol{e}_2$, $\boldsymbol{e}_3$ benutzt. Die Basisvektoren müssen einen Raum aufspannen (Spatprodukt $\neq 0$) und sind ansonsten bezüglich Betrag und Richtung zueinander vollkommen beliebig. In der Vektoranalysis und -algebra erweist es sich als nützlich, einer Basis $\boldsymbol{g}_1$, $\boldsymbol{g}_2$, $\boldsymbol{g}_3$ eine andere $\boldsymbol{g}^1$, $\boldsymbol{g}^2$, $\boldsymbol{g}^3$ zuzuordnen, und zwar so, dass die Basen zueinander orthonormal sind.

Allgemeine Basis $\boldsymbol{g}_i\cdot\boldsymbol{g}^j = \delta_i^j$,

kartesische Basis $\boldsymbol{e}_j = \boldsymbol{e}^j$,

Kronecker-Symbol $\delta_i^j = \begin{cases} 1 & \text{für } i = j \\ 0 & \text{für } i \neq j \end{cases}$. (16-1)

Die willkürlich mit unterem Index bezeichnete Basis nennt man *kovariant*, die mit oberem Index *kontravariant*. Die dazugehörigen Koordinaten x^i bzw. x_i ordnet man „umgekehrt" den Basen zu, wobei eine besondere Summationsregel gilt.

Summationsregel
Tritt in einem Produkt ein Zeiger sowohl als Kopf als

Tabelle 16-1. Darstellung eines Vektors $\boldsymbol{x} = x^k\boldsymbol{g}_k = x_k\boldsymbol{g}^k$

	Kovariant	Kontravariant
Basis	$\boldsymbol{g}_1$, $\boldsymbol{g}_2$, $\boldsymbol{g}_3$	$\boldsymbol{g}^1$, $\boldsymbol{g}^2$, $\boldsymbol{g}^3$
Koordinaten	x^1, x^2, x^3	x_1, x_2, x_3
Metrikkoeffizienten	$g_{ij} = \boldsymbol{g}_i\cdot\boldsymbol{g}_j$	$g^{ij} = \boldsymbol{g}^i\cdot\boldsymbol{g}^j$

auch als Fußzeiger auf, ist über ihn im $\mathbb{R}^n$ von 1 bis n zu summieren.

Speziell im $\mathbb{R}^3$: $\boldsymbol{x} = x^k \boldsymbol{g}_k = x^1 \boldsymbol{g}_1 + x^2 \boldsymbol{g}_2 + x^3 \boldsymbol{g}_3$. (16-2)

Durch Einklammerung eines Index wird die Summationsregel blockiert.
Die Beziehungen (16-1) zwischen ko- und kontravarianten Elementen erlauben die Berechnung von x_i und $\boldsymbol{g}^i$ bei gegebenem x^i und $\boldsymbol{g}_i$ (und umgekehrt):

$$x_i = g_{ij} x^j, \quad x^i = g^{ij} x_j ,$$
$$\boldsymbol{g}_i = g_{ij} \boldsymbol{g}^j , \quad \boldsymbol{g}^i = g^{ij} \boldsymbol{g}_j , \quad \text{mit} \quad g^{ij} g_{jk} = \delta^i_k . \tag{16-3}$$

Die Matrizen der Metrikkoeffizienten sind invers zueinander: $(g_{jk}) = (g^{ij})^{-1}$.
Möglich ist auch eine Berechnung der $\boldsymbol{g}^i$ über Kreuzprodukte.

$$\mathbb{R}^3 : \boldsymbol{g}^i = (\boldsymbol{g}_j \times \boldsymbol{g}_k)/(\boldsymbol{g}_1, \boldsymbol{g}_2, \boldsymbol{g}_3) ,$$
i, j, k zyklisch vertauschen .
(Spatprodukt siehe 3.3.5) . (16-4)

16.2 Krummlinige Koordinaten

Im $\mathbb{R}^3$ ist ein Vektor $\boldsymbol{x} = x^k \boldsymbol{e}_k$ in kartesischen Komponenten gegeben, wobei die Koordinaten x^k ihrerseits Funktionen von 3 allgemeinen Koordinaten Θ^k sind:

$$\boldsymbol{x} = x^k \boldsymbol{e}_k , \quad x^k = x^k(\Theta^1, \Theta^2, \Theta^3) . \tag{16-5}$$

Das Differenzial $\mathrm{d}\boldsymbol{x}$ ordnet jedem Raumpunkt mit dem Ortsvektor $\boldsymbol{x}$ eine lokale Basis $\boldsymbol{g}_k$ zu.

$$\mathrm{d}\boldsymbol{x} = \boldsymbol{x}_{,k}\, \mathrm{d}\Theta^k , \quad (\;)_{,k} = \partial(\;)/\partial\Theta^k . \tag{16-6}$$

Lokale Basis ↔ kartesische Basis

$$\left.\begin{array}{ll} \boldsymbol{g}_k = \boldsymbol{x}_{,k} = (\partial x^i/\partial\Theta^k)\boldsymbol{e}_i \\ \boldsymbol{e}_k = \quad (\partial\Theta^i/\partial x^k)\boldsymbol{g}_i \end{array}\right\} \frac{\partial x^i}{\partial\Theta^k} \cdot \frac{\partial\Theta^j}{\partial x^i} = \delta^j_k . \tag{16-7}$$

Die partiellen Ableitungen $\boldsymbol{g}_{i,j}$ der Basisvektoren $\boldsymbol{g}_i$ aus (16-7) enthalten eine Kette von Differenziationen, für die man spezielle Symbole Γ eingeführt hat:

$$\boldsymbol{g}_{i,j} = \frac{\partial^2 x^k}{\partial\Theta^i \partial\Theta^j} \boldsymbol{e}_k = \Gamma^m_{ij} \boldsymbol{g}_m .$$

Christoffel-Symbole

$$\Gamma^m_{ij} = \frac{\partial^2 x^k}{\partial\Theta^i \partial\Theta^j} \cdot \frac{\partial\Theta^m}{\partial x^k}, \quad \Gamma^m_{ij} = \Gamma^m_{ji} . \tag{16-8}$$

Entsprechend $\boldsymbol{g}^i{}_{,j} = -\Gamma^i_{jm} \boldsymbol{g}^m$.
Die Christoffel-Symbole lassen sich auf partielle Ableitungen der Metrikkoeffizienten g_{ij} und g^{ij} zurückführen:

$$\Gamma^i_{jk} = \frac{1}{2} g^{im} (g_{km,j} + g_{mj,k} - g_{jk,m}) . \tag{16-9}$$

Beispiel. Für Kugelkoordinaten nach Bild 16-1 sind die Basen, Metrikkoeffizienten und Christoffel-Symbole als Funktion der Koordinaten Θ^1 bis Θ^3 zu berechnen.

$$x^1 = \Theta^1 \sin\Theta^2 \cos\Theta^3 , \quad x^2 = \Theta^1 \sin\Theta^2 \sin\Theta^3,$$
$$x^3 = \Theta^1 \cos\Theta^2 .$$

$$\boldsymbol{g}_k = \frac{\partial x^i}{\partial\Theta^k} \boldsymbol{e}_i = \boldsymbol{E} \begin{bmatrix} \partial x^1/\partial\Theta^k \\ \partial x^2/\partial\Theta^k \\ \partial x^3/\partial\Theta^k \end{bmatrix}, \quad \boldsymbol{E} = [\boldsymbol{e}_1\, \boldsymbol{e}_2\, \boldsymbol{e}_3] .$$

$$[\boldsymbol{g}_1\, \boldsymbol{g}_2\, \boldsymbol{g}_3] = \boldsymbol{E} \begin{bmatrix} \sin\Theta^2\cos\Theta^3 & \Theta^1\cos\Theta^2\cos\Theta^3 & -\Theta^1\sin\Theta^2\sin\Theta^3 \\ \sin\Theta^2\sin\Theta^3 & \Theta^1\cos\Theta^2\sin\Theta^3 & \Theta^1\sin\Theta^2\cos\Theta^3 \\ \cos\Theta^2 & -\Theta^1\sin\Theta^2 & 0 \end{bmatrix},$$

$$(g_{ij}) = \begin{bmatrix} 1 & 0 & 0 \\ 0 & (\Theta^1)^2 & 0 \\ 0 & 0 & (\Theta^1\sin\Theta^2)^2 \end{bmatrix},$$

$$(g^{ij}) = (g_{ij})^{-1} = \begin{bmatrix} 1 & 0 & 0 \\ 0 & (\Theta^1)^{-2} & 0 \\ 0 & 0 & (\Theta^1\sin\Theta^2)^{-2} \end{bmatrix}.$$

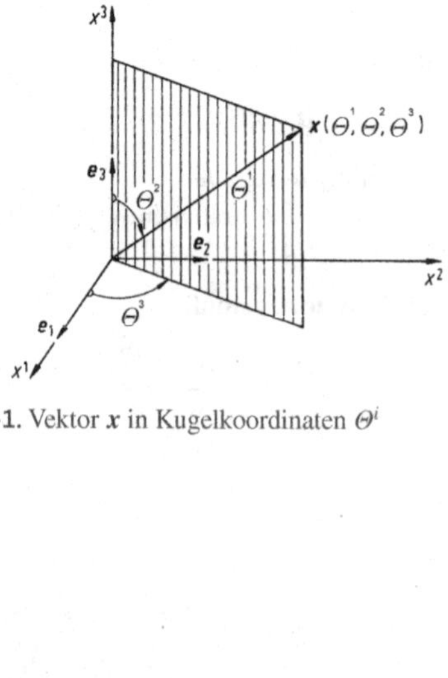

Bild 16-1. Vektor $\boldsymbol{x}$ in Kugelkoordinaten Θ^i

Aus $\boldsymbol{g}^j = g^{ij}\boldsymbol{g}_i$ folgt wegen $g^{ij} = 0$ für $i \neq j$: $\boldsymbol{g}^k = g^{(kk)}\boldsymbol{g}_k$, z. B. $\boldsymbol{g}^2 = \boldsymbol{g}_2/(\Theta^2)^2$.

Christoffel-Symbole. Wegen $g_{ij} = g^{ij} = 0$ für $i \neq j$ gilt speziell $2\Gamma^i_{jk} = g^{ii}(g_{ki},_j + g_{ij},_k - g_{jk},_i)$, z. B.

$$2\Gamma^3_{23} = g^{33}(g_{33},_2 + g_{32},_3 - g_{23},_3) = g^{33}g_{33},_2$$
$$= (\Theta^1 \sin\Theta^2)^{-2}\, 2(\Theta^1 \sin\Theta^2)\Theta^1 \cos\Theta^2$$
$$= 2\cot\Theta^2 .$$

$$\left(\Gamma^1_{ij}\right) = \begin{bmatrix} 0 & 0 & 0 \\ 0 & -\Theta^1 & 0 \\ 0 & 0 & -\Theta^1(\sin\Theta^2)^2 \end{bmatrix},$$

$$\left(\Gamma^2_{ij}\right) = \begin{bmatrix} 0 & 1/\Theta^1 & 0 \\ 1/\Theta^1 & 0 & 0 \\ 0 & 0 & -\sin\Theta^2\cos\Theta^2 \end{bmatrix},$$

$$\left(\Gamma^3_{ij}\right) = \begin{bmatrix} 0 & 0 & 1/\Theta^1 \\ 0 & 0 & \cot\Theta^2 \\ 1/\Theta^1 & \cot\Theta^2 & 0 \end{bmatrix}.$$

17 Differenziation und Integration in Feldern

Wenn z. B. im dreidimensionalen Raum $\mathbb{R}^3$ unserer Anschauung jedem Punkt – mit dem Ortsvektor $\boldsymbol{x}$ – eindeutig ein Skalar, Vektor oder Tensor zugeordnet ist, spricht man von einem Feld. Die Orientierung im Raum erfolgt durch eine kartesische Basis mit orthonormalen Einheitsrichtungen $\boldsymbol{e}_1$, $\boldsymbol{e}_2$, $\boldsymbol{e}_3$ und Koordinaten x_1, x_2, x_3. Bei krummlinigen Koordinaten Θ^1, Θ^2, Θ^3 (Kopfzeiger, keine Exponenten) benutzt man zusätzlich lokale Basen $\boldsymbol{g}_1$, $\boldsymbol{g}_2$, $\boldsymbol{g}_3$.
Global:

$$\boldsymbol{x} = x_1\boldsymbol{e}_1 + x_2\boldsymbol{e}_2 + x_3\boldsymbol{e}_3\ ,\quad \boldsymbol{e}_i \cdot \boldsymbol{e}_j = \delta_{ij}\ ,$$

$$\delta_{ij} = \begin{cases} 1 & \text{für } i = j \\ 0 & \text{für } i \neq j\ . \end{cases} \qquad (17\text{-}1)$$

Lokal:

$$x_j = x_j(\Theta^1, \Theta^2, \Theta^3)\ .$$

Kovariante Basis $\boldsymbol{g}_k = \partial\boldsymbol{x}/\partial\Theta^k$,

$$\boldsymbol{g}_i \cdot \boldsymbol{g}_j = g_{ij} \neq \delta_{ij}\ .$$

Kontravariante Basis $\boldsymbol{g}^k = (g_{ij})^{-1}\boldsymbol{g}_k$,

$$\boldsymbol{g}^i \cdot \boldsymbol{g}^j = g^{ij} \neq \delta_{ij}\ . \qquad (17\text{-}2)$$

Summation nach 16.1, (16-2).

17.1 Nabla-Operator

In den Anwendungen treten typische Verkettungen partieller Ableitungen auf, für die man besondere Symbole und einen speziellen vektoriellen Operator ∇ (Nabla) eingeführt hat:

Nabla-Operator

$$\nabla(\,) = \frac{\partial(\,)}{\partial x_1}\boldsymbol{e}_1 + \frac{\partial(\,)}{\partial x_2}\boldsymbol{e}_2 + \frac{\partial(\,)}{\partial x_3}\boldsymbol{e}_3 = \boldsymbol{E}\begin{bmatrix} \partial(\,)/\partial x_1 \\ \partial(\,)/\partial x_2 \\ \partial(\,)/\partial x_3 \end{bmatrix},$$

$$\boldsymbol{E} = [\boldsymbol{e}_1\ \boldsymbol{e}_2\ \boldsymbol{e}_3]\ . \qquad (17\text{-}3)$$

Der relative Zuwachs in einer vorgegebenen Einheitsrichtung $\boldsymbol{n}$ wird beschrieben durch die Projektion des *Gradienten* in $\boldsymbol{n}$.

Richtungsableitung:

$$\partial f/\partial n = f_{,n} = (\text{grad}\, f)\cdot \boldsymbol{n},\ \boldsymbol{n}\cdot\boldsymbol{n} = 1\ . \qquad (17\text{-}4)$$

Beziehungen zwischen grad, div und rot:

$$\begin{aligned}
&\text{grad}\,(u + v) = \text{grad}\, u + \text{grad}\, v\ ,\\
&\text{grad}\,(u\, v) = v\,\text{grad}\, u + u\,\text{grad}\, v\ ,\\
&\text{grad}\,(\boldsymbol{u}\cdot\boldsymbol{v}) = (\nabla\cdot\boldsymbol{v})\boldsymbol{u} + (\nabla\cdot\boldsymbol{u})\boldsymbol{v} + \boldsymbol{u}\times\text{rot}\,\boldsymbol{v}\\
&\qquad + \boldsymbol{v}\times\text{rot}\,\boldsymbol{u}\ ,\\
&\text{rot}\,(\boldsymbol{u} + \boldsymbol{v}) = \text{rot}\,\boldsymbol{u} + \text{rot}\,\boldsymbol{v}\ ,\\
&\text{rot}\,(\lambda\boldsymbol{u}) = \lambda\,\text{rot}\,\boldsymbol{u} + (\text{grad}\,\lambda)\times\boldsymbol{v}\ ,\\
&\text{rot}\,(\boldsymbol{u}\times\boldsymbol{v}) = (\nabla\cdot\boldsymbol{v})\boldsymbol{u} - (\nabla\cdot\boldsymbol{u})\boldsymbol{v} + \boldsymbol{u}\,\text{div}\,\boldsymbol{v}\\
&\qquad - \boldsymbol{v}\,\text{div}\,\boldsymbol{u}\ ,\\
&\text{div}\,(\boldsymbol{u} + \boldsymbol{v}) = \text{div}\,\boldsymbol{u} + \text{div}\,\boldsymbol{v}\ ,\\
&\text{div}\,\lambda\boldsymbol{u} = \lambda\,\text{div}\,\boldsymbol{u} + \boldsymbol{u}\cdot\text{grad}\,\lambda\ ,\\
&\text{div}\,(\boldsymbol{u}\times\boldsymbol{v}) = \boldsymbol{v}\cdot\text{rot}\,\boldsymbol{u} - \boldsymbol{u}\cdot\text{rot}\,\boldsymbol{v}\ ,\\
&\text{rot}\,(\text{grad}\, u) = \boldsymbol{0}\ ,\quad \text{div}(\text{rot}\,\boldsymbol{u}) = 0\ .
\end{aligned} \qquad (17\text{-}5)$$

Tabelle 17-1. Ableitungen von Feldgrößen f

Typ der Feldgröße (allg. Tensor n-ter Stufe)	Name der Ableitung	Darstellung mit Nabla-Operator	Typ der Ableitung (allg. Tensor k-ter Stufe)
Skalar v	grad v (Gradient)	$\nabla(v)$	Vektor ($k = n + 1$)
Vektor $\boldsymbol{v}$	div $\boldsymbol{v}$ (Divergenz)	$\nabla\cdot\boldsymbol{v}$	Skalar ($k = n - 1$)
Vektor $\boldsymbol{v}$	rot $\boldsymbol{v}$ (Rotation)	$\nabla\times\boldsymbol{v}$	Vektor ($k = n$)

Tabelle 17-2. Koordinatendarstellungen der Ableitungen

	Kartesische Basis $\boldsymbol{v} = v_1\boldsymbol{e}_1 + v_2\boldsymbol{e}_2 + v_3\boldsymbol{e}_3$; $()_{,i} = \partial()/\partial x_i$	Krummlinige Basis $()_{,i} = \partial()/\partial\Theta^i$
grad v	$v_{,1}\,\boldsymbol{e}_1 + v_{,2}\,\boldsymbol{e}_2 + v_{,3}\,\boldsymbol{e}_3$	$v_{,k}\,\boldsymbol{g}^k$
div $\boldsymbol{v}$	$v_{1,1} + v_{2,2} + v_{3,3}$	$(v^j{}_{,i} + v^k\Gamma^j_{ki})\boldsymbol{g}^i \cdot \boldsymbol{g}_j$
rot $\boldsymbol{v}$	$(v_{3,2} - v_{2,3})\boldsymbol{e}_1 + (v_{1,3} - v_{3,1})\boldsymbol{e}_2 + (v_{2,1} - v_{1,2})\boldsymbol{e}_3$	$(\boldsymbol{g}^j \times \boldsymbol{g}^k)v_{k,j} + (\boldsymbol{g}^j \times \boldsymbol{g}^k{}_{,j})v_k$

Laplace-Operator $\nabla \cdot \nabla = \Delta$ (Delta).

$$\left.\begin{aligned} \Delta() &= ()_{,11} + ()_{,22} + ()_{,33}\,, \\ \Delta u &= \mathrm{div}(\mathrm{grad}\,u)\,, \\ \Delta \boldsymbol{u} &= \mathrm{grad}(\mathrm{div}\,\boldsymbol{u}) - \mathrm{rot}(\mathrm{rot}\,\boldsymbol{u})\,, \\ \Delta(uv) &= u\Delta v + v\Delta u + 2(\mathrm{grad}\,u)\cdot(\mathrm{grad}\,v)\,. \end{aligned}\right. \tag{17-6}$$

Spezielle Darstellungen in Zylinder- und Kugelkoordinaten:
Die dazugehörigen Basen $\boldsymbol{g}_1, \boldsymbol{g}_2, \boldsymbol{g}_3$ sind orthogonal ($g^{ij} = g_{ij} = 0$ für $i \neq j$) aber nicht zu Eins normiert. Es ist üblich und zweckmäßig, auf Einheitsrichtungen $\boldsymbol{g}_k/\sqrt{g_{kk}}$ überzugehen, wobei sogenannte *physikalische Koordinaten* X_i auftreten, die hier zur Unterscheidung von Index und Potenz fußindiziert sind.

Zylinderkoordinaten

$$\left.\begin{aligned} & x_1 = \varrho\cos\varphi\,, \quad x_2 = \varrho\sin\varphi\,, \quad x_3 = z\,. \\ & \Theta^1 = \varrho\,, \quad \Theta^2 = \varphi\,, \quad \Theta^3 = z\,. \\ & x = X_1\boldsymbol{g}_1^0 + X_2\boldsymbol{g}_2^0 + X_3\boldsymbol{g}_3^0\,. \\ & \boldsymbol{g}_1^0 = \boldsymbol{g}_1 = \begin{bmatrix}\cos\varphi\\ \sin\varphi\\ 0\end{bmatrix}, \\ & \boldsymbol{g}_2^0 = \boldsymbol{g}_2/\varrho = \begin{bmatrix}-\sin\varphi\\ \cos\varphi\\ 0\end{bmatrix}, \\ & \boldsymbol{g}_3^0 = \boldsymbol{g}_3 = \begin{bmatrix}0\\ 0\\ 1\end{bmatrix}. \end{aligned}\right\} \tag{17-7}$$

$$\left.\begin{aligned} & \textit{Volumenelement}\ \mathrm{d}V = \varrho\,\mathrm{d}\varrho\,\mathrm{d}\varphi\,\mathrm{d}z\,. \\ & \textit{Linienelement}\ \mathrm{d}s,\ \mathrm{d}s^2 = \mathrm{d}\varrho^2 + \varrho^2\mathrm{d}\varphi^2 + \mathrm{d}z^2\,. \end{aligned}\right\} \tag{17-8}$$

$$\left.\begin{aligned} & (\mathrm{grad}\,u)^{\mathrm{T}} = \left[\frac{\partial u}{\partial\varrho}, \frac{1}{\varrho}\cdot\frac{\partial u}{\partial\varphi}, \frac{\partial u}{\partial z}\right], \\ & \mathrm{div}\,\boldsymbol{u} = \frac{\partial U_1}{\partial\varrho} + \frac{U_1}{\varrho} + \frac{1}{\varrho}\cdot\frac{\partial U_2}{\partial\varphi} + \frac{\partial U_3}{\partial z}\,, \\ & \boldsymbol{u} = U_1\boldsymbol{g}_1^0 + U_2\boldsymbol{g}_2^0 + U_3\boldsymbol{g}_3^0\,, \\ & (\mathrm{rot}\,\boldsymbol{u})^{\mathrm{T}} = \left[\frac{1}{\varrho}\cdot\frac{\partial U_3}{\partial\varphi} - \frac{\partial U_2}{\partial z}, \frac{\partial U_1}{\partial z} - \frac{\partial U_3}{\partial\varrho}, \right. \\ & \qquad \left.\frac{\partial U_2}{\partial\varrho} - \frac{1}{\varrho}\cdot\frac{\partial U_1}{\partial\varphi} + \frac{U_2}{\varrho}\right]. \\ & \Delta u = \frac{1}{\varrho}\cdot\frac{\partial u}{\partial\varrho} + \frac{\partial^2 u}{\partial\varrho^2} + \frac{1}{\varrho^2}\cdot\frac{\partial^2 u}{\partial\varphi^2} + \frac{\partial^2 u}{\partial z^2}\,, \end{aligned}\right\} \tag{17-9}$$

$$\Delta\boldsymbol{u} = \begin{bmatrix} \dfrac{\partial^2 U_1}{\partial\varrho^2} + \dfrac{1}{\varrho}\cdot\dfrac{\partial U_1}{\partial\varrho} - \dfrac{U_1}{\varrho^2} + \dfrac{1}{\varrho^2}\cdot\dfrac{\partial^2 U_1}{\partial\varphi^2} \\ + \dfrac{\partial^2 U_1}{\partial z^2} - \dfrac{2}{\varrho^2}\cdot\dfrac{\partial U_2}{\partial\varphi} \\ \dfrac{\partial^2 U_2}{\partial\varrho^2} + \dfrac{1}{\varrho}\cdot\dfrac{\partial U_2}{\partial\varrho} - \dfrac{U_2}{\varrho^2} + \dfrac{1}{\varrho^2}\cdot\dfrac{\partial^2 U_2}{\partial\varphi^2} \\ + \dfrac{\partial^2 U_2}{\partial z^2} + \dfrac{2}{\varrho^2}\cdot\dfrac{\partial U_1}{\partial\varphi} \\ \dfrac{\partial^2 U_3}{\partial\varrho^2} + \dfrac{1}{\varrho}\cdot\dfrac{\partial U_3}{\partial\varrho} + \dfrac{1}{\varrho^2}\cdot\dfrac{\partial^2 U_3}{\partial\varphi^2} + \dfrac{\partial^2 U_3}{\partial z^2} \end{bmatrix}. \tag{17-10}$$

Kugelkoordinaten

$$\left.\begin{aligned} & x_1 = r\cos\vartheta\sin\varphi\,, \quad x_2 = r\sin\vartheta\sin\varphi\,, \\ & x_3 = r\cos\varphi\,. \\ & \Theta^1 = r\,, \quad \Theta^2 = \varphi\,, \quad \Theta^3 = \vartheta\,. \\ & \boldsymbol{x} = X_1\boldsymbol{g}_1^0 + X_2\boldsymbol{g}_2^0 + X_3\boldsymbol{g}_3^0. \\ & \boldsymbol{g}_1^0 = \boldsymbol{g}_1 = \begin{bmatrix}\sin\varphi\cos\vartheta\\ \sin\varphi\sin\vartheta\\ \cos\varphi\end{bmatrix}, \\ & \boldsymbol{g}_2^0 = \boldsymbol{g}_2/r = \begin{bmatrix}\cos\varphi\cos\vartheta\\ \cos\varphi\sin\vartheta\\ -\sin\varphi\end{bmatrix}, \\ & \boldsymbol{g}_3^0 = \boldsymbol{g}_3/(r\sin\varphi) = \begin{bmatrix}-\sin\vartheta\\ \cos\vartheta\\ 0\end{bmatrix}. \end{aligned}\right\} \tag{17-11}$$

$$\left.\begin{aligned}&\textit{Volumenelement}\\&\quad \mathrm{d}V = r^2 \sin\varphi\,\mathrm{d}r\,\mathrm{d}\varphi\,\mathrm{d}\vartheta\ .\\&\textit{Linienelement}\ \mathrm{d}s\ ,\\&\quad \mathrm{d}s^2 = \mathrm{d}r^2 + r^2\sin^2\varphi\,\mathrm{d}\vartheta^2 + r^2\mathrm{d}\varphi^2\ .\end{aligned}\right\}\quad (17\text{-}12)$$

$$\left.\begin{aligned}(\operatorname{grad} u)^{\mathrm{T}} &= \left[\frac{\partial u}{\partial r}, \frac{1}{r}\cdot\frac{\partial u}{\partial\varphi}, \frac{1}{r\sin\varphi}\cdot\frac{\partial u}{\partial\vartheta}\right],\\ \operatorname{div}\boldsymbol{u} &= \frac{\partial U_1}{\partial r} + \frac{1}{r}\cdot\frac{\partial U_2}{\partial\varphi} + \frac{1}{r\sin\varphi}\cdot\frac{\partial U_3}{\partial\vartheta}\\ &\quad + \frac{2}{r}U_1 + \frac{\cot\varphi}{r}U_2\ ,\\ \operatorname{rot}\boldsymbol{u} &= \begin{bmatrix}\frac{1}{r}\cdot\frac{\partial U_3}{\partial\varphi} - \frac{1}{r\sin\varphi}\cdot\frac{\partial U_2}{\partial\vartheta} + \frac{\cot\varphi}{r}U_3\\ \frac{1}{r\sin\varphi}\cdot\frac{\partial U_1}{\partial\vartheta} - \frac{\partial U_3}{\partial r} - \frac{1}{r}U_3\\ \frac{\partial U_2}{\partial r} - \frac{1}{r}\cdot\frac{\partial U_1}{\partial\varphi} + \frac{1}{r}U_2\end{bmatrix}\end{aligned}\right\}$$

(17-13)

$$\Delta u = \frac{1}{r^2}\cdot\frac{\partial}{\partial r}\left(r^2\frac{\partial u}{\partial r}\right) + \frac{1}{r^2\sin\varphi}\cdot\frac{\partial}{\partial\varphi}\left(\sin\varphi\frac{\partial u}{\partial\varphi}\right) + \frac{1}{(r\sin\varphi)^2}\cdot\frac{\partial^2 u}{\partial\vartheta^2}\ , \qquad (17\text{-}14)$$

$$\Delta\boldsymbol{u} = \frac{\partial^2}{\partial r^2}\boldsymbol{U} + \frac{1}{r^2}\cdot\frac{\partial^2}{\partial\varphi^2}\boldsymbol{U} + \frac{1}{(r\sin\varphi)^2}\cdot\frac{\partial^2}{\partial\vartheta^2}\boldsymbol{U} + \frac{2}{r}\cdot\frac{\partial}{\partial r}\boldsymbol{U} + \frac{\cot\varphi}{r^2}\frac{\partial}{\partial\varphi}\boldsymbol{U} \qquad (17\text{-}15)$$

$$+\begin{bmatrix}-\frac{2}{r^2}\cdot\frac{\partial U_2}{\partial\varphi} - \frac{2}{r^2\sin\varphi}\cdot\frac{\partial U_3}{\partial\vartheta} - \frac{2U_1}{r^2} - \frac{2\cot\varphi}{r^2}U_2\\ -\frac{2\cos\varphi}{(r\sin\varphi)^2}\cdot\frac{\partial U_3}{\partial\vartheta} + \frac{2}{r^2}\cdot\frac{\partial U_1}{\partial\varphi} - \frac{1}{(r\sin\varphi)^2}U_2\\ \frac{2}{r^2\sin\varphi}\cdot\frac{\partial U_1}{\partial\vartheta} + \frac{2\cos\varphi}{(r\sin\varphi)^2}\cdot\frac{\partial U_2}{\partial\vartheta} - \frac{1}{(r\sin\varphi)^2}U_3\end{bmatrix},$$

$$\boldsymbol{U} = \begin{bmatrix}U_1\\U_2\\U_3\end{bmatrix}\ ,\ \boldsymbol{u} = U_i\boldsymbol{g}_i^0\ . \qquad (17\text{-}16)$$

Polarkoordinaten in der Ebene ergeben sich aus Zylinderkoordinaten mit $\varrho = r$, $\vartheta = \varphi$ und $z = 0$.

$$\begin{aligned}(\operatorname{grad} u)^{\mathrm{T}} &= \left[\frac{\partial u}{\partial r}, \frac{1}{r}\cdot\frac{\partial u}{\partial\varphi}, 0\right],\\ \operatorname{div}\boldsymbol{u} &= \frac{\partial U_1}{\partial r} + \frac{U_1}{r} + \frac{1}{r}\cdot\frac{\partial U_2}{\partial\varphi}\ ,\\ (\operatorname{rot}\boldsymbol{u})^{\mathrm{T}} &= \left[0, 0, \frac{\partial U_2}{\partial r} - \frac{1}{r}\cdot\frac{\partial U_1}{\partial\varphi} + \frac{U_2}{r}\right],\\ \Delta u &= \frac{1}{r}\cdot\frac{\partial u}{\partial r} + \frac{\partial^2 u}{\partial r^2} + \frac{1}{r^2}\cdot\frac{\partial^2 u}{\partial\varphi^2}\ .\end{aligned} \qquad (17\text{-}17)$$

Zweifache Anwendung des Laplace-Operators beschreibt die *Bipotenzialgleichung*

$$\Delta(\Delta u) = \Delta\Delta u.$$

Kartesische Koordinaten x_1, x_2:

$$\Delta\Delta u = \left(\frac{\partial^2}{\partial x_1^2} + \frac{\partial^2}{\partial x_2^2}\right)^2 u = u_{,1111} + 2u_{,1122} + u_{,2222}\ . \qquad (17\text{-}18)$$

Polarkoordinaten r, φ:

$$\Delta\Delta u = \left(\frac{\partial^2}{\partial r^2} + \frac{1}{r}\cdot\frac{\partial}{\partial r} + \frac{1}{r^2}\cdot\frac{\partial^2}{\partial\varphi^2}\right)^2 u\ .$$

17.2 Fluss, Zirkulation

Die mit div und rot bezeichneten Ableitungskombinationen lassen sich auf natürliche, koordinatenunabhängige Weise durch Grenzwerte gewisser Integrale darstellen, wobei zwei physikalisch motivierte Begriffe von Belang sind.

Fluss F eines Vektorfeldes $\boldsymbol{f}(\boldsymbol{x})$ durch eine Fläche S:

$$F = \int_S \boldsymbol{f}(\boldsymbol{x})\cdot\mathrm{d}\boldsymbol{S} = \int_S \boldsymbol{f}(\boldsymbol{x})\cdot\boldsymbol{n}\,\mathrm{d}S\ , \qquad (17\text{-}19)$$

$\boldsymbol{n}$ Normaleneinheitsvektor auf S .

Zirkulation Z eines Vektorfeldes $\boldsymbol{f}(\boldsymbol{x})$ längs einer geschlossenen Kurve C:

$$Z = \oint_C \boldsymbol{f}(\boldsymbol{x})\cdot\mathrm{d}\boldsymbol{x} = \oint_C \boldsymbol{f}(\boldsymbol{x})\cdot\boldsymbol{t}\,\mathrm{d}k\ , \qquad (17\text{-}20)$$

$\oint$ Ringintegral, $\mathrm{d}k$ Kurvendifferenzial ,

$\boldsymbol{t}$ Tangenteneinheitsvektor an C .

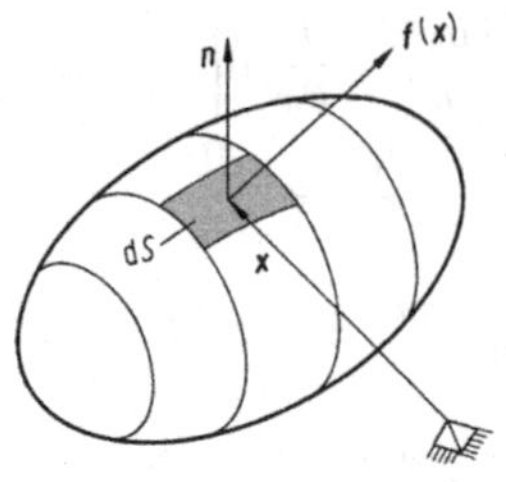

Bild 17-1. Zum Fluss des Vektorfeldes $f(x)$ durch ein Oberflächenelement $\mathrm{d}S\boldsymbol{n}$

Divergenz eines Vektorfeldes $\boldsymbol{f}(\boldsymbol{x})$ im Punkt $\boldsymbol{x}$ des $\mathbb{R}^3$ ist definiert über den Fluss $\oint_S \boldsymbol{f}(\boldsymbol{x})\cdot\boldsymbol{n}\,\mathrm{d}S$ durch eine geschlossene Oberfläche S nach Bild 17-1, die ein Volumen V (zum Beispiel Kugel mit Radius r) einschließt, das nach einem Grenzübergang ($r \to 0$) nur noch den Punkt $\boldsymbol{x}$ enthält:

$$\mathrm{div}\boldsymbol{f}(\boldsymbol{x}) = \lim_{V\to 0} \frac{\oint_S \boldsymbol{f}(\boldsymbol{x})\cdot\boldsymbol{n}\,\mathrm{d}S}{V(r)}\,. \qquad (17\text{-}21)$$

Rotation (hier speziell als Projektion $\boldsymbol{n}\cdot\mathrm{rot}\boldsymbol{f}$ in eine Einheitsrichtung $\boldsymbol{n}$) eines Vektorfeldes $\boldsymbol{f}(\boldsymbol{x}_p)$ im Punkt $\boldsymbol{x}_p$ des $\mathbb{R}^3$ ist definiert über die Zirkulation $\oint_C \boldsymbol{f}(\boldsymbol{x})\cdot\mathrm{d}\boldsymbol{x}$ längs einer eindeutigen ebenen Kurve C um P (zum Beispiel einem Kreis um P mit Radius r), die eine Fläche A einschließt. Der Einheitsvektor $\boldsymbol{n}$ steht dabei senkrecht auf der Ebene E mit der Kurve C.

$$\boldsymbol{n}\cdot\mathrm{rot}\boldsymbol{f}(\boldsymbol{x}) = \lim_{A\to 0} \frac{\oint_C \boldsymbol{f}(\boldsymbol{x})\cdot\mathrm{d}\boldsymbol{x}}{A(r)}\,. \qquad (17\text{-}22)$$

17.3 Integralsätze

Die Integralsätze erlauben die Reduktion von Volumenintegralen auf Oberflächenintegrale und von Oberflächenintegralen auf Randintegrale. Auch der umgekehrte Weg kann in der Rechenpraxis zweckmäßig sein. Sie gelten bei Stetigkeit der beteiligten partiellen Ableitungen und bei bereichsweise eindeutigen Berandungsfunktionen.

Integralsatz von Gauß im Raum:

$$\int_V \mathrm{div}\,\boldsymbol{f}\mathrm{d}V = \oint_S \boldsymbol{f}\cdot\boldsymbol{n}\,\mathrm{d}S, \quad \boldsymbol{n}\cdot\boldsymbol{n} = 1\,. \qquad (17\text{-}23)$$

V ist das Volumen, das von der Oberfläche S eingeschlossen wird. Der Normalenvektor $\boldsymbol{n}$ zeigt zur volumenabgewandten Seite.

Beispiel. Für ein Zentralkraftfeld

$$f^{\mathrm{T}} = r[x_1,\, x_2,\, x_3],\ r^2 = x_1^2 + x_2^2 + x_3^2\,,$$

ist der Fluss durch eine Kugeloberfläche $x_1^2+x_2^2+x_3^2 = R^2$ zu berechnen.
Mit $\mathrm{div}\boldsymbol{f} = 4r$ gilt in Kugelkoordinaten (12)

$$\oint_S \boldsymbol{f}\cdot\boldsymbol{n}\,\mathrm{d}S = \int\int_V\int 4r\, r^2 \sin\varphi\,\mathrm{d}r\,\mathrm{d}\varphi\,\mathrm{d}\vartheta$$
$$= 4\int_0^R r^3 \int_0^\pi \sin\varphi\,\mathrm{d}\varphi \int_0^{2\pi} \mathrm{d}\vartheta = 4\pi R^4\,.$$

Integralsatz von Gauß in der Ebene:

$$\int_A \mathrm{div}\boldsymbol{f}\ \mathrm{d}A = \oint_C \boldsymbol{f}\cdot\boldsymbol{n}\,\mathrm{d}k\,, \quad \boldsymbol{n}\cdot\boldsymbol{n} = 1\,. \qquad (17\text{-}24)$$

A ist die Fläche, die von der Kurve C eingeschlossen wird. Der Normalenvektor $\boldsymbol{n}$ steht senkrecht zur Kurve C und zeigt zur flächenabgewandten Seite.
Wendet man den Gauß-Satz auf die spezielle Vektorfunktion $\boldsymbol{f} = u$ grad v zweier Skalarfelder $u(\boldsymbol{x})$ und $v(\boldsymbol{x})$ an, so gelangt man über die Umformung

$$\mathrm{div}(u\ \mathrm{grad}\ v) = \sum_{i=1}^{3} \frac{\partial u}{\partial x_i}\cdot\frac{\partial v}{\partial x_i} + u\Delta v\,, \qquad (17\text{-}25)$$
$$\Delta v = v_{,11} + v_{,22} + v_{,33}\ ,$$

zu den drei **Green'schen Formeln** (Summation über $i = 1, 2, 3$):

1. $$\int_V u_{,i}\, v_{,i}\ \mathrm{d}V + \int_V u(\Delta v)\,\mathrm{d}V = \oint_S u\boldsymbol{n}\cdot(\mathrm{grad}\ v)\,\mathrm{d}S\,. \qquad (17\text{-}26)$$

2. $$\int_V (u\Delta v - v\Delta u)\,\mathrm{d}V = \oint_S (u\ \mathrm{grad}\ v - v\ \mathrm{grad}\,u)\cdot\boldsymbol{n}\,\mathrm{d}S\,. \qquad (17\text{-}27)$$

3. Speziell für $u = 1$:

$$\int_V \Delta v \, \mathrm{d}V = \oint_S (\operatorname{grad} v) \cdot \boldsymbol{n} \, \mathrm{d}S \,. \qquad (17\text{-}28)$$

Weitere Sonderformen des Integralsatzes von Gauß:

$$\int_V \operatorname{grad} f \, \mathrm{d}V = \oint_S f \boldsymbol{n} \, \mathrm{d}S \,,$$

$$\oint_S \boldsymbol{f} \times \boldsymbol{n} \, \mathrm{d}S = -\int_V \operatorname{rot} \boldsymbol{f} \, \mathrm{d}V \,. \qquad (17\text{-}29)$$

Der Integralsatz von Stokes stellt eine Beziehung her zwischen Oberflächenintegralen über einer Fläche S und Integralen über deren geschlossene Berandungskurve C, wobei der Umlaufsinn auf der Kurve C im Rechtssystem mit der Richtung der Normalen $\boldsymbol{n}$ übereinstimmen muss; siehe Bild 17-2.

Integralsatz von Stokes:

$$\oint_C \boldsymbol{f}(\boldsymbol{x}) \cdot \mathrm{d}\boldsymbol{x} = \int_S (\operatorname{rot} \boldsymbol{f}(\boldsymbol{x})) \cdot \boldsymbol{n} \, \mathrm{d}S \,. \qquad (17\text{-}30)$$

$$\boldsymbol{n} \, \mathrm{d}S = \boldsymbol{x}_{,1} \times \boldsymbol{x}_{,2} \, \mathrm{d}x_1 \, \mathrm{d}x_2 \,, \quad \text{vgl. Kap. 15} \,.$$

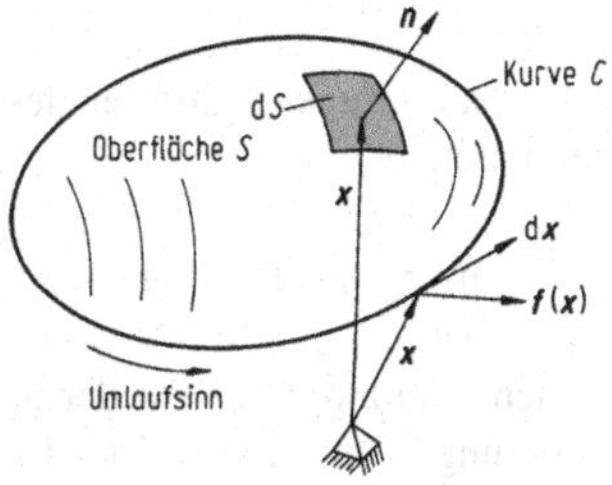

Bild 17-2. Zum Integralsatz von Stokes

Beispiel: Gegeben ist ein Vektorfeld

$$\boldsymbol{f}^{\mathrm{T}}(\boldsymbol{x}) = [x_2 x_3, \; -x_1 x_3, \; x_1 x_2]$$

und die zusammengesetzte Raumkurve k in Bild 17-3 von A über B und C zurück nach A. Gesucht ist die Zirkulation Z von $\boldsymbol{f}$ längs k mithilfe des Satzes von Stokes.

$$(\operatorname{rot} \boldsymbol{f})^{\mathrm{T}} = [2x_1, \; 0, \; -2x_3] \,.$$

Fläche $\boldsymbol{x}$ mit der gegebenen Randkurve:

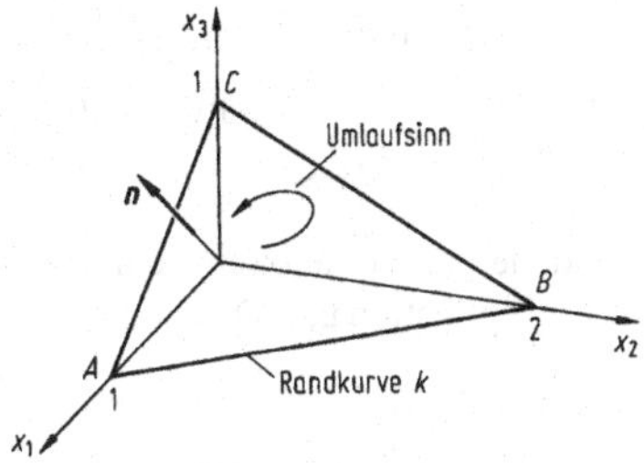

Bild 17-3. Beispiel zum Satz von Stokes

$$\boldsymbol{x}^{\mathrm{T}} = [x_1, \; x_2, \; 1 - x_1 - x_2/2] \,; \quad \boldsymbol{x}_{,1}^{\mathrm{T}} = [1, \; 0, \; -1] \,,$$

$$\boldsymbol{x}_{,2}^{\mathrm{T}} = [0, \; 1, \; -1/2] \,.$$

$$\boldsymbol{n}^{\mathrm{T}} \mathrm{d}S = [1, \; 1/2, \; 1] \mathrm{d}x_1 \mathrm{d}x_2 \,.$$

$$Z = \int\int_S (2x_1 - 2x_3) \, \mathrm{d}x_1 \, \mathrm{d}x_2$$

$$= 2 \int_0^1 \left(\int_0^{2(1-x_1)} (-1 + 2x_1 + x_2/2) \, \mathrm{d}x_2 \right) \mathrm{d}x_1 = 0 \,.$$

18 Differenziation und Integration komplexer Funktionen

18.1 Darstellung, Stetigkeit komplexer Funktionen

Eine komplexe Zahl z kann in dreifacher Form dargestellt werden:

$$z = x + \mathrm{j}y \,, \qquad (18\text{-}1\mathrm{a})$$

$$z = r(\cos\varphi + \mathrm{j}\sin\varphi) \,, \qquad (18\text{-}1\mathrm{b})$$

$$z = r\mathrm{e}^{\mathrm{j}\varphi} \,, \qquad (18\text{-}1\mathrm{c})$$

$$r = |z| = \sqrt{x^2 + y^2} \,, \quad \tan\varphi = y/x \,,$$

wobei x, y Koordinaten in der Gauß'schen Zahlenebene (Bild 18-1) sind und r, φ Länge und Richtung eines *Zeigers*. Die Identität der Formen (1b) und (1c) folgt aus der *Euler-Formel*

$$\mathrm{e}^{\mathrm{j}\varphi} = \cos\varphi + \mathrm{j}\sin\varphi \,, \qquad (18\text{-}2)$$

die anhand der Taylor-Reihen (9.2.1) für $\exp(\mathrm{j}\varphi)$, $\cos\varphi$ und $\sin\varphi$ bewiesen werden kann:

$$\exp(\mathrm{j}\varphi) = 1 + \mathrm{j}\varphi + (\mathrm{j}\varphi)^2/2! + (\mathrm{j}\varphi)^3/3! + \ldots$$
$$= (1 - \varphi^2/2! + \ldots) + \mathrm{j}(\varphi - \varphi^3/3! + \ldots)$$
$$= \cos\varphi + \mathrm{j}\sin\varphi\,. \quad (18\text{-}3)$$

Die exponentielle Form erlaubt eine einfache Formulierung der Multiplikation und Division:

$$z_1 z_2 = r_1 r_2 \mathrm{e}^{\mathrm{j}(\varphi_1+\varphi_2)}\,,$$
$$z_1/z_2 = (r_1/r_2)\mathrm{e}^{\mathrm{j}(\varphi_1-\varphi_2)}\,, \quad (18\text{-}4)$$
$$1/z = (1/r)\mathrm{e}^{-\mathrm{j}\varphi}\,.$$

Komplexwertige Funktionen $f(z)$ beschreiben eindeutige Zuordnungen von Elementen z einer Teilmenge D der komplexen Zahlen zu Elementen w als Teilmenge W der komplexen Zahlen.

D: Definitionsbereich der Funktion f, Argumentmenge. (18-5)
W: Wertebereich der Funktion f.

$$W(f) = \{w \mid w = f(z) \quad \text{für} \quad z \in D\}\,.$$

Die kreisförmige ε-Umgebung eines Punktes z_0 in der Gauß'schen Zahlenebene enthält nach Bild 18-1 alle Punkte $z \in D$ innerhalb des Kreises.

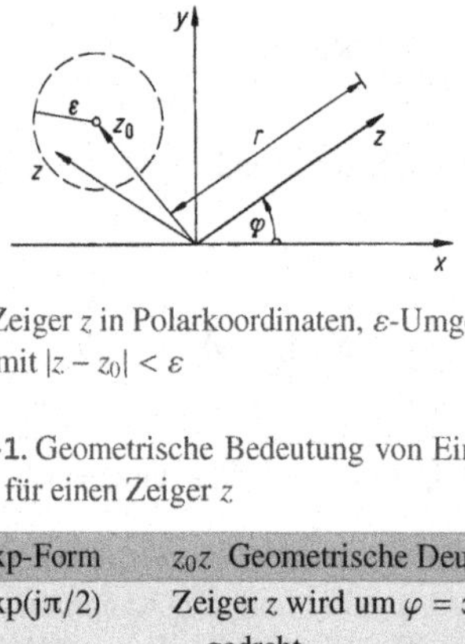

Bild 18-1. Zeiger z in Polarkoordinaten, ε-Umgebung eines Punktes z_0 mit $|z - z_0| < \varepsilon$

Tabelle 18-1. Geometrische Bedeutung von Einheitsmultiplikationen für einen Zeiger z

Faktor	exp-Form	$z_0 z$ Geometrische Deutung
j	$\exp(\mathrm{j}\pi/2)$	Zeiger z wird um $\varphi = \pi/2$ gedreht
(−j)	$\exp(\mathrm{j}\cdot 3\pi/2)$	Zeiger z wird um $\varphi = 3\pi/2$ gedreht
1	$\exp(\mathrm{j}\cdot 0)$	Zeiger z bleibt unverändert
(−1)	$\exp(\mathrm{j}\pi)$	Zeiger z wird um $\varphi = \pi$ gedreht

ε-Umgebung $|z - z_0| < \varepsilon\,, \quad z \in D\,.$

Häufungspunkt z_0: Jede ε-Umgebung von z_0 enthält mindestens einen Punkt $z \in D$, $z \neq z_0$, und damit unendlich viele Punkte $z_k \in D$. (18-6)
Isolierter Punkt z_0: ε-Umgebung enthält keine weiteren $z_k \in D$.

Grenzwert. Konvergiert bei jeder Annäherung von $z \in D$ gegen einen festen Wert z_0 (das heißt $z \to z_0$ ohne $z = z_0$) die zugehörige Folge der Funktionswerte $f(z)$ gegen einen Wert g_0, so heißt g_0 der Grenzwert der Funktion f an der Stelle z_0. Hierbei ist z_0 als Häufungspunkt vorausgesetzt.

$$\lim_{z \to z_0} f(z) = g_0\,, \quad z \in D\,.$$

Stetigkeit einer komplexen Funktion $f(z = x + \mathrm{j}x) = w = u(x, y) + \mathrm{j}v(x, y)$ im Punkt z_0 liegt vor, wenn der Grenzwert g für $z \to z_0$ existiert und mit dem Funktionswert $f(z_0)$ übereinstimmt. Falls die reellen Funktionen $u(x, y)$ und $v(x, y)$ in z_0 stetig sind, so gilt dies auch für die komplexe Funktion $f(z)$.

18.2 Ableitung

Eine Funktion f ist im Punkt z_0 differenzierbar, wenn der Differenzenquotient

$$\frac{f(z) - f(z_0)}{z - z_0} \quad \text{mit } z, z_0 \in D \quad \text{und} \quad z \neq z_0 \quad (18\text{-}7)$$

für $z \to z_0$ einen Grenzwert besitzt, der unabhängig von der Annäherungsrichtung an z_0 ist. Man bezeichnet ihn mit f'.

$$f(z) = u(x, y) + \mathrm{j}v(x, y)\,.$$

Annäherung parallel zur x-Achse; $\Delta z = \Delta x$.

$$f' = \lim_{\Delta x \to 0} \frac{\Delta f}{\Delta x} = \lim_{\Delta x \to 0} \left(\frac{\Delta u}{\Delta x} + \mathrm{j}\frac{\Delta v}{\Delta x}\right) = u_{,x} + \mathrm{j}v_{,x}\,.$$

Annäherung parallel zur y-Achse; $\Delta z = \mathrm{j}\Delta y$.

$$f' = \lim_{\Delta y \to 0} \frac{\Delta f}{\mathrm{j}\Delta y} = \lim_{\Delta y \to 0} \left(\frac{\Delta u}{\mathrm{j}\Delta y} + \mathrm{j}\frac{\Delta v}{\mathrm{j}\Delta y}\right)$$
$$= -\mathrm{j}u_{,y} + v_{,y}\,.$$

Daraus folgt die notwendige und auch hinreichende Bedingung für die Differenzierbarkeit der Funktion $f(z)$:

Cauchy-Riemann'sche Differenzialgleichung:

$$u_{,x} - v_{,y} = 0 \quad \text{und} \quad v_{,x} + u_{,y} = 0\,. \tag{18-8}$$

$$\text{Ableitung } f' = u_{,x} + \mathrm{j}v_{,x} = v_{,y} - \mathrm{j}u_{,y}\,. \tag{18-9}$$

Funktionen mit der Eigenschaft (18-8) heißen *holomorphe Funktionen.*
Durch partielles Ableiten der Gleichungen (18-8) nach x und y erhält man isolierte Gleichungen für $u(x, y)$ und $v(x, y)$, die notwendigerweise erfüllt sein müssen, wenn $u + \mathrm{j}v$ eine holomorphe Funktion sein soll.

$$\Delta() = ()_{,xx} + ()_{,yy} \quad \text{(Laplace-Operator)}\,,$$

$$\Delta u = 0\,, \quad \Delta v = 0\,. \tag{18-10}$$

Die Ableitungsbedingung (18-8) lässt sich auch in Polarkoordinaten formulieren.
Cauchy-Riemann'sche Differenzialgleichung:

$$f(z) = u(r, \varphi) + \mathrm{j}v(r, \varphi)\,,$$

$$r u_{,r} - v_{,\varphi} = 0 \quad \text{und} \quad u_{,\varphi} + r v_{,r} = 0\,. \tag{18-11}$$

Beispiel: Gegeben ist eine Funktion $u(x, y) = x^3 - 3xy^2$. Zunächst ist zu prüfen, ob u Summand einer holomorphen Funktion sein kann. Trifft dies zu, berechne man den Partner $v(x, y)$ und die Ableitung $\mathrm{d}f/\mathrm{d}z = f'$.
Mit $u_{,xx} = 6x$ und $u_{,yy} = -6x$ gilt $\Delta u = 0$. Den Partner $v(x, y)$ liefert die Integration der Cauchy-Riemann-Gleichung:

$$v_{,y} = u_{,x} = 3x^2 - 6y^2$$

$$\rightarrow v = 3x^2y - 2y^3 + f(x) + c_1\,.$$

$$v_{,x} = -u_{,y} = 6xy$$

$$\rightarrow v = 3x^2y + f(y) + c_2\,.$$

Insgesamt $v(x, y) = 3x^2y - 2y^3 + c$.

Ableitungsfunktion

$$f' = u_{,x} + \mathrm{j}v_{,x} = (3x^2 - 6y^2) + \mathrm{j}(6xy)\,.$$

18.3 Integration

Das bestimmte Integral einer Funktion $f(z)$ längs eines vorgegebenen Weges k in der Gauß'schen Zahlenebene von einem Anfangspunkt A bis zu einem Endpunkt E wird an einem zugeordneten n-gliedrigen Polygonzug nach Bild 18-2 erklärt.

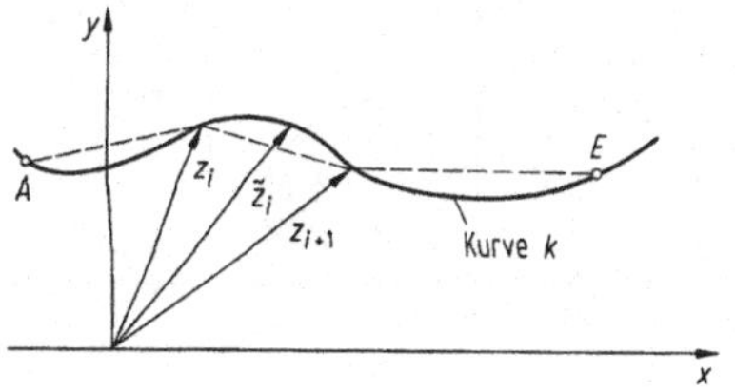

Bild 18-2. Integral längs der Kurve k von A nach E

Die elementweisen Produkte $(z_{i+1} - z_i)f(\tilde{z}_i)$ mit einem beliebigen Zwischenpunkt $\tilde{z}_i$ streben zusammengenommen für $n \to \infty$ einem Grenzwert zu.

$$\lim_{n\to\infty} \sum_{i=1}^{n} (z_{i+1} - z_i) f(\tilde{z}_i) = \int_k f(z)\,\mathrm{d}z\,. \tag{18-12}$$

k: vorgegebener Integrationsweg von z_A nach z_E.

Mit $w = f(z) = u(x, y) + \mathrm{j}v(x, y)$, $z = x + \mathrm{j}y$:

$$\int f(z)\,\mathrm{d}z = \int (u\,\mathrm{d}x - v\,\mathrm{d}y) + \mathrm{j}\int (u\,\mathrm{d}y + v\,\mathrm{d}x)\,. \tag{18-13}$$

Parameterdarstellung

$$x = x(t),\ y = y(t),\ \mathrm{d}()/\mathrm{d}t = ()^{\bullet}:$$

$$\int f(z)\,\mathrm{d}z = \int (u\dot{x} - v\dot{y})\,\mathrm{d}t + \mathrm{j}\int (u\dot{y} + v\dot{x})\,\mathrm{d}t\,;$$

$$\text{oder} \int f\,\mathrm{d}z = \int f\dot{z}\,\mathrm{d}t\,. \tag{18-14}$$

Jede Punktmenge G in der Gauß-Ebene, die nur aus inneren Häufungspunkten besteht, nennt man Gebiet. Gehören die Randpunkte von G zur Punktmenge, spricht man von einem abgeschlossenen Gebiet. Ein n-fach zusammenhängendes Gebiet besitzt n geschlossene Ränder. Ferner gibt es unbeschränkte Gebiete, siehe Bild 18-3.
Es gelten analoge Integrationsregeln wie bei reellen Funktionen.

Beispiel: Das Integral $\int \bar{z}\,\mathrm{d}z$ ist auszurechnen von $z_A = 0$ bis $z_E = 2 + \mathrm{j}$. $\bar{z} = x - \mathrm{j}y$.

1. Weg entlang der Kurve $z = 2t^2 + \mathrm{j}t$.

2. Weg von $z_A = 0$ bis $z_B = 2$ und von $z_B = 2$ bis $z_E = 2 + \mathrm{j}$. $f(z) = \bar{z} = x - \mathrm{j}y$, also $u(x, y) = x$ und $v(x, y) = -y$.

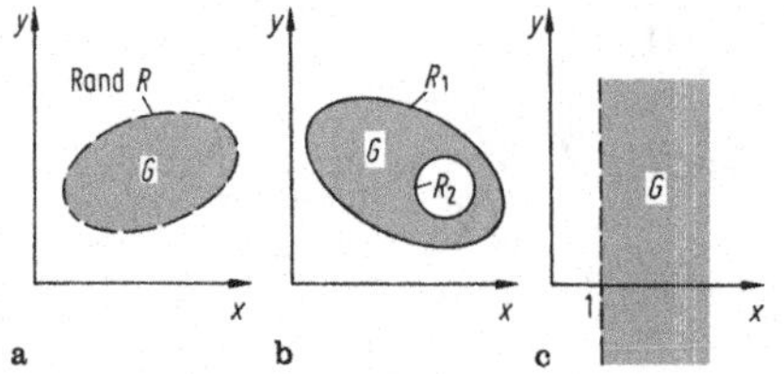

Bild 18-3. Gebiete. **a** einfach zusammenhängend, Rand R gehört nicht zu G; **b** zweifach zusammenhängend, abgeschlossen, R_1 und R_2 gehören zu G; **c** unbeschränktes Gebiet mit $\mathrm{Re}(z) > 1$

1. Weg: $x(t) = 2t^2$, $\quad \dot{x} = 4t$, $\quad y(t) = t$, $\quad \dot{y} = 1$.
$0 \leqq t \leqq 1$.

$$\int \bar{z}\,\mathrm{d}z = \int (x\dot{x} + y\dot{y})\,\mathrm{d}t + \mathrm{j}\int (x\dot{y} - y\dot{x})\,\mathrm{d}t\,.$$

$$\int_0^{2+\mathrm{j}} \bar{z}\,\mathrm{d}z = \int_0^1 (8t^3 + t)\,\mathrm{d}t + \mathrm{j}\int_0^1 (2t^2 - 4t^2)\,\mathrm{d}t$$

$$= 5/2 - \mathrm{j}2/3\,.$$

2. Weg: Von z_A bis z_B gilt $v = 0, \mathrm{d}y = 0$.
Von z_B bis z_E gilt $u = 2, \mathrm{d}x = 0$.

$$\int_0^{2+\mathrm{j}} \bar{z}\,\mathrm{d}z = \int_0^2 x\,\mathrm{d}x + \int_0^1 (+y)\,\mathrm{d}y + \mathrm{j}\int_0^1 2\,\mathrm{d}y = 5/2 + 2\mathrm{j}\,.$$

Im Allgemeinen ist der Wert des bestimmten Integrals vom Integrationsweg abhängig, doch gilt der *Cauchy'sche Integralsatz*:

> Ist die Funktion $f(z)$ in einem einfach zusammenhängenden Gebiet G der Gauß-Ebene holomorph, so hat das Integral
>
> $$\int_A^E f(z)\,\mathrm{d}z \text{ für jeden Integrationsweg in } G$$
>
> von z_A nach Z_E denselben Wert. (18-15)

Ist dieser Weg eine geschlossene, hinreichend glatte Kurve k in G, so gilt

$$\oint_k f(z)\,\mathrm{d}z = 0\,, \quad \text{falls } f(z) \text{ in } G \text{ holomorph}. \tag{18-16}$$

Dies begründet das Konzept der Konturintegration. Eine wesentliche Bedeutung hat das Integral $\int z^{-1}\,\mathrm{d}z$. Es ist auszurechnen für einen Kreis um den Nullpunkt mit Radius $r > 0$ als Integrationsweg. Bis auf den Nullpunkt $z_0 = 0$ ist $f(z) = z^{-1}$ in der gesamten Zahlenebene holomorph. Der Cauchy'sche Integralsatz (18-16) ist also nicht anwendbar.

$$I = \int f\,\mathrm{d}z = \int f(z)\dot{z}\,\mathrm{d}t\,, \quad z(t) = r\mathrm{e}^{\mathrm{j}t}\,, \quad 0 \leqq t \leqq 2\pi\,;$$

$$I = \int_0^{2\pi} \frac{1}{z} r\mathrm{j}\mathrm{e}^{\mathrm{j}t}\,\mathrm{d}t = \int_0^{2\pi} \mathrm{j}\,\mathrm{d}t = \mathrm{j}\cdot 2\pi\,,$$

$$\int_0^{2\pi} \frac{1}{z}\,\mathrm{d}z = \mathrm{j}\cdot 2\pi\,. \tag{18-17}$$

Als Konsequenz des Integralsatzes erhält man die *Cauchy'schen Integralformeln*:
$f(z)$ sei in einem n-fach zusammenhängenden beschränkten Gebiet G holomorph. Falls der Integrationsweg k ganz in G liegt, so gilt für einen Punkt z_0 (Bild 18-4) innerhalb des Weges k:

$$f(z_0) = \frac{1}{2\pi\mathrm{j}} \oint_k \frac{f(z)}{z - z_0}\,\mathrm{d}z\,,$$

$$f^{(n)}(z_0) = \frac{n!}{2\pi\mathrm{j}} \oint_k \frac{f(z)}{(z - z_0)^{n+1}}\,\mathrm{d}z\,. \tag{18-18}$$

Ist die Kurve k speziell ein Kreis mit Radius R, so gilt für einen Punkt $z = r\mathrm{e}^{\mathrm{j}\varphi} (r < R)$ innerhalb des Kreises die *Poisson-Formel für einen Kreis in Polarkoordinaten.*

$$f(z_0) = \frac{1}{2\pi} \int_0^{2\pi} \frac{(R^2 - r^2) f(R\mathrm{e}^{\mathrm{j}\varphi})}{R^2 - 2Rr\cos(\varphi_0 - \varphi) + r^2}\,\mathrm{d}\varphi\,,$$

$$z_0 = r\exp(\mathrm{j}\varphi_0)\,. \tag{18-19}$$

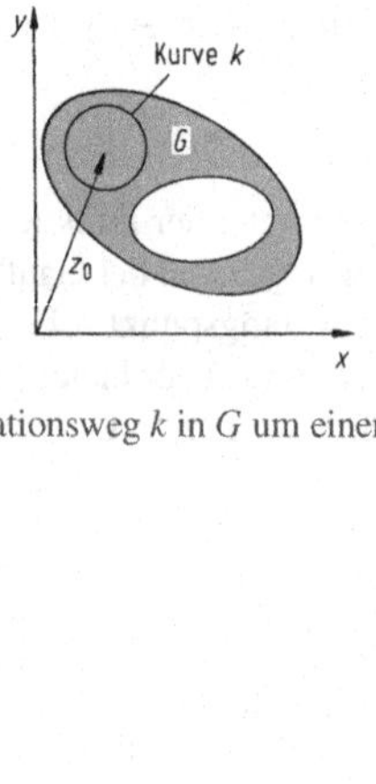

Bild 18-4. Integrationsweg k in G um einen Punkt z_0

Ist $f(z)$ in der oberen Halbebene ($y \geqq 0$) holomorph, so gilt eine entsprechende Formel für jeden Punkt z_0 der oberen Halbebene.

Poisson-Formel für Halbebene $y \geqq 0$.

$$z_0 = x_0 + \mathrm{j}y_0 ,$$

$$f(z_0) = \frac{1}{\pi} \int_{-\infty}^{\infty} \frac{y_0 f(x)}{(x - x_0)^2 + y_0^2} \,\mathrm{d}x . \qquad (18\text{-}20)$$

Entwicklung einer Funktion. In der Umgebung G eines Punktes z_0 nach Bild 18-5 lässt sich jede holomorphe Funktion darstellen als *Taylor-Reihe*

$$f(z) = \sum_{k=0}^{\infty} \frac{1}{k!} [f^{(k)}(z_0)](z - z_0)^k . \qquad (18\text{-}21)$$

Sie konvergiert, solange der Kreis um z_0 keine singulären Punkte enthält.
Ist eine Funktion f in der Umgebung des Punktes z_0 nicht holomorph, wohl aber in dem Kreisgebiet nach Bild 18-6 mit Zentrum in z_0, so gibt es eine sogenannte **Laurent-Reihe**

$$f(z) = \sum_{k=1}^{\infty} a_k (z - z_0)^{-k} + \sum_{k=0}^{\infty} b_k (z - z_0)^k$$

kurz

$$f(z) = \sum_{k=-\infty}^{\infty} c_k (z - z_0)^k , \ r < |z - z_0| < R . \quad (18\text{-}22)$$

$$c_k = \frac{1}{2\pi \mathrm{j}} \oint \frac{f(z)\,\mathrm{d}z}{(z - z_0)^{k+1}} .$$

Ist $f(z)$ auch im inneren Kreis einschließlich z_0 holomorph, so geht (18-22) in (18-21) über.

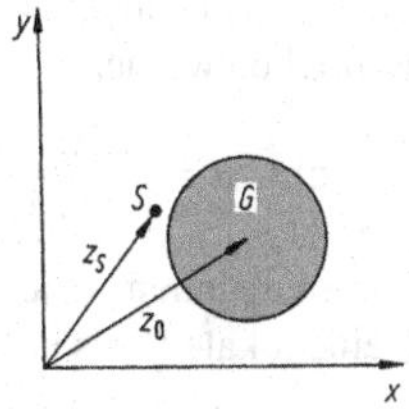

Bild 18-5. Umgebung G eines Punktes z_0 ohne singulären Punkt z_s

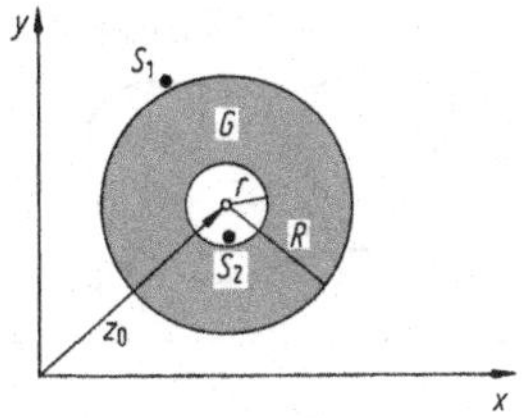

Bild 18-6. Entwicklungsgebiet G mit Zentrum z_0 ohne die singulären Punkte S_i

Beispiel: Gesucht ist die Laurent-Reihe für die Funktion $f(z) = (z - 1)^{-1}(z - 4)^{-1}$. Sie ist offensichtlich für $z = 1$ und $z = 4$ singulär, also im Ringgebiet $1 < |z| < 4$ holomorph. Durch Partialbruchzerlegung erzeugt man aus $f(z)$ eine Summe einzeln entwickelbarer Teile. Dabei ergibt sich eine Darstellung nach (18-22).

$$f(z) = \left(\frac{-1}{z - 1} + \frac{1}{z - 4} \right) \frac{1}{3} .$$

$$\frac{1}{z - 1} = \sum_{k=1}^{\infty} z^{-k}, |z| > 1 ;$$

$$\frac{1}{1 - z/4} = \sum_{k=0}^{\infty} (z/4)^k, \ |z| < 4 ;$$

also insgesamt

$$f(z) = -\frac{1}{3} \left[\sum_{k=1}^{\infty} z^{-k} + \frac{1}{4} \sum_{k=0}^{\infty} (z/4)^k \right] .$$

Über die Laurent-Reihe kann das Randintegral längs einer Kurve k in G berechnet werden, die nach Bild 18-7 mehrere singuläre Punkte z_1 bis z_s enthält.

$$\begin{aligned} f(z) = {} & \sum_{k=1}^{\infty} a_{1k} (z - z_1)^{-k} + \sum_{k=0}^{\infty} b_{1k} (z - z_1)^k \\ & + \quad \vdots \quad \vdots \qquad \vdots \quad \vdots \qquad (18\text{-}23) \\ & + \sum_{k=1}^{\infty} a_{sk} (z - z_s)^{-k} + \sum_{k=0}^{\infty} b_{sk} (z - z_s)^k , \end{aligned}$$

$$\oint f(z)\,\mathrm{d}z = 2\pi \mathrm{j} \sum_{k=1}^{s} a_{k1} .$$

Die Koeffizienten a_{k1} nennt man auch *Residuen* der Funktion f an der singulären Stelle z_k.

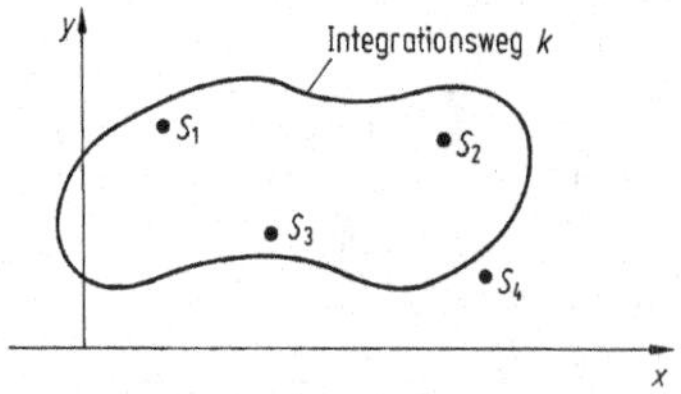

Bild 18-7. Integrationsweg k in G mit drei relevanten singulären Punkten S_1 bis S_3

$$\operatorname{Res} f(z)|_{z_k} = a_{k1} \,. \tag{18-24}$$

Für eine singuläre Stelle m-ter Ordnung gilt allgemeiner

$$\operatorname{Res} f(z)|_{z_k} = \frac{1}{(m-1)!} \lim_{z\to z_k} \frac{\mathrm{d}^{m-1}}{\mathrm{d}z^{m-1}} [(z-z_k)^m f(z)] \,.$$

Speziell für $m = 1$:

$$\operatorname{Res} f(z) = \lim_{z\to z_k} [(z-z_k) f(z)] \,. \tag{18-25}$$

Beispiel: $f(z) = \dfrac{z^4 - 2}{z^2(z-1)}$. Gesucht ist das Ringintegral längs des Kreises $z(t) = 2\mathrm{e}^{\mathrm{j}t}$. $z_1 = 0$ ist doppelter Pol ($m = 2$), $z_2 = 1$ einfacher Pol.

$$\operatorname{Res} f|_{z_2} = \lim_{z\to 1} \frac{z^4-2}{z^2} = -1,$$

$$\operatorname{Res} f|_{z_1} = \lim_{z\to 0} \left[\frac{z^4-2}{z-1}\right]' = 2 \,.$$

Also $\oint f \mathrm{d}z = 2\pi \mathrm{j}$.

Stammfunktion $F(z)$ zu $f(z)$ heißt eine in G holomorphe Funktion dann, wenn ihre Ableitung F' gleich f ist.

$$F'(z) = f(z)\colon\ F \text{ Stammfunktion zu } f \,. \tag{18-26}$$

Für eine in G holomorphe Funktion $f(z)$ ist das bestimmte Integral in F darstellbar und unabhängig vom Integrationsweg.

$$\int_A^E f(z)\,\mathrm{d}z = F(z_E) - F(z_A) = [F(z)]_A^E \,. \tag{18-27}$$

Die entsprechende Tabelle 10-1 für Stamm- oder Integralfunktionen reeller Variablen in 10.1 gilt auch für komplexwertige Argumente.

Exponentialfunktionen mit komplexen Argumenten werden häufig benötigt. Es gelten weiterhin die Additionstheoreme aus 7.2 und 7.3.

$$\begin{aligned}
&\sin z = (\mathrm{e}^{\mathrm{j}z} - \mathrm{e}^{-\mathrm{j}z})/(2\mathrm{j}) \,, \\
&\cos z = \left(\mathrm{e}^{\mathrm{j}z} + \mathrm{e}^{-\mathrm{j}z}\right)/2 \,, \\
&\sin \mathrm{j}z = \mathrm{j} \sinh z \,, \quad \cos \mathrm{j}z = \cosh z \,, \\
&\sinh \mathrm{j}z = \mathrm{j} \sin z \,, \quad \cosh \mathrm{j}z = \cos z \,, \\
&\operatorname{arcsin} z = (-\mathrm{j}) \ln\left[\mathrm{j}z + \sqrt{1-z^2}\right] , \\
&\operatorname{arccos} z = (-\mathrm{j}) \ln\left[z + \sqrt{z^2-1}\right] , \\
&\operatorname{arctan} z = \frac{1}{2\mathrm{j}} \ln \frac{1+\mathrm{j}z}{1-\mathrm{j}z} \,, \\
&\operatorname{arccot} z = \frac{1}{2\mathrm{j}} \ln \frac{z+\mathrm{j}}{z-\mathrm{j}} \,, \\
&\operatorname{arsinh} z = \ln\left[z + \sqrt{z^2+1}\right] , \\
&\operatorname{arcosh} z = \ln\left[z + \sqrt{z^2-1}\right] , \\
&\operatorname{artanh} z = \frac{1}{2} \ln \frac{1+z}{1-z} \,, \\
&\operatorname{arcoth} z = \frac{1}{2} \ln \frac{z+1}{z-1} \,.
\end{aligned} \tag{18-28}$$

Beispiel:

$f(z) = \cos \mathrm{j} = (\mathrm{e}^{-1} + \mathrm{e}^{1})/2 = \cosh 1 = 1{,}54308\ldots$

Trigonometrische Funktionen Sinus und Cosinus eines komplexen Argumentes können also betragsmäßig größer als 1 werden, was bei reellen Argumenten ausgeschlossen ist.

19 Konforme Abbildung

Die Abbildung einer komplexen Zahl $z = x + \mathrm{j}y$ in ihr Bild $w = u(x,y) + \mathrm{j}v(x,y)$ kann auch durch zugeordnete Vektoren beschrieben werden:

$$\boldsymbol{z} = \begin{bmatrix} x \\ y \end{bmatrix}, \quad f(\boldsymbol{z}) = \boldsymbol{w} = \begin{bmatrix} u(x,y) \\ v(x,y) \end{bmatrix} . \tag{19-1}$$

Die totalen Zuwächse spannen in jedem Punkt mit dem Ortsvektor $\boldsymbol{z}$ eine lokale Basis auf,

$$\mathrm{d}\boldsymbol{z} = \boldsymbol{z}_{,x}\, \mathrm{d}x + \boldsymbol{z}_{,y}\, \mathrm{d}y = \begin{bmatrix} 1 \\ 0 \end{bmatrix} \mathrm{d}x + \begin{bmatrix} 0 \\ 1 \end{bmatrix} \mathrm{d}y \,, \tag{19-2}$$

$$df = f_{,x}\,dx + f_{,y}\,dy = \begin{bmatrix} u_{,x} \\ v_{,x} \end{bmatrix} dx + \begin{bmatrix} u_{,y} \\ v_{,y} \end{bmatrix} dy\,,$$

die auch für das Bild f orthogonal ist, wenn man die Cauchy-Riemann-Bedingung (19-8) in 18.2 beachtet.

$$f_{,y} = \begin{bmatrix} u_{,y} \\ v_{,y} \end{bmatrix} = \begin{bmatrix} -v_{,x} \\ u_{,x} \end{bmatrix} \to f_{,x} \cdot f_{,y} = 0\,. \qquad (19\text{-}3)$$

Die Längenquadrate dz^2 vom Original und df^2 vom Bild stehen in jedem Punkt P in einem konstanten Verhältnis zueinander, das unabhängig ist von der Orientierung in P.

$$dz^2 = dx^2 + dy^2\,,$$

$$df^2 = (dx^2 + dy^2)\left(u_{,x}^2 + v_{,x}^2\right) \to df^2/dz^2 = |f'|^2\,. \qquad (19\text{-}4)$$

Insgesamt ist die Abbildung f von z nach w winkeltreu und lokal maßstabstreu, falls die Funktion f holomorph ist. Diese besondere Abbildung nennt man *konform*.

Inverse Abbildung nennt man die Abbildung $w = 1/z$.

$$z = x + jy \to w = (x - jy)/\sqrt{x^2 + y^2}\,.$$

$$z = re^{j\varphi} \to w = e^{-j\varphi/r}\,. \qquad (19\text{-}5)$$

Der längenbezogene Teil $1/r$ dieser Abbildung ist eine sogenannte Spiegelung am Einheitskreis, der richtungsbezogene Teil eine Spiegelung an der reellen Achse.

Beispiel: Das Gebiet $ABCD$ im Bild 19-1 wird begrenzt durch 2 Kreisbögen $\overset{\frown}{AB}, \overset{\frown}{CD}$ und durch 2 Geraden BC, AD jeweils durch den Nullpunkt. Nach Tabelle 19-1 wird das Bildgebiet $w = 1/z$ nur durch Geraden begrenzt.

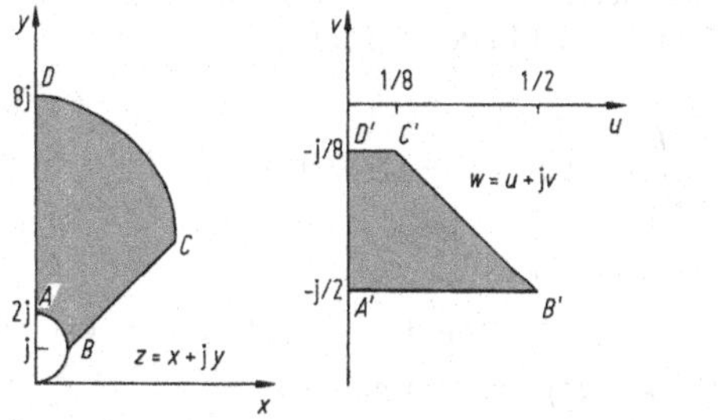

Bild 19-1. Konforme Abbildung eines Kreisgebietes $ABCD$ in ein Trapez $A'B'C'D'$

Tabelle 19-1. Eigenschaften von $w = 1/z$

z-Ebene	w-Ebene
Kreis nicht durch Nullpunkt	Kreis nicht durch Nullpunkt
Gerade nicht durch Nullpunkt	Kreis durch Nullpunkt
Kreis durch Nullpunkt	Gerade nicht durch Nullpunkt
Gerade durch Nullpunkt	Gerade durch Nullpunkt

Lineare Abbildung nennt man $w = a + bz; a, b \in \mathbb{C}$. Geometrisch interpretiert ist dies eine Kombination von Translation und Drehstreckung, also eine Ähnlichkeitsabbildung.

Gebrochen lineare Abbildung nennt man

$$w = \frac{a_0 + a_1 z}{b_0 + b_1 z}\,;\; a_i, b_i \in \mathbb{C}\,. \qquad (19\text{-}6)$$

Diese Abbildung ist eine Zusammenfassung inverser und linearer Funktionen, wobei eine Umformung nützlich sein kann.

$$w = a_2 + \frac{a_3}{b_0 + b_1 z},\; a_2 = \frac{a_1}{b_1}\,, \qquad (19\text{-}7)$$

$$a_3 = \frac{a_0 b_1 - a_1 b_0}{b_1}\,.$$

Durch die Vorgabe von 3 Paaren (z_k, w_k) ist die gebrochen lineare Abbildung bestimmt zu

$$\frac{w - w_1}{w - w_3} \cdot \frac{w_2 - w_3}{w_2 - w_1} = \frac{z - z_1}{z - z_3} \cdot \frac{z_2 - z_3}{z_2 - z_1}\,. \qquad (19\text{-}8)$$

Die Abbildung eines durch ein Polygon begrenztes Gebiet nach Bild 19-2 in den oberen Teil der z-Ebene bei Vorgabe der Bildpunktkoordinaten x_k zu drei beliebigen Polygonecken w_k leistet die *Schwarz-Christoffel-Abbildung*:

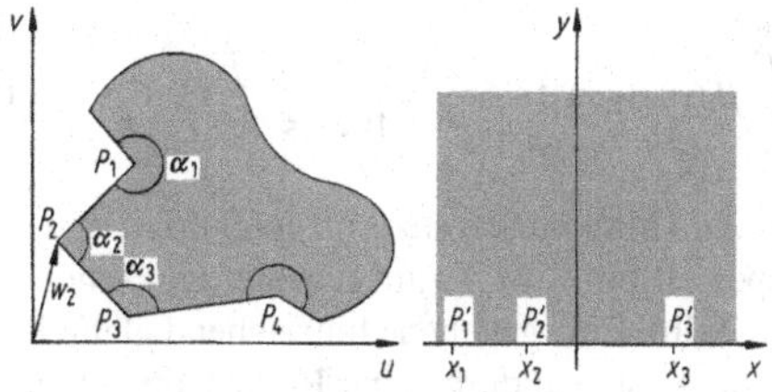

Bild 19-2. Schwarz-Christoffel-Abbildung

$$\frac{\mathrm{d}w}{\mathrm{d}z} = Ap(z)\,,\ p(z) = \prod_{k=1}^{n}(z - x_k)^{-1+a_k/\pi}\,,$$

$$w(z) = A\int p(z)\,\mathrm{d}z + B\,,$$

a_k Innenwinkel im Bogenmaß . (19-9)

Falls $x_n = \infty$ gewählt wird, ist das Produkt nur bis $n-1$ zu erstrecken.

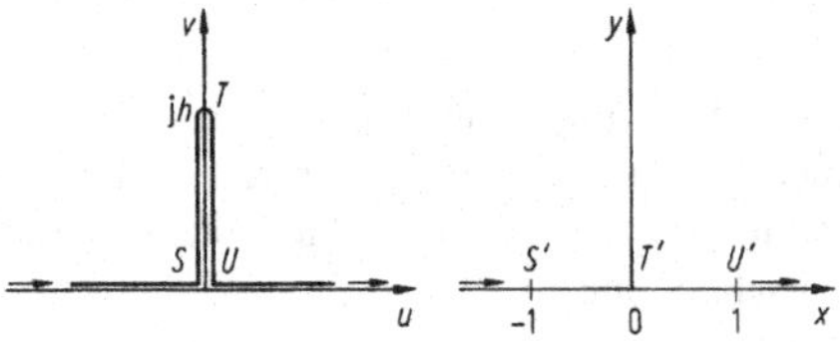

Bild 19-3. Abbildung eines geschlitzten Gebietes in die obere z-Ebene

Beispiel: Das geschlitzte Gebiet in Bild 19-3 ist auf die obere z-Ebene abzubilden. Mit den Winkeln $a_S = a_U = \pi/2$ sowie $a_T = 2\pi$ und den drei vorgegebenen Punkten $x_{S'} = -1$, $x_{T'} = 0$, $x_{U'} = +1$ erhält man das Produkt

$$p = (z+1)^{-1/2}\cdot(z-0)^1\cdot(z-1)^{-1/2} = z/\sqrt{z^2-1}\,.$$

Aus Integration und der Zuordnung

$$\begin{aligned} S \to S'&: \text{ für } w = 0 \text{ ist } z = -1\,,\\ U \to U'&: \text{ für } w = 0 \text{ ist } z = +1\,,\\ T \to T'&: \text{ für } w = \mathrm{j}h \text{ ist } z = 0 \end{aligned}$$

folgt die gesuchte Abbildung $w(z) = h\sqrt{z^2-1}$.

20 Orthogonalsysteme

Eine Menge von Funktionen $\beta_k(x)$ mit der besonderen Integraleigenschaft

$$\int_a^b \beta_i(x)\beta_j(x)\,\mathrm{d}x = \begin{cases} 0 & \text{für } i \neq j \\ c_k^2 & \text{für } i = k\,,\ j = k \end{cases} \qquad (20\text{-}1)$$

bildet ein Orthogonalsystem im Intervall $a \leqq x \leqq b$, das speziell für $c_k = 1$ zum normierten Orthogonalsystem wird. Eine gegebene hinreichend glatte Funktion $f(x)$ lässt sich durch eine Reihenentwicklung in den Funktionen $\beta_k(x)$ darstellen,

$$f(x) = \sum_{k=1}^{\infty} a_k\beta_k(x)\,, \qquad (20\text{-}2)$$

wobei die Koeffizienten a_k durch Multiplikation mit $\beta_k(x)$ und Integration im Intervall $a \leqq x \leqq b$ isolierbar sind.

$$\int_a^b f\beta_k\,\mathrm{d}x = a_k\int_a^b \beta_k^2\,\mathrm{d}x = a_k c_k^2 \qquad (20\text{-}3)$$

$$\to f(x) = \sum_{k=1}^{\infty}\frac{\int_a^b f\beta_k\,\mathrm{d}x}{\int_a^b \beta_k\beta_k\,\mathrm{d}x}\beta_k\,, \quad f_n(x) = \sum_{k=1}^{n}()\,. \qquad (20\text{-}4)$$

Bei vorzeitigem Abbruch der Summation in (20-4) ist die Differenz δ zwischen gegebener Funktion $f(x)$ und deren Approximation $f_n(x)$ theoretisch angebbar:

$$\delta = f(x) - f_n(x) = \sum_{k=n+1}^{\infty} a_k\beta_k(x)\,. \qquad (20\text{-}5)$$

Orthogonalisierung einer gegebenen Menge nicht orthogonaler linear unabhängiger Funktionen $p_k(x)$ ist ein stets möglicher Prozess. Entsprechend der Vorschrift

$$\begin{aligned} \beta_0 &= p_0\\ \beta_1 &= c_{10}p_0 + p_1\\ \beta_2 &= c_{20}p_0 + c_{21}p_1 + p_2 \text{ usw.} \end{aligned} \qquad (20\text{-}6)$$

sind die Koeffizienten c_{jk} sukzessive aus der Orthogonalitätsforderung zu berechnen.

Beispiel: Die Polynome $p_k = x^k$, $k = 0, 1, 2$, sind für das Intervall $-1 \leqq x \leqq 1$ in ein Orthogonalsystem zu überführen. Mit der Abkürzung

$$\int_{-1}^{1} f_1(x)f_2(x)\,\mathrm{d}x = (f_1, f_2) \text{ gilt}$$

$k = 0$: $\beta_0 = 1$.

$k = 1$: $\beta_1 = c_{10} + x$. $(\beta_1, \beta_0) = 0 \to c_{10} = 0$.

$k = 2$: $\beta_2 = c_{20} + c_{21}x + x^2$.

$(\beta_2, \beta_0) = 0 \to c_{20} = -1/3$,

$(\beta_2, \beta_1) = 0 \to c_{21} = 0$.

Insgesamt: $\beta_0 = 1$; $\beta_1 = x$; $\beta_2 = x^2 - 1/3$.

Führt man die Entwicklung des vorgehenden Beispiels weiter und normiert speziell auf $\beta_k(x = 1) \overset{!}{=} 1$, so entstehen die *Legendre'schen- oder Kugelfunktionen* $P_k(x)$.

Mit $P_0 = 1, P_1 = x$ erhält man alle weiteren aus

$$P_k = [(2k-1)xP_{k-1} - (k-1)P_{k-2}]/k \,,$$

$$\int_{-1}^{1} P_k P_k \, dx = c_k^2 = \frac{2}{2k+1} \,. \tag{20-7}$$

$$P_0 = 1 \,, \quad P_1 = x \,,$$

$$P_2 = (3x^2 - 1)/2 \,,$$

$$P_3 = (5x^3 - 3x)/2 \text{ usw..}$$

Ein Funktionssystem in trigonometrischer Parameterdarstellung

$$P_k = \cos kt = P_k(\cos t) \quad \text{mit} \quad \cos t = x \,, \tag{20-8}$$

mit der Rückführung aller k-fachen Argumente auf $\cos t$ und anschließender Abbildung auf $x = \cos t$ erzeugt ein sogenanntes gewichtetes Orthogonalsystem

$$\int_{-1}^{1} w(x)\, P_i(x)\, P_j(x)\, dx = \begin{cases} 0 \text{ für } i \neq j \\ c_k^2 \text{ für } i = k \,, j = k \end{cases} \,, \tag{20-9}$$

falls man als Gewichtsfunktion $w(x) = (1 - x^2)^{-1/2}$ wählt. Mit der Normierung $P_k(x = 1) \overset{!}{=} 1$ erhält man die *Tschebyscheff- oder T-Polynome*.

$$\int_{-1}^{1} \frac{T_i T_j}{\sqrt{1 - x^2}} \, dx = 0 \quad \text{für} \quad i \neq j \,.$$

Mit $T_0 = 1, T_1 = \cos\, t = x$ erhält man alle Weiteren aus

$$T_k = 2xT_{k-1} - T_{k-2} \,,$$

$$T_2 = \cos 2t = 2x^2 - 1 \,,$$

$$T_3 = \cos 3t = 4x^3 - 3 \,, \tag{20-10}$$

$$T_4 = \cos 4t = 8x^4 - 8x^2 + 1 \,.$$

Das Bild 20-1 zeigt das auf den Extremalwert $T^2 = 1$ begrenzte Oszillieren der T-Polynome im Intervall, was die gleichmäßige Approximation einer Funktion $f(x)$ nach (20-2) ermöglicht.

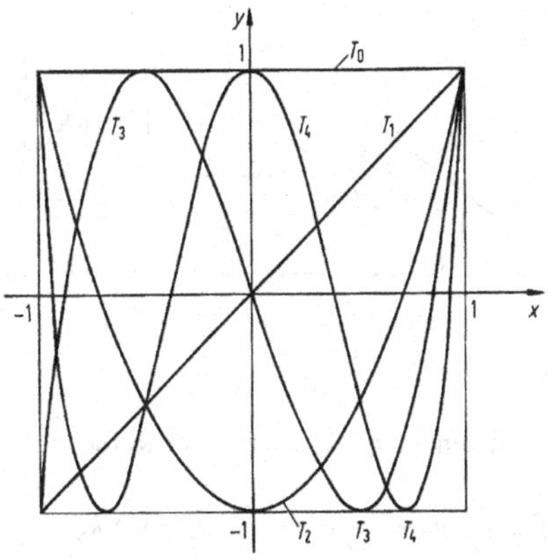

Bild 20-1. Tschebyscheff-Polynome T_0 bis T_4 mit Beschränkung $T^2 \leqq 1$ im Intervall $x^2 \leqq 1$

21 Fourier-Reihen

21.1 Reelle Entwicklung

Ein Orthogonalsystem besonderer Bedeutung bilden die trigonometrischen Funktionen im Intervall $-\pi \leqq \xi \leqq \pi$:

$$\begin{aligned} s_k(\xi) &= \sin k\xi \,, \quad k = 1, 2, 3 \ldots \,, \\ c_k(\xi) &= \cos k\xi \,, \quad k = 0, 1, 2 \ldots \,. \end{aligned} \tag{21-1}$$

$$\int_{-\pi}^{\pi} f_1(\xi)\, f_2(\xi)\, d\xi = (f_1, f_2) \,. \tag{21-2}$$

$$(s_j, s_k) = (c_j, c_k) = \begin{cases} 0 & \text{für} \quad j \neq k \\ \pi & \text{für} \quad j = k \neq 0 \end{cases} \,, \tag{21-3}$$

$$(s_j, c_k) = 0 \,.$$

Die Periodizität der trigonometrischen Funktionen lässt sie besonders geeignet erscheinen zur Darstellung periodischer Funktionen der Zeit t oder des Ortes x nach Bild 21-1, wobei eine vorbereitende Normierung der Zeitperiode T oder der Wegperiode l auf das Intervall $-\pi \leqq \xi \leqq \pi$ erforderlich ist.

$f(t)$ mit Periode T im Intervall $t_a \leqq t \leqq t_b$, $T = t_b - t_a$.

$$t = \frac{t_a + t_b}{2} + \frac{T}{2\pi}\xi \rightarrow \xi = \frac{2\pi}{T}\left[t - \frac{t_a + t_b}{2}\right] \,. \tag{21-4}$$

Entsprechend

$$x = \frac{x_a + x_b}{2} + \frac{l}{2\pi}\xi \rightarrow \xi = \frac{2\pi}{l}\left[x - \frac{x_a + x_b}{2}\right] \,.$$

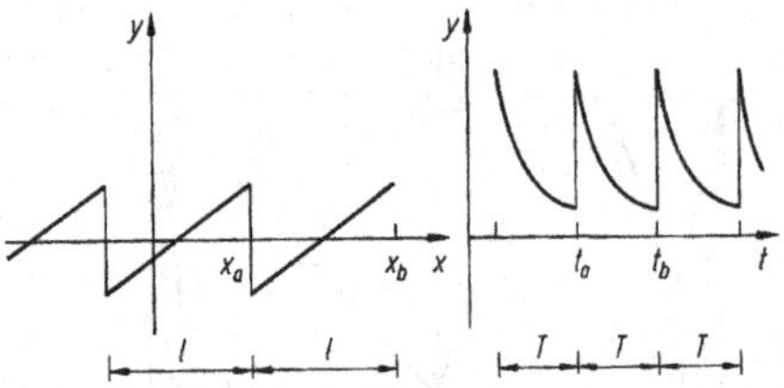

Bild 21-1. Periodische Funktionen in Ort ($l = x_b - x_a$) und Zeit ($T = t_b - t_a$)

Die Koeffizienten a_k, b_k der Fourier-Reihe

$$F[f(\xi)] = a_0 + \sum_{k=1}^{\infty}(a_k \cos k\xi + b_k \sin k\xi) \qquad (21\text{-}5)$$

erhält man durch Multiplikation von (21-5) mit $\cos k\xi$ sowie $\sin k\xi$ und Integration im Intervall $-\pi \leqq \xi \leqq \pi$:

$$a_0 = \frac{1}{2\pi}\int_{-\pi}^{\pi} f\,d\xi\,,$$

$$a_k = \frac{1}{\pi}\int_{-\pi}^{\pi} f\cos k\xi\,d\xi, \quad b_k = \frac{1}{\pi}\int_{-\pi}^{\pi} f\sin k\xi\,d\xi\,. \qquad (21\text{-}6)$$

Symmetrieeigenschaften der gegebenen Funktion $f(\xi)$ erleichtern die Berechnung.

$f(-\xi) = f(+\xi)$:
gerade; f ist symmetrisch zur y-Achse ; (21-7)
Sinus-Anteile $b_k = 0$.

$f(-\xi) = -f(\xi)$:
ungerade; f ist punktsymmetrisch zum Nullpunkt ;
Cosinus-Anteile $a_k = 0$. (21-8)

Unstetige Funktionen im Punkt ξ_u werden approximiert durch das arithmetische Mittel der beidseitigen Grenzwerte $f(\xi_u - \delta)$, $f(\xi_u + \delta)$.

$$F(\xi_u) = [f(\xi_u - \delta) + f(\xi_u + \delta)]/2\,, \quad \delta > 0\,. \quad (21\text{-}9)$$

Die Integration über unstetige Funktionen im Periodenintervall wird stückweise durchgeführt.

Beispiel: Die punktsymmetrische Funktion $f(x) = A$ für $0 < x \leqq l/2$ und $f(x) = -A$ für $-l/2 \leqq x < 0$ nach Bild 21-2 ist durch eine Fourier-Reihe darzustellen. Nach (21-8) gilt $a_k = 0$.

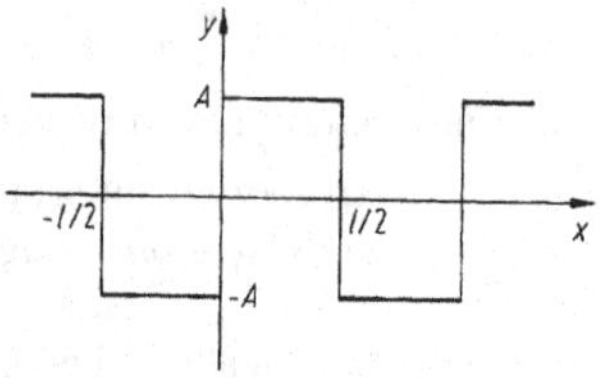

Bild 21-2. Ungerade periodische Funktion

$$\pi b_k = \int_{-\pi}^{0}(-A)\sin k\xi\,d\xi + \int_{0}^{\pi}(+A)\sin k\xi\,d\xi\,,$$

$$\xi = 2\pi x/l\,;$$

$$\pi b_k = 2A\int_{0}^{\pi}\sin k\xi\,d\xi = -2A(\cos k\pi - 1)/k$$

$$\rightarrow b_{2k-1} = \frac{4A}{(2k-1)\pi}\,,$$

$$b_{2k} = 0\,;\; k = 1, 2, \ldots\,,$$

oder

$$F[f(x)] = \frac{4A}{\pi}\left(\sin\frac{2\pi x}{l} + \frac{1}{3}\sin 3\frac{2\pi x}{l} + \frac{1}{5}\sin 5\frac{2\pi x}{l} + \ldots\right),$$

$$-l/2 \leqq x \leqq +l/2\,;$$

$$F[f(x=0)] = 0 = [f(-0) + f(+0)]/2 = (-A + A)/2\,.$$

21.2 Komplexe Entwicklung

Mit der exponentiellen Darstellung der trigonometrischen Funktionen in 7.1, (7-2) $\cos x = (e^{jx} + e^{-jx})/2$, $\sin x = -j(e^{jx} - e^{-jx})/2$, lässt sich die Reihe (21-5) umschreiben,

$$F[f(\xi)] = a_0 + \sum_{k=1}^{\infty}\left\{(a_k - jb_k)e^{jk\xi} + (a_k + jb_k)e^{-jk\xi}\right\}/2$$

und mit komplexen Koeffizienten kompakt formulieren:

$$F[f(\xi)] = \sum_{-\infty}^{\infty} c_k e^{jk\xi}\,,$$

$$c_k = \frac{1}{2\pi}\int_{-\pi}^{\pi} f(\xi)e^{-jk\xi}\,d\xi\,;\; k = 0, \pm 1, \pm 2, \ldots \qquad (21\text{-}10)$$

Tabelle 21-1. Fourier-Reihen

Bild	$f(\xi)$;	$F(\xi) = F[f(\xi)]$
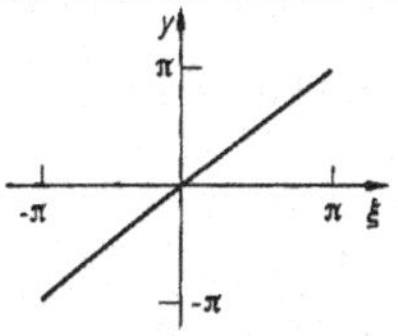	$f = \xi$;	$F = 2\left(\frac{\sin\xi}{1} - \frac{\sin 2\xi}{2} + \frac{\sin 3\xi}{3} - \dots\right)$
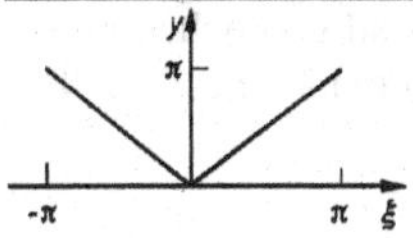	$f = \lvert\xi\rvert$;	$F = \frac{\pi}{2} - \frac{4}{\pi}\left(\cos\xi + \frac{\cos 3\xi}{9} + \frac{\cos 5\xi}{25} + \dots\right)$
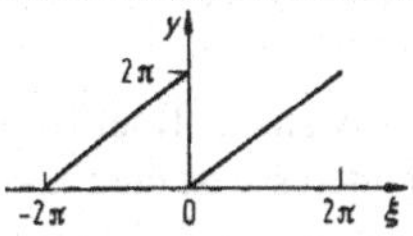	$f = \xi$;	$F = \pi - 2\left(\frac{\sin\xi}{1} + \frac{\sin 2\xi}{2} + \frac{\sin 3\xi}{3} + \dots\right)$
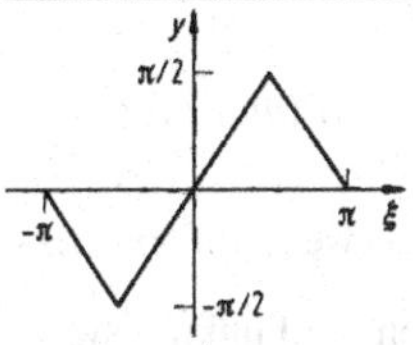		$F = \frac{4}{\pi}\left(\sin\xi - \frac{\sin 3\xi}{9} + \frac{\sin 5\xi}{25} - \dots\right)$
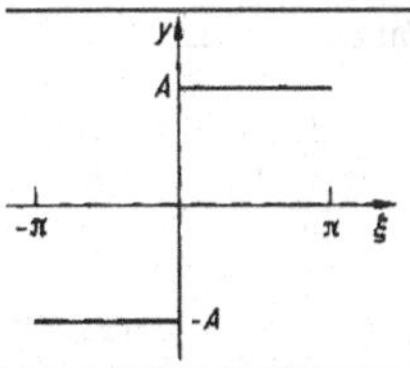		$F = \frac{4A}{\pi}\left(\frac{\sin\xi}{1} + \frac{\sin 3\xi}{3} + \frac{\sin 5\xi}{5} + \dots\right)$
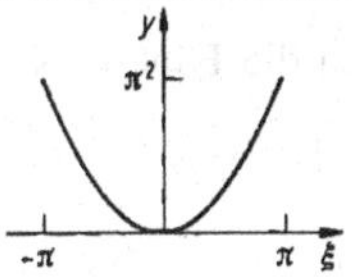	$f = \xi^2$;	$F = \frac{\pi^2}{3} - 4\left(\cos\xi - \frac{\cos 2\xi}{4} + \frac{\cos 3\xi}{9} - \dots\right)$
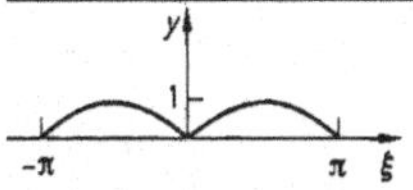	$f = \lvert\sin\xi\rvert$;	$F = \frac{2}{\pi} - \frac{4}{\pi}\left(\frac{\cos 2\xi}{1\cdot 3} + \frac{\cos 4\xi}{3\cdot 5} + \frac{\cos 6\xi}{5\cdot 7} + \dots\right)$
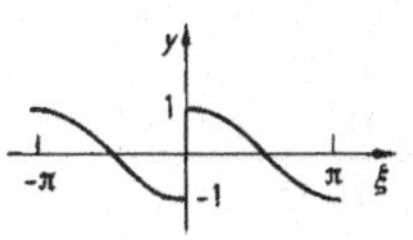	$f = \cos\xi$; $o \le \xi \le \pi$ ungerade Fortsetzung	$F = \frac{4}{\pi}\left(\frac{2\sin 2\xi}{1\cdot 3} + \frac{4\sin 4\xi}{3\cdot 5} + \frac{6\sin 6\xi}{5\cdot 7} + \dots\right)$
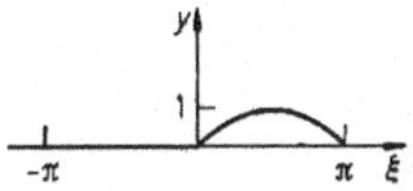	$f = o$ für $-\pi \le x \le o$ $f = \sin\xi$ für $o \le \xi \le \pi$	$F = \frac{1}{\pi} + \frac{1}{2}\sin\xi - \frac{2}{\pi}\left(\frac{\cos 2\xi}{1\cdot 3} + \frac{\cos 4\xi}{3\cdot 5} + \dots\right)$

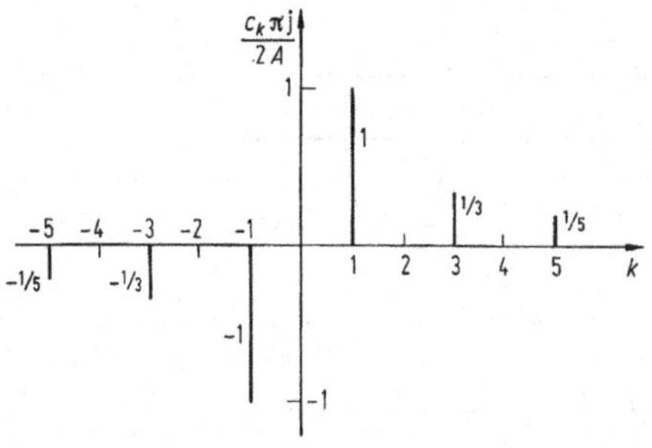

Bild 21-3. Diskretes Fourier-Spektrum

Im Zeitbereich $-T/2 \leqq t \leqq T/2$ erhält man mit

$$\xi = 2\pi \frac{t}{T}\,, \quad \omega = 2\pi/T\,,$$

$$\mathrm{F}[f(t)] = \sum_{-\infty}^{\infty} \frac{1}{T} \left\{ \int_{-T/2}^{T/2} f(t) \mathrm{e}^{-\mathrm{j}\omega k t}\, \mathrm{d}t \right\} \mathrm{e}^{\mathrm{j}\omega k t}\,. \qquad (21\text{-}11)$$

Die Koeffizienten c_k bilden das sogenannte *diskrete Spektrum* der fourierentwickelten Funktion $f(t)$.

Beispiel: Für die Rechteckfunktion nach Bild 21-2 erhält man die Spektralfolge

$$c_k = \frac{1}{2\pi} \int_{-\pi}^{0} (-A) \mathrm{e}^{-\mathrm{j}k\xi}\, \mathrm{d}\xi + \frac{1}{2\pi} \int_{0}^{\pi} (+A) \mathrm{e}^{-\mathrm{j}k\xi}\, \mathrm{d}\xi$$

$$= \frac{\mathrm{j}A}{k\pi} (\cos k\pi - 1)\,.$$

Daraus folgt:

$$c_0 = 0\,;\; k \text{ gerade:} \quad c_k = c_{-k} = 0\,,$$

$$k \text{ ungerade:}\; c_k = \frac{2A}{k\pi \mathrm{j}}\,.$$

Das diskrete Spektrum der c_k-Werte zeigt Bild 21-3.

22 Polynomentwicklungen

Nichtorthogonale Polynomentwicklungen einer Funktion $f(x)$ spielen im Rahmen der Approximationstheorien eine große Rolle. Man unterscheidet folgende Typen:

1. Entwicklung in rationaler Form von einem Punkt (x_k) aus (*Taylor*).
2. Entwicklung in gebrochen rationaler Form von einem Punkt (x_k) aus (*Padé*).
3. Entwicklung in rationaler Form von zwei Punkten (x_0), (x_1) aus (*Hermite*).
4. Entwicklung in rationaler Form von vielen Punkten (Stützstellen x_i) aus (*Lagrange*).

Padé-Entwicklungen $P(m, n)$ sind gebrochen rationale Darstellungen der Taylor-Entwicklung $T(x)$; Tabelle 22-1.

$$P(m, n) = \frac{a_0 + a_1 x + \ldots + a_m x^m}{b_0 + b_1 x + \ldots + b_n x^n} = T(x)\,. \qquad (22\text{-}1)$$

Die Koeffizienten a_k, b_k folgen aus einem Koeffizientenvergleich. Von besonderem Interesse ist die Entwicklung der e-Funktion.

$$T(\mathrm{e}^x) = \left(1 + x + \frac{x^2}{2} + \frac{x^3}{6} + \ldots\right) = P(m, n)\,. \qquad (22\text{-}2)$$

Hermite-Entwicklungen, üblicherweise im normierten Intervall $0 \leqq x \leqq 1$, benutzen die Funktionswerte $f^{(k)}$ an den Intervallrändern; Tabelle 22-2.

$$f(x) = H(m, n) = \sum_{i=0}^{m} h_{0i}(x) f^{(i)}(0) + \sum_{k=0}^{n} h_{1k}(x) f^{(k)}(1)\,,$$

$$f^{(k)} = \frac{\mathrm{d}^k f}{\mathrm{d}x^k}\,. \qquad (22\text{-}3)$$

Lagrange-Entwicklungen benutzen die Funktionswerte $f(x_i)$ an n-Stützstellen x_i; Tabelle 22-3.

$$l_i(x) = \prod_{j=1, j\neq i}^{n} \frac{(x - x_j)}{(x_i - x_j)}\,,$$

$$f(x) = \sum_{i=1}^{n} l_i(x) f(x_i)\,, \qquad (22\text{-}4)$$

$$\text{z. B. } l_3 = \frac{(x - x_1)(x - x_2)1(x - x_4)}{(x_3 - x_1)(x_3 - x_2)1(x_3 - x_4)}$$

für $n = 4$.

Tabelle 22-1. $P(m, n)$-Entwicklungen von e^x

	$m=0$	$m=1$	$m=2$
$n=0$	$\frac{1}{1}$	$\frac{1+x}{1}$	$\frac{1+x+\frac{1}{2}x^2}{1}$
$n=1$	$\frac{1}{1-x}$	$\frac{1+\frac{1}{2}x}{1-\frac{1}{2}x}$	$\frac{1+\frac{2}{3}x+\frac{1}{6}x^2}{1-\frac{1}{3}x}$
$n=2$	$\frac{1}{1-x+\frac{1}{2}x^2}$	$\frac{1+\frac{1}{3}x}{1-\frac{2}{3}x+\frac{1}{6}x^2}$	$\frac{1+\frac{1}{2}x+\frac{1}{12}x^2}{1-\frac{1}{2}x+\frac{1}{12}x^2}$
$n=3$	$\frac{1}{1-x+\frac{1}{2}x^2-\frac{1}{6}x^3}$	$\frac{1+\frac{1}{4}x}{1-\frac{3}{4}x+\frac{1}{4}x^2-\frac{1}{24}x^3}$	$\frac{1+\frac{2}{5}x+\frac{1}{20}x^2}{1-\frac{3}{5}x+\frac{3}{20}x^2-\frac{1}{60}x^3}$

Tabelle 22-2. Hermite-Entwicklungen

$n=m$	$f(x)$
0	$(1-x)f(0)+xf(1)$
1	$(1-3x^2+2x^3)f(0)+(x-2x^2+x^3)f'(0)$ $+(3x^2-2x^3)f(1)+(-x^2+x^3)f'(1)$
2	$(1-10x^3+15x^4-6x^5)f(0)$ $+(x-6x^3+8x^4-3x^5)f'(0)$ $+(x^2-3x^3+3x^4-x^5)/2f''(0)$ $+(10x^3-15x^4+6x^5)f(1)$ $+(-4x^3+7x^4-3x^5)f'(1)$ $+(x^3-2x^4+x^5)/2f''(1)\,.$

Tabelle 22-3. Lagrange-Entwicklungen in Intervall [0, 1] bei äquidistanten Stützstellen

n	x_1 bis x_n	l_1 bis l_n
2	0, 1	$1-x,\ x$
3	0, 1/2, 1	$2(x-1/2)(x-1)$, $-4x(x-1)$, $2x(x-1/2)$
4	0, 1/3, 2/3, 1	$-\frac{9}{2}\left(x-\frac{1}{3}\right)\left(x-\frac{2}{3}\right)(x-1)$, $\frac{27}{2}x\left(x-\frac{2}{3}\right)(x-1)$, $-\frac{27}{2}x\left(x-\frac{1}{3}\right)(x-1)$, $\frac{9}{2}x\left(x-\frac{1}{3}\right)\left(x-\frac{2}{3}\right)$

23 Integraltransformationen

23.1 Fourier-Transformation

Periodische Funktionen $f(t+T)=f(t)$ mit der Periode T lassen sich nach Kap. 21 durch ein diskretes Spektrum exponentieller (trigonometrischer) Funktionen $\exp(jk\cdot 2\pi t/T)$ darstellen.

$$2\pi t = T\xi\,,\quad -T/2 \leqq t \leqq T/2\,,$$

$$f(t) = \sum_{-\infty}^{\infty} \frac{1}{T} c_k \exp\left(j\frac{2\pi}{T}kt\right)\,, \tag{23-1}$$

$$c_k = \int_{-T/2}^{T/2} f(t)\left[\exp\left(-j\frac{2\pi}{T}kt\right)\right]dt\,.$$

Durch den Übergang von diskreten Werten k zum Kontinuum, beschrieben durch Zuwächse $dk = (k+1)-k = 1$, gelangt man heuristisch zu einer kontinuierlichen sogenannten Spektraldarstellung in einem Parameter ω:

$$\omega = (2\pi/T)k\,,\ d\omega = 2\pi/T\,,\quad d\omega \to 0 \text{ für } T \to \infty\,. \tag{23-2}$$

Spektralfunktion oder Fourier-Transformierte

$$F(\omega) = \int_{-\infty}^{\infty} f(t)e^{-j\omega t}\,dt = F[f(t)]\,. \tag{23-3}$$

Die Umkehrtransformation überführt $F(\omega)$ zurück in die Originalfunktion $f(t)$:

$$f(t) = \int_{-\infty}^{\infty} \frac{1}{2\pi} F(\omega) e^{j\omega t}\, d\omega \,.$$

Hinreichende Bedingungen für die Fourier-Transformation, denen $f(t)$ genügen muss:
Dirichlet'sche Bedingungen: Endlich viele Extrema und endlich viele Sprungstellen mit endlichen Sprunghöhen in einem beliebigen endlichen Intervall (stückweise Stetigkeit) und

$$\int_{-\infty}^{\infty} |f(t)|\, dt < \infty \,. \qquad (23\text{-}4)$$

23.2 Laplace-Transformation

Die Einschränkung der Fourier-Transformation durch den endlichen Wert des Integrals $\int_{-\infty}^{\infty} |f|\, dt$ lässt sich abschwächen, wenn man die Gewichtsfunktion $\exp(-j\omega t)$ exponentiell dämpft mit $\exp(-\sigma t)$, $\sigma + j\omega = s$, und den Integrationsbereich auf die positive t-Achse beschränkt.
Laplace-Transformierte $L[f(t)]$ von $f(t)$:

$$f(t) \to F(s) = \int_{0}^{\infty} f(t) e^{-st} dt = L[f(t)] \,.$$

Die Umkehrtransformation reproduziert $f(t)$ aus $F(s)$:

$$f(t) = \frac{1}{2\pi j} \lim_{\omega \to \infty} \int_{\sigma - j\omega}^{\sigma + j\omega} F(s) e^{st} ds \quad \text{für} \quad t \geq 0 \,, \qquad (23\text{-}5)$$

$$f(t) = 0 \quad \text{für} \quad t < 0 \,.$$

$f(t)$ Originalfunktion; Darstellung im Zeitbereich
$F(s)$ Bildfunktion; Darstellung im Frequenzbereich.

Hinreichende Bedingungen für die Laplace-Transformation, denen $f(t)$ genügen muss:

a) Die Dirichlet'schen Bedingungen müssen erfüllt sein.
b) $\int_{0}^{\infty} |f(t)| e^{-\sigma t} dt < \infty$. (23-6)

Für Operationen mit Laplace-Transformierten gelten folgende Rechenregeln:

Addition

$$L[f_1(t) + f_2(t)] = L[f_1(t)] + L[f_2(t)] \,. \qquad (23\text{-}7)$$

Bei Verschiebung eines Zeitvorganges $f(t)$ um eine Zeitspanne b in positiver Zeitrichtung spricht man von einer *Variablentransformation im Zeitbereich.*

$$L[f(t-b)] = e^{-sb} L[f(t)] \,, \quad s = \sigma + j\omega \,. \qquad (23\text{-}8)$$

(Stauchung und Phasenänderung)

Eine lineare Transformation des Spektralparameters s bewirkt eine Dämpfung der Funktion $f(t)$:

Variablentransformation im Frequenzbereich

$$F(s+a) = \int_{0}^{\infty} f(t) e^{-(s+a)t}\, dt = L[e^{-at} f(t)] \,. \qquad (23\text{-}9)$$

Differenziation im Zeitbereich setzt voraus, dass die Laplace-Transformierte von $\dot{f} = df/dt$ existiert.

$$L[\dot{f}] = \int_{0}^{\infty} \frac{df}{dt} e^{-st} dt = [f e^{-st}]_0^{\infty} + s \int_{0}^{\infty} f e^{-st} dt$$
$$= sL[f(t)] - f(0) \,. \qquad (23\text{-}10)$$
$$L[\ddot{f}] = s^2 L[f] - s f(0) - \dot{f}(0) \,.$$

Allgemein:

$$L[d^n f(t)/dt^n] = s^n L[f(t)] - s^{n-1} f(0) - s^{n-2} \dot{f}(0) - \ldots - f^{(n-1)}(0) \,. \qquad (23\text{-}11)$$

Zu gegebenen Paaren $f_1(t)$, $F_1(s)$ und $f_2(t)$, $F_2(s)$ ist das Bildprodukt $F_1(s) \cdot F_2(s)$ ausführbar; gesucht ist das dazugehörige Original, das als symbolisches Produkt $f_1 * f_2$ geschrieben wird. Es gilt der sogenannte *Faltungssatz* (f_1 gefaltet mit f_2):

Es sei F_1 das Bild zum Original f_1 ,
F_2 das Bild zum Original f_2 ,
$f_1 * f_2$ das Original zum Bild $F_1 \cdot F_2$,

dann ist

Tabelle 23–1. Originale $f(t)$ und Bilder $F(\omega)$ der Fourier-Transformation

$f(t)$	$F(\omega) = \mathrm{F}[f(t)]$
$\delta(t)$, Dirac-Distribution	1
Heaviside-, Sprungfunktion $H(t), \varepsilon(t)$	$\frac{1}{\mathrm{j}\omega} + \pi\delta(\omega)$
1	$2\pi\delta(\omega)$
$tH(t)$	$\mathrm{j}\pi\delta(\omega) - \frac{1}{\omega^2}$
$\|t\|$	$-\frac{2}{\omega^2}$
$\mathrm{e}^{-at}H(t),\ a > 0$	$\frac{1}{a + \mathrm{j}\omega}$
$t\,\mathrm{e}^{-at}H(t), a > 0$	$\frac{1}{(a + \mathrm{j}\omega)^2}$
$\exp(-a\|t\|),\ a > 0$	$\frac{2a}{(a^2 + \omega^2)}$
$\exp(-at^2),\ a > 0$	$\sqrt{\frac{\pi}{a}} \exp\left(-\frac{\omega^2}{4a}\right)$
$\cos \Omega t$	$\pi[\delta(\omega - \Omega) + \delta(\omega + \Omega)]$
$\sin \Omega t$	$-\mathrm{j}\pi[\delta(\omega - \Omega) - \delta(\omega + \Omega)]$
$H(t) \cos \Omega t$	$\frac{\pi}{2}[\delta(\omega - \Omega) + \delta(\omega + \Omega)] + \frac{\mathrm{j}\omega}{\Omega^2 - \omega^2}$
$H(t) \sin \Omega t$	$-\frac{\mathrm{j}\pi}{2}[\delta(\omega - \Omega) - \delta(\omega + \Omega)] + \frac{\Omega}{\Omega^2 - \omega^2}$
$H(t)\mathrm{e}^{-at} \sin \Omega t$	$\frac{\Omega}{(a + \mathrm{j}\omega)^2 + \Omega^2}$
$1 - \|t\|/h$ für $\|t\| < h$ 0 für $\|t\| > h$	$h\left[\frac{\sin(\omega h/2)}{\omega h/2}\right]^2$

$$f_1 * f_2 = \int_0^t f_1(t - \tau) f_2(\tau) \mathrm{d}\tau = \int_0^t f_2(t - \tau) f_1(\tau)\, \mathrm{d}\tau \qquad (23\text{-}12)$$

Aus dem Faltungssatz folgt mit $f_2 \equiv 1$ der *Integrationssatz*:

$$\mathrm{L}\left[\int_0^t f(\tau)\, \mathrm{d}\tau\right] = \mathrm{L}[f(t)]/s\,, \qquad (23\text{-}13)$$

Ähnlichkeitssatz:

$$\mathrm{L}[f(at)] = \frac{1}{a} F(s/a)\,, \quad a > 0\,, \qquad (23\text{-}14)$$

Multiplikationssatz für $n \in \mathbb{N}$:

$$\mathrm{L}[t^n f(t)] = (-1)^n [F(s)]^{(n)} \qquad (23\text{-}15)$$

Divisionssatz:

$$\mathrm{L}[t^{-1} f(t)] \stackrel{\bullet}{=} \int_s^\infty F(r)\, \mathrm{d}r\,. \qquad (23\text{-}16)$$

Transformation einer periodischen Funktion $f(t) = f(t + T)$:

$$\mathrm{L}[f(t)] = (1 - \mathrm{e}^{-sT})^{-1} \int_0^T \mathrm{e}^{-st} f(t) \mathrm{d}t\,, \quad \sigma > 0\,. \qquad (23\text{-}17)$$

Der Nutzen der Integraltransformationen liegt darin, dass sich gegebene Funktionalgleichungen (z. B. Differenzialgleichungen) im Originalbereich nach der

Transformation in den Bildbereich dort einfacher lösen lassen. Abschließend ist die Lösung $F(s)$ dann allerdings in den Originalbereich zurück zu transformieren. Dazu benutzt man Korrespondenztabellen zwischen $f(t)$ und $F(s)$, wobei das Bild $F(s)$ gelegentlich vorweg aufzubereiten ist. So zum Beispiel durch eine Partialbruchzerlegung

$$\begin{aligned} F(s) &= \frac{Z(s)}{N(s)} \\ &= \sum_k \left(\frac{c_{k1}}{s - s_k} + \frac{c_{k2}}{(s - s_k)^2} + \ldots + \frac{c_{kr_k}}{(s - s_k)^{r_k}} \right) , \end{aligned} \tag{23-18}$$

s_k: Nullstellen des Nenners mit Vielfachheit r_k, oder durch eine Reihenentwicklung der Bildfunktion $F(s)$. Bei einfachen Nullstellen s_k des Nenners in (23-18) gilt mit der Korrespondenz $\mathrm{L}[\mathrm{e}^{at}] = 1/(s-a)$ der *Heaviside'sche Entwicklungssatz*

$$f(t) = \sum_k \frac{Z(s_k)}{N'(s_k)} \mathrm{e}^{s_k t} . \quad N' = \mathrm{d}N/\mathrm{d}s . \tag{23-19}$$

Beispiel: Die Lösungsfunktion $u(t)$ der Differenzialgleichung $\dot{u} + cu = P \cos \Omega t$ ist mithilfe der Laplace-Transformation für beliebige Anfangswerte u_0 zu berechnen.

a) Laplace-Transformation

$$\begin{aligned} s\mathrm{L}[u] - u_0 + c\mathrm{L}[u] &= P \frac{s}{s^2 + \Omega^2} , \\ \mathrm{L}[u] &= P \frac{s}{(s^2 + \Omega^2)(s + c)} + \frac{u_0}{s + c} . \end{aligned}$$

b) Partialbruchzerlegung

$$\begin{aligned} \mathrm{L}[u] = \frac{u_0}{s + c} &- \frac{Pc}{(c^2 + \Omega^2)} \cdot \frac{1}{(s + c)} \\ &+ \frac{Pc}{c^2 + \Omega^2} \cdot \frac{s}{s^2 + \Omega^2} \\ &+ \frac{P\Omega}{c^2 + \Omega^2} \cdot \frac{\Omega}{s^2 + \Omega^2} . \end{aligned}$$

c) Umkehrtransformation mit Tabelle 23-2

$$\begin{aligned} u(t) = u_0 \mathrm{e}^{-ct} &+ \frac{P}{c^2 + \Omega^2} \\ &\cdot [-c\mathrm{e}^{-ct} + c \cos \Omega t + \Omega \sin \Omega t] . \end{aligned}$$

Tabelle 23-2. Originale $f(t)$ und Bilder $F(s)$ der Laplace-Transformation

$f(t) \quad t \geqq 0$	$F(s) = \mathrm{L}[f(t)]$
$\delta(t)$, Dirac-Distribution	$1/2$
$\delta(t - a), a > 0$	$\exp(-as)$
$\delta_+(t)$	1
$H(t) = 1$ für $t \geqq 0$	$\frac{1}{s}$
$t^n, n \in \mathbb{N}$	$\frac{n!}{s^{n+1}}$
$t^n \mathrm{e}^{at}$	$\frac{n!}{(s - a)^{n+1}} \quad (0! = 1)$
$1 - \mathrm{e}^{at}$	$\frac{-a}{s(s - a)}$
$(\mathrm{e}^{at} - 1 - at) \frac{1}{a^2}$	$\frac{1}{s^2(s - a)}$
$(1 + at)\mathrm{e}^{at}$	$\frac{s}{(s - a)^2}$
$\frac{t^2}{2} \mathrm{e}^{at}$	$\frac{1}{(s - a)^3}$
$\sin \Omega t$	$\frac{\Omega}{s^2 + \Omega^2}$
$\cos \Omega t$	$\frac{s}{s^2 + \Omega^2}$
$t \sin \Omega t$	$\frac{2\Omega s}{(s^2 + \Omega^2)^2}$
$t \cos \Omega t$	$\frac{(s^2 - \Omega^2}{(s^2 + \Omega^2)^2}$
$\mathrm{e}^{at} \sin \Omega t$	$\frac{\Omega}{(s - a)^2 + \Omega^2}$
$\mathrm{e}^{at} \cos \Omega t$	$\frac{s - a}{(s - a)^2 + \Omega^2}$
$\mathrm{e}^{at} f(t)$	$F(s - a)$
$(-t)^n f(t)$	$\frac{\mathrm{d}^n F(s)}{\mathrm{d}s^n}$

23.3 *z*-Transformation

Integraltransformationen verknüpfen zeitkontinuierliche Original- und Bildfunktionen. Die z-Transformation überführt eine Folge f_0, f_1, f_2 diskreter Werte in eine Bildfunktion $F(z)$.

$$\begin{aligned} \mathrm{Z}[f_n] &= \sum_{n=0}^{\infty} f_n z^{-n} = F(z) , \\ \mathrm{Z}[f_{k+1} - f_k] &= (z - 1)F(z) - z f_0 . \end{aligned} \tag{23-20}$$

Tabelle 23-3. Originale f_n und Bilder $Z[f_n]$ der z-Transformation

f_n $(n = 0, 1, \ldots)$	$Z[f_n]$
δ_+	1
$H(n) = 1$ für $n \geqq 0$	$\frac{z}{z-1}$
n	$\frac{z}{(z-1)^2}$
n^2	$\frac{z(z+1)}{(z-1)^3}$
n^3	$\frac{z(z+4z+1)}{(z-1)^4}$
$\binom{n}{k}$	$\frac{z}{(z-1)^{k+1}}$
a^n	$\frac{z}{z-a}$
e^{an}	$\frac{z}{z-e^a}$
$n\,e^{an}$	$\frac{e^a z}{(z-e^a)^2}$
$n^2\,e^{an}$	$\frac{e^a z(z+e^a)}{(z-e^a)^3}$
$1-e^{an}$	$\frac{(1-e^a)z}{(z-1)(z-e^a)}$
$\sin n\Omega$	$\frac{z\sin\Omega}{z^2-2z\cos\Omega+1}$
$\cos n\Omega$	$\frac{z^2-z\cos\Omega}{z^2-2z\cos\Omega+1}$
$e^{an}\sin n\Omega$	$\frac{e^a z\sin\Omega}{z^2-2e^a z\cos\Omega+e^{2a}}$
$e^{an}\cos n\Omega$	$\frac{z^2-e^a z\cos\Omega}{z^2-2e^a z\cos\Omega+e^{2a}}$
$1-(1-an)e^{an}$	$\frac{z}{z-1}-\frac{z}{z-e^a}+\frac{ae^a z}{(z-e^a)^2}$
$1+\frac{be^{an}-ae^{bn}}{a-b}$	$\frac{z}{z-1}+\frac{bz}{(a-b)(z-e^a)}-\frac{az}{(a-b)(z-e^b)}$

Auf diese Weise werden Differenzengleichungen in algebraische Gleichungen transformiert.

Beispiel 1: Für $f_n = 1$ für alle n gilt

$$Z[1] = 1 + z^{-1} + z^{-2} + \ldots = \frac{z}{z-1}\,.$$

Konvergenz für $|z| > 1$.

Tabelle 23-4. Gebräuchliche Transformationen

Integraltransformationen
Laplace-Transformation
$L[f(t)] = \int_0^\infty f(t)e^{-st}\,dt;\; s$ komplex
Fourier-Transformation
$F[f(t)] = \int_{-\infty}^\infty f(t)e^{-j\omega t}\,dt;\; \omega$ reell
Mellin-Transformation
$M[f(t)] = \int_0^\infty f(t)t^{s-1}\,dt;\; s$ komplex
Stieltjes-Transformation
$S[f(t)] = \int_0^\infty \frac{f(t)}{t+s}\,dt;\; s$ komplex, $\lvert\arg s\rvert < \pi$
Hilbert-Transformation
$H[f(t)] = \frac{1}{\pi}\int_{-\infty}^\infty \frac{f(t)}{t-\omega}\,dt;\; \omega$ reell
Fourier-Cosinus-Transformation
$F_c[f(t)] = \int_0^\infty f(t)\cos(\omega t)\,dt;\; \omega > 0$, reell
Fourier-Sinus-Transformation
$F_s[f(t)] = \int_0^\infty f(t)\sin(\omega t)\,dt;\; \omega > 0$, reell
Diskrete Transformationen
z-Transformation
$Z[f_n] = \sum_{n=0}^\infty f_n z^{-n}$
Diskrete Laplace-Transformation
$L[f_n] = \sum_{n=0}^\infty f_n e^{-ns};\; s$ komplex

Beispiel 2: Aus der Differenzengleichung $u_{k+1} - u_k = 2k$ berechne man mithilfe der z-Transformation die Lösung $u_n = f(n)$ mit der Anfangsbedingung $u_0 = 1$

a) z-Transformation

$$(z-1)F(z) - z \cdot 1 = 2 \cdot \frac{z}{(z-1)^2}$$

$$\rightarrow F(z) = \frac{z}{z-1} + \frac{2z}{(z-1)^3}\,.$$

b) Rücktransformation mit Tabelle 23-3.

$$u_n = 1 + 2\binom{n}{2} = 1 + n(n-1)\,.$$

24 Gewöhnliche Differenzialgleichungen

24.1 Einteilung

Die Bestimmungsgleichung für eine Funktion f heißt gewöhnliche Differentialgleichung (Dgl.) n-ter Ordnung, wenn $f = y(x)$ Funktion nur einer Veränderlichen (hier x) ist und $y^{(n)}$ die höchste in der Gleichung

$$F(x, y, y', \ldots, y^{(n)}) = 0\,, \quad y^{(n)} = \mathrm{d}^n y/\mathrm{d}x^n \qquad (24\text{-}1)$$

vorkommende Ableitung ist. Ist (24-1) nach $y^{(n)}$ auflösbar, spricht man von der *Normal- oder expliziten Form*

$$y^{(n)} = f(x, y, y', \ldots, y^{(n-1)})\,. \qquad (24\text{-}2)$$

Eine gewöhnliche lineare Dgl. n-ter Ordnung

$$a_n(x)y^{(n)} + \ldots + a_0(x)y = r(x) \qquad (24\text{-}3)$$

mit nichtkonstanten Koeffizienten $a_k(x)$ wird nach der Existenz der rechten Seite (Störglied) nochmals klassifiziert.

Inhomogene gewöhnliche lineare Dgl., falls $r(x) \not\equiv 0$,
Homogene gewöhnliche lineare Dgl., falls $r(x) \equiv 0$. (24-4)

Periodische Koeffizienten $a_k(x+l) = a_k(x)$ mit der Periode l oder konstante Koeffizienten sind weitere Sonderfälle von (24-3).
Wie auch bei der Berechnung unbestimmter Integrale enthält die Lösungsschar, auch allgemeine Lösung genannt, einer Dgl. n-ter Ordnung n zunächst freie Integrationskonstanten C_i. Durch Vorgabe von n Paaren $\{x_i, y(x_i)\}$ bis $\{x_j, [y(x_j)]^{(k)}\}$, $k \leqq n-1$, wird die allgemeine zur partikulären oder speziellen Lösung. Je nach Lage der Stellen x_j unterscheidet man 2 Gruppen:

Anfangswertaufgaben:

Alle Vorgaben – hier Anfangsbedingungen – betreffen eine einzige Stelle x_j des Definitionsbereiches der Dgl. (24-5)

Randwertaufgaben:

Die Vorgaben – hier Randbedingungen – betreffen verschiedene Stellen des Definitionsbereiches. (24-6)

Eine homogene Randwertaufgabe heißt *Eigenwertaufgabe*, wenn Dgl. und/oder Randbedingungen einen zunächst freien Parameter λ enthalten. Gibt es für spezielle Werte λ_j nichttriviale Lösungen $y_j(x) \not\equiv 0$, so spricht man von *Eigenpaaren* mit dem *Eigenwert* λ_j und der *Eigenfunktion* $y_j(x)$.

24.2 Geometrische Interpretation

Explizite Differenzialgleichungen erster Ordnung, $y' = f(x, y)$, ordnen jedem Punkt (x, y) der Ebene eine Richtung zu. Durch Vorgabe eines Punktes (x_0, y_0) wird genau eine Kurve bestimmt, die in das Richtungsfeld hineinpasst. Das aufwändige punktweise Zeichnen des Richtungsfeldes erleichtert man sich durch das Eintragen von Linien gleicher Steigung c – Isoklinen – mit mehrfacher Antragung der Steigungen.

Beispiel: Das Isoklinenfeld für die Dgl. $y' = x/(x-y)$ ist zu zeichnen und die Lösungskurven für $x_0 = 0, y_0 = 1$ sowie $x_0 = 0, y_0 = -1$ sind einzutragen.
Isoklinenfeld: $c = x/(x-y) \rightarrow y = x(c-1)/c$.
Für $c = 0, \infty, 1, -1, 1/2$ sind die Geraden $y(x, c)$ und die Lösungsspiralen in Bild 24-1 eingetragen. Ist die Funktion $f(x, y)$ in einem abgeschlossenen Gebiet G um einen Punkt $P_k(x_k, y_k)$ stetig und beschränkt und zudem die *Lipschitz-Bedingung*

$|f_{,y}| \leqq L$ oder

$|f(x_k, y_k) - f(x_k, y_k + \Delta y)| \leqq |\Delta y| L\,,$

L Lipschitz-Konstante, (24-7)

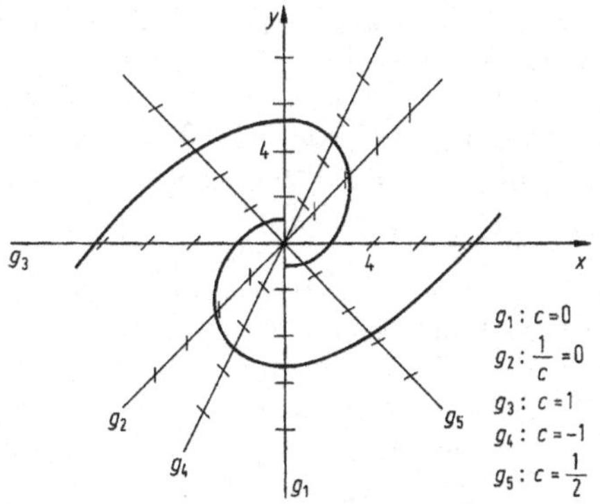

Bild 24-1. Isoklinenfeld $y = x(1 - 1/c)$ für verschiedene Steigungen c

für $y' = f(x, y)$ in G erfüllt, so gibt es genau eine Lösungskurve in G zu dem Startpunkt P_k; ansonsten ist P_k ein singulärer Punkt.
Im Sonderfall $y' = g/f$ mit $f(x_0, y_0) = g(x_0, y_0) = 0$ ist (x_0, y_0) ein isolierter singulärer Punkt, dessen Charakteristik aus den Eigenwerten λ der zugehörigen *Jacobi-Matrix* $\boldsymbol{J}$ folgt.

$$\boldsymbol{J} = \begin{bmatrix} f_{,x} & g_{,x} \\ f_{,y} & g_{,y} \end{bmatrix} \quad \text{zu} \quad y' = \frac{g(x,y)}{f(x,y)} ,$$

$$f_{,x} = \partial f / \partial x .$$

$$\text{Eigenwerte } \lambda \text{ aus } \det |\boldsymbol{J} - \lambda \boldsymbol{I}| = 0 . \qquad (24\text{-}8)$$

$$\begin{array}{lll} \lambda_1, \lambda_2 \in \mathbb{R}: & \lambda_1 \cdot \lambda_2 > 0 & \text{Knotenpunkt ,} \\ & \lambda_1 \cdot \lambda_2 < 0 & \text{Sattelpunkt .} \\ \lambda_1, \lambda_2 = \alpha \pm \mathrm{j}\beta , \alpha \neq 0 & & \text{Strudelpunkt .} \\ \lambda_1, \lambda_2 = \pm \mathrm{j}\beta & & \text{Wirbelpunkt .} \end{array} \qquad (24\text{-}9)$$

Eine Darstellung der Dgl. $y' = g/f$ mit einem Parameter t (z. B. die Zeit),

$$\begin{aligned} &\dot{x} = f(x, y) , \ \dot{y} = g(x, y) \quad \text{mit} \\ &\dot{y}/\dot{x} = y' = g/f , \ \dot{y} = \mathrm{d}y/\mathrm{d}t , \end{aligned} \qquad (24\text{-}10)$$

ordnet jedem Wert t einen Punkt (x, y) des sogenannten *Phasenporträts* zu. Falls eine Funktion H mit dem vollständigen Differenzial

$$\mathrm{d}H = H_{,x}\ \mathrm{d}x + H_{,y}\ \mathrm{d}y = \mathrm{d}x(H_{,x} + y' H_{,y}) = 0$$

die Dgl. $y' = g/f$ erzeugt, nennt man H die *Hamilton-Funktion* zu $y' = g/f$:

$$H_{,x} = -g \quad \text{und} \quad H_{,y} = f . \qquad (24\text{-}11)$$

Beispiel, *Fortsetzung*: Für die Dgl. $y' = x/(x - y)$ mit $g(x,y) = x$ und $f(x,y) = x - y$ ist der Nullpunkt $x_0 = y_0 = 0$ isoliert singulär. Die Eigenwerte $\lambda_{1,2} = (1 \pm \mathrm{j}\sqrt{3})/2$ aus

$$\begin{vmatrix} 1-\lambda & 1 \\ -1 & -\lambda \end{vmatrix} = \lambda^2 - \lambda + 1 = 0$$

kennzeichnen den Nullpunkt als Strudelpunkt.

25 Lösungsverfahren für gewöhnliche Differenzialgleichungen

25.1 Trennung der Veränderlichen

Lässt sich in $y' = f(x, y)$ die rechte Seite gemäß $f(x, y) = f_1(x) f_2(y)$ mit $f_2(y) \neq 0$ separieren, so verbleiben 2 gewöhnliche Integrale:

$$y' = f_1(x) f_2(y) \to \int [f_2(y)]^{-1}\,\mathrm{d}y = \int f_1(x)\,\mathrm{d}x + C . \qquad (25\text{-}1)$$

Ein Sonderfall ist die lineare Dgl. $y' + a(x)y = r(x)$ mit nichtkonstantem Koeffizienten a. Hierfür gilt

$$\begin{aligned} y(x) &= \left[C + \int r\varepsilon(x)\,\mathrm{d}x\right] / \varepsilon(x) , \\ \varepsilon(x) &= \exp\left[\int a(x)\,\mathrm{d}x\right] . \end{aligned} \qquad (25\text{-}2)$$

Beispiel: Dgl. $y' + y/x = x^2$. $\varepsilon(x) = x$,
$y = (C + x^4/4)/x$.

25.2 Totales Differenzial

Aus dem Vergleich von Differenzialgleichung

$$f(x, y)\,\mathrm{d}x + g(x, y)\,\mathrm{d}y = 0$$

und totalem Differenzial

$$F_{,x}\ \mathrm{d}x + F_{,y}\ \mathrm{d}y = \mathrm{d}F = 0$$

folgt:

$$\left.\begin{array}{l}\text{Falls } f = F_{,x} \text{ und } g = F_{,y}\ , \\ \text{d. h. wenn } f_{,y} = g_{,x} = F_{,xy}\ , \\ \text{gilt } F(x, y) = C\ , \quad C = \text{const}\ . \end{array}\right\} \qquad (25\text{-}3)$$

Beispiel:
Dgl. $2x\cos y + 3x^2 + (4y^3 - x^2 \sin y)y' = 0$.

a) Prüfung:

$$f = 2x\cos y + 3x^2\ , \quad f_{,y} = -2x\sin y\ ,$$
$$g = 4y^3 - x^2\sin y\ , \quad g_{,x} = -2x\sin y\ .$$

b) Integration:

$$F_{,x} = f \rightarrow F = x^2\cos y + x^3 + h_1(y)\ ,$$
$$F_{,y} = g \rightarrow F = x^2\cos y + y^4 + h_2(x)\ .$$

c) Lösung:

$$x^2\cos y + x^3 + y^4 = C\ .$$

Gilt die Bedingung $f_{,y} - g_{,x} = 0$ eines totalen Differenzials nicht, so kann es einen *integrierenden Faktor* $\varphi(x, y)$ geben, sodass gilt

$$\left.\begin{array}{l}(\varphi f)_{,y} = (\varphi g)_{,x}\ . \\ \text{Sonderfälle:} \\ \quad \text{Falls } (f_{,y} - g_{,x})/g = q(x)\ , \quad \text{gilt} \\ \qquad \varphi(x) = \exp\left[\int q\,\mathrm{d}x\right]\ ; \\ \quad \text{falls } (g_{,x} - f_{,y})/f = q(y)\ , \quad \text{gilt} \\ \qquad \varphi(y) = \exp\left[\int q\,\mathrm{d}y\right]\ . \end{array}\right\} \qquad (25\text{-}4)$$

25.3 Substitution

Von der Vielzahl der Möglichkeiten wird hier nur eine Auswahl vorgeführt.

Gleichgradige Dgln. $y' = f(x, y)$ zeichnen sich aus durch eine Streckungsneutralität:

$$f(sx, sy) = f(x, y)\ .$$

Durch die Substitution

$$z(x) = y(x)/x \rightarrow y(x) = xz\ , \quad y' = z + xz' \qquad (25\text{-}5)$$

lässt sich die Form $z' = f_1(x) f_2(z)$ erreichen.
Die *Euler'sche Dgl.* mit nichtkonstanten Koeffizienten lässt sich in eine Dgl. mit konstanten Faktoren überführen.

$$\begin{array}{l}\text{Aus} \quad a_n x^n y^{(n)} + \ldots + a_0 y = 0\ , \quad y^{(n)} = \mathrm{d}^n y/\mathrm{d}x^n\ , \\ \text{wird mit} \quad x = \mathrm{e}^t\ , \quad \mathrm{d}x = x\,\mathrm{d}t\ , \\ b_n y^{(n)} + \ldots + b_0 y = 0\ , \quad y^{(n)} = \mathrm{d}^n y/\mathrm{d}t^n\ . \end{array} \qquad (25\text{-}6)$$

Die nichtlineare *Bernoulli'sche Dgl.* lässt sich in eine lineare Dgl. überführen:

$$\begin{array}{l}\text{Aus} \quad y' + a(x)y + b(x)y^n = 0 \\ \text{wird mit} \quad y = z^{1/(1-n)}\ , \quad n \neq 1\ , \\ z' + (1-n)(az + b) = 0\ . \end{array} \qquad (25\text{-}7)$$

Das *Verfahren der wiederholten Ableitung* kann zu einfacheren Dgln. führen:

$$\begin{array}{l}\text{Aus} \quad y = F(x, y') \\ \text{wird mit} \quad y' = z \\ y' = \mathrm{d}F/\mathrm{d}x = z = F_{,x} + F_{,z}\, z'\ . \end{array} \qquad (25\text{-}8)$$

Die nichtlineare *Riccati'sche Dgl.* lässt sich in eine lineare homogene Dgl. 2. Ordnung überführen:

$$\begin{array}{l}\text{Aus} \quad y' + a(x)y^2 + b(x)y = r(x) \\ \text{wird mit} \quad y = z'/(az) \\ a(x)z'' - (a' - ab)z' + a^2 rz = 0\ . \end{array} \qquad (25\text{-}9)$$

Bei Kenntnis einer partikulären Lösung y_1 gilt:

$$\begin{array}{l}\text{Aus} \quad y' + ay^2 + by = r \\ \text{wird mit} \quad y = y_1 + 1/z\ ; \quad y' = y_1' - z'/z^2 \\ z' - a(2y_1 z + 1) - bz = 0\ . \end{array} \qquad (25\text{-}10)$$

Beispiel:

Aus der Dgl. $y' + y^2 = 4x + 1/\sqrt{x}$ wird mit
$y_1 = 2\sqrt{x}$: $z' = 4\sqrt{x}\,z + 1$.

25.4 Lineare Differenzialgleichungen

Lineare Differenzialgleichungen formuliert man auch abkürzend mithilfe des linearen Differenzialoperators L, der die wichtigen Eigenschaften der *Additivität* und *Homogenität* besitzt:

$$\begin{array}{l}L[y] = a_n(x)y^{(n)} + \ldots + a_0(x)y = r(x)\ . \\ L[y_1 + y_2] = L[y_1] + L[y_2]\ , \\ L[\alpha y_1] = \alpha L[y_1]\ . \end{array} \qquad (25\text{-}11)$$

Die homogene Dgl. $L[y] = 0$ n-ter Ordnung besitzt n linear unabhängige Lösungsfunktionen y_1 bis y_n, die man zum *Fundamentalsystem* der Dgl. $L[y] = 0$ zusammenfasst:

$$y_1(x), \ldots, y_n(x)\ . \qquad (25\text{-}12)$$

Jede Linearkombination ist Lösung:

$$L[y] = 0 \quad \text{für} \quad y = C_1 y_1(x) + \ldots + C_n y_n(x) .$$

Eine Menge von n Funktionen $y_1(x)$ bis $y_n(x)$ ist dann linear abhängig, – also kein Fundamentalsystem – wenn im Definitionsbereich $a \leqq x \leqq b$ der Dgl. ein Wert $x = x_0$ existiert, für den die *Wronski-Determinante*

$$W(x) = \begin{vmatrix} y_1(x) & y_2(x) & \ldots & y_n(x) \\ \vdots & \vdots & & \vdots \\ y_1{}^{(n-1)}(x) & y_2{}^{(n-1)}(x) & \ldots & y_n{}^{(n-1)}(x) \end{vmatrix} \qquad (25\text{-}13)$$

verschwindet.
Fundamentalsystem und eine partikuläre Lösung y_p einer gegebenen rechten Seite $r(x)$ bilden zusammengenommen die

$$\begin{aligned} &\text{Gesamtlösung für } L[y] = 0 + r(x) : \\ &L[y_\mathrm{p}] = r , \quad L[y_k] = 0 , \\ &y(x) = \sum_{k=1}^{n} C_k y_k(x) + y_\mathrm{p}(x) . \; C_k\text{: Konstante} . \end{aligned} \qquad (25\text{-}14)$$

Die Partikularlösung y_p einer Summe $r_1(x)$ bis $r_s(x)$ von rechten Seiten ist gleich der Summe der jeweiligen Partikularlösungen; es gilt das sog. *Superpositionsprinzip*:

$$\begin{aligned} &\text{Gegeben:} \quad L[y] = r_1(x) + \ldots + r_s(x) . \\ &\text{Mit} \quad L[y_{\mathrm{p}1}] = r_1(x), \ldots, L[y_{\mathrm{p}s}] = r_s(x) \\ &\text{gilt} \quad y_\mathrm{p} = y_{\mathrm{p}1} + \ldots + y_{\mathrm{p}s} . \end{aligned} \qquad (25\text{-}15)$$

Variation der Konstanten C in (25-12) ist eine Möglichkeit, bei bekanntem Fundamentalsystem eine partikuläre Lösung von $L[y] = r$ zu bestimmen:

$$\begin{aligned} &L[y] = r, \; L[C_1 y_1 + \ldots + C_n y_n] = 0 , \\ &y_\mathrm{p} = C_1(x) y_1(x) + \ldots + C_n(x) y_n(x) . \end{aligned} \qquad (25\text{-}16)$$

Die neuerliche Integrationsaufgabe zur Berechnung der n Funktionen $C(x)$ eröffnet eine Mannigfaltigkeit weiterer Integrationskonstanten.
Durch $n - 1$ Vorgaben

$$C_1' y_1{}^{(k)} + \ldots + C_n' y_n^{(k)} = 0 \quad \text{für} \quad k = 0 \text{ bis } n - 2$$

und Einsetzen des Ansatzes (25-16) in die Dgl. erhält man genau n Gleichungen zur Berechnung der n Funktionen C_k.

$$\begin{bmatrix} y_1(x) & y_2(x) & \ldots & y_n(x) \\ \vdots & \vdots & & \vdots \\ y_1{}^{(n-1)} & y_2{}^{(n-1)} & \ldots & y_n{}^{(n-1)} \end{bmatrix} \begin{bmatrix} C_1'(x) \\ \vdots \\ C_n'(x) \end{bmatrix} = \begin{bmatrix} 0 \\ \vdots \\ 0 \\ r(x)/a_n(x) \end{bmatrix} , \qquad (25\text{-}17)$$

kurz $\boldsymbol{W}(x)\boldsymbol{C}(x) = \boldsymbol{R}(x)$, $\quad \boldsymbol{W}$: Wronski-Matrix.

Speziell $n = 2$:

Dgl. $y'' + f(x)y' + g(x)y = r(x)$.

$$\begin{aligned} &\boldsymbol{C}' \text{ aus } \begin{bmatrix} y_1 & y_2 \\ y_1' & y_2' \end{bmatrix} \begin{bmatrix} C_1' \\ C_2' \end{bmatrix} = \begin{bmatrix} 0 \\ r(x) \end{bmatrix} , \\ &W(x) = y_1 y_2' - y_2 y_1' . \\ &y_\mathrm{p} = y_2(x) \int y_1(x) \frac{r(x)}{W(x)} \,\mathrm{d}x \\ &\qquad - y_1(x) \int y_2(x) \frac{r(x)}{W(x)} \,\mathrm{d}x . \end{aligned} \qquad (25\text{-}18)$$

Beispiel: Gegeben ist eine lineare Euler'sche Dgl. $x^2 y'' + xy' - y = \ln x$ mit dem Fundamentalsystem $y_1 = x$, $y_2 = 1/x$.

$$\begin{aligned} W(x) &= x(-1/x^2) - (1/x) = -2/x , \\ r(x) &= \ln x / x^2 . \\ y_\mathrm{p} &= -1/(2x) \int \ln x \,\mathrm{d}x + (x/2) \int (\ln x / x^2) \,\mathrm{d}x \\ &= -\ln x . \end{aligned}$$

25.5 Lineare Differenzialgleichung, konstante Koeffizienten

Das Fundamentalsystem der homogenen Gleichung dieses Typs lässt sich stets aus e-Funktionen mit noch unbekannten Argumenten λ bilden:

$$L[y] = 0 + r(x) , \quad L[y] = a_n y^{(n)} + \ldots + a_0 y .$$

Homogene Lösung $y = \exp(\lambda x)$. Einsetzen in die Dgl. gibt die charakteristische Gleichung

$$P_n(\lambda) = a_n \lambda^n + \ldots + a_0 = 0 . \qquad (25\text{-}19)$$

Folgende Situationen bezüglich der Wurzeln $\lambda_k \in \mathbb{C}$ sind typisch:

Verschiedene Wurzeln λ_k, die jeweils nur einmal auftreten, korrespondieren mit der Lösung $\exp(\lambda_k x)$.
Mehrfache Wurzeln λ_j, die k-fach auftreten, entsprechen einer Lösungsmenge $\exp(\lambda_j x), x\exp(\lambda_j x)$ bis $x^{k-1}\exp(\lambda_j x)$.
Komplexe Wurzeln treten paarweise konjugiert komplex auf. Aufgrund der Euler-Formel $\exp(\mathrm{j}\varphi) = \cos\varphi + \mathrm{j}\sin\varphi$ korrespondiert ein Wurzelpaar $\lambda = \alpha \pm \mathrm{j}\beta$ mit dem Lösungspaar

$$\exp(\alpha x)\cos(\beta x)\,, \quad \exp(\alpha x)\sin(\beta x)\,.$$

Beispiel: Dgl. des Bernoulli-Balkens mit Biegesteifigkeit EI und Axialdruck H. $EIw'''' + Hw'' = 0$. Charakteristische Gleichung:

$$\lambda^4 + \delta^2\lambda^2 = 0\,, \quad \delta^2 = H/(EI)\,, \quad \lambda_{11} = 0\,,$$
$$\lambda_{12} = 0\,, \quad \lambda_2 = \pm\mathrm{j}\delta\,.$$

Fundamentalsystem:

$$y_{11} = 1\,, \quad y_{12} = x\,, \quad y_{21} = \cos\delta x\,, \quad y_{22} = \sin\delta x\,.$$

Partikuläre Lösungen der inhomogenen Dgl. erhält man über die Variation der Konstanten oder oft einfacher durch einen *Ansatz nach Art* der *rechten Seite* mit noch freien Faktoren, die aus einem Koeffizientenvergleich folgen.

Beispiel: Eine partikuläre Lösung der Dgl.

$$y'' + ay' + by = \cos\Omega x \quad \text{wird gesucht}\,.$$

Ansatz nach Art der rechten Seite: $y_\mathrm{p} = p\cos\Omega x + q\sin\Omega x$. Einsetzen in die Dgl. gibt 2 Gleichungen für p und q.

$$\begin{bmatrix} b-\Omega^2 & a\Omega \\ -a\Omega & b-\Omega^2 \end{bmatrix}\begin{bmatrix} p \\ q \end{bmatrix} = \begin{bmatrix} 1 \\ 0 \end{bmatrix}.$$

25.6 Normiertes Fundamentalsystem

Die Linearkombination des Fundamentalsystems mit Faktoren C_k kann in eine solche mit Faktoren $y(0), y'(0)$ bis $y^{(n-1)}(0)$ umgeschrieben werden.

$$L[y] = a_n y^{(n)} + \ldots + a_0 y = 0\,,$$
$$y(x) = C_1 y_1(x) + \ldots + C_n y_n(x)\,.$$

Normiertes Fundamentalsystem:

$$y(x) = y(0)f_1(x) + y'(0)f_2(x) + \ldots + y^{(n-1)}(0)f_n(x)\,. \qquad (25\text{-}20)$$

Die auf Randdaten $y^{(k)}$ an der Stelle $x = 0$ normierten Funktionen f_{k+1} sind selbst Linearkombinationen des nicht normierten Systems. Die konkrete Berechnung erfordert die Lösung eines algebraischen Gleichungssystems der Ordnung n.

Beispiel: Für die Dgl. $y'''' - y = 0$ mit dem Fundamentalsystem $\sin x, \cos x, \sinh x, \cosh x$ bestimme man die normierte Version.
Normierung von

$$y(x) = C_0\sin x + C_1\cos x + C_2\sinh x + C_3\cosh x:$$

$$\begin{bmatrix} y(0) \\ y'(0) \\ y''(0) \\ y'''(0) \end{bmatrix} = \begin{bmatrix} 0 & 1 & 0 & 1 \\ 1 & 0 & 1 & 0 \\ 0 & -1 & 0 & 1 \\ -1 & 0 & 1 & 0 \end{bmatrix}\begin{bmatrix} C_0 \\ C_1 \\ C_2 \\ C_3 \end{bmatrix}$$

kurz $\boldsymbol{y}_0 = \boldsymbol{KC}$.

Umkehrung gibt die Elimination der C_i durch Randdaten

$$\boldsymbol{C} = \frac{1}{2}\begin{bmatrix} 0 & 1 & 0 & -1 \\ 1 & 0 & -1 & 0 \\ 0 & 1 & 0 & 1 \\ 1 & 0 & 1 & 0 \end{bmatrix}\boldsymbol{y}_0$$

und das normierte Fundamentalsystem

$$\begin{aligned} 2y(x) &= (\cosh x + \cos x)y(0) \\ &+ (\sinh x + \sin x)y'(0) \\ &+ (\cosh x - \cos x)y''(0) \\ &+ (\sinh x - \sin x)y'''(0)\,. \end{aligned}$$

Das normierte Fundamentalsystem erleichtert die Berechnung einer partikulären Lösung $L[y_\mathrm{p}] = r$. Die Wirkung der rechten Seite $r(\xi)\,\mathrm{d}\xi$ an der Stelle ξ nach Bild 25-1, $0 \leqq \xi \leqq x$, auf die Lösung $y_\mathrm{p}(x)$ an der Stelle x entspricht der Wirkung von $y^{(n-1)}(0)$.
Normiertes Fundamentalsystem:

$$y(x) = y(0)f_1(x) + \ldots + y^{(n-1)}(0)f_n(x)\,.$$

Duhamel-Formel:

$$y_\text{p}(x) = \frac{1}{a_n} \int\limits_0^x r(\xi) f_n(x-\xi)\, \mathrm{d}\xi \,, \qquad (25\text{-}21)$$

$f_n(x-\xi)$: f_n mit dem Argument $x - \xi$.

Die Duhamel-Formel hat den Charakter eines Faltungsintegrals, wie aus einer entsprechenden Analyse mithilfe der Laplace-Transformation hervorgeht.

Beispiel 1: Für die Dgl. $y'''' - y = x$ ist eine partikuläre Lösung gesucht.
Mit $f_n = (\sinh x - \sin x)/2$ vom vorigen Beispiel gilt

$$y_\text{p}(x) = \frac{1}{2} \int\limits_0^x \xi[\sinh(x-\xi) - \sin(x-\xi)]\, \mathrm{d}\xi \,,$$

$$y_\text{p}(x) = \frac{1}{2}(-x + \sinh x - x + \sin x)$$
$$= (\sin x + \sinh x)/2 - x \,.$$

Beispiel 2: Speziell für die Dgl. des gedämpften Einmassenschwingers

$$m\ddot{x} + b\dot{x} + kx = f(t) \,, \quad ()^{\bullet} = \mathrm{d}()/\mathrm{d}t \,,$$

gilt mit den Abkürzungen

$$\omega_0^2 = k/m \,, \quad 2D = b/\sqrt{km}$$

und weiter

$$\delta = \omega_0 D \,, \quad \omega = \omega_0 \sqrt{1 - D^2} :$$

Normiertes Fundamentalsystem:

$$x(t) = \mathrm{e}^{-\delta t}\left(\cos\omega t + \frac{\delta}{\omega}\sin\omega t\right) x_0$$
$$+ \mathrm{e}^{-\delta t}\frac{\sin\omega t}{\omega}\dot{x}_0 \,,$$
$$x_0 = x(t=0) \,, \quad \dot{x}_0 = \dot{x}(t=0) \,.$$

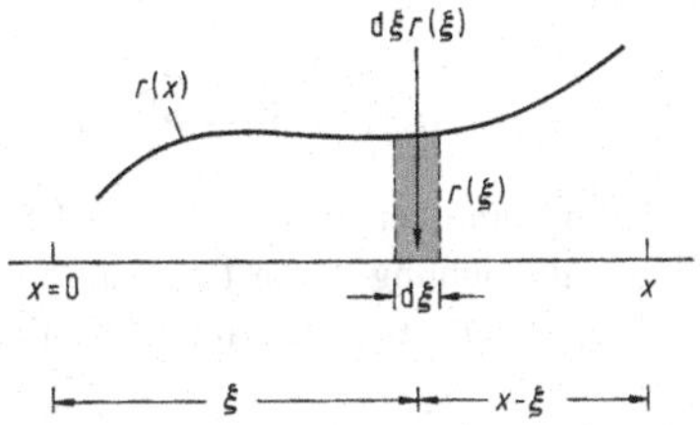

Bild 25-1. Über die Länge $\mathrm{d}\xi$ integrierte Wirkung der rechten Seite $r(\xi)$

Partikularlösung über Duhamel-Formel:

$$y_\text{p} = \frac{1}{m\omega} \int\limits_0^t \mathrm{e}^{-\delta(t-\tau)} [\sin\omega(t-\tau)] f(\tau) \mathrm{d}\tau \,.$$

Die normierte Fundamentallösung (25-20) mit ihren $n-1$ Ableitungen beschreibt den Einfluss des Zustandes $z(0)$ an der Stelle $x = 0$ auf den Zustand $z(x)$ an einer beliebigen Stelle x mittels der *Übertragungsmatrix* $\ddot{\boldsymbol{U}}$:

$$z(x) = \ddot{\boldsymbol{U}}(x) z_0 \,, \quad z = \begin{bmatrix} y \\ y' \\ \vdots \\ y^{(n-1)} \end{bmatrix} ,$$

$$\ddot{\boldsymbol{U}} = \begin{bmatrix} f_1 & \dots & f_n \\ f_1' & & f_n' \\ \vdots & & \vdots \\ f_1^{(n-1)} & \dots & f_n^{(n-1)} \end{bmatrix} . \qquad (25\text{-}22)$$

$\ddot{\boldsymbol{U}}$ entspricht der Wronski-Matrix .

Aus dem Zusammenhang (25-22) folgen einige *Eigenschaften der Übertragungsmatrix.*

$$\begin{aligned} &\ddot{\boldsymbol{U}}(x=0) = \boldsymbol{I} \,, \quad \text{(Einheitsmatrix)} \,, \\ &\ddot{\boldsymbol{U}}(x)\ddot{\boldsymbol{U}}(-x) = \boldsymbol{I} \,, \\ &\ddot{\boldsymbol{U}}(x_2)\ddot{\boldsymbol{U}}(x_1) = \ddot{\boldsymbol{U}}(x_1 + x_2) \,, \\ &\text{allgemein} \\ &\ddot{\boldsymbol{U}}(x_n) \cdot \ldots \cdot \ddot{\boldsymbol{U}}(x_1) = \ddot{\boldsymbol{U}}(s) \,, \quad s = \sum_{k=1}^n x_k \,. \end{aligned} \qquad (25\text{-}23)$$

25.7 Green'sche Funktion

Während Duhamel-Formel (25-21) und Übertragungsmatrix (25-22) die Lösung vom Nullpunkt aus entwickeln, was dem Vorgehen bei Anfangswertproblemen entspricht, erzeugt die Green'sche Funktion $G(x,\xi)$ die partikuläre Lösung y_p zur rechten Seite $r(x)$ einer Randwertaufgabe im Definitionsbereich $a \leqq x \leqq b$.

$$\begin{aligned} &\text{Dgl. } L[y] = a_n y^{(n)} + \ldots + a_0 y = r(x) \,, \\ &L[y_\text{p}] = r \,, \quad y_\text{p} = \int\limits_a^b G(x,\xi) r(\xi)\, \mathrm{d}\xi \,. \end{aligned} \qquad (25\text{-}24)$$

Randbedingungen $R_a[y] = r_a \,, \quad R_b[y] = r_b \,.$

Durch Ableiten von y_p und Einsetzen in die Randwertaufgabe ergeben sich die notwendigen Eigenschaften von $G(x,\xi)$:

a) $L[G(x,\xi)] = 0$ für $x \neq \xi$.
Ableitungen betreffen nur die Variable x.
b) $G(x,\xi)$ muss die Randbedingung erfüllen.
c) $\partial^k G/\partial x^k (k = 0$ bis $k = n-2)$ muss an der Stelle ξ stetig sein.
d) Die $(n-1)$-te Ableitung muss an der Stelle $x = \xi$ einen Einheitssprung aufweisen

$$[\partial^{n-1}G(x,\xi)/\partial x^{n-1}]_{x=\xi-0}^{x=\xi+0} = \frac{1}{a_n(x)} . \qquad (25\text{-}25)$$

Die praktische Berechnung der Green'schen Funktion geht aus von einer Linearkombination der Lösungsfunktionen $y_1(x)$ bis $y_n(x)$ des Fundamentalsystems, wobei wegen der Unstetigkeit bei $x = \xi$ zwei Bereiche unterschieden werden.

$$G(x,\xi) = \begin{cases} \sum_{k=1}^{n} (c_k + d_k) y_k ; & x \leqq \xi \\ \sum_{k=1}^{n} (c_k - d_k) y_k ; & x \geqq \xi \end{cases} , \qquad (25\text{-}26)$$

$$c_k = c_k(\xi) , \quad d_k = d_k(\xi) , \quad y_k = y_k(x) .$$

Berechnung der n Funktionen d_k:

Stetigkeit $\partial^i G/\partial x^i$ $(i = 0$ bis $n-2)$ für $x = \xi$ gibt $n-1$ Gleichungen.

$$\sum_{k=1}^{n} d_k(\xi) y_k^{(i)}(\xi) = 0 .$$

Einheitssprung von $\partial^{n-1}G/\partial x^{n-1}$ für $x = \xi$, (25-27)

$$\sum_{k=1}^{n} d_k(\xi) y_k^{(n-1)}(\xi) = -\frac{1}{2a_n} .$$

Berechnung der n-Unbekannten c_k:

Erfüllung der jeweils $n/2$ Randbedingungen in $R_a[G]$ und in $R_b[G]$ für $x = a$ und $x = b$ gibt:

$$R_a\left[\sum_{k=1}^{n} (c_k + d_k) y_k\right] = r_a , \qquad (25\text{-}28)$$

$$R_b\left[\sum_{k=1}^{n} (c_k - d_k) y_k\right] = r_b .$$

Beispiel: Zur Dgl. $y'' - \delta^2 y = 0 + r$ berechne man die Green'sche Funktion für das Intervall $0 \leqq x \leqq l$ mit den Randbedingungen $R_0[y] = y'(0) = 0$ und $R_l[y] = y(l) = 0$.
Mit dem Fundamentalsystem $y_1 = \cosh \delta x$, $y_2 = \sinh \delta x$ wird (25-26) zu:

$$G(x,\xi) = \begin{cases} (c_1 + d_1)\cosh\delta x + (c_2 + d_2)\sinh\delta x ; \\ x \leqq \xi \\ (c_1 - d_1)\cosh\delta x + (c_2 - d_2)\sinh\delta x ; \\ x \geqq \xi . \end{cases}$$

Berechnung der d_k nach (25-27):

$$\begin{bmatrix} \cosh\delta\xi & \sinh\delta\xi \\ \delta\sinh\delta\xi & \delta\cosh\delta\xi \end{bmatrix} \begin{bmatrix} d_1 \\ d_2 \end{bmatrix} = \begin{bmatrix} 0 \\ -1/2 \end{bmatrix} ,$$

$$d_1 = \frac{\sinh\delta\xi}{2\delta} , \quad d_2 = \frac{-\cosh\delta\xi}{2\delta} .$$

Berechnung der c_k nach (25-28):

$$(c_1 + d_1) y_1'(0) + (c_2 + d_2) y_2'(0) = 0 ,$$
$$(c_1 - d_1) y_1(l) + (c_2 - d_2) y_2(l) = 0 ,$$
$$\rightarrow \begin{bmatrix} 0 & 1 \\ \cosh\delta l & \sinh\delta l \end{bmatrix} \begin{bmatrix} c_1 \\ c_2 \end{bmatrix} = \begin{bmatrix} -d_2 \\ d_1\cosh\delta l + d_2\sinh\delta l \end{bmatrix} .$$

Nach einigen Umformungen erhält man die Green'sche Funktion, wobei oberer und unterer Teil in x und ξ symmetrisch sind.

$$G(x,\xi) = \begin{cases} \dfrac{\cosh\delta x}{\delta} \cdot \dfrac{\sinh\delta(\xi - l)}{\cosh\delta l} , & x \leqq \xi \\ \dfrac{\cosh\delta\xi}{\delta} \cdot \dfrac{\sinh\delta(x - l)}{\cosh\delta l} , & x \geqq \xi . \end{cases}$$

25.8 Integration durch Reihenentwicklung

Unter gewissen Voraussetzungen kann die Lösung einer Differenzialgleichung durch Potenzreihen an einer Entwicklungsstelle x_0 approximiert werden.

$$y = \sum_{k=0}^{\infty} a_k (x - x_0)^k . \qquad (25\text{-}29)$$

Durch Einsetzen in die Dgl. und Ordnen nach Potenzen erhält man algebraische Gleichungen für die Koeffizienten.
Die explizite Anfangswertaufgabe

$$y^{(n)} = f(x, y, \dots, y^{(n-1)})$$
mit gegebenen Anfangswerten (25-30)
$$y(0) = y_0 \quad \text{bis} \quad y^{(n-1)}(0) = y_0^{(n-1)}$$

ist an der Stelle x_0 nach (25-29) entwickelbar, falls die rechte Seite f in (25-30) als Funktion
$f(y)$ an der Stelle y_0 in y entwickelbar ist,
⋮
$f(y^{(n-1)})$ an der Stelle $y_0^{(n-1)}$ in $y^{(n-1)}$ entwickelbar ist.
Bei linearen Dgln. zweiter Ordnung,

$$y'' + a(x)y' + b(x)y = r\,, \tag{25-31}$$

kann die an der Stelle $x_0 = 0$ nicht mögliche Entwicklung nach (25-29) in einem Pol erster Ordnung von $a(x)$ und einem solchen zweiter Ordnung von $b(x)$ begründet sein, wie es sich in folgender Dgl. darstellt:

$$y'' + \frac{A(x)}{x}y' + \frac{B(x)}{x^2}y = 0\,, \qquad A(x)\,,\ B(x) \text{ in } x_0 = 0 \text{ stetig}\,. \tag{25-32}$$

Für eine Dgl. nach (25-32) ist $x_0 = 0$ eine Stelle der Bestimmtheit mit einer verallgemeinerten Form der Entwicklung für das Fundamentalsystem.

$$y_1 = x^{\lambda_1} \sum_{k=0}^{\infty} a_k x^k\,, \quad y_2 = x^{\lambda_2} \sum_{k=0}^{\infty} b_k x^k\,. \tag{25-33}$$

$\lambda_1 - \lambda_2 \neq 0, \pm 1, \pm 2, \dots$

λ_1, λ_2 Wurzeln der determinierenden Gleichung

$\lambda(\lambda - 1) + \lambda A(0) + B(0) = 0\,.$

25.9 Integralgleichungen

Die Green'sche Funktion (25-24) erzeugt die partikuläre Lösung $y(x)$ zu einer beliebigen rechten Seite $r(x)$ für ein Randwertproblem im Definitionsbereich $a \leqq x \leqq b$.

$$y(x) = \int_a^b G(x, \xi)\, r(\xi)\, d\xi\,,$$

$G(x, \xi)$, $r(\xi)$ gegeben ; $y(x)$ gesucht .

Die Umkehrung dieser Aufgabenstellung, zu einer gegebenen linken Seite die passende „Belastung" zu finden, definiert die Integralgleichung 1. Art:

$$r(x) = \int_a^b K(x, \xi)\, y(\xi)\, d\xi\,, \tag{25-34}$$

Kern $K(x, \xi)$, $r(x)$ gegeben ; $y(\xi)$ gesucht .

Verallgemeinerungen von (25-34) enthalten $y(x)$ auch außerhalb des Integrals:

$$g(x)\, y(x) = \int_a^b K(x, \xi)\, y(\xi)\, d\xi + r(x)\,, \tag{25-35}$$

$g(x) = 1$: Integralgleichung 2. Art ,
$g(x)$ beliebig: Integralgleichung 3. Art .

Für feste Integrationsgrenzen spricht man von *Fredholm'schen*, sonst von *Volterra'schen* Integralgleichungen.

26 Systeme von Differenzialgleichungen

Systeme von Differenzialgleichungen – hier werden nur lineare mit konstanten Koeffizienten behandelt – in der kompakten Matrizenschreibweise

$$\dot{z}(t) = \boldsymbol{A}z(t) + \boldsymbol{b}(t)\,, \quad z^T = [z_1(t) \dots z_n(t)]\,, \quad ()^{\cdot} = d()/dt\,,$$
$$\text{homogen: } \dot{z} - \boldsymbol{A}z = \boldsymbol{o}\,, \quad \text{inhomogen: } \dot{z} - \boldsymbol{A}z = \boldsymbol{b}\,, \tag{26-1}$$

ergeben sich direkt bei Problemen mit mehreren Freiheitsgraden oder durch Umformulierung einer Dgl. n-ter Ordnung in n Dgl. 1. Ordnung. Dazu werden $n - 1$ neue abhängig Veränderliche eingeführt, die möglichst eine physikalische Bedeutung haben sollen.

Beispiel:

Dgl. 4. Ordnung des Biegebalkens:
$EIw'''' = q_z$. Sinnvolle abhängig Veränderliche:
Neigung $\varphi = -w'$, $()' = d()/dx$,
Moment $M = EI\varphi'$,

Querkraft $Q = M'$.

Zusammen mit der ursprünglichen Dgl. in neuer Form $Q' = -q_z$ gilt

$$z = \begin{bmatrix} w \\ \varphi \\ M \\ Q \end{bmatrix}, \quad A = \begin{bmatrix} 0 & -1 & 0 & 0 \\ 0 & 0 & 1/(EI) & 0 \\ 0 & 0 & 0 & 1 \\ 0 & 0 & 0 & 0 \end{bmatrix}, \quad (26\text{-}2)$$

$$\boldsymbol{b}^{\mathrm{T}} = [0 \quad 0 \quad 0 \quad -q_z] \, .$$

Homogene Lösungen zu (26-1) erhält man auf einem ersten möglichen Weg durch einen Exponentialansatz

$z(t) = \boldsymbol{c}\,\mathrm{e}^{\lambda t}$, $\quad \boldsymbol{c}$ konstante Spalte .

Eingesetzt in $\boldsymbol{Az} - \dot{z} = \boldsymbol{o}$ gibt charakteristisches Gleichungssystem (26-3)

$(\boldsymbol{A} - \lambda \boldsymbol{I})\boldsymbol{c} = \boldsymbol{o}$ für $\lambda_1, \boldsymbol{c}_1$ bis $\lambda_n, \boldsymbol{c}_n$.

Notwendige Bedingung für Lösungen:

$$|\boldsymbol{A} - \lambda \boldsymbol{I}| = \lambda^n + a_1\lambda^{n-1} + \ldots + a_n = 0 \, . \quad (26\text{-}4)$$

Die Berechnung der Nullstellen als Eigenwerte λ des speziellen Eigenwertproblems $(\boldsymbol{A} - \lambda \boldsymbol{I})\boldsymbol{c} = \boldsymbol{o}$ erfolgt mit Hilfe bewährter numerischer Verfahren.
Ein alternativer Weg strebt die Lösung in Form einer *Übertragungsmatrix* an:

$$z(t) = \exp[\boldsymbol{A} \cdot (t - t_0)]z(t_0) \, .$$

Speziell für $t_0 = 0$:

$$\exp(\boldsymbol{A}t) = \boldsymbol{I} + \boldsymbol{A}t + \frac{1}{2!}(\boldsymbol{A}t)^2 + \frac{1}{3!}(\boldsymbol{A}t)^3 + \ldots \quad (26\text{-}5)$$

Mit $\frac{\mathrm{d}}{\mathrm{d}t}\exp(\boldsymbol{A}t) = \boldsymbol{A}\exp(\boldsymbol{A}t) = [\exp(\boldsymbol{A}t)]\boldsymbol{A}$ gilt in der Tat $\dot{z} - \boldsymbol{A}z = \boldsymbol{o}$.
Für die Reihenentwicklung der e-Funktion mit Matrixexponenten gilt eine der skalaren Darstellung entsprechende Form.
In der Regel ist die Reihe nach einem bestimmten Kriterium abzubrechen. Im Sonderfall der Matrix $\boldsymbol{A}$ aus (26-2) verschwindet bereits $\boldsymbol{A}^4$ und damit alle folgenden Potenzen.

Beispiel: Biegebalken nach (26-2) mit dem Verfahren der Reihenentwicklung.

Mit $\boldsymbol{A}^2 = \begin{bmatrix} 0 & 0 & -1 & 0 \\ 0 & 0 & 0 & 1 \\ 0 & 0 & 0 & 0 \\ 0 & 0 & 0 & 0 \end{bmatrix} \frac{1}{EI}$,

$$\boldsymbol{A}^3 = \begin{bmatrix} 0 & 0 & 0 & -1 \\ 0 & 0 & 0 & 0 \\ 0 & 0 & 0 & 0 \\ 0 & 0 & 0 & 0 \end{bmatrix} \frac{1}{EI}, \quad \boldsymbol{A}^4 = \boldsymbol{O} \, ,$$

gilt $z(x) = \ddot{U}(x)z(0)$,

$$\ddot{U}(x) = \begin{bmatrix} 1 & -x & -\dfrac{x^2}{2EI} & -\dfrac{x^3}{6EI} \\ 0 & 1 & \dfrac{x}{EI} & \dfrac{x^2}{2EI} \\ 0 & 0 & 1 & x \\ 0 & 0 & 0 & 1 \end{bmatrix} .$$

Das charakteristische Polynom (26-4) dient nicht nur der Berechnung der gesuchten Eigenwerte λ. Es gilt darüber hinaus der wichtige *Satz von Cayley-Hamilton*:

Die Matrix $\boldsymbol{A}$ erfüllt ihr eigenes charakteristisches Polynom: $\det(\boldsymbol{A} - \lambda \boldsymbol{I}) = 0$.
Aus (4): $\lambda^n + a_1\lambda^{n-1} + \ldots + a_n 1 = 0$
folgt: $\boldsymbol{A}^n + a_1\boldsymbol{A}^{n-1} + \ldots + a_n\boldsymbol{I} = \boldsymbol{O}$. (26-6)

Damit kann jede ganzzahlige Potenz $\boldsymbol{A}^k$ mit $k \geqq n$ durch ein Polynom mit höchstens $\boldsymbol{A}^{n-1}$ dargestellt werden; dies gilt auch für die Entwicklung

$$\exp(\boldsymbol{A}t) = a_0\boldsymbol{I} + a_1\boldsymbol{A} + a_2\boldsymbol{A}^2 + \ldots + a_{n-1}\boldsymbol{A}^{n-1} \, ,$$
$$a_k = a_k(t) \, , \quad (26\text{-}7)$$

mit weiteren Faktorfunktionen $a_k(t)$, die über die Eigenwerte λ_k mit den Basislösungen $\exp(\lambda_k t)$ verknüpft sind. Bei n verschiedenen λ-Werten gilt

$$\begin{bmatrix} 1 & \lambda_1 & \ldots & \lambda_1^{n-1} \\ 1 & \lambda_2 & \ldots & \lambda_2^{n-1} \\ \vdots & \vdots & & \vdots \\ 1 & \lambda_n & & \lambda_n^{n-1} \end{bmatrix} \begin{bmatrix} a_0(t) \\ a_1(t) \\ \vdots \\ a_{n-1}(t) \end{bmatrix} = \begin{bmatrix} \exp(\lambda_1 t) \\ \exp(\lambda_2 t) \\ \vdots \\ \exp(\lambda_n t) \end{bmatrix} . \quad (26\text{-}8)$$

Die auf Anfangswerte $z(0)$ normierte Übertragungsform (26-5) erschließt entsprechend der Duhamel-Formel (25-21) in 25.6 auch die partikuläre Lösung $\dot{z}_\mathrm{p} - \boldsymbol{A}z_\mathrm{p} = \boldsymbol{b}$,

$$z_p(t) = \int_0^t \exp[\boldsymbol{A}(t-\tau)]\boldsymbol{b}(\tau)\mathrm{d}\tau\,. \qquad (26\text{-}9)$$

Für spezielle rechte Seiten empfiehlt sich die Benutzung der Tabelle 26-1.

Tabelle 26-1. Spezielle Ansätze $z_p(t)$ zur Lösung der Dgl. $\dot{z}_p - Az_p = b$

$\boldsymbol{b}$	Ansatz	Lösungssystem für die Ansatzkoeffizienten
$\boldsymbol{b}_0 t^m$,	$\sum_{k=0}^{m} \boldsymbol{a}_k t^k$	$\boldsymbol{A}\boldsymbol{a}_m = -\boldsymbol{b}_0$
$m \in \mathbb{N}$		$\boldsymbol{A}\boldsymbol{a}_{m-1} = m\boldsymbol{a}_m$
		$\vdots \quad \vdots$
		$\boldsymbol{A}\boldsymbol{a}_0 = 1\,\boldsymbol{a}_1$
$\boldsymbol{b}_0 \mathrm{e}^{\alpha t}$	$\boldsymbol{a}\,\mathrm{e}^{\alpha t}$	$(\boldsymbol{A} - \alpha\boldsymbol{I})\boldsymbol{a} = -\boldsymbol{b}_0$ falls $\alpha \neq$ Eigenwert von $\boldsymbol{A}$
$\boldsymbol{c}_0 \cos\omega t$ $+\boldsymbol{s}_0 \sin\omega t$	$\boldsymbol{a} \cos\omega t$ $+\boldsymbol{b} \sin\omega t$	$\begin{bmatrix} \boldsymbol{A} & -\omega\boldsymbol{I} \\ \omega\boldsymbol{I} & \boldsymbol{A} \end{bmatrix}\begin{bmatrix} \boldsymbol{a} \\ \boldsymbol{b} \end{bmatrix} = \begin{bmatrix} -\boldsymbol{c}_0 \\ -\boldsymbol{s}_0 \end{bmatrix}$

27 Selbstadjungierte Differenzialgleichung

Bei Bilinearformen Zeile × Matrix × Spalte ist das skalare Ergebnis unabhängig von der links- oder rechtsseitigen Multiplikation mit $\boldsymbol{a}$ oder $\boldsymbol{b}$, falls die Matrix $\boldsymbol{A}$ symmetrisch ist.
Bilineare Form:

$$\begin{aligned} &\text{allgemein:} && \boldsymbol{a}^{\mathrm{T}}\boldsymbol{A}\boldsymbol{b} = \boldsymbol{b}^{\mathrm{T}}\boldsymbol{A}^{\mathrm{T}}\boldsymbol{a}\,, \\ &\text{speziell } \boldsymbol{A}^{\mathrm{T}} = \boldsymbol{A}: && \boldsymbol{a}^{\mathrm{T}}\boldsymbol{A}\boldsymbol{b} = \boldsymbol{b}^{\mathrm{T}}\boldsymbol{A}\boldsymbol{a}\,. \end{aligned} \qquad (27\text{-}1)$$

Die Symmetrieeigenschaft hat weitgehende analytische und numerische Konsequenzen; so sind zum Beispiel die Eigenwerte λ des homogenen Problems $(\boldsymbol{A} - \lambda\boldsymbol{B})\boldsymbol{x} = \boldsymbol{o}$ für definites $\boldsymbol{B}$ stets reell und die Eigenvektoren $\boldsymbol{x}$ haben *Orthogonalitätseigenschaften*.

Falls $(\boldsymbol{A} - \lambda_k\boldsymbol{B})\boldsymbol{x}_k = \boldsymbol{o}, k = 1$ bis $n, \boldsymbol{A} = \boldsymbol{A}^{\mathrm{T}}, \boldsymbol{B} = \boldsymbol{B}^{\mathrm{T}}$ gilt

$$\boldsymbol{x}_i^{\mathrm{T}}\boldsymbol{B}\boldsymbol{x}_j = 0\,, \quad \text{falls} \quad i \neq j\,.$$

$$\boldsymbol{x}_i^{\mathrm{T}}\boldsymbol{A}\boldsymbol{x}_j = \begin{cases} 0\,, & \text{falls} \quad i \neq j \\ \lambda_k \boldsymbol{x}_k^{\mathrm{T}}\boldsymbol{B}\boldsymbol{x}_k\,, & \text{falls} \quad i = j = k\,. \end{cases} \qquad (27\text{-}2)$$

Die letzte Beziehung in (27-2) lässt sich nach λ_k auflösen, wobei der entstehende Quotient für beliebige $\boldsymbol{x}$ infolge seiner Extremaleigenschaft fundamentale Bedeutung hat; es ist dies der *Rayleigh-Quotient*

$$R = \frac{\boldsymbol{x}^{\mathrm{T}}\boldsymbol{A}\boldsymbol{x}}{\boldsymbol{x}^{\mathrm{T}}\boldsymbol{B}\boldsymbol{x}}\,, \quad \boldsymbol{A} = \boldsymbol{A}^{\mathrm{T}}\,, \quad \boldsymbol{B} = \boldsymbol{B}^{\mathrm{T}}\,, \qquad (27\text{-}3)$$

$$R_{\mathrm{extr}} \text{ aus } R_{,i} = 0\,, \quad i = 1\ldots n\,, \quad ()_{,i} = \partial R/\partial x_i\,.$$

$$\rightarrow (\boldsymbol{A} - R_{\mathrm{extr}}\boldsymbol{B})\boldsymbol{x}_{\mathrm{extr}} = \boldsymbol{o} \rightarrow R_{\mathrm{extr}} = \lambda_k\,. \qquad (27\text{-}4)$$

Aus dem Vergleich von (27-4) mit (27-2) erweisen sich die extremalen Werte des Rayleigh-Quotienten als Eigenwerte λ_k des Paares $\boldsymbol{A}$, $\boldsymbol{B}$. Sie werden angenommen, wenn für $\boldsymbol{x}$ die Eigenvektoren $\boldsymbol{x}_k$ eingesetzt werden.
Eine Übertragung von Matrizen $\boldsymbol{A}$ auf lineare Differenzialoperatoren L führt zunächst zur Definition des *adjungierten Operators* $\bar{L}$ zu L:

$$\int u(x)\, L[v(x)]\, \mathrm{d}x \stackrel{!}{=} \int v(x)\, \bar{L}[u(x)]\, \mathrm{d}x \rightarrow \bar{L}\,, \qquad (27\text{-}5)$$

und zur besonderen Benennung der wichtigen Situation, falls

$$\int u(x)\, L[v(x)]\, \mathrm{d}x = \int v(x)\, L[u(x)]\, \mathrm{d}x\,. \qquad (27\text{-}6)$$

$$\bar{L} = L \quad \text{ist selbstadjungierter Operator}\,.$$

Die Überprüfung von (27-6) bezüglich der Berechnung von $\bar{L}$ aus (27-5) erfolgt durch partielle Integration, wobei die entstehenden Randterme zunächst nicht beachtet werden. Operatoren der Form

$$\begin{aligned} L[y] &= a_0 y - (a_1 y')' + (a_2 y'')'' - \ldots \\ &\quad + (-1)^m \left(a_m y^{(m)}\right)^{(m)}\,, \end{aligned} \qquad (27\text{-}7)$$

$$a_k = a_k(x)\,, \quad y = y(x)\,,$$

sind für hinreichend oft differenzierbare Funktionen a_k selbstadjungiert.
Für ein homogenes Randwertproblem mit Operatoren M, N,

$$\text{Dgl.} \quad M[y] - \lambda N[y] = 0\,,$$

$$\text{Randbedingungen} \quad R_0[y] = 0\,, \; R_1[y] = 0\,, \qquad (27\text{-}8)$$

gelten für die Eigenwerte λ_k und Eigenlösungen $y_k(x)$ bei selbstadjungierten Operatoren ebenfalls Orthogonalitätsbedingungen:

Falls

$$M[y_k] - \lambda_k N[y_k] = 0\,, \quad R_0[y_k] = 0\,, \quad R_1[y_k] = 0$$

und

$\bar{M} = M\,, \quad \bar{N} = N$ gilt:

$$N_{ij} = \int y_i N[y_i]\,\mathrm{d}x = 0\,, \quad \text{falls} \quad i \neq j\,,$$

$$M_{ij} = \int y_i M[y_j]\,\mathrm{d}x = \begin{cases} 0 \text{ falls} & i \neq j \\ \lambda_k N_{kk}\,, \text{ falls} & i = j = k\,. \end{cases} \tag{27-9}$$

Falls in R_0 und R_1 noch diskrete Randelemente (in der Mechanik sind dies Federn und Massen) enthalten sind, ist (27-9) zur sogenannten belasteten Orthogonalität zu erweitern.

Die letzte Aussage in (27-9) führt wie bei Matrizen zum *Rayleigh-Quotienten*:

$$R = \frac{\int yM[y]\,\mathrm{d}x}{\int yN[y]\,\mathrm{d}x}\,, \quad M = \bar{M}\,, \quad N = \bar{N}\,, \tag{27-10}$$

$$R_{\text{extr}} \quad \text{aus} \quad M[y_{\text{extr}}] - R_{\text{extr}} N[y_{\text{extr}}] = 0$$

$$\text{mit} \quad R_0[y_{\text{extr}}] = 0\,, \quad R_1[y_{\text{extr}}] = 0\,. \tag{27-11}$$

$$\to R_{\text{extr}} = \lambda_k\,.$$

Die extremalen Werte des Rayleigh-Quotienten entsprechen den Eigenwerten λ_k der Randwertaufgabe (27-8), falls zur Extremwertberechnung nur solche Funktionen $y(x)$ zugelassen werden, welche gewissen Randstetigkeiten genügen. Einzelheiten werden im Rahmen der Variationsrechnung (siehe Kapitel 32) behandelt.

Für die konkrete Rechnung ist es vorteilhaft, die Operatoren M und N durch partielle Integration gleichmäßig nach links und rechts aufzuteilen:

$$\int yM[y]\,\mathrm{d}x \to \int \{P[y]\}\{P[y]\}\,\mathrm{d}x\,,$$

$$\int yN[y]\,\mathrm{d}x \to \int \{Q[y]\}\{Q[y]\}\,\mathrm{d}x\,. \tag{27-12}$$

Beispiel:

Dgl. des Knickstabes mit

$$w'''' + \lambda^2 w'' = 0\,, \quad \lambda^2 = F/EI\,,$$

$$w(0) = 0\,, \quad w'(0) = 0\,, \quad w(l) = 0\,, \quad w''(l) = 0\,.$$

$$\int wM[w]\,\mathrm{d}x = \int ww''''\mathrm{d}x$$
$$= [ww''' - w'w'']_0^l + \int w''w''\mathrm{d}x\,,$$
$$\int wN[w]\,\mathrm{d}x = -\int ww''\mathrm{d}x$$
$$= -[ww']_0^l + \int w'w'\mathrm{d}x\,.$$

Alle Randterme sind wegen der Randbedingungen gleich null.

28 Klassische nichtelementare Differenzialgleichungen

Die gewöhnlichen Dgln. 2. Ordnung mit variablen Koeffizienten,

$$y'' + a_1(x)y' + a_0(x)y = 0$$

$$\text{oder } (p(x)y')' + q(x)y = 0 \tag{28-1}$$

$$\text{mit } p(x) = \exp \int a_1\,\mathrm{d}x\,, \quad q(x) = a_0 p(x)$$

sind für spezielle Paare $a_1(x)$, $a_0(x)$ mit traditionellen Namen belegt. Die nachfolgende Aufstellung enthält charakteristische Merkmale einiger klassischer Dgln.

Hypergeometrische Dgl.:

$$x(x-1)y'' + [(a+b+1)x - c]y' + aby = 0\,. \tag{28-2}$$

Eine Lösung ist

$$y = F(a,b,c;x) = 1 + \frac{ab}{c}x$$
$$+ \frac{1}{2!} \cdot \frac{a(a+1)b(b+1)}{c(c+1)}x^2$$
$$+ \frac{1}{3!} \cdot \frac{a(a+1)(a+2)b(b+1)(b+2)}{c(c+1)(c+2)}x^3$$
$$+ \ldots$$

F : hypergeometrische Funktion.

Fundamentalsysteme:

$$y_1 = F(a,\,b,\,c;\,x)$$
$$y_2 = x^{1-c}F(a-c+1,\,b-c+1,\,2-c;\,x) \tag{28-3}$$
$$c \neq 0, 1, 2, \ldots\,; \quad |x| < 1\,.$$
$$y_1 = F(a,\,b,\,a+b-c+1;\,1-x)$$
$$y_2 = (1-x)^{c-a-b}$$
$$\cdot F(c-b,\,c-a,\,c-a-b+1;\,1-x)$$
$$a+b-c \text{ nicht ganzzahlig}\,, \quad |x-1| < 1\,.$$
$$y_1 = x^{-a}F(a,\,a-c+1,\,a-b+1;\,1/x)$$
$$y_2 = x^{-b}F(b,\,b-c+1,\,b-a+1;\,1/x)$$
$$a-b \text{ nicht ganzzahlig}\,, |x| > 1\,.$$

Legendre'sche Dgl.:

$$(1-x^2)y'' - 2xy' + (n+1)ny = 0\,,$$
$$n \geqq 0 \quad \text{ganz}\,.$$

Eine Lösung ist

$$P_n(x) = F\left(-n,\, n+1,\, 1;\, \frac{1-x}{2}\right).$$

$$\int_{-1}^{1} P_m(x)P_n(x)\,\mathrm{d}x = \begin{cases} 0 & m \neq n \\ \dfrac{2}{2n+1} & m = n \end{cases}. \qquad (28\text{-}4)$$

Tschebyscheff'sche Dgl.:

$$(1-x^2)y'' - xy' + n^2y = 0\,.$$

Eine Lösung ist

$$T_n(x) = F\left(n,\, -n,\, \frac{1}{2};\, \frac{1-x}{2}\right).$$

$$\int_{-1}^{1} \frac{T_m(x)T_n(x)\,\mathrm{d}x}{\sqrt{1-x^2}} = \begin{cases} 0 & m \neq n \\ \pi/2 & m = n \neq 0 \\ \pi & m = n = 0 \end{cases}. \qquad (28\text{-}5)$$

Kummer'sche Dgl.:

$$xy'' + (1-x)y' + ny = 0\,. \qquad (28\text{-}6)$$

Eine Lösung ist

$$L_n(x) = n!K(-n,\, 1;\, x) \quad \text{mit der}$$

konfluenten hypergeometrischen Reihe:

$$K(a,\, c;\, x) = 1 + \frac{a}{c}x + \frac{1}{2!}\cdot\frac{a(a+1)}{c(c+1)}x^2 + \frac{1}{3!}\cdot\frac{a(a+1)(a+2)}{c(c+1)(c+2)}x^3 + \ldots \qquad (28\text{-}7)$$

$$\int_0^\infty \mathrm{e}^{-x}L_mL_n\,\mathrm{d}x = \begin{cases} 0 & n \neq m \\ (n!)^2 & n = m \end{cases}.$$

$$L_{n+1}(x) = (2n+1-x)L_n(x) - n^2L_{n-1}(x)\,.$$

Dgl. der Hermite'schen Polynome:

$$y'' - 2xy' + 2ny = 0\,. \qquad (28\text{-}8)$$

Eine Lösung ist

$$H_n(x) = (-1)^n \exp(x^2)\frac{\mathrm{d}^n}{\mathrm{d}x^n}[\exp(-x)^2]\,.$$

$$\int_{-\infty}^{\infty} \exp(-x^2)H_m(x)H_n(x)\,\mathrm{d}x = \begin{cases} 0 & m \neq n \\ 2^n n!\sqrt{\pi} & m = n \end{cases}.$$

Bessel'sche Dgl.:

$$x^2y'' + xy' + (x^2 - n^2)y = 0\,. \qquad (28\text{-}9)$$

Eine Lösung sind die *Zylinderfunktionen 1. Art*

$$J_n(x) = \left(\frac{x}{2}\right)^n \sum_{k=0}^{\infty}(-1)^k\frac{1}{2^{2k}k!(n+k)!}x^{2k}\,,$$

$$x > 0\,;$$

auch die *Zylinderfunktionen 2. Art* oder *Neumann'sche Funktionen*

$$N_n(x) = \frac{1}{\sin(n\pi)}[\cos(n\pi)J_n(x) - J_{-n}(x)]\,; \qquad (28\text{-}10)$$

auch die *Zylinderfunktionen 3. Art* oder *Hankel'sche Funktionen*

$$H_n^1(x) = J_n(x) + \mathrm{j}N_n(x)$$
$$H_n^2(x) = J_n(x) - \mathrm{j}N_n(x)\,. \qquad (28\text{-}11)$$

Eine besondere Bedeutung hat die **Mathieu'sche Dgl.**:

$$\ddot{y} + (\lambda - 2h\cos 2t)y = 0 \qquad (28\text{-}12)$$

mit einem periodischen Koeffizienten $\cos 2t = \cos 2(t+\pi)$. Es gibt nach *Floquet* stets Lösungen

$$y(t+\pi) = \mathrm{e}^{\alpha\pi}y(t)\,, \qquad (28\text{-}13)$$

deren Stabilität vom Exponenten α abhängt. Im konkreten Fall wird man von $y(t=0)$ ausgehend durch numerische Integration $y(\pi)$ errechnen, wobei der Quotient $y(\pi)/y(0)$ stabilitätsentscheidend ist. Bei einem System 1. Ordnung mit Periode T,

$$\dot{\boldsymbol{z}} = \boldsymbol{A}(t)\boldsymbol{z}\,, \quad \boldsymbol{A}(t+T) = \boldsymbol{A}(t)\,, \qquad (28\text{-}14)$$

integriert man über eine Periode (zweckmäßig von $t=0$ bis $t=T$) und erhält die Übertragungsmatrix $\ddot{\boldsymbol{U}}$ (auch *Transitionsmatrix*):

$$\boldsymbol{z}_1 = \ddot{\boldsymbol{U}}\boldsymbol{z}_0\,, \quad \boldsymbol{z}_0 = \boldsymbol{z}(t=0)\,, \quad \boldsymbol{z}_1 = \boldsymbol{z}(t=T)\,. \qquad (28\text{-}15)$$

Der Lösungsansatz $\boldsymbol{z}_k = \alpha^k\boldsymbol{z}_0$ überführt (28-15) in ein Eigenwertproblem.

$$(\ddot{\boldsymbol{U}} - \alpha\boldsymbol{I})\boldsymbol{z}_0 = \boldsymbol{o} \rightarrow \alpha = a + \mathrm{j}b = \sqrt{a^2+b^2}\,\mathrm{e}^{\mathrm{j}\varphi}\,. \qquad (28\text{-}16)$$

Stabilität, falls $a^2 + b^2 \leqq 1$.

29 Partielle Differenzialgleichungen 1. Ordnung

Eine Bestimmungsgleichung für die Funktion $u(x_1, \dots, x_n)$ von n unabhängig Veränderlichen x_i heißt partielle Differenzialgleichung k-ter Ordnung, falls u in partiell abgeleiteter Form $\partial^j u/\partial x_i^j$ erscheint, wobei die höchste Ableitung $j_{\max} = k$ die Ordnung der Dgl. bestimmt. Das Wesentliche einer linearen Dgl. 1. Ordnung,

$$\sum_{i=1}^{n} a_i(\boldsymbol{x})u_{,i} + b(\boldsymbol{x})u + c(\boldsymbol{x}) = 0\,, \quad \boldsymbol{x} = \begin{bmatrix} x_1 \\ \vdots \\ x_n \end{bmatrix}, \tag{29-1}$$

$$\partial()/\partial x_i = ()_{,i}\,,$$

zeigt sich in der verkürzten homogenen Form

$$\sum_{i=1}^{n} a_i(\boldsymbol{x})u_{,i} = 0\,, \quad \text{kurz} \quad \boldsymbol{a}^{\mathrm{T}}(\boldsymbol{x})\,\mathrm{grad}\,u = 0\,. \tag{29-2}$$

Mit einer zunächst noch unbekannten Darstellung

$$u[\boldsymbol{x}(t)] = c\,, \quad c = \mathrm{const}\,, \tag{29-3}$$

der Lösung in Form eines parametergesteuerten Zusammenhanges zwischen den Variablen (Reduktion der Vielfalt auf $n-1$) ist über den Zuwachs

$$\mathrm{d}c/\mathrm{d}t = 0 = \sum_{i=1}^{n} u_{,i}\ \mathrm{d}x_i/\mathrm{d}t \tag{29-4}$$

ein implizites Erfüllen der Dgl. (29-2) garantiert, falls die Koeffizienten von $u_{,i}$ in (29-2) und (29-4) übereinstimmen. Insgesamt gibt dies die *n charakteristischen Gleichungen* für $\boldsymbol{x}(t)$,

$$\begin{aligned} &\mathrm{d}x_1/\mathrm{d}t = a_1(x_1, \dots, x_n)\,, \\ &\mathrm{d}x_n/\mathrm{d}t = a_n(x_1, \dots, x_n)\,, \quad x_k = x_k(t)\,. \end{aligned} \tag{29-5}$$

die unter Einbeziehung von n Integrationskonstanten zu integrieren sind. Durch Elimination des Parameters t erhält man die *Grundcharakteristiken*

$$\begin{aligned} C_1 &= f_1(x_1, \dots, x_n) \\ C_{n-1} &= f_{n-1}(x_1, \dots, x_n)\,, \quad C_k = \mathrm{const}\,, \end{aligned} \tag{29-6}$$

die in beliebiger funktioneller Verknüpfung

$$\begin{aligned} &\Phi(f_1, \dots, f_{n-1}) = u\,, \\ &\boldsymbol{a}^{\mathrm{T}}(\boldsymbol{x})\,\mathrm{grad}\,u = 0\,, \end{aligned} \tag{29-7}$$

eine spezielle Lösung der Dgl. (29-2) darstellen, falls nur Φ stetige partielle Ableitungen 1. Ordnung besitzt. Auf diese Weise lassen sich beliebig viele Lösungen $u(x)$ erzeugen.

Beispiel: Für die Dgl. $xu_{,x} + yu_{,y} + 2(x^2+y^2)u_{,z} = 0$ mit $x_1 = x$, $x_2 = y$, $x_3 = z$ berechne man die Grundcharakteristiken f_1, f_2 und weise nach, dass $\Phi(f_1, f_2) = f_1 f_2$ ebenfalls Lösung der Dgl. ist. Durch Integration der Dgln. $\mathrm{d}x/\mathrm{d}t = x, \mathrm{d}y/\mathrm{d}t = y, \mathrm{d}z/\mathrm{d}t = 2(x^2+y^2)$ erhält man zunächst $x(t) = c_1\mathrm{e}^t, y(t) = c_2\mathrm{e}^t$ und daraus über $\mathrm{d}z/\mathrm{d}t = 2\mathrm{e}^{2t}(c_1^2 + c_2^2)$ die Parameterdarstellung $z(t) = (c_1^2 + c_2^2)\mathrm{e}^{2t} + c_3$. Elimination von t liefert die Grundcharakteristiken $y/x = c_2/c_1 = C_1$, $C_2 = c_3 = z-(x^2+y^2)$. Die partiellen Ableitungen der Funktion $\Phi = C_1 \cdot C_2$ ergeben in der durch die Dgl. bestimmten Kombination in der Tat die Summe null.

$$\left.\begin{aligned} x|\Phi_{,x} &= -\frac{yz}{x^2} - y\left(1 - \frac{y^2}{x^2}\right) \\ y|\Phi_{,y} &= \frac{z}{x} - \left(x + \frac{3y^2}{x}\right) \\ 2(x^2+y^2)|\Phi_{,z} &= \frac{y}{x} \end{aligned}\right\} \sum = 0\,.$$

30 Partielle Differenzialgleichungen 2. Ordnung

Das Charakteristische einer linearen partiellen Differenzialgleichung 2. Ordnung

$$\begin{aligned} L[u] = {} & a_{11}(\boldsymbol{x})u_{,11} + a_{12}(\boldsymbol{x})u_{,12} + \dots + a_{1n}(\boldsymbol{x})u_{,1n} \\ & + a_{12}(\boldsymbol{x})u_{,12} + a_{22}(\boldsymbol{x})u_{,22} + \dots + a_{2n}(\boldsymbol{x})u_{,2n} \\ & + a_{1n}(\boldsymbol{x})u_{,1n} + a_{2n}(\boldsymbol{x})u_{,2n} + \dots + a_{nn}(\boldsymbol{x})u_{,nn} \\ & + b_1(\boldsymbol{x})u_{,1} + b_2(\boldsymbol{x})u_{,2} + \dots + b_n(\boldsymbol{x})u_{,n} \\ & + c(\boldsymbol{x})u = r(\boldsymbol{x})\,, \quad \boldsymbol{x}^{\mathrm{T}} = [x_1, x_2, \dots, x_n]\,, \end{aligned} \tag{30-1}$$

mit n Variablen x_i und der gesuchten Funktion $u(\boldsymbol{x})$ zeigt sich in den Eigenwerten $\lambda_1(\boldsymbol{x})$ bis $\lambda_n(\boldsymbol{x})$ der Koeffizientenmatrix $\boldsymbol{A}(\boldsymbol{x})$, die ihrerseits eine Funktion

Tabelle 30-1. Klassifikation von Dgln. 2. Ordnung

Eigenschaften aller λ_i in allen Punkten $\boldsymbol{x}$	Typ der Dgl.
Alle $\lambda_i \neq 0$ und dasselbe Vorzeichen	Elliptisch
Alle $\lambda_i \neq 0$ und genau ein Vorzeichen entgegengesetzt zu allen anderen	Hyperbolisch
Mindestens ein $\lambda_i = 0$	Parabolisch

der Koordinaten $\boldsymbol{x}$ des Definitionsgebietes ist; Tabelle 30-1.
Im Sonderfall $n = 2$ entscheidet die Koeffizientendeterminante

$$A = -\begin{vmatrix} a_{11}(\boldsymbol{x}) & a_{12}(\boldsymbol{x}) \\ a_{12}(\boldsymbol{x}) & a_{22}(\boldsymbol{x}) \end{vmatrix} \tag{30-2}$$

über den Typ der Dgl.:

$$n = 2: A(\boldsymbol{x}) \begin{cases} < 0 & \text{für alle } \boldsymbol{x}: \text{ elliptisch} \\ = 0 & \text{für alle } \boldsymbol{x}: \text{ parabolisch} \\ > 0 & \text{für alle } \boldsymbol{x}: \text{ hyperbolisch} \end{cases} . \tag{30-3}$$

Wie quadratische Formen auf Diagonalform mit $a_{ij} = 0$ für $i \neq j$ transformiert werden können, lassen sich Dgln. auf ihre Normalformen transformieren. Mit neuen Variablen ξ, η anstelle von $x_1 = x$ und $x_2 = y$ sowie entsprechenden Ableitungen nach ξ und η,

$$\xi = \xi(x, y), \quad \eta = \eta(x, y), \tag{30-4}$$

$$u = u[x(\xi, \eta), y(\xi, \eta)] \leftrightarrow u[\xi(x, y), \eta(x, y)],$$

$$u_{,x} = u_{,\xi}\, \xi_{,\eta} + u_{,\eta}\, \eta_{,x} \quad \text{usw.},$$

lässt sich der Übergang zur transformierten Form anschreiben.

$$\begin{aligned} u = f_1(x,y)&: a_{11}u_{,xx} + 2a_{12}u_{,xy} + a_{22}\,u_{,yy} \\ &\quad + F(x, y, u_{,x}, u_{,y}) = 0, \\ u = f_2(\xi,\eta)&: b_{11}\,u_{,\xi\xi} + 2b_{12}\,u_{,\xi\eta} + b_{22}u_{,\eta\eta} \\ &\quad + G(\xi, \eta, u, u_{,\xi}, u_{,\eta}) = 0, \end{aligned} \tag{30-5}$$

$$a_{ij} = f_{ij}(x, y), \quad b_{ij} = g_{ij}(\xi, \eta).$$

$$b_{11} = a_{11}\,\xi^2_{,x} + 2a_{12}\,\xi_{,x}\,\xi_{,y} + a_{22}\,\xi^2_{,y},$$

$$b_{22} = a_{11}\,\eta^2_{,x} + 2a_{12}\,\eta_{,x}\,\eta_{,y} + a_{22}\,\eta^2_{,y},$$

$$\begin{aligned} b_{12} &= a_{11}\xi_{,x}\,\eta_{,x} + a_{12}(\xi_{,x}\,\eta_{,y} + \xi_{,y}\,\eta_{,x}) \\ &\quad + a_{22}\,\xi_{,y}\,\eta_{,}. \end{aligned}$$

Der Typ der Dgl. und die Eindeutigkeit der Umkehrung $(\xi, \eta) \leftrightarrow (x, y)$ ist gewährleistet durch die Jacobi-Determinante

$$\xi_{,x}\,\eta_{,y} - \xi_{,y}\,\eta_{,x} \neq 0. \tag{30-6}$$

Alle Bedingungen der Tabelle 30-2 lassen sich zu zwei Dgln. für $\xi_{,x}$ und $\xi_{,y}$ bez. $\eta_{,x}$ und $\eta_{,y}$ zusammenführen:

$$a_{11}\varphi_{,x} + (a_{12} + \sqrt{A})\varphi_{,y} = 0,$$

$$a_{11}\varphi_{,x} + (a_{12} - \sqrt{A})\varphi_{,y} = 0,$$

$$\varphi = \{\xi(x, y), \eta(x, y)\}.$$

Charakteristische Gleichung:

$$a_{11}y'(x) = a_{12} + \sqrt{A}, \quad a_{11}y' = a_{12} - \sqrt{A}$$

oder zusammengefasst zu

$$a_{11}y'^2 - 2a_{12}y' + a_{22} = 0. \tag{30-7}$$

Aus den Charakteristiken $\varphi_1(x, y)$ und $\varphi_2(x, y)$ folgen die Transformationen

$$C_1 = \varphi_1(x, y) = \xi, \quad C_2 = \varphi_2(x, y) = \eta. \tag{30-8}$$

Beispiel. Die Dgl.

$$2yu_{,xx} + 2(x + y)u_{,xy} + 2xu_{,yy} + u = 0$$

ist im Gebiet ohne $x = y$ auf Normalform zu transformieren.
Der Typ ist zufolge $A = (x + y)^2 - 4xy = (x - y)^2 > 0$ hyperbolisch. Die charakteristische Gleichung

$$2yy'^2 - 2(x + y)y' + 2x = 2(yy' - x)(y' - 1) = 0$$

hat die Lösungen $\varphi_1 = y^2 - x^2 = C_1$ und $\varphi_2 = y - x = C_2$ aus der getrennten Integration der Faktoren. Daraus folgen die Transformation mitsamt der Umkehrung:

$$\xi = y^2 - x^2 = (y + x)(y - x), \quad \eta = y - x;$$

$$2x = (-\eta + \xi/\eta), \quad 2y = \eta + \xi/\eta.$$

Zum Einsetzen in die anfangs gegebene Dgl. werden die partiellen Ableitungen von $u[\xi(x, y), \eta(x, y)]$ benötigt.

$$\begin{aligned} u_{,x} &= u_{,\xi}(-2x) + u_{,\eta}(-1), \\ u_{,y} &= u_{,\xi}(2y) + u_{,\eta}(1), \\ u_{,xx} &= 4x^2u_{,\xi\xi} + 4xu_{,\xi\eta} + u_{,\eta\eta} - 2u_{,\xi}, \\ u_{,yy} &= 4y^2u_{,\xi\xi} + 4yu_{,\xi\eta} + u_{,\eta\eta} + 2u_{,\xi}, \\ u_{,xy} &= -[4xyu_{,\xi\xi} + 2(x + y)u_{,\xi\eta} + u_{,\eta\eta}]. \end{aligned}$$

Tabelle 30-2. Normalformen für $n = 2$

Normalform	Bedingungen für b_{ij}	Typ
$u_{,\xi\eta} + G_1(\xi, \eta, u, u_{,\xi}, u_{,\eta}) = 0$	$b_{11} = 0, b_{22} = 0, b_{12} \neq 0$	Hyperbolisch
$u_{,\xi\xi} - u_{,\eta\eta} + G_2(\xi, \eta, u, u_{,\xi}, u_{,\eta}) = 0$	$b_{11} + b_{22} = 0, b_{12} = 0$	Hyperbolisch
$u_{,\xi\xi} + G(\xi, \eta, u, u_{,\xi}, u_{,\eta}) = 0$	$b_{11} \neq 0, b_{12} = b_{22} = 0$	Parabolisch
$u_{,\xi\xi} + u_{,\eta\eta} + G(\xi, \eta, u, u_{,\xi}, u_{,\eta}) = 0$	$b_{11} = b_{22} \neq 0, b_{12} = 0$	Elliptisch

Tabelle 30-3. Allgemeine Lösungen für einfachste Normalformen. F, G sind stetig differenzierbare, ansonsten beliebige Funktionen

Einfachste Form	Lösungen
$u_{,xy} = 0$	$u = F(x) + G(y)$
$u_{,xx} = 0$	$u = xF(y) + G(y)$
$u_{,xx} + a^2 u_{,yy} = 0$	$u = F(y + \mathrm{j}ax) + G(y - \mathrm{j}ax)$
$u_{,xx} - a^2 u_{,yy} = 0$	$u = F(y + ax) + G(y - ax)$

Mit

$$x = x(\xi, \eta) \quad \text{und} \quad y = y(\xi, \eta)$$

erscheint die Ausgangsdgl. in der Tat in der Normalform:

$$u_{,\xi\eta} + u_{,\xi}/\eta - u/(4\eta^2) = 0 \, .$$

Im Sonderfall konstanter Koeffizienten a_{ij} werden die Charakteristiken zu Geraden

$$\begin{aligned} C_1 &= a_{11}y - (a_{12} + \sqrt{A})x \, , \\ C_2 &= a_{11}y - (a_{12} - \sqrt{A})x \, , \\ A &= a_{12}^2 - a_{11}a_{22} \, . \end{aligned} \qquad (30\text{-}9)$$

Separationsverfahren in Form von Produktansätzen

$$\begin{aligned} &L[u(\boldsymbol{x})] = r(\boldsymbol{x}) \, , \\ &u(x_1, \ldots, x_n) = f_1(x_1) f_2(x_2) \cdot \ldots \cdot f_n(x_n) \end{aligned} \qquad (30\text{-}10)$$

für die Normalformen können auch bei Dgln. mit nichtkonstanten Koeffizienten erfolgreich sein, wenn es nur gelingt, eine Funktion $f_k(x_k)$ zusammen mit der Variablen x_k zu separieren; so zum Beispiel für $k = 1$:

$$\begin{aligned} &F_1(x_1, f_1, f_{1,1}, f_{1,11}) \\ &\quad = -F(x_2, \ldots, x_n, f_2, \ldots, f_n, f_{2,2}, \ldots) = c_1 \, , \\ &c_1 = \text{const.} \end{aligned} \qquad (30\text{-}11)$$

Beginnend mit der Lösung der gewöhnlichen Dgl. $F_1(x_1, f_1, f_{1,1}, \ldots) = c_1$ gelangt man über eine gleichartige sukzessive Behandlung des Restes zur Gesamtlösung.

Beispiel. Die Dgl. $u_{,xy} + yu_{,x} - xu_{,y} = 0$ ist mittels des Ansatzes $u(x, y) = f_1(x) f_2(y)$ zu lösen. Einsetzen und Separation liefert $xf_1/f_{1,x} = 1 + yf_2/f_{2,y}$. Aus der Integration von $xf_1/f_{1,x} = c_1$ zu $f_1 = c_0 \exp\left(\frac{x^2}{2c_1}\right)$ und der Integration der rechten Seite zu $f_2 = c_2 \exp\left(\frac{y^2}{2(c_1-1)}\right)$ folgt die Gesamtlösung

$$u(x, y) = C_0 \exp\left[\frac{C_1}{2}\left(x^2 + \frac{y^2}{1 - C_1}\right)\right] .$$

Beispiel. Man zeige, dass die speziellen Lösungen $u = (y + \mathrm{j}ax)^n$ die Dgl. $u_{,xx} + a^2 u_{,yy} = 0$ erfüllen. Mit

$$\begin{aligned} u_{,xx} &= n(n-1)(y + \mathrm{j}ax)^{n-2}(-a^2) \, , \\ u_{,yy} &= n(n-1)(y + \mathrm{j}ax)^{n-2} \end{aligned}$$

wird in der Tat die Dgl. befriedigt.

31 Lösungen partieller Differenzialgleichungen

31.1 Spezielle Lösungen der Wellen- und Potenzialgleichung

Mit der *Wellengleichung*

$$\begin{aligned} &\Delta\Phi = \boldsymbol{a}\ddot{\Phi} + 2b\dot{\Phi} + c\Phi \, , \dot{()} = \mathrm{d}()/\mathrm{d}t \, , \\ &\Delta \text{ Laplace-Operator; } a, b, c \text{ Konstante,} \\ &\Delta\Phi = \Phi_{,xx} + \Phi_{,yy} + \Phi_{,zz} \text{ in kartesischen} \\ &\text{Koordinaten,} \end{aligned} \qquad (31\text{-}1)$$

erfasst man einen weiten Bereich von Schwingungserscheinungen in den Ingenieurwissenschaften. Ein Produktansatz

$$\Phi(\boldsymbol{x}, t) = u(\boldsymbol{x}) v(t) \, , \qquad (31\text{-}2)$$

getrennt für Zeit t und Ort $\boldsymbol{x}$, ermöglicht eine Separation

$$\frac{\Delta u}{u} = \frac{a\ddot{v} + 2b\dot{v} + cv}{v} = -\lambda^2 \tag{31-3}$$

mit der Konstanten $(-\lambda^2)$. Die Integration der Zeitgleichung belässt Integrationskonstanten A, B zum Anpassen an gegebene Anfangsbedingungen.

$$a\ddot{v} + 2b\dot{v} + (c + \lambda^2)v = 0\,.$$

$$v(t) = \begin{cases} e^{-\frac{b}{a}t}(A\cos\omega t + B\sin\omega t) \\ \text{mit } \omega^2 = \dfrac{\lambda^2 + c}{a} - \left(\dfrac{b}{a}\right)^2 . \\ b = 0: A\cos\omega t + B\sin\omega t \\ \text{mit } \omega^2 = (\lambda^2 + c)/a\,. \\ a = 0: A\exp\left(-\dfrac{c+\lambda^2}{2b}t\right) . \end{cases} \tag{31-4}$$

Die Integration der Ortsgleichung $\Delta u + \lambda^2 u = 0$, auch *Helmholtz-Gleichung* genannt, hat gegebene Randbedingungen zu berücksichtigen. Für den Sonderfall nur einer unabhängig Veränderlichen x steht dafür ein weiteres Paar D, E von Integrationskonstanten zur Verfügung.

Dgl. $u_{,xx} + \lambda^2 u = 0$.
Lösung $u(x) = D\sin\lambda x + E\cos\lambda x$.
Spezielle Randbedingungen
$u(x = 0) = 0\,, \quad u(x = l) = 0\,.$

Aus $u(x = 0) = 0$ folgt $E = 0$. (31-5)
Aus $u(x = l) = 0$ folgt $0 = D\sin\lambda l$ mit beliebig vielen Lösungsparametern oder Eigenwerten $\lambda_i l = i\pi\,, \quad i = 1, 2, 3, \ldots$ und Eigenfunktionen $u_i(x) = D\sin(i\pi x/l)$.

Die Gesamtlösung (31-2) setzt sich aus den Anteilen (31-4) und (31-5) zusammen; z. B. für $b = c = 0$:

$$\Phi(x, t) = \sum_i (\sin i\pi x/l)\left(F_i\cos\frac{i\pi}{l\alpha}t + G_i\sin\frac{i\pi}{l\alpha}t\right) ,$$
$$\alpha^2 = a\,. \tag{31-6}$$

Die Konstantenpaare F_i, G_i werden durch die gegebene Anfangskonstellation

$$\Phi(x, t = 0) = u_0(x)\,, \quad \Phi^{\bullet}(x, t = 0) = \dot{u}_0(x) \tag{31-7}$$

bestimmt, indem man die Orthogonalität der Eigenfunktionen aus (31-5)

$$\int_0^l u_i(x)\,u_j(x)\,\mathrm{d}x = 0 \text{ für } i \neq j \tag{31-8}$$

derart ausnutzt, dass man (31-7) jeweils mit $u_k(x)$ multipliziert und über dem Definitionsbereich $0 \leqq x \leqq l$ integriert.

$$\sum_i F_i\sin\frac{i\pi}{l}x = u_0(x)$$
$$\to F_k = \frac{2}{l}\int_0^l u_0(x)\sin\frac{k\pi}{l}x\,\mathrm{d}x\,, \tag{31-9}$$
$$\sum_i G_i\frac{i\pi}{l\alpha}\sin\frac{i\pi}{l}x = \dot{u}_0(x)$$
$$\to G_k = \frac{2\alpha}{k\pi}\int_0^l \dot{u}_0(x)\sin\frac{k\pi}{l}x\,\mathrm{d}x\,.$$

Die Gleichungsfolge (31-2) bis (31-9) ist typisch für alle eindimensionalen Ortsprobleme in der Zeit.
Für ebene und räumliche Gebiete besteht zwar kein Mangel an Lösungsfunktionen, so zum Beispiel im Raum,

$$u_{,xx} + u_{,yy} + u_{,zz} + \lambda^2 u = 0\,,$$
$$u(x, y, z) = A\exp[\mathrm{j}(\pm\alpha x \pm \beta y \pm \gamma z)] \tag{31-10}$$
$$\text{mit } \lambda^2 = \alpha^2 + \beta^2 + \gamma^2\,, \quad \mathrm{j}^2 = -1\,,$$

doch gelingt es damit in aller Regel nicht, vorgegebene Randbedingungen zu erfüllen.

Beispiel. Ein lösbarer Sonderfall betrifft die Helmholtz-Gleichung $\Delta u + \lambda^2 u = 0$ in einem homogenen achsenparallelen Quader mit den Kantenlängen a_x, a_y, a_z und vorgeschriebenen Werten $u = 0$ auf allen 6 Oberflächen.
Eigenfunktionen

$$u_{ijk} = A_{ijk}\sin\frac{i\pi}{a_x}x\sin\frac{j\pi}{a_y}y\sin\frac{k\pi}{a_z}z\,,$$
$$\Delta u_{ijk} = \pi^2\left(-\frac{i^2}{a_x^2} - \frac{j^2}{a_y^2} - \frac{k^2}{a_z^2}\right)u = -\lambda^2 u\,,$$

Eigenwerte

$$\lambda_{ijk}^2 = \pi^2\left(\frac{i^2}{a_x^2} + \frac{j^2}{a_y^2} + \frac{k^2}{a_z^2}\right);\ i, j, k \in \mathbb{N}\,,$$

Tabelle 31-1. Lösungsvielfalt für $\Delta u = 0, \Delta\Delta u = 0$

Differenzialgleichung	Lösungen
$u,_{xx} + u,_{yy} = \Delta u = 0$ Kartesische Koordinaten	Alle holomorphen Funktionen $u = F(x + \mathrm{j}y) + G(x - \mathrm{j}y)$, z. B. Real- und Imaginärteil von $(x \pm \mathrm{j}y)^k$ oder $\exp[\alpha(x \pm \mathrm{j}y)]$.
$u,_{rr} + \frac{1}{r}u,_r + \frac{1}{r^2}u,_{\varphi,\varphi} = 0$ Polarkoordinaten	$u = r^{\pm\alpha}\mathrm{e}^{\mathrm{j}\alpha\varphi}$, α beliebig. $u = A + B\ln\frac{r}{r_0}$, A, B, r_0 beliebig. $r^k\cos k\varphi,\ r^k\sin k\varphi,\ k = \ldots, -2, -1, 0, 1, 2\ldots$
$u,_{xx} + u,_{yy} + u,_{zz} = 0$	$u = [(x-a_x)^2 + (y-a_y)^2 + (z-a_z)^2]^{-\frac{1}{2}}$ a_x, a_y, a_z beliebig. $u = \exp\left[\frac{x}{a_x} + \frac{y}{a_y} + \frac{z}{a_z}\right]$ mit $\left(\frac{1}{a_x}\right)^2 + \left(\frac{1}{a_y}\right)^2 + \left(\frac{1}{a_z}\right)^2 = 0.$ $u = A + Bx + Cy + Dz.$
$u,_{rr} + \frac{1}{r}u,_r + \frac{1}{r^2}u,_{\varphi\varphi} + u,_{zz} = 0$ Zylinderkoordinaten	$u = \exp[\pm\mathrm{j}(\alpha z + \beta\varphi)]Z_\beta(\mathrm{j}\alpha r)$, Z: Zylinderfunktion. $u = (Az + B)r^\alpha \mathrm{e}^{\pm\mathrm{j}\alpha\varphi}$. $u = (Az + B)(C\varphi + D)\left(E + F\ln\frac{r}{r_0}\right)$.
$u,_{xxxx} + u,_{yyyy} + 2u,_{xxyy} = \Delta\Delta u = 0$ Kartesische Koordinaten	Mit $\Delta u = 0$ gilt $u = v;\quad xv;\quad yv;\quad (x^2 + y^2)v$ z. B. $\sinh\alpha y \sin\alpha x,\quad x\cos\alpha y \sinh\alpha x.$
$\Delta(\Delta u) = 0$ mit $\Delta() = (),_{rr} + \frac{1}{r}(),_r + \frac{1}{r^2}(),_{\varphi\varphi}$ Polarkoordinaten	z. B. $u = r^2, \ln\frac{r}{r_0},\ r^2\ln\frac{r}{r_0},\quad \varphi,\ r^2\varphi,\ \varphi\ln\frac{r}{r_0},\quad r^2\varphi\ln\frac{r}{r_0}$, $r\ln\frac{r}{r_0}\cos\varphi,\quad r\varphi\cos\varphi,\quad r^k\cos k\varphi.$

$$\text{z. B.}\quad \lambda_{\min}^2 = \pi^2\left(\frac{1}{a_x^2} + \frac{1}{a_y^2} + \frac{1}{a_z^2}\right).$$

Besonders augenfällig ist die Lösungsvielfalt für die Potenzialgleichung $\Delta u = 0$ und die Bipotenzialgleichung $\Delta\Delta u = 0$ in der Ebene.

31.2 Fundamentallösungen

Die Vielzahl möglicher Lösungen für lineare partielle Dgln. $LP[u(\boldsymbol{x}, t)] + r = 0$ lässt den Wunsch nach einer charakteristischen oder *Fundamentallösung* aufkommen. Sie ist definiert als Antwort $u(\boldsymbol{x}, t, \boldsymbol{x}_0, t_0)$ des Systems in einem Ort $\boldsymbol{x}$ und zu einer Zeit t auf eine punktuelle Einwirkung entsprechend dem Charakter der Störung r im Raum-Zeit-Punkt $\boldsymbol{x}_0$, t_0, auch Aufpunkt genannt. Die punktuelle Einwirkung wird so normiert, dass ihr Integral im Definitionsgebiet zu eins wird.

$$LP[u(\boldsymbol{x}, t)] + [\delta(\boldsymbol{x} - \boldsymbol{x}_0)[\delta(t - t_0)] = 0 \text{ im Gebiet } G$$
$$\rightarrow u(\boldsymbol{x}, t, \boldsymbol{x}_0, t_0) \text{ Fundamentallösung.}$$
$$\delta(\boldsymbol{x} - \boldsymbol{x}_0) = 0 \quad \text{für} \quad \boldsymbol{x} \neq \boldsymbol{x}_0\,,$$
$$\delta(t - t_0) = 0 \quad \text{für} \quad t \neq t_0\,, \tag{31-11}$$
$$\int_G [\delta(\boldsymbol{x} - \boldsymbol{x}_0)][\delta(t - t_0)]\,\mathrm{d}G = 1\,,$$
$$\int_G v(\boldsymbol{x}, t)[\delta(\boldsymbol{x} - \boldsymbol{x}_0)][\delta(t - t_0)]\,\mathrm{d}G = v(\boldsymbol{x}_0, t_0)\,.$$

Im Gegensatz zur Green'schen Funktion wird die Fundamentallösung nicht durch die Randbedingungen bestimmt, sondern allein durch die Forderung

Tabelle 31-2. Fundamentallösungen einiger linearer partieller Dgln. $LP[u] + \delta(x-0)\delta(t-0) = 0$

Operator LP	Fundamentallösungen
$u,_{xx} + \delta(x-0) = 0$	$u = r/2,\ r = \sqrt{x^2}$
$u,_{xx} + \lambda^2 u + \delta(x-0) = 0$	$u = -\frac{1}{2\lambda}\sin(\lambda r),\ r = \sqrt{x^2}$
$u,_{xx} - \frac{1}{k}u,_t + \delta(x-0)\delta(t-0) = 0$	$u = \frac{-H(t)}{\sqrt{4\pi kt}}\exp\left(-\frac{x^2}{4kt}\right)$, H: Heaviside-Funktion $H(t<0) = 0,\quad H(t \geqq 0) = 1$
$u,_{xx} + u,_{yy} + \delta(r-0) = 0$	$u = \frac{1}{2\pi}\ln\frac{R}{r},\ r^2 = x^2 + y^2$, R: Konstante
$k_1 u,_{xx} + k_2 u,_{yy} + \delta(r-0) = 0$	$u = \frac{1}{2\pi\sqrt{k_1 k_2}}\ln\frac{R}{r},\ r^2 = \frac{x^2}{k_1} + \frac{y^2}{k_2}$.
$c^2(u,_{xx} + u,_{yy}) - u,_{tt} + \delta(r-0)\delta(t-0) = 0$	$u = \frac{H(ct-r)}{2\pi c\sqrt{c^2t^2 - r^2}},\ r^2 = x^2 + y^2$.
$u,_{tt} - \lambda^2\Delta\Delta u + \delta(r-0)\delta(t-0) = 0$	$u = \frac{H(t)}{4\pi\lambda}S\left(\frac{r}{4\lambda t}\right),\ S(\xi) = -\int_{\xi}^{\infty}\frac{\sin z}{z}\,\mathrm{d}z$.
$u,_{xx} + u,_{yy} + u,_{zz} + \delta(r-0) = 0$	$u = \frac{1}{4\pi r},\ r^2 = x^2 + y^2 + z^2$
$u,_{xx} + u,_{yy} + u,_{zz} + \lambda^2 u + \delta(r-0) = 0$	$u = \frac{1}{4\pi r}\exp(-\mathrm{j}\lambda r)$
$k_1 u,_{xx} + k_2 u,_{yy} + k_3 u,_{zz} + \delta(r-0) = 0$	$u = \frac{1}{4\pi r}\cdot\frac{1}{\sqrt{k_1 k_2 k_3}},\ r^2 = \frac{x^2}{k_1} + \frac{y^2}{k_2} + \frac{z^2}{k_3}$.
$c^2(u,_{xx} + u,_{yy} + u,_{zz}) - u,_{tt} + \delta(r-0)\delta(t-0) = 0$	$u = \frac{\delta\left(t - \frac{r}{c}\right)}{4\pi r}$

nach totaler Symmetrie bezüglich des Aufpunktes. Die Berandung des Integrationsgebietes ist durch zusätzliche Maßnahmen in die Lösungsmenge einzuführen, zum Beispiel nach dem Konzept der Randintegralmethoden, mit der numerischen Verwirklichung als Randelementmethode (BEM, Boundary Element Method).

Beispiel. Für die Potenzialgleichung $\Delta u + \delta(r - r_0) = 0$ mit $r_0 = 0$ in Kugelkoordinaten bestimme man die Fundamentallösung. Bei totaler Symmetrie gilt $u,_\varphi = u,_\vartheta = 0$ und es verbleibt eine gewöhnliche Dgl. zunächst für $r \neq r_0 = 0$,

$$\frac{1}{r^2}(r^2 u,_r),_r = u,_{rr} + 2u,_r / r = 0\,,$$

mit der Lösung $u(r) = A/r$. Integration der Dgl. in einem beliebig kleinen Kugelgebiet um den Aufpunkt liefert mithilfe der 3. Green'schen Formel $\int \Delta u\ \mathrm{d}V = \int u,_n\ \mathrm{d}S$ aus 17.3 mit $u,_n = u,_r$ und $\mathrm{d}S = r^2\sin\varphi\,\mathrm{d}\varphi\,\mathrm{d}\vartheta$ eine Bestimmungsgleichung für die Konstante A.

$$\int(\Delta u + \delta r)\mathrm{d}V = \int_{\varphi=0}^{\pi}\int_{\vartheta=0}^{2\pi} u,_r r^2 \sin\varphi\,\mathrm{d}\varphi\,\mathrm{d}\vartheta + 1$$
$$= -4A\pi + 1 = 0$$
$$\to A = \frac{1}{4\pi}\,,\quad u = \frac{1}{4\pi r}\,.$$

32 Variationsrechnung

32.1 Funktionale

Die Lösungsfunktionen y mancher Aufgaben der Angewandten Mathematik lassen sich durch Extremalaussagen charakterisieren mit der Fragestellung,

für welche Funktionen $\boldsymbol{y}(\boldsymbol{x})$ eines oder mehrerer Argumente $\boldsymbol{x}$ ein bestimmtes Integral J als Funktion von $\boldsymbol{y}$ einen zumindest stationären Wert annimmt.
Speziell: Gesucht eine Funktion y einer Veränderlichen x.

$$\text{Gegeben: } J = \int_a^b F(x, y, y' \ldots, y^{(n)})\mathrm{d}x\,,\; y^{(n)} = \frac{\mathrm{d}^n y}{\mathrm{d}x^n}\,.$$

Gesucht: Lösungsfunktionen $y_{\mathrm{E}(x)}$, für die J stationär wird.

$$\begin{aligned} &J: \textit{Funktional.} \\ &y_{\mathrm{E}}: \textit{Extremale} \text{ des Variationsproblems.} \end{aligned} \tag{32-1}$$

Während die Extremalwerte gewöhnlicher Funktionen $y(x)$ durch die Stelle x_{E} mit verschwindendem Zuwachs $\mathrm{d}y|x_{\mathrm{E}} = 0$ markiert werden, bedarf die Ableitung nach Funktionen einer zusätzlichen Idee. Durch Einbettung der Extremalen y_{E} in eine lineare Vielfalt von Variationsfunktionen $v(x)$ mit einem Parameter ε wird das Funktional unter anderem auch zu einer gewöhnlichen Funktion des Skalars ε, wobei die Lösungsstelle mit verschwindendem Zuwachs $\mathrm{d}J/\mathrm{d}\varepsilon = 0$ durch den besonderen Wert $\varepsilon = 0$ markiert wird.

$$\begin{aligned} &y(x) = y_{\mathrm{E}}(x) + \varepsilon v(x) \\ &\rightarrow J = J\left(x, y_{\mathrm{E}}, v, \ldots, y_{\mathrm{E}}^{(n)}, v^{(n)}, \varepsilon\right). \\ &y = y_{\mathrm{E}} \quad \text{für} \quad \varepsilon = 0\,. \end{aligned} \tag{32-2}$$

Notwendige Bedingung für stationäres J:

$$\left.\frac{\mathrm{d}J}{\mathrm{d}\varepsilon}\right|_{\varepsilon=0} = \delta J = 0\,. \tag{32-3}$$

$$\begin{aligned} &\delta J: &&\text{Variation des Funktionals} \\ &\delta y = v: &&\text{Variation der Extremalen}\,. \end{aligned}$$

Die Ableitung nach ε im Punkt $\varepsilon = 0$ nennt man auch Variation δJ des Funktionals. Mit Hilfe partieller Ableitungen lässt sich der Integrand von δJ als Produkt mit Faktor v formulieren,

$$\delta J = \int_a^b vG\left(x, y_{\mathrm{E}}, \ldots, y_{\mathrm{E}}^{(2n)}\right)\,\mathrm{d}x + \text{Randterme} = 0\,, \tag{32-4}$$

das bei beliebiger Variationsfunktion v nur verschwindet für

$$G\left(x, y_{\mathrm{E}}, \ldots, y_{\mathrm{E}}^{(2n)}\right) = 0 \tag{32-5}$$

(Euler'sche Dgl. der Ordnung $2n$ des Variationsproblems).

Damit erhält man eine Bestimmungsgleichung für die Extremale $y_{\mathrm{E}}(x)$, die im Zusammenhang mit der Variationsrechnung speziell *Euler'sche Dgl.* genannt wird.
Im Sonderfall $n = 1$ erhält man über das

$$\text{Funktional } J = \int_a^b F(x, y, y')\,\mathrm{d}x\,,\ \text{die}$$

Einbettung $y(x) = y_{\mathrm{E}}(x) + \varepsilon v(x)$, die Kettenregel

$$\frac{\mathrm{d}F}{\mathrm{d}\varepsilon} = \frac{\partial F}{\partial y}\cdot\frac{\mathrm{d}y}{\mathrm{d}\varepsilon} + \frac{\partial F}{\partial y'}\cdot\frac{\mathrm{d}y'}{\mathrm{d}\varepsilon} = F_{,y}\,v + F_{,y'}\,v' \tag{32-6}$$

und durch partielle Integration

$$\frac{\mathrm{d}J}{\mathrm{d}\varepsilon} = \int_a^b \left[F_{,y} - \frac{\mathrm{d}}{\mathrm{d}x}F_{,y'}\right] v\,\mathrm{d}x + [F_{,y'}\,v]_a^b = 0$$

die sogenannte *Euler-Lagrange'sche Gleichung* des Variationsproblems für die Extremale $y_{\mathrm{E}}(x)$:

$$\left[F_{,y} - \frac{\mathrm{d}}{\mathrm{d}x}F_{,y'}\right]_{\varepsilon=0} = 0\,. \tag{32-7}$$

In der Regel ist (32-7) eine Dgl. 2. Ordnung für $y(x)$. In Sonderfällen sind sog. *erste Integrale* angebbar:

$$F = F(x, y'):\ F_{,y'} = \text{const}\,. \tag{32-8}$$

$$\begin{aligned} F = F(y, y'):\ &y'\left(F_{,y} - \frac{\mathrm{d}}{\mathrm{d}x}F_{,y'}\right) \\ &= \frac{\mathrm{d}}{\mathrm{d}x}(F - y'F_{,y'}) = 0 \\ &\rightarrow F - y'F_{,y'} = \text{const}\,. \end{aligned} \tag{32-9}$$

Beispiel. In einer vertikalen Ebene im Schwerefeld liege ein Punkt P um ein Stück $y_P = h$ unter dem Ursprung O und um $x_P = a$ horizontal gegenüber O versetzt. Gesucht ist die Kurve $y(x)$ minimaler Fallzeit T von O nach P. Dem Funktional J entspricht hier die Zeitspanne $T = \int_0^P \mathrm{d}t = \int \mathrm{d}s/v$ mit der Bogenlänge $\mathrm{d}s^2 = \mathrm{d}x^2 + \mathrm{d}y^2$ und der Bahngeschwindigkeit $v = \sqrt{2gy}$ nach den Regeln der Mechanik, g ist die Erdbeschleunigung; insgesamt ergibt sich ein Minimalfunktional vom Typ (32-6) mit dem 1. Integral (32-9).

$$T = \int_0^P F\,\mathrm{d}x \to \text{Minimum}\,, \quad F = \sqrt{\frac{1+y'^2}{2gy}}\,.$$

Euler-Lagrange'sche Bestimmungsgleichung:

$$\sqrt{\frac{1+y_E'^2}{y_E}} = y_E' \frac{y_E'}{\sqrt{y_E\left(1+y_E'^2\right)}} + c_1$$

$$\text{oder} \quad y_E\left(1+y_E'^2\right) = c_2^2\,.$$

Bei der praktischen Rechnung wird der Index E fortgelassen. Die Lösung der Dgl. ist eine Zykloide als Kurve kürzester Fallzeit, auch *Brachystochrone* genannt.

Quadratische Funktionale (hier für den häufigen Fall $n = 2$ formuliert) führen auf lineare Dgln. mit Randtermen, wobei jeder Summand für sich verschwinden muss.

Gesucht: J_{extr} von

$$J = \frac{1}{2}\int_a^b \left(f_2 y''^2 + f_1 y'^2 + f_0 y^2 + 2r_1 y + r_0\right)\mathrm{d}x\,.$$

Notwendige Bedingung für Extremale y_E:

$$\begin{aligned}\delta J &= \left.\frac{\mathrm{d}J}{\mathrm{d}\varepsilon}\right|_{\varepsilon=0} = 0\\ &= \int_a^b \left[(f_2 y_E'')'' - (f_1 y_E')' + f_0 y_E + r_1\right] v\,\mathrm{d}x \quad (32\text{-}10)\\ &+ \left[f_2 y_E'' v' - (f_2 y_E'')' v + f_1 y_E' v\right]_a^b\,.\end{aligned}$$

Randterme allgemein: $[R[y_E] \cdot S[v]]_a^b$.

Falls $R[y_E] = 0$: R natürliche Randbedingung mit $S[v]$ beliebig ,

Falls $R[y_E] \neq 0$: S wesentliche Randbedingung mit $S[v] \overset{!}{=} 0$. (32-11)

Wenn der Faktor $R[y_E]$ die Randbedingungen des Randwertproblems darstellt, sind die Randwerte $S[v]$ der Variationsfunktion unbeschränkt. Anderenfalls ist der Extremalpunkt J_{extr} nur extremal bezüglich einer durch $S[v] \overset{!}{=} 0$ beschränkten Variationsvielfalt.

Die Aussage (32-11) ist von wesentlicher Bedeutung für die klassischen Finite-Element-Methoden. Ansatzfunktionen zur Approximation des Funktionals müssen lediglich die sogenannten wesentlichen Randbedingungen in $y^{(0)}$ bis einschließlich $y^{(n-1)}$ erfüllen (sog. zulässige Ansatzfunktionen). Die restlichen Randbedingungen in $y^{(n)}$ bis $y^{(2n-1)}$ sind implizit in der Variationsformulierung enthalten; man spricht deshalb auch von natürlichen Randbedingungen. Ansatzfunktionen, die alle Randbedingungen (wesentliche und restliche) erfüllen, heißen *Vergleichsfunktionen*.

Bei Variationsaufgaben

$$J = \int_a^b F(x, y, y')\,\mathrm{d}x \to \text{Extremum}$$

mit festen Grenzen werden die zwei Konstanten bei der Integration der Dgl.

$$F_{,y} - \frac{\mathrm{d}}{\mathrm{d}x}F_{,y'} = 0$$

durch je eine Bedingung pro Rand bestimmt. Bei Variationsaufgaben mit noch freien Grenzen sind diese in den Variationsprozess einzubeziehen und liefern entsprechende Bestimmungsgleichungen für die Integrationskonstanten.

Variation bei fester unterer Grenze und *freier oberer Grenze*:

$$J = \int_{x_0}^{x_1} F(x, y, y')\,\mathrm{d}x \to \text{Extremum}$$

$$\text{mit} \quad \delta x_0 = 0 \quad \text{und} \quad \delta x_1 \neq 0\,.$$

Notwendige Extremalbedingungen:

$$F_{,y} - \frac{\mathrm{d}}{\mathrm{d}x}F_{,y'} = 0$$

$$\text{und} \quad [F - y'F_{,y'}]_{x_1}\delta x_1 + [F_{,y'}]_{x_1}\delta y_1 = 0\,. \quad (32\text{-}12)$$

Soll die *Variation* des Endpunktes (x_1, y_1) *längs einer vorgeschriebenen Kurve* $y_1 = f(x_1)$ verlaufen, so gilt die *Transversalitätsbedingung*

$$[F + (f' - y')F_{,y'}]_{x_1} = 0 \quad \text{und} \quad F_{,y} = \frac{\mathrm{d}}{\mathrm{d}x} F_{,y'} \,. \tag{32-13}$$

Funktionale mit mehreren gesuchten Extremalen $y_{\mathrm{E}1}(x)$ bis $y_{\mathrm{E}n}(x)$ werden durch voneinander unabhängige Variationen

$$y_j(x) = y_{\mathrm{E}j}(x) + \varepsilon_j v_j(x) \,, \quad j = 1, \ldots, n \,, \tag{32-14}$$

zu gewöhnlichen Funktionen in ε_j, deren lokaler Zuwachs $\mathrm{d}J$ im Extremalpunkt mit $\varepsilon_j = 0$ verschwinden muss.

Gegeben:

$$J = \int_a^b F(x, \boldsymbol{y}, \boldsymbol{y}')\,\mathrm{d}x \to \text{Extremum} \,,$$

$$\boldsymbol{y}^{\mathrm{T}} = [y_1(x), \ldots, y_n(x)] \,.$$

Notwendige Bedingungen:

$$F_{,y_j} - \frac{\mathrm{d}}{\mathrm{d}x} F_{,y'_j} = 0 \,, \quad j = 1, 2, \ldots, n \,. \tag{32-15}$$

Variationsproblemen mit Nebenbedingungen ordnet man zwei Typen zu. Erster Typ:

Nebenbedingungen $g_k(x, \boldsymbol{y}, \boldsymbol{y}') = 0 \,, \quad k = 1, \ldots, m.$

$$\text{Funktional} \quad J = \int_a^b F(x, \boldsymbol{y}, \boldsymbol{y}')\,\mathrm{d}x \to \text{Extremum} \,,$$

$$\boldsymbol{y}^{\mathrm{T}} = [y_1(x), \ldots, y_n(x)] \,. \tag{32-16}$$

Verknüpft man Funktional und Nebenbedingungen mittels Lagrange'scher Multiplikatoren λ_1 bis λ_m, so ist die Hilfsfunktion F^* wie üblich zu variieren.

$$F^* = F + \boldsymbol{\lambda}^{\mathrm{T}} \boldsymbol{g} \,.$$

Notwendige Bedingungen:

$$F^*_{,y_j} - \frac{\mathrm{d}}{\mathrm{d}x} F^*_{,y'_j} = 0 \,, \quad j = 1, 2, \ldots, n \,,$$

$$g_k(x, \boldsymbol{y}, \boldsymbol{y}') = 0 \,, \quad k = 1, 2, \ldots, m \,. \tag{32-17}$$

Ingesamt $n + m$ Gleichungen für n Funktionen $y_j(x)$ und m Funktionen $\lambda_k(x)$.
Der zweite Typ, auch *isoperimetrisches* Problem genannt, wird durch Nebenbedingungen in Form konstant vorgegebener anderer Funktionale charakterisiert.

$$\text{Nebenbedingung} \quad \int_a^b G_k(x, \boldsymbol{y}, \boldsymbol{y}')\,\mathrm{d}x = c_k \,, \quad k = 1, \ldots, m \,.$$

$$\text{Funktional} \quad J = \int_a^b F(x, \boldsymbol{y}, \boldsymbol{y}')\,\mathrm{d}x \to \text{Extremum} \,. \tag{32-18}$$

Verknüpft man Funktional und Nebenbedingungen mittels Lagrange'scher Multiplikatoren λ_1 bis λ_m, so ist zunächst deren Konstanz beweisbar und es verbleibt die Variation einer Hilfsfunktion F^*.

$$F^* = F + \boldsymbol{\lambda}^{\mathrm{T}} G \,, \quad \boldsymbol{\lambda} \text{ Konstantenspalte} \,.$$

Notwendige Bedingung für J_{extr}

$$F^*_{,y_j} - \frac{\mathrm{d}}{\mathrm{d}x} F^*_{,y'_j} = 0 \,, \quad j = 1, 2, \ldots, n \,, \tag{32-19}$$

$$\int_a^b G_k\,\mathrm{d}x = c_k \,, \quad k = 1, 2, \ldots, m \,.$$

Insgesamt $n + m$ Gleichungen für n-Funktionen $y_j(x)$ und m-Konstante λ_k.
Funktionale mit mehrdimensionalen Integralen zum Beispiel einer gesuchten Extremalen $u_{\mathrm{E}}(x, y, z)$ führen auf partielle Dgln.:
Gegeben:

$$J = \int_a^b F(x, y, z, u, u_{,x}, u_{,y}, u_{,z})\,\mathrm{d}V \to \text{Extremum}$$

Einbettung der Extremalen u_{E}:

$$u(x, y, z) = u_{\mathrm{E}}(x, y, z) + \varepsilon v(x, y, z) \,.$$

Notwendige Bedingung:

$$\delta J = \left.\frac{\mathrm{d}J}{\mathrm{d}\varepsilon}\right|_{\varepsilon=0} = 0 = \int_a^b E(u) v\,\mathrm{d}V + \text{Randterm}$$

mit der Euler'schen Dgl.

$$E(u) = F_{,u} - \frac{\partial}{\partial x} F_{,u_{,x}} - \frac{\partial}{\partial y} F_{,u_{,y}} - \frac{\partial}{\partial z} F_{,u_{,z}} = 0 \,. \tag{32-20}$$

Die *Potenzialgleichung* in ebenen kartesischen Koordinaten mit der Feldgleichung

$$u_{,xx} + u_{,yy} = r_0(x, y)$$

und den Randbedingungen

$$\begin{aligned} &u_{,n} + r_1(s)u(s) = r_2(s)\ ; \\ &u_{,n} \text{ Normalableitung am Rand}\ , \\ &s \text{ Bogenkoordinate des Randes}\ , \end{aligned} \tag{32-21}$$

lässt sich als notwendige Bedingung einer zugeordneten Variationsaufgabe formulieren mit

$$\begin{aligned} J = &\int_G \left[u^2_{,x} + u^2_{,y} + 2r_0 u\right] \mathrm{d}x\,\mathrm{d}y \\ &+ \int_R \left[r_1 u^2 - 2r_2 u\right] \mathrm{d}s \to \text{Extremum}\ , \\ &G\text{: endliches Gebiet}\ , R\text{: endlicher Rand}\ . \end{aligned} \tag{32-22}$$

Die *Bipotenzialgleichung* bestehend aus Feldgleichung

$$u_{,xxxx} + 2u_{,xxyy} + u_{,yyyy} = r_0(x, y)$$

und speziellen Randbedingungen

$$u = 0\ , \quad u_{,n} = 0 \quad \text{längs aller Ränder} \tag{32-23}$$

lässt sich als notwendige Bedingung einer zugeordneten Variationsaufgabe formulieren mit

$$\begin{aligned} J = &\int_G \left[u^2_{,xx} + u^2_{,yy} + 2u^2_{,xy} - 2r_0 u\right] \mathrm{d}x\,\mathrm{d}y \\ &\to \text{Extremum}\ . \end{aligned} \tag{32-24}$$

Für allgemeinere Randbedingungen ist J entsprechend zu ergänzen.

Rayleigh-Quotient ist ein Extremalfunktional in Quotientenform.

$$R = J_1/J_2\ , \quad J_k = \int_a^b F_k(x, y, y', \ldots, y^{(n)})\,\mathrm{d}x\ .$$

Gesucht:

Lösungsfunktion $y_\mathrm{E}(x)$, für die R stationär wird; $R(y_\mathrm{E}) = R_\mathrm{stat}$.

Notwendige Bedingung

$$\begin{aligned} \delta R &= \delta J_1/J_2 - \left(J_1/J_2^2\right)\delta J_2 = 0\ , \\ 0 &= (\delta J_1 - R_\mathrm{stat}\delta J_2)/J_2\ , \quad J_2 \neq 0\ . \end{aligned}$$

Bei quadratischen Funktionalen J_k nach (32-10) erweist sich der stationäre Wert R_stat als Eigenwert einer zugeordneten homogenen Variationsgleichung.

32.2 Optimierung

Bei der Bewertung dynamischer Prozesse liegt es nahe, die Systemenergie zu minimieren. Enthält der Zustandsvektor $\boldsymbol{x}$ die Zustandsgrößen und deren zeitliche Ableitungen, ist die quadratische Form $\boldsymbol{x}^\mathrm{T}\boldsymbol{x}$ ein Energiemaß. Eine Variante $\boldsymbol{x}^\mathrm{T}\boldsymbol{Q}\boldsymbol{x}$ mit symmetrischer positiv definiter Matrix $\boldsymbol{Q}$ erlaubt eine Gewichtung der einzelnen Energieanteile. Ein Prozessablauf $\boldsymbol{x}(t)$ mit linearer Zustandsgleichung $\mathrm{d}\boldsymbol{x}/\mathrm{d}t = \dot{\boldsymbol{x}} = \boldsymbol{A}\boldsymbol{x}$ und der Forderung nach minimaler Prozessenergie wird bestimmt durch die

Lyapunov-Gleichung.
Energieminimierung mit der Prozessgleichung

$$\begin{aligned} &\dot{\boldsymbol{x}} = \boldsymbol{A}\boldsymbol{x} \text{ als Nebenbedingung}\ . \\ &J = \frac{1}{2}\int_0^\infty \boldsymbol{x}^\mathrm{T}\boldsymbol{Q}\boldsymbol{x}\,\mathrm{d}t + \int_0^\infty \boldsymbol{\lambda}^\mathrm{T}(\boldsymbol{A}\boldsymbol{x} - \dot{\boldsymbol{x}})\,\mathrm{d}t \\ &\to \text{Minimum}\ . \end{aligned} \tag{32-25}$$

$\delta J = 0$ mit $\boldsymbol{Q} = \boldsymbol{Q}^\mathrm{T}$ führt auf

$$\begin{bmatrix} \boldsymbol{A} & \boldsymbol{O} \\ -\boldsymbol{Q} & -\boldsymbol{A}^\mathrm{T} \end{bmatrix} \begin{bmatrix} \boldsymbol{x} \\ \boldsymbol{\lambda} \end{bmatrix} = \begin{bmatrix} \dot{\boldsymbol{x}} \\ \dot{\boldsymbol{\lambda}} \end{bmatrix}\ . \tag{32-26}$$

Der Ansatz $\boldsymbol{\lambda} = \boldsymbol{P}\boldsymbol{x}$ überführt (32-26) in die Lyapunov-Gleichung

$$\dot{\boldsymbol{P}} + \boldsymbol{Q} + \boldsymbol{A}^\mathrm{T}\boldsymbol{P} + \boldsymbol{P}\boldsymbol{A} = \boldsymbol{O}\ . \tag{32-27}$$

Bei Systemen mit Stellgrößen $\boldsymbol{u}$ stellt sich die Frage nach deren optimaler Dimensionierung, die ebenfalls über eine Bilanz aus Systemenergie $\boldsymbol{x}^\mathrm{T}\boldsymbol{Q}\boldsymbol{x}$ und Stellenergie $\boldsymbol{u}^\mathrm{T}\boldsymbol{R}\boldsymbol{u}$ beantwortet werden kann.

Riccati-Gleichung.
Energieminimierung mit der Prozessgleichung $\dot{\boldsymbol{x}} = \boldsymbol{A}\boldsymbol{x} + \boldsymbol{B}\boldsymbol{u}$ als Nebenbedingung.

$$J = \frac{1}{2}\int_0^\infty (\boldsymbol{x}^T \boldsymbol{Q}\boldsymbol{x} + \boldsymbol{u}^T \boldsymbol{R}\boldsymbol{u})\,dt + \int_0^\infty \boldsymbol{\lambda}^T(\boldsymbol{A}\boldsymbol{x} + \boldsymbol{B}\boldsymbol{u} - \dot{\boldsymbol{x}})\,dt \to \text{Minimum}\,. \quad (32\text{-}28)$$

$\delta J = 0$ mit $\boldsymbol{Q} = \boldsymbol{Q}^T$, $\boldsymbol{R} = \boldsymbol{R}^T$ führt auf

$$\boldsymbol{u} = -\boldsymbol{R}^{-1}\boldsymbol{B}^T\boldsymbol{\lambda} \quad \text{und} \quad (32\text{-}29)$$

$$\begin{bmatrix} \boldsymbol{A} & -\boldsymbol{B}\boldsymbol{R}^{-1}\boldsymbol{B}^T \\ -\boldsymbol{Q} & -\boldsymbol{A}^T \end{bmatrix}\begin{bmatrix} \boldsymbol{x} \\ \boldsymbol{\lambda} \end{bmatrix} = \begin{bmatrix} \dot{\boldsymbol{x}} \\ \dot{\boldsymbol{\lambda}} \end{bmatrix}. \quad (32\text{-}30)$$

Der Ansatz $\boldsymbol{\lambda} = \boldsymbol{P}\boldsymbol{x}$ überführt (32-30) in die Riccati-Gleichung

$$\dot{\boldsymbol{P}} + \boldsymbol{Q} + \boldsymbol{A}^T\boldsymbol{P} + \boldsymbol{P}\boldsymbol{A} - \boldsymbol{P}\boldsymbol{B}\boldsymbol{R}^{-1}\boldsymbol{B}^T\boldsymbol{P} = \boldsymbol{O}\,. \quad (32\text{-}31)$$

Eine allgemeinere Optimierung aktiver Systeme mit der Systemgleichung

$$\dot{\boldsymbol{x}} = \boldsymbol{f}(\boldsymbol{x}, \boldsymbol{u}, t)\,,$$

der Extremalforderung

$$\int_{t_0}^{t_1} G(\boldsymbol{x}, \boldsymbol{u}, t)\,dt \to \text{Extremum}$$

und den Randbedingungen

$$\boldsymbol{x}(t_0) - \boldsymbol{x}_0 = \boldsymbol{o}\,, \quad [r_1(\boldsymbol{x}, t)]_{t=t_1} = 0 \quad \text{bis} \quad [r_\alpha(\boldsymbol{x}, t)]_{t=t_1} = 0 \quad (32\text{-}32)$$

gelingt über die *Hamilton-Funktion*

$$H = p_0 G + \sum_{i=1}^{n} p_i f_i\,, \quad (32\text{-}33)$$

$p_i(t)$ adjungierte Funktionen (Lagrange-Multiplikatoren).

Die Variation $\delta \int_{t_0}^{t_1} H\,dt = 0$ über der Prozessstrecke führt auf Bestimmungsgleichungen für $\boldsymbol{x}$ und $\boldsymbol{p}$,

$$\dot{x}_i = \partial H/\partial p_i \quad \text{plus Randbedingungen}\,,$$

$$\dot{p}_i = -p_0\,\partial G/\partial x_i - \sum_{j=1}^{n} p_j \partial f_j/\partial x_i$$

$$\text{und} \quad p_i(t_1) = -\left[\sum_{j=1}^{\alpha} \lambda_j \partial r_j/\partial x_i\right]_{t_1} \quad (32\text{-}34)$$

mit noch freien Parametern λ, die aus den Randbedingungen für $\boldsymbol{x}$ zum Zeitpunkt t_1 folgen. Nach dem *Pontrjagin'schen Prinzip* erhält man schließlich die optimale Steuerung $\boldsymbol{u}_{opt}$ derart, dass die Hamilton-Funktion damit extremal wird.

$$H(\boldsymbol{x}, \boldsymbol{u}_{opt}, \boldsymbol{p}, t) = \text{Extremum von } H(\boldsymbol{x}, \boldsymbol{u}, \boldsymbol{p}, t)\,. \quad (32\text{-}35)$$

Dieses Prinzip gilt auch für Systeme mit Stellgrößenbeschränkungen.

Beispiel. Ein lineares System $\dot{\boldsymbol{x}} = \boldsymbol{A}\boldsymbol{x} + \boldsymbol{b}u$ mit den Randbedingungen $\boldsymbol{x}(t_0 = 0) = \boldsymbol{o}$ und $2x_1 + x_2 - 2 = 0$ zum Endzeitpunkt $t_1 = 1$ soll so gesteuert werden, dass die Stellenergie $\int_0^2 \frac{1}{2}u^2 dt$ minimal wird.

Gegeben:

$$\boldsymbol{A} = \begin{bmatrix} 0 & 1 \\ 0 & 0 \end{bmatrix}, \quad \boldsymbol{b} = \begin{bmatrix} 1 \\ 1 \end{bmatrix}, \quad \text{also } \boldsymbol{f} = \begin{bmatrix} x_2 + u \\ u \end{bmatrix},$$

$$G = \frac{1}{2}u^2\,, \quad r_1 = 2x_1 + x_2 - 2\,.$$

Hamilton-Funktion

$$H = p_0\frac{1}{2}u^2 + p_1(x_2 + u) + p_2 u\,.$$

Die Integration des adjungierten Systems $\dot{\boldsymbol{p}} = -\boldsymbol{A}^T\boldsymbol{p}$, $\dot{p}_1 = 0$, $\dot{p}_2 = -p_1$, mit den Endbedingungen $p_1(t_1 = 1) = -\lambda_1 2$, $p_2(t_1 = 1) = -\lambda_1$ belässt zunächst den Multiplikator λ_1 : $p_1 = -2\lambda_1, p_2 = \lambda_1(2t - 3)$. Partielles Ableiten der Hamilton-Funktion nach u gibt eine Bestimmungsgleichung $p_0 u + (p_1 + p_2) = 0$ mit einer willkürlichen Skalierungsmöglichkeit für p_0; üblich ist die Wahl $p_0 = -1$ mit der Lösung $u = p_1 + p_2 = \lambda_1(2t - 5)$. Der Multiplikator λ_1 wird durch die Endbedingung für $\boldsymbol{x}$ bestimmt, was die vorherige Lösung der Systemgleichung erfordert. Aus $\dot{x}_1 = x_2 + u$ und $x_2 = u$ erhält man zunächst $x_2 = \lambda_1(t^2 - 5t)$ und $x_1 = \lambda_1(2t^3 - 9t^2 - 30t)/6$ und schließlich über $2x_1 + x_2 = 2$ zum Zeitpunkt $t_1 = 1$ den Parameter $\lambda_1 = -6/49$ mit der endgültigen Stellgrößenfunktion $u = -6(2t - 5)/49$ und dem Endpunkt $\boldsymbol{x}^T(t_1 = 1) = [37, 24]/49$.

32.3 Lineare Optimierung

Die Suche nach Extremwerten linearer Funktionen $z = c_1 x_1 + \ldots + c_n x_n = \boldsymbol{c}^T\boldsymbol{x}$ unter Beachtung gewisser Nebenbedingungen in Form von linearen Ungleichungen $y_1(\boldsymbol{x}) \geqq 0$ bis $y_m(\boldsymbol{x}) \geqq 0$ ist eine Aufgabe der linearen Optimierung, die nicht mithilfe der Differenzialrechnung gelöst werden kann, da die Extremalwerte von z infolge des linearen Charakters nur auf dem Rand des Definitionsgebietes liegen können. Bei realen Problemen sind die Variablen $\boldsymbol{x}$ stets positive Größen.

$$\begin{array}{ll} \boldsymbol{I}\boldsymbol{x} \geqq \boldsymbol{o} & n \text{ Ungleichungen} \\ \boldsymbol{y} = \boldsymbol{A}\boldsymbol{x} + \boldsymbol{b} \geqq \boldsymbol{o} & m \text{ Ungleichungen} \\ \hline z = \boldsymbol{c}^{\mathrm{T}}\boldsymbol{x} \to \text{Extremum: Zielfunktion} & \end{array} \tag{32-36}$$

Die Variablen $\boldsymbol{x}$ und $\boldsymbol{y}$ (Schlupfvariable) sind formal gleichberechtigt und werden in der Tat beim bewährten *Simplexverfahren* so ausgetauscht, dass die Zielfunktion stetig gegen ihr Extremum strebt. Grundlage dieses Verfahrens ist die Erkenntnis, dass die Menge der zulässigen Lösungen ein von m-Hyperebenen begrenztes Polyeder P im $\mathbb{R}^n$ darstellt. Die lineare Zielfunktion nimmt ihr Extremum in mindestens einer Ecke von P an. Im Sonderfall $n = 2$ ist der graphische Lösungsweg durchaus konkurrenzfähig.

Beispiel. Drei Verkaufsstellen, V_1 (12), V_2 (18), V_3 (20), sollen von zwei Depots, D_1 (24), D_2 (26), mit Paletten beliefert werden, wobei in Klammern die erwünschten bez. abgebbaren Stückzahlen notiert sind. Die Entfernung in Kilometern zwischen den Depots und Verkaufsstellen ist in einer Tabelle gegeben:

	V_1	V_2	V_3
D_1	3	8	10
D_2	8	4	12

Gesucht ist eine Verteilung derartig, dass die Summe aller Lieferfahrtstrecken von D_i nach V_j minimal wird. Die insgesamt 6 gesuchten Stückzahlen lassen sich auf zwei unabhängig Veränderliche reduzieren, wobei die Zuordnung von x_1, x_2 zu D_1V_1, D_1V_2 willkürlich und ohne Einfluss auf das Extremalergebnis ist.

Die Zielfunktion folgt aus den Stückzahlen x_1, x_2, y_1 bis y_4 multipliziert mit den jeweiligen Entfernungen zu $z = 3x_1 + 8x_2 + 10(-x_1 - x_2 + 24) + 8(-x_1 + 12) + 4(-x_2 + 18) + 12(-4 + x_1 + x_2)$. Im Bild 32-1 umschreiben die Bedingungen $x_i = 0$ und $y_i = 0$ ein zulässiges Lösungsgebiet. Eine spezielle Zielgerade wird für einen zeichentechnisch günstigen Wert (hier

D_1 nach V_1		x_1			$\geqq 0$
D_1 nach V_2			x_2		$\geqq 0$
D_1 nach V_3	$y_1 =$	$-x_1$	$-x_2$	$+24$	$\geqq 0$
D_2 nach V_1	$y_2 =$	$-x_1$		$+12$	$\geqq 0$
D_2 nach V_2	$y_3 =$		$-x_2$	$+18$	$\geqq 0$
D_2 nach V_3	$y_4 =$	x_1	$+x_2$	-4	$\geqq 0$

$$z = -3x_1 + 6x_2 + 360 \to \text{Minimum}$$

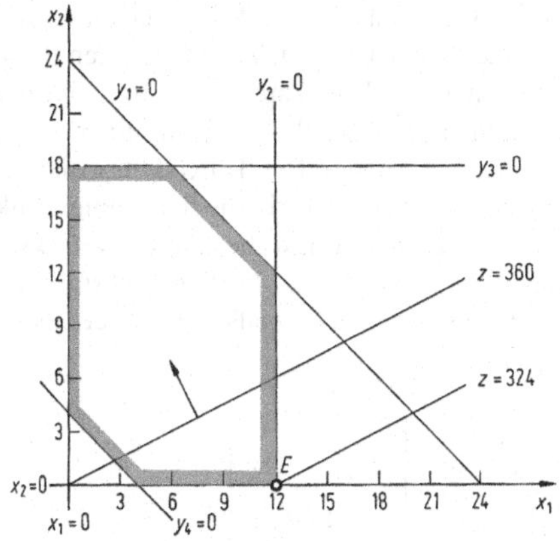

Bild 32-1. Zulässiges Lösungsgebiet mit Minimalpunkt E

$z = 360$) eingetragen; alle Zielgeraden sind parallel zueinander, wobei die Richtung zunehmender z-Werte durch einen Pfeil gekennzeichnet ist. Im Punkt E mit $x_1 = 12, x_2 = 0$ findet man den Minimalwert mit $z_{\text{Min}} = -36 + 360 = 324\,\text{km}$; die dazugehörigen weiteren Stückzahlen sind $y_1 = 12$, $y_2 = 0$, $y_3 = 18$, $y_4 = 8$.

33 Lineare Gleichungssysteme

33.1 Gestaffelte Systeme

Die Lösung von n linearen Gleichungen mit n Unbekannten x_1 bis x_n geht zweckmäßig von einer Matrixdarstellung aus:

$$\boldsymbol{A}\boldsymbol{x} = \boldsymbol{r}\,,$$

$$\boldsymbol{A} = \begin{bmatrix} \boldsymbol{a}^1 \\ \boldsymbol{a}^2 \\ \vdots \\ \boldsymbol{a}^n \end{bmatrix} = \begin{bmatrix} a_{11} & a_{12} & \dots & a_{1n} \\ a_{21} & a_{22} & \dots & a_{2n} \\ \vdots & & & \vdots \\ a_{n1} & a_{n2} & \dots & a_{nn} \end{bmatrix},$$

$$\boldsymbol{r} = \begin{bmatrix} r_1 \\ r_2 \\ \vdots \\ r_n \end{bmatrix}, \quad \boldsymbol{x} = \begin{bmatrix} x_1 \\ x_2 \\ \vdots \\ x_n \end{bmatrix}. \tag{33-1}$$

Das Prinzip aller Verfahren besteht darin, das vollbesetzte Koeffizientenschema $\boldsymbol{A}$ durch Transformationen in eine gestaffelte Matrix $\boldsymbol{A}'$ zu überführen derart, dass es eine skalare Gleichung (im folgenden Beispiel die 3.) für nur eine Unbekannte (x_2) gibt, eine zweite Gleichung (im Beispiel die 1.) mit einer weiteren Unbekannten (x_4) und so fort. Durch Umsortieren der Zeilen und Spalten von $\boldsymbol{A}$ tritt die Staffelungsstruktur besonders deutlich hervor, wobei *untere Dreiecksform* $\boldsymbol{L}$ (L steht für „lower") und *obere Dreiecksform* $\boldsymbol{U}$ (U steht für „upper") gleichermaßen geeignet sind. Für $n = 4$ gilt

$$\boldsymbol{L} = \begin{bmatrix} l_{11} & & & \boldsymbol{O} \\ l_{21} & l_{22} & & \\ l_{31} & l_{32} & l_{33} & \\ l_{41} & l_{42} & l_{43} & l_{44} \end{bmatrix},$$

$$\boldsymbol{U} = \begin{bmatrix} u_{11} & u_{12} & u_{13} & u_{14} \\ & u_{22} & u_{23} & u_{24} \\ & & u_{33} & u_{34} \\ \boldsymbol{O} & & & u_{44} \end{bmatrix}. \tag{33-2}$$

Beispiel. Gestaffeltes Gleichungssystem, $n = 4$.

$$\begin{bmatrix} 0 & 3 & 0 & 5 \\ 1 & -1 & 0 & 2 \\ 0 & 2 & 0 & 0 \\ 2 & 1 & 3 & -1 \end{bmatrix} \begin{bmatrix} x_1 \\ x_2 \\ x_3 \\ x_4 \end{bmatrix} = \begin{bmatrix} 8 \\ 0 \\ 2 \\ 4 \end{bmatrix} = \begin{bmatrix} r_1 \\ r_2 \\ r_3 \\ r_4 \end{bmatrix}.$$

3. Zeile liefert $x_2 = 1$,
1. Zeile liefert $x_4 = (8 - 3x_1)/5 = 1$,
2. Zeile liefert $x_1 = (x_2 - 2x_4) = -1$,
4. Zeile liefert $x_3 = (-2x_1 - x_2 + x_4 + 4)/3 = 2$.

Zeilentausch: $$\begin{bmatrix} 2 & 1 & 3 & -1 \\ 1 & -1 & 0 & 2 \\ 0 & 3 & 0 & 5 \\ 0 & 2 & 0 & 0 \end{bmatrix} \boldsymbol{x} = \begin{bmatrix} r_4 \\ r_2 \\ r_1 \\ r_3 \end{bmatrix}$$

Spaltentausch gibt $\boldsymbol{U}$: $$\begin{bmatrix} 3 & 2 & -1 & 1 \\ 0 & 1 & 2 & -1 \\ 0 & 0 & 5 & 3 \\ 0 & 0 & 0 & 2 \end{bmatrix} \begin{bmatrix} x_3 \\ x_1 \\ x_4 \\ x_2 \end{bmatrix} = \begin{bmatrix} 4 \\ 0 \\ 8 \\ 2 \end{bmatrix};$$

Zeilentausch: $$\begin{bmatrix} 0 & 2 & 0 & 0 \\ 0 & 3 & 0 & 5 \\ 1 & -1 & 0 & 2 \\ 2 & 1 & 3 & -1 \end{bmatrix} \boldsymbol{x} = \begin{bmatrix} r_3 \\ r_1 \\ r_2 \\ r_4 \end{bmatrix}$$

Spaltentausch gibt $\boldsymbol{L}$: $$\begin{bmatrix} 2 & 0 & 0 & 0 \\ 3 & 5 & 0 & 0 \\ -1 & 2 & 1 & 0 \\ 1 & -1 & 2 & 3 \end{bmatrix} \begin{bmatrix} x_2 \\ x_4 \\ x_1 \\ x_3 \end{bmatrix} = \begin{bmatrix} 2 \\ 8 \\ 0 \\ 4 \end{bmatrix}.$$

33.2 Gaußverwandte Verfahren

Bei gegebener Matrix $\boldsymbol{A}$ erhält man die 1. Spalte der $\boldsymbol{U}$-Matrix, indem man in einem 1. Gaußschritt das $(-a_{j1}/a_{11})$-fache der 1. Zeile $\boldsymbol{a}^1$ zur j-ten Zeile $\boldsymbol{a}^j (j = 2 \text{ bis } n)$ hinzufügt. Den Fortschritt der Rechnung für $n = 4$ zeigt Tabelle 33-1.

Die Transformationsmatrizen $\boldsymbol{G}_i$ in Tabelle 33-1 zeichnen sich durch analytisch angebbare Inverse aus,

$$\boldsymbol{G}_i = \boldsymbol{I} - \boldsymbol{q}_i \boldsymbol{e}^i, \quad \boldsymbol{G}_i^{-1} = \boldsymbol{I} + \boldsymbol{q}_i \boldsymbol{e}^i, \tag{33-3}$$

da die Produkte $\boldsymbol{q}_i^{\mathrm{T}} \boldsymbol{e}_i$ mit der i-ten Einheitsspalte null sind. Die Transformationskette von $\boldsymbol{A}$ bis $\boldsymbol{U}$ lässt sich demnach durch sukzessive Linksmultiplikation mit $\boldsymbol{G}_k^{-1}$ nach $\boldsymbol{A}$ auflösen, wobei automatisch eine Faktorisierung $\boldsymbol{A} = \boldsymbol{L}\boldsymbol{U}$ auftritt.

Gauß-Transformation von $\boldsymbol{A}\boldsymbol{x} = \boldsymbol{r}$:

$$\boldsymbol{G}_n \ldots \boldsymbol{G}_1 \boldsymbol{A} = \boldsymbol{G}_n \ldots \boldsymbol{G}_1 \boldsymbol{r},$$
$$\boldsymbol{G}_n \ldots \boldsymbol{G}_1 \boldsymbol{A} = \boldsymbol{U}, \quad \boldsymbol{U} \text{ obere Dreiecksmatrix}. \tag{33-4}$$

Auflösen nach $\boldsymbol{A}$ ergibt die *Gauß-Banachiewicz-Zerlegung*:

$$\boldsymbol{A} = \boldsymbol{G}_1^{-1} \boldsymbol{G}_2^{-1} \ldots \boldsymbol{G}_n^{-1} \boldsymbol{U} = \boldsymbol{L}\boldsymbol{U},$$
$$\boldsymbol{L} = \boldsymbol{I} + \sum_{k=1}^{n-1} \boldsymbol{q}_k \boldsymbol{e}^k, \quad \boldsymbol{L} \text{ untere Dreiecksmatrix}. \tag{33-5}$$

Tabelle 33-1. Gauß-Transformation für $n = 4$

	Aktuelle Koeffizientenmatrix
Anfangsmatrix A	$A = \begin{bmatrix} a^1 \\ a^2 \\ a^3 \\ a^4 \end{bmatrix} = \begin{bmatrix} a_{11} & \dots & a_{14} \\ \vdots & & \vdots \\ a_{41} & \dots & a_{44} \end{bmatrix}.$
Nach 1. Gaußschritt	$\begin{bmatrix} a^1 \\ a^2 - (a_{21}/a_{11})a^1 \\ a^3 - (a_{31}/a_{11})a^1 \\ a^4 - (a_{41}/a_{11})a^1 \end{bmatrix} = \begin{bmatrix} a_{11} & a_{12} & a_{13} & a_{14} \\ 0 & b_{11} & b_{12} & b_{13} \\ 0 & b_{21} & b_{22} & b_{23} \\ 0 & b_{31} & b_{32} & b_{33} \end{bmatrix} = G_1 A \quad \text{mit} \quad G_1 = I - q_1 e^1.$ $q_1^{\mathrm{T}} = \begin{bmatrix} 0 & \dfrac{a_{21}}{a_{11}} & \dfrac{a_{31}}{a_{11}} & \dfrac{a_{41}}{a_{11}} \end{bmatrix}, \quad e^1 = [1 \quad 0 \quad 0 \quad 0].$
Nach 2. Gaußschritt	$\begin{bmatrix} a^1 & \\ 0 & b^1 \\ 0 & b^2 - (b_{21}/b_{11})b^1 \\ 0 & b^3 - (b_{31}/b_{11})b^1 \end{bmatrix} = \begin{bmatrix} a_{11} & a_{12} & a_{13} & a_{14} \\ 0 & b_{11} & b_{12} & b_{13} \\ 0 & 0 & c_{11} & c_{12} \\ 0 & 0 & c_{21} & c_{22} \end{bmatrix} = G_2 G_1 A \quad \text{mit} \quad G_2 = I - q_2 e^2.$ $q_2^{\mathrm{T}} = \begin{bmatrix} 0 & 0 & \dfrac{b_{21}}{b_{11}} & \dfrac{b_{31}}{b_{11}} \end{bmatrix}, \quad e^2 = [0 \quad 1 \quad 0 \quad 0].$
Nach 3. Gaußschritt	$\begin{bmatrix} a^1 & & \\ 0 & b^1 & \\ 0 & 0 & c^1 \\ 0 & 0 & c^2 - (c_{21}/c_{11})c^1 \end{bmatrix} = \begin{bmatrix} a_{11} & a_{12} & a_{13} & a_{14} \\ 0 & b_{11} & b_{12} & b_{13} \\ 0 & 0 & c_{11} & c_{12} \\ 0 & 0 & 0 & d_{11} \end{bmatrix} = G_3 G_2 G_1 A \quad \text{mit} \quad G_3 = I - q_3 e^3.$ $q_3^{\mathrm{T}} = \begin{bmatrix} 0 & 0 & 0 & \dfrac{c_{21}}{c_{11}} \end{bmatrix}, \quad e^3 = [0 \quad 0 \quad 1 \quad 0].$

Die Determinante von A ist das Produkt der Determinanten von L und U:

$$A = LU \to A = \det A = \prod_{k=1}^{n} l_{kk}\, u_{kk}\,. \qquad (33\text{-}6)$$

Das Wissen von der Existenz der Zerlegung von A hat zu verschiedenen direkten numerischen Zugängen zu L und U geführt.

$$A = LDU \text{ mit } l_{kk} = u_{kk} = 1$$
$$\text{und } D = \operatorname{diag}(d_{kk})\,. \qquad (33\text{-}7)$$

Doolittle-Algorithmus: Abwechselndes Berechnen der Zeilen u^k und Spalten l_k.

Crout-Zerlegung. $A = LU$ mit $u_{kk} = 1$.

Symmetrische Matrizen $A = A^{\mathrm{T}}$ lassen sich symmetrisch zerlegen:

$$A = LDL^{\mathrm{T}} \text{ mit } l_{kk} = 1 \text{ und } D = \operatorname{diag}(d_{kk})\,. \qquad (33\text{-}8)$$

$$\textit{Cholesky-Zerlegung}\text{: } A = LL^{\mathrm{T}}\,. \qquad (33\text{-}9)$$

Die Cholesky-Zerlegung (33-9) erfordert Wurzelziehen und gelingt ohne Modifikation nur bei positiv definiten Matrizen. Die Variante (33-8) vermeidet beide Nachteile.

Determinantenberechnung für $A = A^{\mathrm{T}}$:

$$A = LDL^{\mathrm{T}} \to A = \prod_{k=1}^{n} d_{kk}\,.$$

Falls alle $d_{kk} > 0$, ist A positiv definit.

$$A = LL^{\mathrm{T}} \to A = \prod_{k=1}^{n} l_{kk}^2\,. \qquad (33\text{-}10)$$

Die Zerlegung $A = LDL^{\mathrm{T}}$ erfolgt zeilenweise, beginnend mit d_{11}, l_{12} bis l_{1n}, d_{22}, l_{23} bis l_{2n} und so fort. Die Zerlegung $A = LL^{\mathrm{T}}$ mit l_{kk} anstelle von d_{kk} geschieht ebenso mit der ersten typischen Wurzel $l_{11} = \sqrt{a_{11}}$.

Beispiel. Für die Matrix $A = A^{\mathrm{T}}$ bestimme man die Zerlegung $A = LDL^{\mathrm{T}}$ und prüfe die Definitheit. Für eine Matrix $\boldsymbol{B} = \boldsymbol{B}^\mathrm{T}$ wird die Cholesky-Zerlegung gesucht.

$$\boldsymbol{A} = \begin{bmatrix} 2 & 2 & 4 \\ 2 & 0 & 1 \\ 4 & 1 & 3 \end{bmatrix},$$

$$\boldsymbol{LDL}^\mathrm{T} = \begin{bmatrix} 1 & & \\ 1 & 1 & \\ 2 & 1{,}5 & 1 \end{bmatrix} \begin{bmatrix} 2 & & \\ & -2 & \\ & & -0{,}5 \end{bmatrix} \begin{bmatrix} 1 & 1 & 2 \\ & 1 & 1{,}5 \\ & & 1 \end{bmatrix}.$$

Infolge verschiedener Vorzeichen der Elemente d_{kk} von $\boldsymbol{D}$ ist $\boldsymbol{A}$ indefinit.

$$\boldsymbol{B} = \begin{bmatrix} 2 & 2 & 4 \\ 2 & 3 & 3 \\ 4 & 3 & 12 \end{bmatrix} = \boldsymbol{LL}^\mathrm{T}, \quad \boldsymbol{L} = \begin{bmatrix} \sqrt{2} & & \\ \sqrt{2} & 1 & \\ 2\sqrt{2} & -1 & \sqrt{3} \end{bmatrix}.$$

Infolge der Möglichkeit der Cholesky-Zerlegung im Reellen ist $\boldsymbol{B}$ positiv definit.

Die unsymmetrische Koeffizientenmatrix $\boldsymbol{A} \neq \boldsymbol{A}^\mathrm{T}$ einer Gleichung $\boldsymbol{Ax} = \boldsymbol{r}$ wird durch Linksmultiplikation von links mit $\boldsymbol{A}^\mathrm{T}$ symmetrisch:

$$\boldsymbol{A}^\mathrm{T}\boldsymbol{Ax} = \boldsymbol{A}^\mathrm{T}\boldsymbol{r}, \quad \boldsymbol{S} = \boldsymbol{A}^\mathrm{T}\boldsymbol{A} = \boldsymbol{S}^\mathrm{T}.$$

Der Aufwand zur Berechnung von $\boldsymbol{S} = \boldsymbol{A}^\mathrm{T}\boldsymbol{A}$ und die Konditionsverschlechterung von $\boldsymbol{S}$ gegenüber $\boldsymbol{A}$ sprechen allerdings gegen diese Maßnahme.
Die Zerlegungen $\boldsymbol{A} = \boldsymbol{LDU}$ oder $\boldsymbol{A} = \boldsymbol{LDL}^\mathrm{T}$ für $\boldsymbol{A} = \boldsymbol{A}^\mathrm{T}$ führen bei der Lösung von Gleichungssystemen auf natürliche Art zu einer Strategie der *Vorwärts- und Rückwärtselimination*:

$\boldsymbol{Ax} = \boldsymbol{r}, \quad \boldsymbol{A} = \boldsymbol{A}^\mathrm{T}.$

$\boldsymbol{LDL}^\mathrm{T}\boldsymbol{x} = \boldsymbol{r}$ wird aufgeteilt in
$\boldsymbol{Ly} = \boldsymbol{r}$, „Vorwärts"-Berechnung der Hilfsgrößen y_1 bis y_n, und
$\boldsymbol{L}^\mathrm{T}\boldsymbol{x} = \boldsymbol{D}^{-1}\boldsymbol{y}$, „Rückwärts"-Berechnung der Unbekannten x_n bis x_1.

$$\boldsymbol{Ax} = \boldsymbol{r}, \quad \boldsymbol{A} \neq \boldsymbol{A}^\mathrm{T}. \tag{33-11}$$

$\boldsymbol{LDUx} = \boldsymbol{r}$ wird aufgeteilt in
$\boldsymbol{Ly} = \boldsymbol{r}$, „Vorwärts"-Berechnung y_1 bis y_n, und
$\boldsymbol{Ux} = \boldsymbol{D}^{-1}\boldsymbol{y}$, „Rückwärts"-Berechnung x_n bis x_1.

Pivotstrategien. Die schrittweise Überführung einer Matrix $\boldsymbol{A}$ in die faktorisierte Form weist den Hauptdiagonalelementen a_{kk}, b_{kk}, c_{kk} und so fort in Tabelle 33-1 und damit auch in (33-7) und (33-8) eine besondere Bedeutung zu. Sie sind „Drehpunkte" der Elimination oder auch die sogenannten Pivotelemente. Sind sie numerisch null, bricht die Rechnung zusammen; dabei ist zu beachten, dass der wahre Wert null in der Regel nur sehr unvollkommen durch die Numerik wiedergegeben wird. Zugunsten der numerischen Stabilität sollten die Beträge der Pivotelemente möglichst groß sein. Im 1. Gaußschritt wählt man deshalb das betragsgrößte Element aller a_{ij} zum Drehpunkt, im 2. Gaußschritt das betragsgrößte b_{ij} und so fort.
Zerlegung modifizierter Matrizen. Im Zuge des Entwurfs eines technischen Systems mit der algebraischen Beschreibung $\boldsymbol{Ay} = \boldsymbol{r}$ ist die Änderung des Systems, die zu einer neuen Matrix $\boldsymbol{B}$ und unveränderter rechter Seite führt, ein Standardproblem. Unterscheiden sich $\boldsymbol{A}$ und $\boldsymbol{B}$ nur in einer Dyade $\boldsymbol{bc}^\mathrm{T}$, geht man wie folgt vor.

Gegeben:

$$\boldsymbol{Ay} = \boldsymbol{r} \text{ mit } \boldsymbol{A} = \boldsymbol{LDU},\ \boldsymbol{r},\ \boldsymbol{y}. \tag{33-12}$$

Gesucht:

Lösung $\boldsymbol{x}$ für $\boldsymbol{Bx} = \boldsymbol{r}$ mit $\boldsymbol{B} = \boldsymbol{A} - \boldsymbol{bc}^\mathrm{T}$.

$$\boldsymbol{x} = \boldsymbol{y} + \frac{\boldsymbol{c}^\mathrm{T}\boldsymbol{y}}{1 - \boldsymbol{c}^\mathrm{T}\boldsymbol{h}}\boldsymbol{h}, \quad \text{mit Hilfsspalte} \tag{33-13}$$

$\boldsymbol{h}$ aus $\boldsymbol{Ah} = \boldsymbol{b}$ (Zerlegung von $\boldsymbol{A}$ siehe oben).

Gleichung (33-12) kann bei bekannter Matrix $\boldsymbol{A}^{-1}$ auch zur expliziten Darstellung der Inversen von $\boldsymbol{B} = \boldsymbol{A} - \boldsymbol{bc}^\mathrm{T}$ genutzt werden:

$$\boldsymbol{B} = \boldsymbol{A} - \boldsymbol{bc}^\mathrm{T}. \quad \boldsymbol{B}^{-1} = \boldsymbol{A}^{-1} + \frac{\boldsymbol{A}^{-1}\boldsymbol{bc}^\mathrm{T}\boldsymbol{A}^{-1}}{1 - \boldsymbol{c}^\mathrm{T}\boldsymbol{A}^{-1}\boldsymbol{b}}. \tag{33-14}$$

Die ist die in der Strukturmechanik wohlbekannte *Morrison-Formel*.
Beispiel. Das Problem $\boldsymbol{Ay} = \boldsymbol{r}$ mit

$$\boldsymbol{A} = \boldsymbol{LL}^\mathrm{T} = \begin{bmatrix} 1 & 1 & 1 & 0 \\ 1 & 2 & 0 & 1 \\ 1 & 0 & 3 & 1 \\ 0 & 1 & 1 & 6 \end{bmatrix}, \quad \boldsymbol{L} = \begin{bmatrix} 1 & & & \\ 1 & 1 & & \\ 1 & -1 & 1 & \\ 0 & 1 & 2 & 1 \end{bmatrix},$$

$$\boldsymbol{y} = \begin{bmatrix} 2 \\ 1 \\ 0 \\ -1 \end{bmatrix}, \quad \boldsymbol{r} = \begin{bmatrix} 3 \\ 3 \\ 1 \\ -5 \end{bmatrix},$$

ist gegeben, ebenso die Störung mit

$$\boldsymbol{c}^{\mathrm{T}} = \boldsymbol{b}^{\mathrm{T}} = \begin{bmatrix} 0 & 1 & 0 & -1 \end{bmatrix}.$$

Gesucht ist die Lösung $\boldsymbol{x}$ der modifizierten Aufgabe $(\boldsymbol{A} - \boldsymbol{b}\boldsymbol{b}^{\mathrm{T}})\boldsymbol{x} = \boldsymbol{r}$. Aus Vorwärtselimination $\boldsymbol{L}\boldsymbol{z} = \boldsymbol{b}$ folgt $\boldsymbol{z}$ und aus Rückwärtselimination $\boldsymbol{L}^{\mathrm{T}}\boldsymbol{h} = \boldsymbol{z}$ folgt $\boldsymbol{h}$.

$$\boldsymbol{z}^{\mathrm{T}} = \begin{bmatrix} 0 & 1 & 1 & -4 \end{bmatrix}, \quad \boldsymbol{h}^{\mathrm{T}} = \begin{bmatrix} -23 & 14 & 9 & -4 \end{bmatrix}.$$

$$\boldsymbol{b}^{\mathrm{T}}\boldsymbol{y} = 2, \quad \boldsymbol{b}^{\mathrm{T}}\boldsymbol{h} = 18.$$

$$\boldsymbol{x}^{\mathrm{T}} = \begin{bmatrix} 2 & 1 & 0 & -1 \end{bmatrix} + \frac{2}{-17}\begin{bmatrix} -23 & 14 & 9 & -4 \end{bmatrix}.$$

$$\boldsymbol{x}^{\mathrm{T}} = \begin{bmatrix} 80 & -11 & -18 & -9 \end{bmatrix}/17.$$

33.3 Überbestimmte Systeme

Stehen für die Berechnung von n Unbekannten x_1 bis x_n mehr als n untereinander gleichberechtigte Bestimmungsgleichungen zur Verfügung, so sind diese nur in einem gewissen ausgewogenen Mittel möglichst gut erfüllbar derart, dass das Defekt oder Residuenquadrat bezüglich $\boldsymbol{x}$ minimal wird.

Gegeben $\boldsymbol{A}$, $\boldsymbol{r}$.
Gesucht $\boldsymbol{x}$.

$$\boldsymbol{x} = \begin{bmatrix} x_1 \\ \vdots \\ x_n \end{bmatrix}, \quad \boldsymbol{A} = \begin{bmatrix} a_{11} & \dots & a_{1n} \\ \vdots & & \vdots \\ a_{m1} & \dots & a_{mn} \end{bmatrix}, \quad \boldsymbol{r} = \begin{bmatrix} r_1 \\ \vdots \\ r_m \end{bmatrix}.$$

$$\boldsymbol{A}\boldsymbol{x} = \boldsymbol{r}, \; m > n.$$

Defekt $\boldsymbol{d} = \boldsymbol{A}\boldsymbol{x} - \boldsymbol{r}$.

Gauß-Ausgleich:

$$\underset{\boldsymbol{x}}{\mathrm{grad}}(\boldsymbol{d}^{\mathrm{T}}\boldsymbol{d}) \overset{!}{=} \boldsymbol{o}$$

bestimmt die *Normalgleichung*:

$$\boldsymbol{A}^{\mathrm{T}}\boldsymbol{A}\boldsymbol{x} = \boldsymbol{A}^{\mathrm{T}}\boldsymbol{r}, \quad \boldsymbol{A}^{\mathrm{T}}\boldsymbol{A} = (\boldsymbol{A}^{\mathrm{T}}\boldsymbol{A})^{\mathrm{T}}. \qquad (33\text{-}15)$$

Die Koeffizientenmatrix $\boldsymbol{A}^{\mathrm{T}}\boldsymbol{A}$ in (33-15) ist symmetrisch, doch ist die Kondition der quasi-quadrierten Matrix schlecht, sodass eine Transformation von $\boldsymbol{A}$ zur oberen Dreiecksform $\boldsymbol{R} = \boldsymbol{Q}\boldsymbol{A}$ nach (33-16) mithilfe einer normerhaltenden Methode – Spiegelung oder *Householder-Transformation* – empfohlen wird.

Gegeben

$$\begin{bmatrix} a_{11} & \dots & a_{1n} \\ \vdots & & \vdots \\ a_{m1} & \dots & a_{mn} \end{bmatrix} \begin{bmatrix} x_1 \\ \vdots \\ x_n \end{bmatrix} = \begin{bmatrix} r_1 \\ \vdots \\ r_m \end{bmatrix}, \quad \boldsymbol{A}\boldsymbol{x} = \boldsymbol{r}. \qquad (33\text{-}16)$$

Gesucht

$$\begin{bmatrix} r_{11} & \dots & r_{1n} \\ & \ddots & \vdots \\ \boldsymbol{O} & & r_{mn} \\ \hline & \boldsymbol{O} & \end{bmatrix} \begin{bmatrix} x_1 \\ \vdots \\ x_n \end{bmatrix} = \begin{bmatrix} c_1 \\ \vdots \\ c_n \\ \hline c_{n+1} \\ c_m \end{bmatrix}, \quad \begin{array}{l} \boldsymbol{R}\boldsymbol{x} = \boldsymbol{c}, \\ \boldsymbol{R} = \boldsymbol{Q}\boldsymbol{A}, \\ \boldsymbol{c} = \boldsymbol{Q}\boldsymbol{r}, \end{array}$$

mit Erhaltung der Spaltennormen

$$r_{11}^2 = \sum_{k=1}^{m} a_{k1}^2, \quad r_{12}^2 + r_{22}^2 = \sum_{k=1}^{m} a_{k2}^2 \quad \text{usw}. \qquad (33\text{-}17)$$

und der speziellen Transformationseigenschaft

$$\boldsymbol{Q} = \prod_{i=1}^{n} \boldsymbol{Q}_i, \quad \boldsymbol{Q}_k\boldsymbol{Q}_k = \boldsymbol{I}, \qquad (33\text{-}18)$$

Normalgleichung

$$\boldsymbol{R}_{nn}\boldsymbol{x} = \boldsymbol{c}_n, \quad \boldsymbol{R}_{nn} \text{ oberes Dreieck}. \qquad (33\text{-}19)$$

Die Orthogonaleigenschaft $\boldsymbol{Q}_k\boldsymbol{Q}_k = \boldsymbol{I}$ wird erfüllt durch die *Householder-Transformation*.

$$\boldsymbol{Q} = \boldsymbol{I} - 2\frac{\boldsymbol{w}\boldsymbol{w}^{\mathrm{T}}}{\boldsymbol{w}^{\mathrm{T}}\boldsymbol{w}} \quad \text{mit} \quad \boldsymbol{Q}^2 = \boldsymbol{I}. \qquad (33\text{-}20)$$

1. Householder-Schritt $\boldsymbol{Q}_1\boldsymbol{a}_1 \overset{!}{=} r_{11}\boldsymbol{e}_1$.

$$\boldsymbol{a}_1 - 2\frac{\boldsymbol{w}_1^{\mathrm{T}}\boldsymbol{a}_1}{\boldsymbol{w}_1^{\mathrm{T}}\boldsymbol{w}_1}\boldsymbol{w}_1 \overset{!}{=} r_{11}\boldsymbol{e}_1, \quad r_{11}^2 = \sum_{k=1}^{m} a_{k1}^2,$$

Richtung von $\boldsymbol{w}_1 = \boldsymbol{a}_1 - r_{11}\boldsymbol{e}_1$.

Beispiel. Für $\boldsymbol{a}_1^{\mathrm{T}} = [\,1 \;\; 2 \;\; 3 \;\; 1 \;\; 2\,]$ bestimme man $\boldsymbol{Q}_1$.

$$r_{11}^2 = (1 + 4 + 9 + 1 + 4) = 19.$$

$$\boldsymbol{w}_1^{\mathrm{T}} = [(1 - \sqrt{19}) \;\; 2 \;\; 3 \;\; 1 \;\; 2].$$

$$\boldsymbol{Q}_1 = \boldsymbol{I} - \frac{1}{19 - \sqrt{19}}\boldsymbol{w}_1\boldsymbol{w}_1^{\mathrm{T}}.$$

33.4 Testmatrizen

Zum Test vorliegender Rechenprogramme eignen sich Matrizen mit einfach angebbaren Elementen a_{ij}

und ebensolchen Elementen b_{ij} der zugehörigen Inversen, die man spaltenweise ($\boldsymbol{b}_k$) als Lösung einer rechten Einheitsspalte $\boldsymbol{r} = \boldsymbol{e}_k$ auffassen kann.

$$\boldsymbol{A}\boldsymbol{b}_k = \boldsymbol{e}_k\,, \quad \boldsymbol{B} = [\boldsymbol{b}_1 \ldots \boldsymbol{b}_n] = \boldsymbol{A}^{-1}\,. \tag{33-21}$$

Interessant sind speziell Matrizen mit unangenehmen numerischen Eigenschaften, was sich in einer großen Konditionszahl κ ausdrückt; siehe auch [1] und Tabelle 33-2.

$$\kappa = \frac{|\lambda_{\max}|}{|\lambda_{\min}|}\,, \quad \lambda \text{ Eigenwerte der Matrix } \boldsymbol{A}\,,$$
$$\kappa_{\text{optimal}} = 1\,, \quad \det \boldsymbol{A} \neq 0\,. \tag{33-22}$$

Tabelle 33-2. Testmatrizen der Ordnung n

Name	Elemente a_{ij} der Ausgangsmatrix $\boldsymbol{A}$ Elemente b_{ij} der Inversen $\boldsymbol{B} = \boldsymbol{A}^{-1}$.
Dekker $\boldsymbol{A} := \boldsymbol{D}$	$a_{ij} = \dfrac{n}{i+j-1}\dbinom{n+i-1}{i-1}\dbinom{n-1}{n-j}$. $b_{ij} = (-1)^{i+j}a_{ij}\,. \quad \kappa > \left(\dfrac{2^{3n}}{13n}\right)^2$.
Hilbert $\boldsymbol{A} := \boldsymbol{H}$	$a_{ij} = 1/(i+j-1)$ $b_{ij} = (-1)^{i+j}a_{ij}q_i q_j$, $q_k = \dfrac{(n+k-1)!}{(k-1)!^2(n-k)!}$.
Zielke $\boldsymbol{A} := \boldsymbol{Z}$	$\boldsymbol{A} = \boldsymbol{C} - \boldsymbol{e}_n\boldsymbol{e}^n + \boldsymbol{E}$, $e_{ij}\begin{cases} 1 & \text{für } i+j \leqq n \\ 0 & \text{für } i+j > n \end{cases}$ c beliebiger Skalar, $c_{ij} = c\,. \quad \kappa \sim 2nc^2$. $b_{ij}\begin{cases} b_{11} = -c\,, \quad b_{nn} = -c-1 \\ b_{1n} = b_{n1} = c \\ 1 \quad \text{für} \quad i+j = n \\ -1 \quad \text{für} \quad i+j = n+1 \quad \text{mit} \quad i, j \neq n \\ 0 \quad \text{sonst.} \end{cases}$

Beispiel. Für $n = 4$ werden die Testmatrizen explizit angegeben.

$$\boldsymbol{D}_4 = \begin{bmatrix} 4 & 6 & 4 & 1 \\ 10 & 20 & 15 & 4 \\ 20 & 45 & 36 & 10 \\ 35 & 84 & 70 & 20 \end{bmatrix},$$

$$\boldsymbol{D}_4^{-1} = \begin{bmatrix} 4 & -6 & 4 & -1 \\ -10 & 20 & -15 & 4 \\ 20 & -45 & 36 & -10 \\ -35 & 84 & -70 & 20 \end{bmatrix}.$$

$$\boldsymbol{H}_4 = \begin{bmatrix} 1/1 & 1/2 & 1/3 & 1/4 \\ 1/2 & 1/3 & 1/4 & 1/5 \\ 1/3 & 1/4 & 1/5 & 1/6 \\ 1/4 & 1/5 & 1/6 & 1/7 \end{bmatrix},$$

$$\boldsymbol{H}_4^{-1} = \begin{bmatrix} 16 & -120 & 240 & -140 \\ -120 & 1200 & -2700 & 1680 \\ 240 & -2700 & 6480 & -4200 \\ -140 & 1680 & -4200 & 2800 \end{bmatrix}.$$

$$\boldsymbol{Z}_4 = \begin{bmatrix} c+1 & c+1 & c+1 & c \\ c+1 & c+1 & c & c \\ c+1 & c & c & c \\ c & c & c & c-1 \end{bmatrix},$$

$$\boldsymbol{Z}_4^{-1} = \begin{bmatrix} -c & 0 & 1 & c \\ 0 & 1 & -1 & 0 \\ 1 & -1 & 0 & 0 \\ c & 0 & 0 & -c-1 \end{bmatrix}.$$

34 Nichtlineare Gleichungen

34.1 Fixpunktiteration, Konvergenzordnung

Die Berechnung der Nullstellen x nichtlinearer Funktionen $f(x) = 0$ lässt sich stets auch als Abbildung von x mittels einer zugeordneten Funktion $F(x)$ in sich selbst formulieren.

$$x = F(x) \leftrightarrow f(x) = 0\,, \tag{34-1}$$
$$\text{allgemein: } F(x) = x + \lambda(x)f(x)\,, \lambda(x) \neq 0\,.$$

In der Regel gibt es bei gegebenem $f(x)$ mehrere zugeordnete Funktionen $F(x)$.

Beispiel 1: Für $f(x) = x^2 - 4x + 3 = 0$ erhält man über verschiedene Auflösungsmöglichkeiten nach x folgende zugeordnete Darstellungen $x = F(x)$:

$$F_1(x) = (x^2+3)/4\,, \quad F_2(x) = 4 - 3/x\,,$$
$$F_3(x) = 3/(4-x)\,.$$

Fixpunktiteration ist eine Interpretation der Zuordnung (34-1) derart, dass ein Startwert ξ_0 so lange der Abbildung

$$\xi_{k+1} = F(\xi_k)\,, \quad k = 0, 1, 2, \ldots\,, \tag{34-2}$$

unterworfen wird, bis ξ_{k+1} und $F(\xi_{k+1})$ numerisch ausreichend übereinstimmen und mit $\xi_k = x$ eine

Nullstelle $f(x) = 0$ vorliegt; formal spricht man in dieser besonderen Situation von ξ_k als einem Fixpunkt der Abbildung $x \to F(x)$. Die Konvergenz der Folge (34-2) gegen eine Nullstelle $x = \xi_k$ der Funktion $f(x)$ ist gesichert, falls der Betrag der Steigung von F, also $|F' = \mathrm{d}F/\mathrm{d}\xi|$, kleiner ist als der Betrag der Steigung der linken Seite in (34-2), nämlich $\mathrm{d}\xi/\mathrm{d}\xi = 1$; siehe Bild 34-1.

Konvergenz der Iteration

$$\xi_{k+1} = F(\xi_k) \quad \text{für} \quad |F'| < 1: \qquad (34\text{-}3)$$

F ist kontrahierende Abbildung .

In der Theorie der Normen hat F' die Bedeutung einer *Lipschitz-Konstanten L.*

$$\frac{\|F(\xi_{k+1}) - F(\xi_k)\|}{\|\xi_{k+1} - \xi_k\|} \leqq L . \qquad (34\text{-}4)$$

Die Konvergenz hängt durchaus ab von der Art der $f(x)$ zugeordneten Funktion $F(x)$.

Beispiel 1, *Fortsetzung*: Die Konvergenzbereiche der Abbildungen F_i sind unterschiedlich.

F_i	$\frac{3+\xi^2}{4}$	$4-\frac{3}{\xi}$	$\frac{3}{4-\xi}$
F_i'	$\xi/2$	$3/\xi^2$	$3/(4-\xi)^2$
$\|F_i'\| < 1$ für	$\xi^2 < 4$	$\xi^2 > 3$	$\xi < 4 - \sqrt{3}$ $\xi > 4 + \sqrt{3}$

Bei dem Startwert $\xi_0 = 5/2$ kann demnach nur die Version $F_2 = 4 - 3/\xi$ erfolgreich sein. Folgende Tabelle belegt die, wenn auch langsame, Konvergenz gegen die Nullstelle $x = 3$

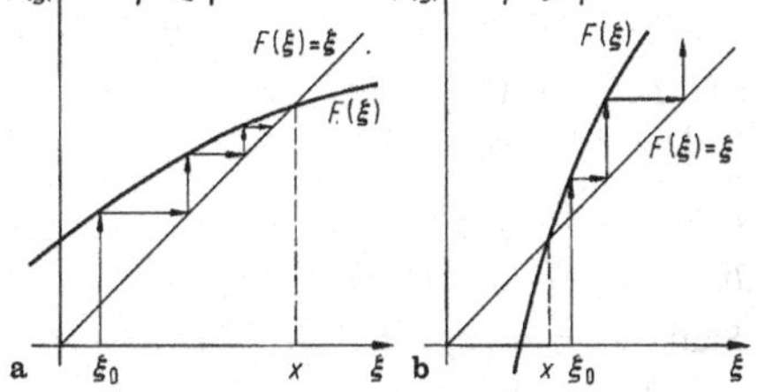

Bild 34-1. Iterationsfolge $\xi_{k+1} = F(\xi_k)$. **a** konvergent; **b** divergent

k	0	1	2	3	4	5
ξ_k	2,500	2,800	2,929	2,976	2,992	2,997
$K_k = \frac{\|\xi_{k+1}-3\|}{\|\xi_k - 3\|}$	0,40	0,35	0,34	0,33	0,33	–

Als Maß für die Konvergenzgeschwindigkeit dient der *Konvergenzquotient*

$$\frac{|\xi_{k+1} - x|}{|\xi_k - x|^p} = K_k , \qquad (34\text{-}5)$$

ξ_k Iterierte , x Nullstelle $f(x) = 0$,

p Konvergenzordnung ,

der bei ausreichend hoher Iterationsstufe k und passendem Exponenten p gegen einen Grenzwert K konvergiert. Im Sonderfall $p = 1$ lässt sich $K = K(F')$ als Funktion der Abbildung F formulieren.

$$p = 1: K = |F'(x)| < 1 .$$

$$p > 1: K \leqq \frac{1}{p!} \max |F^{(p)}(\xi)| , \quad |F'(\xi)| < 1 . \qquad (34\text{-}6)$$

Im obigen Beispiel stellt man in der Tat für $p = 1$ eine recht schnelle Konvergenz der Quotienten K_k gegen 0,33 fest; ein Wert, der mit $F' = 3/\xi^2 = 3/9$ hinreichend übereinstimmt.

34.2 Spezielle Iterationsverfahren

In der Regel wird man sich bei der Suche nach Nullstellen x einer Funktion $f(x)$ vorweg einen groben Eindruck vom ungefähren Funktionsverlauf verschaffen, wobei x-Intervalle $I = [a, b]$ mit wechselndem Vorzeichen der Funktionen auftreten werden ($f(a)f(b) < 0$). Aus Stetigkeitsgründen liegt in einem solchen Intervall mindestens eine Nullstelle $f(x) = 0$. **Intervallschachtelung**, auch Bisektion genannt, ist ein Verfahren, das den Funktionswert $f(\xi_k)$ in Intervallmitte $\xi_k = (a + b)/2$ nutzt, um das aktuelle Intervall zu halbieren. Falls $f(a)f(\xi_k) < 0$, wiederholt man die Prozedur für $I = [a, \xi_k]$, ansonsten für $I = [\xi_k, b]$.

Intervallschachtelung.

Startintervall $I = [a, b]$ mit $f(a)f(b) < 0$,

ξ_k Intervallmittelpunkt nach k-Halbierungen.

x gesuchte Nullstelle mit $f(x) = 0$.

A-priori-Fehlerabschätzung:

$$|\xi_k - x| \leqq \frac{b-a}{2^{k+1}}, \quad k = 0, 1, 2, \ldots \tag{34-7}$$

Konvergenzordnung $p = 1$.

Regula falsi ist eine Variante, die ebenfalls ein Startintervall $I = [a, b]$ mit $f(a)f(b) < 0$ benötigt, den Zwischenwert ξ_k des nächstkleineren Intervalls jedoch durch lineare Interpolation bestimmt:

Regula falsi.

Startintervall

$I = [a, b]$ mit $f(a)f(b) < 0$,

Zwischenwert

$$\xi_k = \frac{af(b) - bf(a)}{f(b) - f(a)} . \tag{34-8}$$

Konvergenzordnung

$p = 1$ falls $f'(x), f''(x) \neq 0$.

Durch zusätzliche Entscheidungen lässt sich die Regula falsi in der Form der *Pegasusmethode* zur Konvergenzordnung $p = 1{,}642$ verbessern.

Sekantenmethode heißt eine Alternative zur Intervallschachtelung, die unabhängig von den Vorzeichen $f(a)$, $f(b)$ zweier Startwerte $\xi_{k-1} = a$, $\xi_k = b$ durch lineare Interpolation eine Näherungs-Nullstelle ξ_{k+1} liefert. Durch Wiederholung des Vorganges mit ξ_{k+1} und ξ_k oder ξ_{k-1} gelangt man zu einer Nullstelle x, falls die monotone Abnahme der Folge $|f(\xi_k)|$ garantiert ist.

Sekantenmethode:

Startpaare

$[\xi_{k-1}, f_{k-1} = f(\xi_{k-1})]$, $[\xi_k, f_k = f(\xi_k)]$.

Interpolation

$$\xi_{k+1} = \xi_k - f_k \frac{\xi_k - \xi_{k-1}}{f_k - f_{k-1}} . \tag{34-9}$$

Konvergenzordnung

$p = (1 + \sqrt{5})/2 = 1{,}618$, falls $f'(x), f''(x) \neq 0$.

Newton-Verfahren. Diese Iteration zur Bestimmung einer Nullstelle von f wird gerne benutzt für den Fall, dass die Ableitung $\mathrm{d}f/\mathrm{d}x = f'$ problemlos zu beschaffen ist. Durch lineare Approximation der Funktion $f(\xi_k)$ im aktuellen Näherungswert ξ_k mittels ihrer Tangente (lineare Taylor-Entwicklung im Punkt ξ_k) erhält man eine Folge

$$\xi_{k+1} = \xi_k - \frac{f(\xi_k)}{f'(\xi_k)} . \tag{34-10}$$

Konvergenzordnung $p \geqq 2$, falls $f'(x) \neq 0$.

Falls ξ_n bereits ein guter Näherungswert ist, dann verkürztes *Newton-Verfahren*

mit $p = 1$:

$$\xi_{k+1} = \xi_k - \frac{f(\xi_k)}{f'(\xi_n)}, \quad k \geqq n . \tag{34-11}$$

Deflation. Bei bekanntem x_1 mit $f(x_1) = 0$ möchte man bei der Suche nach einer weiteren Nullstelle x_2 nicht abermals auf x_1 zusteuern.
Mittels Division der Originalfunktion $f(x)$ durch $x - x_1$ erzeugt man eine modifizierte Form $\bar{f} = f/(x - x_1)$, die bei $x = x_1$ eine Polstelle besitzt. Bei Polynomfunktionen ist diese Division us Genauigkeitsgründen auf keinen Fall tatsächlich durchzuführen; vielmehr verbleibt die Differenz $(x - x_1)$ explizit im Iterationsprozess z. B. des Newton-Verfahrens:
Newton-Iteration für die $(n + 1)$-te Nullstelle x_{n+1} bei bekannten Nullstellen x_1 bis x_n:

$$\xi_{k+1} = \xi_k - \left\{ \frac{f'(\xi_k)}{f(\xi_k)} - \sum_{i=1}^{n} (\xi_k - x_i)^{-1} \right\}^{-1} ,$$

$$\xi_k \to x_{n+1} . \tag{34-12}$$

Horner-Schema. Die Berechnung der Funktionswerte $P(\xi)$ und $P'(\xi)$ eines Polynoms $P(x)$, z. B. im Rahmen des Newton-Verfahrens, kann sehr effektiv nach Horner in rekursiver Art erfolgen.
Gegeben:

$$P_n(x) = a_0 x^n + \ldots + a_{n-1}x + a_n,\ a_0 \neq 0 .$$

Gesucht: $P_n(\xi)$, $P_n'(\xi)$, $P_n''(\xi)$ usw.
Startend mit $b_0 = a_0$ gilt

$$\begin{aligned} & b_1 = a_1 + \xi b_0 , \quad b_2 = a_2 + \xi b_1 , \ldots , \\ & b_n = a_n + \xi b_{n-1} = P_n(\xi) . \\ & \text{Start} \quad c_0 = b_0\text{: } c_1 = b_1 + \xi c_0 , \ldots , \\ & \qquad c_{n-1} = b_{n-1} + \xi c_{n-2} = P_n'(\xi) . \\ & \text{Start} \quad d_0 = c_0\text{: } d_1 = c_1 + \xi d_0 , \ldots , \\ & \qquad d_{n-2} = c_{n-2} + \xi d_{n-3} = P_n''(\xi) . \end{aligned} \tag{34-13}$$

Iteration bezüglich	$x_1 = 1$	$x_2 = 1$	$x_3 = 1$	$x_4 = 1$	$x_5 = 1$
	ξ_k:	ξ_k:	ξ_k:	ξ_k:	ξ_k:
$k = 0$	0,0	0,0	0,0	0,0	0,0
$k = 5$	0,672320	0,764967	0,873778	0,979439	1,00050
$k = 10$	0,892626	0,946790	1,02200	1,00541	1,00015
$k = 15$	0,964816	0,987606	1,00487	1,00089	1,00005
$k = 20$	0,988471	0,993692	1,00137	1,00035	1,00002
$\lvert P(\xi_{20})\rvert$	$2{,}04 \cdot 10^{-10}$	$9{,}98 \cdot 10^{-12}$	$4{,}85 \cdot 10^{-15}$	$5{,}13 \cdot 10^{-18}$	$2{,}01 \cdot 10^{-24}$

Beispiel: Der fünffache Eigenwert $x = 1$ des Polynoms

$$P(x) = x^5 - 5x^4 + 10x^3 - 10x^2 + 5x - 1 = (x-1)^5$$

ist mit dem Newton-Verfahren einschließlich Deflation zu berechnen, wobei jeweils 20 Iterationsschritte mit $\xi_0 = 0$ beginnend durchzuführen sind.
Offensichtlich nimmt die Güte der Ergebnisse für gleiche Iterationsstufen k mit fortschreitender Deflation zu. In der Rechenpraxis wird man ein Abbruchkriterium

$$|(\xi_{k+1} - \xi_k)/\xi_k| < \varepsilon \quad \text{für} \quad \xi_k \neq 0 \quad \text{benutzen}\,.$$

34.3 Nichtlineare Gleichungssysteme

Die simultane Lösung n gekoppelter nichtlinearer Gleichungen

$$\begin{matrix} f_1(x_1, \ldots, x_n) = 0 \\ \vdots \\ f_n(x_1, \ldots, x_n) = 0 \end{matrix} \quad , \quad \text{kurz} \quad \boldsymbol{f}(\boldsymbol{x}) = \boldsymbol{o} \qquad (34\text{-}14)$$

für n Unbekannte x_i kann über eine lineare Taylor-Entwicklung der Vektorfunktion $\boldsymbol{f}$ an der Stelle $\boldsymbol{\xi}_k$ einer Näherungslösung für $\boldsymbol{x}$ erfolgen. Ein Startwert $\boldsymbol{\xi}_0$ ist vorzugeben.

$$f_1(\boldsymbol{\xi} + \Delta\boldsymbol{\xi}) = f_1(\boldsymbol{\xi}) + f_{1,1}(\boldsymbol{\xi})\Delta\xi_1 + \ldots + f_{1,n}(\boldsymbol{\xi})\Delta\boldsymbol{\xi}_n \stackrel{!}{=} 0\,,$$

$$\vdots$$

$$f_n(\boldsymbol{\xi} + \Delta\boldsymbol{\xi}) = f_n(\boldsymbol{\xi}) + f_{n,1}(\boldsymbol{\xi})\Delta\xi_1 + \ldots + f_{n,n}(\boldsymbol{\xi})\Delta\boldsymbol{\xi}_n \stackrel{!}{=} 0\,,$$

$$f_{k,i} = \partial f_k / \partial x_i\,. \quad \boldsymbol{\xi} \equiv \boldsymbol{\xi}_k\,.$$

Matrizendarstellung:

$$\boldsymbol{f}(\boldsymbol{\xi}_k) + \boldsymbol{J}(\boldsymbol{\xi}_k)\Delta\boldsymbol{\xi}_k = \boldsymbol{o}\,, \quad \boldsymbol{\xi}_{k+1} = \boldsymbol{\xi}_k + \Delta\boldsymbol{\xi}_k \qquad (34\text{-}15)$$

mit der Funktional- oder Jacobi-Matrix

$$\boldsymbol{J} = \begin{bmatrix} f_{1,1} & \cdots & f_{1,n} \\ \vdots & & \vdots \\ f_{n,1} & \cdots & f_{n,n} \end{bmatrix} = [\boldsymbol{f}_{,1} \ldots \boldsymbol{f}_{,n}]\,. \qquad (34\text{-}16)$$

Die dem Newton-Verfahren entsprechende Iteration (34-15) konvergiert quadratisch, wobei man durch Mitführen der Fehlernorm $\boldsymbol{f}^{\mathrm{T}}(\boldsymbol{\xi}_k)\boldsymbol{f}(\boldsymbol{\xi}_k) = \delta^2$ die Monotonie der Iteration überprüfen sollte. Ist diese nicht gegeben, ist die Rechnung mit neuem Startwert $\boldsymbol{\xi}_0$ zu wiederholen. Zur Verringerung des erheblichen Rechenaufwandes infolge einer ständig neuen Koeffizientenmatrix $\boldsymbol{J}$ in (34-15) empfiehlt es sich, die Jacobi-Matrix für eine gewisse Anzahl von Schritten unverändert beizubehalten. Eine weitere Variante verzichtet auf die simultane Berechnung aller Verbesserungen $\Delta\boldsymbol{\xi}$. Vielmehr wird das Inkrement $\Delta\xi^i$ der i-ten Komponente ξ^i_k der k-ten Iterationsstufe mithilfe schon neuer Werte ξ^1_{k+1} bis ξ^{i-1}_{k+1} und der noch alten Werte ξ^{i+1}_k bis ξ^n_k berechnet.
Newton'sches Einzelschrittverfahren:

$$\begin{aligned} \Delta\xi^i &= \xi^i_{k+1} - \xi^i_k \\ &= -\Omega \frac{f_i\left(\xi^1_{k+1}, \xi^2_{k+1}, \ldots, \xi^{i-1}_{k+1}, \xi^i_k, \ldots, \xi^n_k\right)}{f_{i,i}\left(\xi^1_{k+1}, \xi^2_{k+1}, \ldots, \xi^{i-1}_{k+1}, \xi^i_k, \ldots, \xi^n_k\right)}\,. \end{aligned} \qquad (34\text{-}17)$$

Häufig ist es zweckmäßig, die Verbesserung mit einem *Relaxationsfaktor* $\Omega, 0 \leqq \Omega \leqq 2$, zu multiplizieren, also nicht mit dem „an sich richtigen" Wert $\Omega = 1$.

Gradientenverfahren suchen die Lösung x nichtlinearer Gleichungssysteme $\boldsymbol{f}(\boldsymbol{x}) = \boldsymbol{o}$ als Null- und gleichzeitig Minimalpunkte einer zugeordneten quadratischen Form

$$Q = f^T f = 0\,, \quad \operatorname{grad} Q = 2J^T f\,, \tag{34-18}$$
$$(\operatorname{grad} Q)^T = [Q_{,1} \quad \dots \quad Q_{,n}]\,.$$

Bei Vorliegen einer Näherung $\boldsymbol{\xi}_k$ mit dem Wert $Q_k = Q(\boldsymbol{f}_k)$ findet man eine Verbesserung $\Delta\boldsymbol{\xi}$ mit einem besseren Wert $Q_{k+1} = Q_k + (\operatorname{grad} Q)^T \Delta\xi + \ldots = 0$ in Richtung des Gradienten $\Delta\boldsymbol{\xi} = t \operatorname{grad} Q$. Aus der Forderung $Q_{k+1} = 0$ der linearen Entwicklung folgt der Skalar t und damit

$$\Delta\boldsymbol{\xi} = \boldsymbol{\xi}_{k+1} - \boldsymbol{\xi}_k = -\left\{\frac{Q_k}{2(J^T f)^T (J^T f)} J^T f\right\}_k\,. \tag{34-19}$$

Beispiel. Gegeben ist ein System von zwei nichtlinearen algebraischen Gleichungen.

$$f_1 = 3\left(x_1^2 + x_2^2\right) - 10x_1 - 14x_2 + 23 = 0 \quad \text{(Ellipse)}\,,$$
$$f_2 = x_1^2 - 2x_1 - x_2 + 3 = 0 \quad \text{(Parabel)}\,.$$

Mit der Jacobi-Matrix

$$J = \begin{bmatrix} 6x_1 - 10 & 6x_2 - 14 \\ 2x_1 - 2 & -1 \end{bmatrix}$$

konvergiert die Anfangslösung $\boldsymbol{\xi}_0 = \boldsymbol{o}$ gegen eine Lösung $\boldsymbol{x}^T = [1, 2]$. Folgende Tabelle zeigt den Iterationsverlauf des vollständigen Newton-Verfahrens.

k	0	1	2	3	5	7
ξ_k	0	1,055	0,2038	0,9341	0,9868	1,000
	0	0,8889	1,908	1,471	1,956	2,000

35 Matrizeneigenwertproblem

35.1 Homogene Matrizenfunktionen, Normalformen

Die Eigenwerttheorie fragt nach nichttrivialen Lösungen $\boldsymbol{x}$ für homogene Gleichungssysteme $\boldsymbol{Fx} = \boldsymbol{o}$ wobei $\boldsymbol{F}$ zunächst quadratisch und reell sei und einen Parameter λ enthalte.

Gegeben: $\boldsymbol{F}(\lambda)\boldsymbol{x} = \boldsymbol{o}$.

Gesucht Lösungen $\boldsymbol{x} \neq \boldsymbol{o}$.

Notwendige Bedingung: $F = \det \boldsymbol{F} = 0 = f(\lambda)$.

Charakteristische Gleichung $f(\lambda) = 0$ zur (35-1)

Berechnung der Eigenwerte $\lambda_1, \lambda_2, \ldots$

Die Eigenwerte λ_k sind im Allgemeinen konjugiert-komplex, doch gibt es Klassen spezieller Matrizenfunktionen mit stets reellen Eigenwerten; siehe Tabelle 35-1.

Beispiel: Eigenwerte für verschiedene Funktionen $\boldsymbol{F}(\lambda)$.

$$\boldsymbol{F} = \begin{bmatrix} 3 & 2 \\ -1 & 1 \end{bmatrix} - \lambda \boldsymbol{I}\,,$$
$$f(\lambda) = (3-\lambda)(1-\lambda) + 2 = 0\,, \quad \lambda = 2 + \mathrm{j}, 2 - \mathrm{j}\,.$$
$$\boldsymbol{F} = \begin{bmatrix} 4 & 1 \\ 1 & 0 \end{bmatrix} - \lambda \begin{bmatrix} 3 & 2 \\ 2 & 1 \end{bmatrix},$$
$$f(\lambda) = -\lambda^2 - 1 = 0\,, \quad \lambda = \mathrm{j}\,, -\mathrm{j}\,.$$
$$\boldsymbol{F} = \begin{bmatrix} -1 & 1 \\ 0 & 2 \end{bmatrix} + \lambda \begin{bmatrix} 0 & 1 \\ 0 & -2 \end{bmatrix} + \lambda^2 \begin{bmatrix} 1 & 4 \\ 0 & 1 \end{bmatrix},$$
$$f(\lambda) = (-1 + \lambda^2)(2 - 2\lambda + \lambda^2) = 0\,,$$
$$\lambda = -1,\ 1,\ 1 + \mathrm{j},\ 1 - \mathrm{j}\,.$$
$$\boldsymbol{F} = \begin{bmatrix} \sin\lambda & \sinh\lambda \\ \cos\lambda & \cosh\lambda \end{bmatrix},$$
$$f(\lambda) = \sin\lambda\cosh\lambda - \sinh\lambda\cos\lambda = 0\,,$$
$$\lambda = 0;\ 3{,}9266;\ 7{,}0686;\ 10{,}210;\ 13{,}352;\ \ldots\,;$$
$$\lambda_{k+1} \approx (k + 0{,}25)\pi\,.$$

Expansion. Ein nichtlineares EWP mit $\boldsymbol{F}$ als Matrizenpolynom kann stets zu einem äußerlich linearen *Hypersystem* expandiert werden; für $k = 2$ gilt:

Aus $(\boldsymbol{A}_0 + \lambda\boldsymbol{A}_1 + \lambda^2\boldsymbol{A}_2)\boldsymbol{x} = \boldsymbol{o}$

wird $(\boldsymbol{H}_0 + \lambda\boldsymbol{H}_1)\boldsymbol{y} = \boldsymbol{o}$ mit

$$\boldsymbol{H}_0 = \begin{bmatrix} \boldsymbol{O} & \boldsymbol{R} \\ \boldsymbol{A}_0 & \boldsymbol{A}_1 \end{bmatrix}, \tag{35-2}$$
$$\boldsymbol{H}_1 = \begin{bmatrix} -\boldsymbol{R} & \boldsymbol{O} \\ \boldsymbol{O} & \boldsymbol{A}_2 \end{bmatrix}, \quad \boldsymbol{y} = \begin{bmatrix} \boldsymbol{x} \\ \lambda\boldsymbol{x} \end{bmatrix}.$$

$\boldsymbol{R}$ reguläre Hilfsmatrix, zweckmäßig $\boldsymbol{R} = \boldsymbol{I}$.

Bei symmetrischen, zudem positiv definiten Matrizen $\boldsymbol{A}_k$ werden $\boldsymbol{H}_0$, $\boldsymbol{H}_1$ für $\boldsymbol{R} = \boldsymbol{A}_0$ ebenfalls symmetrisch. Dennoch sind die Eigenwerte λ komplex, da $\boldsymbol{H}_1$ indefinit ist.

Die innere Struktur einer Matrix $\boldsymbol{A}$ kann durch eine Links-rechts-Transformation aufgedeckt werden, wobei drei Typen unterschieden werden.

Tabelle 35-1. Typische Matrizenfunktionen $F(\lambda)$. F quadratisch, f_{ij} reell, n-Zeilen und n-Spalten

Name	Gleichung	Anzahl Eigenwerte	λ reell falls
L EWP speziell	$F = A - \lambda I$	n	$A = A^T$
L EWP allgemein	$F = A - \lambda B$	n	$A = A^T$, $B = B^T$ und B positiv oder negativ definit
NL EWP Matrizen-polynom	$F = A_0 + \lambda A_1 + \ldots + \lambda^k A_k$	nk	–
NL EWP allgemein	Elemente f_{ij} von F sind beliebige Funktionen z. B. $f_{ij} = \exp(\lambda)$	∞	–

L/NL EWP: Lineares/nichtlineares Eigenwertproblem.

Gegeben

$$(A - \lambda I)x = o \quad \text{oder} \quad (A - \lambda B)x = o\,.$$

Transformation

$$(\widehat{A} - \lambda LIR)y = o \quad \text{oder} \quad (\widehat{A} - \lambda \widehat{B})y = o$$
$$x = Ry\,, \quad \widehat{A} = LAR\,, \quad \widehat{B} = LBR\,,$$
$$L, R \quad \text{regulär}\,. \tag{35-3}$$

Äquivalenz

$$LIR \neq I\,,$$

Ähnlichkeit als spezielle Äquivalenz

$$LIR = RIL = I\,, \quad L = R^{-1}\,, \quad R = L^{-1}\,.$$

Kongruenz als spezielle Ähnlichkeit

$$L = R^T \quad \text{mit} \quad R^T IR = I\,.$$

Für ein Paar A, B mit den Eigenschaften

$$B = B^T \quad \text{und definit,}$$
$$A^T B^{-1} A = A B^{-1} A^T\,, \tag{35-4}$$
$$B = I: \quad A \text{ heißt normal}\,,$$
$$B \neq I: \quad A \text{ heißt } B\text{-normal}\,,$$

gibt es stets eine Kongruenztransformation auf Diagonalformen D_k:

$$\left.\begin{aligned} &X^T A X = D_1\,, \quad X^T B X = D_2\,.\\ &X = [x_1 \ldots x_n] \quad \text{Modalmatrix}\\ &\text{mit Eigenvektoren } x \text{ aus } Ax = \lambda Bx\,.\\ &\text{Falls}\\ &X^T B X = I\,, \quad \text{gilt} \quad X^T A X = \Lambda\,,\\ &\Lambda = \operatorname{diag}(\lambda_k)\,, \quad k = 1 \text{ bis } n\,. \end{aligned}\right\} \tag{35-5}$$

Ferner gilt die *dyadische Spektralzerlegung*

$$F(\lambda) = \sum_{k=1}^{n} (\lambda_k - \lambda) S_k = A - \lambda B\,, \tag{35-6}$$
$$S_k = \frac{(Bx_k)(Bx_k)^T}{x_k^T B x_k}\,.$$

Bei komplexen Eigenwerten und Eigenvektoren ist x^T durch $\bar{x}^T$ (konjugiert transponiert) zu ersetzen.

Beispiel: Für das Matrizenpaar

$$A = \begin{bmatrix} -1 & -3 & 8 \\ 3 & 15 & 12 \\ 8 & -12 & 26 \end{bmatrix}, \quad B = \operatorname{diag}(1 \;\; 1 \;\; 2)$$

gilt die Normalitätsbedingung (35-4). Mit den Eigenwerten

$$\Lambda = \operatorname{diag}(15 + 9j \quad 15 - 9j \quad -3)$$

und der Modalmatrix

$$X = \frac{1}{18} \begin{bmatrix} j & -j & 4 \\ 3 & 3 & 0 \\ 2j & -2j & -1 \end{bmatrix}$$

verifiziert man

die Diagonaltransformation $\bar{X}^{\mathrm{T}}BX = I$,

$\bar{X}^{\mathrm{T}}AX = \Lambda$ und die Zerlegung (35-6).

Die simultane Diagonaltransformation eines Tripels (A_0, A_1, A_2) mit $A_0 = A_0^{\mathrm{T}}$, und definitem $A_2 = A_2^{\mathrm{T}}$ gelingt nur im Fall der *Vertauschbarkeitsbedingung*

$$A_1 A_2^{-1} A_0 = A_0 A_2^{-1} A_1 . \quad (35\text{-}7)$$

Typischer Sonderfall (*modale Dämpfung* in der Strukturdynamik):

$$\begin{aligned} &A_1 = a_0 A_0 + a_2 A_2 . \\ &\text{Statt} \quad (\lambda^2 A_2 + \lambda A_1 + A_0)x = o \\ &\text{berechnet man} \quad (\sigma A_2 + A_0)x = o , \quad (35\text{-}8) \\ &\lambda_{k1}, \lambda_{k2} \quad \text{aus} \quad \lambda^2 + \lambda(a_2 - \sigma_k a_0) - \sigma_k = 0 . \end{aligned}$$

Nichtnormale Matrizen sind bestenfalls durch Ähnlichkeitstransformation zu reduzieren auf die sogenannte Jordan'sche Normalform

$$\begin{aligned} &J = T^{-1}AT , \quad j_{kl} = 0 \quad \text{bis auf} \\ &j_{kk}(k = 1 \text{ bis } n) \neq 0 \quad \text{und} \quad (35\text{-}9) \\ &j_{k,k+1}(k = 1 \text{ bis } n-1) \neq 0 \\ &\text{für wenigstens einen Index } k . \end{aligned}$$

35.2 Symmetrische Matrizenpaare

Ein Paar (A, B) reellsymmetrischer Matrizen mit zumindest einem definiten Partner hat nur reelle Eigenwerte.

$$Ax = \lambda Bx , \quad A = A^{\mathrm{T}} , \quad B = B^{\mathrm{T}} , \quad B \ \text{definit}$$

Faktorisierung 33.2, (33-8) entscheidet über Definitheit:

$$B = LDL^{\mathrm{T}} , \quad D = \mathrm{diag}(d_{kk}) , \quad l_{kk} = 1 .$$

$$\text{alle} \quad d_{kk} \begin{cases} > 0 & B \text{ positiv definit} \\ < 0 & B \text{ negativ definit} \end{cases} . \quad (35\text{-}10)$$

Der dem EWP (35-10) zugeordnete *Rayleigh-Quotient*

$$R = \frac{v^{\mathrm{T}}Av}{v^{\mathrm{T}}Bv} , \quad R_{\mathrm{extr}} = R(x_k) = \lambda_k ,$$

mit dem reellen Wertebereich

$$\lambda_1 \leqq R \leqq \lambda_n , \quad \lambda_1 \leqq \lambda_2 \leqq \ldots \leqq \lambda_n , \quad (35\text{-}11)$$

nimmt seine lokalen Extrema $R = \lambda_2$ bis λ_{n-1} und globalen Extrema $R = \lambda_1, \lambda_n$, an, wenn man für die an sich beliebigen Vektoren v speziell die Eigenvektoren x_k von (35-10) einsetzt. Die Vielfalt von „Eigenwertlösern" lässt sich in 2 Gruppen einteilen:

Globalalgorithmen.
Wesentlich ist als Vorarbeit eine Transformation des Paares (A, B) auf eine Tridiagonalmatrix T zum Partner I mithilfe des *Lanczos-* oder *Givens-Verfahrens*. Daran anschliessend liefert der *QR-Algorithmus* eine sukzessive Transformation des Paares T, I auf Diagonalform.
Das *Jacobi-Rotationsverfahren* ist ein klassischer Globalalgorithmus ohne Vorarbeit, allerdings mit dem Nachteil der Profil- oder Bandbreitenzerstörung.

Selektionsalgorithmen.
Separate oder gruppenweise Berechnung einiger Eigenwerte unabhängig von den anderen. Typische Vertreter sind die *Vektoriteration* nach v. Mises – auch Potenzmethode genannt – mit der *Spektralverschiebung* nach Wielandt und die *Ritz-Iteration* für den Rayleigh-Quotienten mittels sukzessiver Unterraumprojektion. Neuentwicklungen sind der Spezialliteratur zu entnehmen.
Bei der Eigenwertanalyse technischer Systeme sind in aller Regel nur einige Eigenwerte λ von Interesse, wofür Selektionsalgorithmen besonders geeignet sind; sie arbeiten grundsätzlich iterativ. Die wesentliche Frage nach dem Index k des Eigenwertes λ_k, den ein aktueller Näherungswert Λ ansteuert, beantwortet der *Sylvester-Test*.

$$\begin{aligned} &\text{Gegeben:} \quad Ax = \lambda Bx, \ \Lambda , \quad \text{Ordnung } n . \\ &\qquad A = A^{\mathrm{T}} , \quad B = B^{\mathrm{T}} \ \text{positiv definit} . \\ &\text{Gesucht:} \quad \text{Anzahl der Eigenwerte mit} \quad \lambda < \Lambda . \\ &\text{Verfahren: Zerlegung} \\ &(A - \Lambda B) = LDL^{\mathrm{T}} , \quad l_{ii} = 1 , \quad D = \mathrm{diag}(d_{ii}) , \\ &\text{liefert} \quad \begin{cases} k & \text{Werte} \quad d_{ii} < 0 , \\ n-k & \text{Werte} \quad d_{ii} > 0 . \end{cases} \end{aligned} \quad (35\text{-}12)$$

Demnach gibt es k-Eigenwerte λ kleiner als Λ.
Der Sylvester-Test erlaubt die Einschließung von Eigenwerten. Gilt für zwei Werte Λ_1, Λ_2:

Tabelle 35-2. Nützliche Beziehungen zwischen Eigenwerten und Eigenvektoren algebraisch verwandter Eigenwert-problem-Paare

Verwandte Paare	Eigenvektoren	Eigenwerte
$\begin{cases} Ax = \lambda x \\ A^k y = \sigma y \end{cases}$	$x = y$	$\sigma = \lambda^k$
$\begin{cases} Ax = \lambda Bx \\ (AB^{-1})^k Ay = \sigma By \end{cases}$	$x = y$	$\sigma = \lambda^{k+1}$
$\begin{cases} Ax = \lambda Bx \\ By = \sigma Ay \end{cases}$	$x = y$	$\sigma\lambda = 1$
$\begin{cases} Ax = \lambda Bx \\ (A - \Lambda B)y = \sigma By \end{cases}$	$x = y$	$\lambda = \Lambda + \sigma$, Λ Konstante
$\begin{cases} Ax = \lambda Bx \\ By = \sigma(A - \Lambda B)y \end{cases}$	$x = y$	$\lambda = \Lambda + \dfrac{1}{\sigma}$ $\sigma \to \infty$: $\lambda \to \Lambda$
$\begin{cases} Ax = \lambda Bx \\ A^T y = \sigma B^T y \end{cases}$	$x \neq y$	$\lambda = \sigma$
$\begin{cases} Ax = \lambda Bx \\ LARy = \sigma LBRy \end{cases}$	L, R regulär $x = Ry$	$\lambda = \sigma$
$\begin{cases} Ax = \lambda Bx \\ (AB^{-1}A - sA + pB)y = \sigma By \end{cases}$	$x = y$	$\sigma = (\lambda - \Lambda_0)(\lambda - \Lambda_1)$, $s = \Lambda_0 + \Lambda_1$, $p = \Lambda_0\Lambda_1$

$$\begin{aligned} &\Lambda_1 && \to k_1 \text{ Eigenwerte } < \Lambda_1 , \\ &\Lambda_2 > \Lambda_1 && \to k_2 = k_1 + 1 \text{ Eigenwerte } < \Lambda_2 , \end{aligned}$$

dann liegt dazwischen garantiert der k_2-te Eigenwert.

$$\Lambda_1 \leq \lambda_{k_2} \leq \Lambda_2 .$$

Gilt für zwei andere Λ-Werte:

$$\begin{aligned} &\Lambda_3 && \to k_3 \text{ Eigenwerte } < \Lambda_3 , \\ &\Lambda_4 > \Lambda_3 && \to k_4 = k_3 \text{ Eigenwerte } < \Lambda_4 , \end{aligned}$$

dann liegt zwischen Λ_3 und Λ_4 garantiert kein Eigenwert; dies ist ein Ausschliessungssatz.

Vektoriteration. Beginnend mit einem beliebigen Startvektor v_0 oder u_0 konvergieren die Vektorfolgen

$$\begin{aligned} Av_{k+1} &= Bv_k , \quad R_{k+1} = R(v_{k+1}) \to \lambda_{\min} \\ Bu_{k+1} &= Au_k , \quad R_{k+1} = R(u_{k+1}) \to \lambda_{\max} \end{aligned}$$

zum Eigenwertproblem

$$Ax = \lambda Bx , \quad R = (v^T Av)/(v^T Bv) \qquad (35\text{-}13)$$

gegen die äußeren Eigenwerte und die dazugehörigen Vektoren des Paares (A, B). Die Konvergenzgeschwindigkeit ist proportional der Inversen der Konditionszahl κ:

$$\text{Konvergenzgeschwindigkeit} \sim \kappa^{-1} = |\lambda_{\min}|/|\lambda_{\max}| . \qquad (35\text{-}14)$$

Die Nichtkonvergenz signalisiert die Ansteuerung eines Unterraumes mit mehrfachem Eigenwert oder eines Nestes. In diesem Fall hilft eine *Simultaniteration der Ordnung s*:

$$x = V_k n , \quad V = \begin{bmatrix} \overset{1}{v} & \overset{2}{v} \dots \overset{s}{v} \end{bmatrix} ,$$

$$n^T = [n_1 \quad n_2 \dots n_s] , \quad AV_{k+1} = BV_k ,$$

wobei den Rayleigh-Quotienten ein Unterraum-Eigenwertproblem der Ordnung s zugeordnet ist.

$$\begin{aligned} &\widehat{A} = V_{k+1}^T A V_{k+1} , \quad \widehat{B} = V_{k+1}^T B V_{k+1} . \\ &\widehat{A}n = R\widehat{B}n \to R_1 \dots R_s , \qquad (35\text{-}15) \\ &N = [n_1 \; n_2 \dots n_s], \; V_{k+1} := V_{k+1} N . \end{aligned}$$

Spektralverschiebung. Die nach Abspalten der Anteile x_1 bis x_{r-1} zum nächsten Eigenpaar x_r, λ_r tendierende Iteration kann bei Kenntnis einer Näherung Λ_r für λ_r wesentlich beschleunigt werden durch eine

Spektralverschiebung:

$$\begin{aligned} &\lambda = \Lambda_r + \sigma \quad \text{führt auf} \\ &(A - \Lambda B)v_{k+1} = Bv_k . \qquad (35\text{-}16) \end{aligned}$$

Beispiel: Die Eigenwerte $\lambda = 2, 4, 6, 8$ eines speziellen EWP $Ax = \lambda x$ mit

$$A = \begin{bmatrix} 5 & -1 & -2 & 0 \\ -1 & 5 & 0 & 2 \\ -2 & 0 & 5 & 1 \\ 0 & 2 & 1 & 5 \end{bmatrix} \quad \text{seien bekannt}.$$

Beginnend mit $v_0^T = [1 \quad -1 \quad -1 \quad 1]$ zeigt folgende Tabelle die Iteration einmal für $\Lambda = 0$ mit $|\lambda_{min}/\lambda_{max}| = 0{,}25$ und dann für $\Lambda = 2{,}1$ mit $|\sigma_{min}/\sigma_{max}| = 0{,}1/5{,}9 = 0{,}017$. Die Unterschiede in der Konvergenzgeschwindigkeit sind offensichtlich.

k	1	2	3	4	5	6
R_k für $\Lambda = 0$	3,84	2,2417	2,0818	2,0177	2,0041	2,0010
R_k für $\Lambda = 2{,}1$	1,66	1,9996	2,0000	2,000	2,000	2,000

35.3 Testmatrizen

Zum Test vorhandener Rechenprogramme eignen sich Matrizen mit einfach angebbaren Elementen a_{ij}, b_{ij} und ebensolchen Eigenwerten und Eigenvektoren. Ganzzahlige Eigenwerte mit weitgehender Vielfachheit liefert die Links-rechts-Multiplikation eines Paares $\boldsymbol{D} = \operatorname{diag}(d_{ii})$, $\boldsymbol{I}$ mit regulären Matrizen $\boldsymbol{L}$, $\boldsymbol{R}$.

Vorgabe: Paar $\operatorname{diag}(d_{ii})\boldsymbol{x} = \lambda\boldsymbol{x}$ mit vorgegebenen Eigenwerten $\lambda_i = d_{ii}$ und Einheitsvektoren $\boldsymbol{e}_i$ als Eigenvektoren $\boldsymbol{x}_i$.

Konstruktion eines vollbesetzten Paares:

$$\boldsymbol{Ay} = \sigma\boldsymbol{By} \quad \text{mit} \quad \sigma_i = \lambda_i\,, \quad \boldsymbol{Ry}_i = \boldsymbol{e}_i:$$

$$\boldsymbol{A} = \boldsymbol{LDR}\,, \quad \boldsymbol{B} = \boldsymbol{LR}\,, \quad \boldsymbol{L}, \boldsymbol{R} \quad \text{regulär}. \tag{35-17}$$

$$\boldsymbol{A} = \boldsymbol{A}^T \quad \text{für} \quad \boldsymbol{L} = \boldsymbol{R}^T.$$

Reguläre Matrizen $\boldsymbol{L}$, $\boldsymbol{R}$ mit linear unabhängigen Spalten und Zeilen liefern diskrete Abtastwerte kontinuierlicher Funktionen. Analog zu einer Folge x^j von Polynomen mit kontinuierlicher Argumentmenge x konstruiert man Spalten i^j mit diskreten Argumenten i. Durch Nutzung von Orthogonalsystemen lassen sich mühelos Kongruenztransformationen (35-3) erzeugen.

Polynomtransformation

$$\boldsymbol{R} := \boldsymbol{P}\,, \quad p_{ij} = \begin{cases} i^{j+c}\,, & \left(\dfrac{2i-1}{2}\right)^{j+c} \\ \left(\dfrac{i}{n}\right)^{j+c}\,, & \left(\dfrac{2i-1}{2n}\right)^{j+c} \end{cases} \tag{35-18}$$

n: Zeilen- und Spaltenzahl von $\boldsymbol{P}$.

$i, j = 1$ bis n, c: beliebige Konstante.

Transzendente Transformation.

$$\boldsymbol{R} := \boldsymbol{S}\,, \quad s_{ij} = \sqrt{\frac{2}{n+1}}\sin\left(\frac{ij}{n+1}\pi\right).$$

$$\boldsymbol{S}^2 = \boldsymbol{I}\,. \tag{35-19}$$

Beispiel: Für $n = 4$ erzeuge man eine $\boldsymbol{P}$-Version mit $c = -1$ und die $\boldsymbol{S}$-Transformation. i, j: 1 bis $n = 4$. Für

$$p_{ij} = \left(\frac{2i-1}{2n}\right)^{j-1} \quad \text{gilt} \quad \boldsymbol{p}_j = \begin{bmatrix} 1/8 \\ 3/8 \\ 5/8 \\ 7/8 \end{bmatrix}^{j-1},$$

$$\boldsymbol{P} = \begin{bmatrix} 1 & 1/8 & 1^2/8^2 & 1^3/8^3 \\ 1 & 3/8 & 3^2/8^2 & 3^3/8^3 \\ 1 & 5/8 & 5^2/8^2 & 5^3/8^3 \\ 1 & 7/8 & 7^2/8^2 & 7^3/8^3 \end{bmatrix}.$$

$$\boldsymbol{S} = \sqrt{\frac{2}{5}} \begin{bmatrix} \sin\beta & \sin 2\beta & \sin 3\beta & \sin 4\beta \\ \sin 2\beta & \sin 4\beta & \sin 6\beta & \sin 8\beta \\ \sin 3\beta & \sin 6\beta & \sin 9\beta & \sin 12\beta \\ \sin 4\beta & \sin 8\beta & \sin 12\beta & \sin 16\beta \end{bmatrix},$$

$$\beta = \frac{\pi}{5}.$$

Ein Eigenwertspektrum $-2 < \kappa < +2$ mit Verdichtung an den Rändern erzeugt ein spezielles Paar $\boldsymbol{Ks} = \kappa\boldsymbol{s}$ aus der Theorie der Differenzengleichungen.

Für $\boldsymbol{Ks} = \kappa\boldsymbol{s}$ mit

$$k_{ij} = \begin{cases} 1 & \text{für} \quad (i-j)^2 = 1 \\ 0 & \text{sonst} \end{cases},$$

$$\boldsymbol{K} = \begin{bmatrix} 0 & 1 & & & \\ 1 & \cdot & \cdot & \boldsymbol{O} & \\ & \cdot & \cdot & \cdot & \\ & \boldsymbol{O} & \cdot & \cdot & 1 \\ & & & 1 & 0 \end{bmatrix}, \tag{35-20}$$

gilt $\kappa_j = 2\cos j\beta\,,\quad \beta = \dfrac{\pi}{n+1}\,,\qquad j = 1, \ldots, n\,.$

$$s_j^{\mathrm{T}} = \sqrt{\frac{2}{n+1}}[\sin j\beta \quad \sin 2j\beta \ldots \sin nj\beta]\,.$$

Durch Potenzierung, Spektralverschiebung und weitere Operationen gemäß Tabelle 35-2 erhält man aus (35-20) einen ganzen Vorrat an Testpaaren; siehe auch [1], S. 24–28.

$$(\boldsymbol{K} + c\boldsymbol{I})\boldsymbol{x} = \lambda\boldsymbol{x}\,,\quad \boldsymbol{x}_j = \boldsymbol{s}_j\,,\quad \lambda_j = \kappa_j + c\,.$$
$$\boldsymbol{K}^k\boldsymbol{y} = \sigma\boldsymbol{y}\,,\quad \boldsymbol{y}_j = \boldsymbol{s}_j \quad \sigma_j = \kappa_j^k\,. \qquad (35\text{-}21)$$
$$\boldsymbol{K}^k: \text{symmetrisch, mit Bandstruktur}\,.$$

Bei einem Test auf komplexe Eigenwerte zum Beispiel eines Tripels $(\lambda^2\boldsymbol{A}_2 + \lambda\boldsymbol{A}_1 + \lambda\boldsymbol{A}_0)\boldsymbol{x} = \boldsymbol{o}$ übergibt man einem Programm das Problem in der Hyperform (35-2), wobei man die Matrizen $\boldsymbol{A}_k$ durch Aufblähung einer Diagonalform erzeugt oder die Vertauschbarkeitsbedingung in der einfachen Form (35-8) in Verbindung mit der Differenzenmatrix $\boldsymbol{K}$ aus (35-20) nutzt.

Vorgabe:

$$\text{Tripel} \quad (\lambda^2\boldsymbol{I} + \lambda\boldsymbol{F} + \boldsymbol{G})\boldsymbol{x} = \boldsymbol{o}\,.$$
$$\boldsymbol{F} = \mathrm{diag}(f_{ii})\,,\quad \boldsymbol{G} = \mathrm{diag}(g_{ii})\,.$$

Eigenwerte paarweise als Λ_{j1}, Λ_{j2} vorgebbar.

$$(\lambda - \Lambda_{j1})(\lambda - \Lambda_{j2}) = 0 \to f_{jj} = -(\Lambda_{j1} + \Lambda_{j2})\,,$$
$$g_{jj} = \Lambda_{j1}\Lambda_{j2}\,.\quad \Lambda_{j1} = \bar{\Lambda}_{j2} \to f_{jj}\,,\ g_{jj} \quad \text{reell}\,.$$

Konstruktion eines vollbesetzten Tripels.

$$(\sigma^2\boldsymbol{A}_2 + \sigma\boldsymbol{A}_1 + \boldsymbol{A}_0)\boldsymbol{y} = \boldsymbol{o}\,,\quad \boldsymbol{x} = \boldsymbol{R}\boldsymbol{y}\,,\quad \sigma = \lambda\,,$$
$$\boldsymbol{A}_2 = \boldsymbol{L}\boldsymbol{R}\,,\quad \boldsymbol{A}_1 = \boldsymbol{L}\boldsymbol{F}\boldsymbol{R}\,,\quad \boldsymbol{A}_0 = \boldsymbol{L}\boldsymbol{G}\boldsymbol{R}\,. \quad (35\text{-}22)$$

Beispiel 1: Das Eigenwertproblem $\boldsymbol{A}\boldsymbol{x} = \lambda\boldsymbol{x}$, $n = 4$, mit $\boldsymbol{A} = (\boldsymbol{K} + 3\boldsymbol{I})^2$ hat Eigenwerte nach (35-21).

$$n = 4,\ c = 3: \boldsymbol{K} + 3\boldsymbol{I} = \begin{bmatrix} 3 & 1 & 0 & 0 \\ 1 & 3 & 1 & 0 \\ 0 & 1 & 3 & 1 \\ 0 & 0 & 1 & 3 \end{bmatrix},$$

$$(\boldsymbol{K} + 3\boldsymbol{I})^2 = \begin{bmatrix} 10 & 6 & 1 & 0 \\ 6 & 11 & 6 & 1 \\ 1 & 6 & 11 & 6 \\ 0 & 1 & 6 & 10 \end{bmatrix}.$$

$$\left.\begin{aligned} \lambda &= \left(3 + 2\cos\frac{\pi}{5}\right)^2;\ \left(3 + 2\cos\frac{2\pi}{5}\right)^2; \\ \lambda &= 21{,}326\,; \qquad 13{,}090\,; \end{aligned}\right\}$$

$$\left.\begin{aligned} \lambda &= \left(3 + 2\cos\frac{3\pi}{5}\right)^2;\ \left(3 + 2\cos\frac{4\pi}{5}\right)^2. \\ \lambda &= 5{,}6738\,; \qquad 1{,}9098\,. \end{aligned}\right\}$$

Beispiel 2: Mit $\boldsymbol{L} = \boldsymbol{R}^{\mathrm{T}}$ ist nach (35-22) ein Tripel mit $n = 3$ und 3 vorgegebenen Eigenwertpaaren zu konstruieren.

$$\text{Vorgabe}: \Lambda = 1,\ 1,\ \mathrm{j},\ -\mathrm{j}\,,\quad -1 + \mathrm{j}\,,\quad -1 - \mathrm{j}\,.$$
$$f_{jj} = -2,\ 0,\ 2\,.\quad g_{jj} = 1,\ 1,\ 2\,.$$

$$\text{Mit} \quad \boldsymbol{R} = \begin{bmatrix} 1 & 1 & 1 \\ 1 & 2 & -1 \\ 1 & 3 & 1 \end{bmatrix}$$

erhält man ein Tripel

$$\boldsymbol{A}_2 = \boldsymbol{R}^{\mathrm{T}}\boldsymbol{I}\boldsymbol{R} = \begin{bmatrix} 3 & 6 & 1 \\ 6 & 14 & 2 \\ 1 & 2 & 3 \end{bmatrix},$$

$$\boldsymbol{A}_1 = \boldsymbol{R}^{\mathrm{T}}\boldsymbol{F}\boldsymbol{R} = \begin{bmatrix} 0 & 4 & 0 \\ 4 & 16 & 4 \\ 0 & 4 & 0 \end{bmatrix},$$

$$\boldsymbol{A}_0 = \boldsymbol{R}^{\mathrm{T}}\boldsymbol{G}\boldsymbol{R} = \begin{bmatrix} 4 & 9 & 2 \\ 9 & 23 & 5 \\ 2 & 5 & 4 \end{bmatrix}.$$

Es gilt: $\sigma = \Lambda$ mit $(\sigma^2\boldsymbol{A}_2 + \sigma\boldsymbol{A}_1 + \boldsymbol{A}_0)\boldsymbol{x} = \boldsymbol{0}$.

Kronecker-Produktmatrix

Die Eigenwerte λ und Eigenvektoren $\boldsymbol{x}$ einer Kronecker-Produktmatrix $\boldsymbol{K} = \boldsymbol{A} \otimes \boldsymbol{B}$ (siehe 3.1.2) lassen sich mithilfe der Eigendaten von $\boldsymbol{A}$ und $\boldsymbol{B}$ darstellen.

Mit $\boldsymbol{A}\boldsymbol{y} = \mu\boldsymbol{y}$, $\boldsymbol{y}^{\mathrm{T}} = [y_1 \ldots y_p]$, $\boldsymbol{B}\boldsymbol{z} = \nu\boldsymbol{z}$ gilt

$$\boldsymbol{x} = \boldsymbol{y} \otimes \boldsymbol{z} = \begin{bmatrix} y_1\boldsymbol{z} \\ \vdots \\ y_p\boldsymbol{z} \end{bmatrix},\quad \lambda = \mu\nu \text{ für } \boldsymbol{K}\boldsymbol{x} = \lambda\boldsymbol{x}\,. \quad (35\text{-}23)$$

35.4 Singulärwertzerlegung

Eine symmetrische Matrix $\boldsymbol{A} = \boldsymbol{A}^{\mathrm{T}}$ der Ordnung n lässt sich nach (35-5) auf Diagonalform transformieren.

$$X^{\mathrm{T}}AX = \Lambda \quad \text{mit} \quad X^{\mathrm{T}}X = I\,.$$
$$\Lambda = \operatorname{diag}(\lambda_1 \ldots \lambda_n)\,, \quad X = [x_1 \ldots x_n]\,, \qquad (35\text{-}24)$$
x_i, λ_i Eigenvektoren und Eigenwerte des speziellen EWP $Ax = \lambda x$.

Durch Multiplikation der Gl. (35-24) von rechts mit X^{T} und von links mit X erhält man die Spektralzerlegung (35-6) für A.

$$A = X\Lambda X^{\mathrm{T}} = \sum_{i=1}^{n} \lambda_i x_i x_i^{\mathrm{T}}\,, \quad x_i^{\mathrm{T}} x_i = 1\,. \qquad (35\text{-}25)$$

Die Inverse von A folgt aus der Inversion von (35-24).

$$(X^{\mathrm{T}}AX)^{-1} = X^{-1}A^{-1}X^{-\mathrm{T}} = \Lambda^{-1}\,,$$
$$A^{-1} = X\Lambda^{-1}X^{\mathrm{T}} = \sum_{i=1}^{n} \frac{1}{\lambda_i} x_i x_i^{\mathrm{T}}\,. \qquad (35\text{-}26)$$

Wenn $\lambda = 0$ s-facher Eigenwert ist, definiert man mit $r = n - s$ die Pseudoinverse

$$A^{+} = \sum_{i=1}^{r} \frac{1}{\lambda_i} x_i x_i^{\mathrm{T}}\,, \quad \lambda_i \neq 0\,. \qquad (35\text{-}27)$$

Entsprechend definiert man die Singulärwertzerlegung

$$A = \sum_{i=1}^{r} \lambda_i x_i x_i^{\mathrm{T}}\,, \quad \lambda_1 \text{ bis } \lambda_r \neq 0\,. \qquad (35\text{-}28)$$

Die eigentliche Motivation zur Einführung von (35-27) und (35-28) liefern Rechteckmatrizen.

$$R = \begin{bmatrix} r_{11} & \ldots & r_{1n} \\ \vdots & & \vdots \\ r_{m1} & \ldots & r_{mn} \end{bmatrix}, \quad m > n\,.$$

Die Eigenwerte $\sigma_i^2 \neq 0$ und die dazugehörigen Eigenvektoren h_i des speziellen EWP

$$R^{\mathrm{T}}Rh = \sigma^2 h\,, \quad \sigma_1^2 \text{ bis } \sigma_r^2 > 0\,, \qquad (35\text{-}29)$$

bestimmen die spektrale Zerlegung.

Singulärwertzerlegung

$$R = \sum_{i=1}^{r} \sigma_i g_i h_i^{\mathrm{T}} = \sum_{i=1}^{r} Rh_i h_i^{\mathrm{T}} \qquad (35\text{-}30)$$
$$\text{mit } g_i = \frac{1}{\sigma_i} Rh_i\,, \quad \sigma_i \neq 0\,.$$

Pseudoinverse

$$R^{+} = \sum_{i=1}^{r} \frac{1}{\sigma_i} h_i g_i^{\mathrm{T}} = \sum_{i=1}^{r} \frac{1}{\sigma_i^2} h_i (Rh_i)^{\mathrm{T}}\,. \qquad (35\text{-}31)$$

Eigenschaften der Pseudoinversen:

$$RR^{+}R = R\,, \quad R^{+}RR^{+} = R^{+}\,, \qquad (35\text{-}32)$$
$$(RR^{+})^{\mathrm{T}} = RR^{+}\,, \quad (R^{+}R)^{\mathrm{T}} = R^{+}R\,.$$

Beispiel. Die singulären Werte $\sigma_i^2 \neq 0$ der Matrix

$$R^{\mathrm{T}} = \begin{bmatrix} 1 & 2 & 0 & 3 \\ 2 & 1 & 3 & 0 \\ 1 & 1 & 1 & 1 \end{bmatrix}$$

aus $R^{\mathrm{T}}Rh = \sigma^2 h$ sind $\sigma_1^2 = 10$, $\sigma_2^2 = 22$,

$$h_1^{\mathrm{T}} = [-1\ 1\ 0]/\sqrt{2}\,, \quad h_2^{\mathrm{T}} = [3\ 3\ 2]/\sqrt{22}\,,$$
$$(Rh_1)^{\mathrm{T}} = [1\ \ -1\ \ 3\ \ -3]/\sqrt{2}\,,$$
$$(Rh_2)^{\mathrm{T}} = [1\ \ 1\ \ 1\ \ 1]11/\sqrt{22}\,.$$

Pseudoinverse:

$$R^{+} = \frac{1}{110} \begin{bmatrix} 3 & 13 & -9 & 24 \\ 13 & 2 & 24 & -9 \\ 5 & 5 & 5 & 5 \end{bmatrix},$$

$$R^{+}R = \frac{1}{11} \begin{bmatrix} 10 & -1 & 3 \\ -1 & 10 & 3 \\ 3 & 3 & 2 \end{bmatrix}.$$

Mit $R^{+}R$ verifiziert man in der Tat $R(R^{+}R) = R$ nach (35-32).

36 Interpolation

Bei der Interpolation bildet man eine Menge von $k = 0$ bis n diskreten Stützpunkten $P_k(x_k, y_k)$ in der Ebene oder $P_k(x_k, y_k, z_k)$ im Raum auf einen kontinuierlichen Bereich ab; dadurch ist man in der Lage, zu differenzieren, zu integrieren und beliebige Zwischenwerte $y(x)$ in der Ebene und $z(x, y)$ im Raum zu berechnen. Hier wird im Wesentlichen die ebene Interpolation behandelt.

36.1 Nichtperiodische Interpolation

Besonders geeignet sind Polynome und gebrochen rationale Funktionen.

Gegeben: $n+1$ Punkte $P_k(x_k, y_k, z_k)$.
Gesucht: Polynome .

$$y = P_n(x) = c_i x^i\,, \quad i = 0 \text{ bis } n \text{ (Ebene)}\,.$$

$$z = P_{n_x n_y}(x, y) = c_{ij} x^i y^j\,, \qquad (36\text{-}1)$$

$$i = 0 \text{ bis } n_x\,, \quad j = 0 \text{ bis } n_y\,,$$

$$(n_x + 1)(n_y + 1) = n + 1 \quad \text{(Raum)}\,.$$

Gesucht: Gebrochen rationale Funktionen.

$$y = P_{km} = \frac{a_0 + a_1 x + \ldots + a_k x^k}{1 + b_1 x + \ldots + b_m x^m}\,,$$

$$k + 1 + m = n + 1\,. \qquad (36\text{-}2)$$

Tabelle 36-1. Typische Interpolationen in der Ebene. Insgesamt $n+1$ Paare (x_k, y_k), (x_k, y'_k), (x_k, y''_k) usw. sind gegeben

Name/Typ	Berechnung der Koeffizienten
Lagrange	Explizite Darstellung $P_n(x) = \sum_{k=0}^{n} y_k l_k(x)$, $l_k = \prod_{i=0, i\neq k}^{n} \frac{(x - x_i)}{(x_k - x_i)}$, siehe Kap. (22), Gl. (4).
Newton	$P_n = c_0 + (x - x_0)c_1 + (x - x_0)(x - x_1)c_2 + \ldots + \left[\prod_{i=0}^{n-1}(x - x_i)\right] c_n$. Die letzte Stützstelle x_n erscheint nicht explizit in $P_n(x)$. Rekursive Berechnung nach (36-3) aus den Paaren (x_0, y_0) bis (x_n, y_n).
Hermite	Rekursive Berechnung aus den Werten y_k, y'_k, y''_k usw. an verschiedenen Stützstellen x_k.
Splines	Implizite Berechnung aus Paaren (x_k, y_k) mit intern erzwungener Stetigkeit in Neigung y' und „Krümmung" y''.
Padé	Implizite Berechnung in der Regel aus Paaren (x_k, y_k) mittels einer gebrochen rationalen Darstellung (36-2).
Bézier	Interpolation der Ortsvektoren $\boldsymbol{r}_k$ in parametrischer Form.

Newton-Interpolation. Mit dem Ansatz in Tabelle 36-1 ergeben sich die Koeffizienten c_k als Lösungen eines gestaffelten Gleichungssystems. Bei Hinzunahme eines $(n+2)$-ten Stützpunktes kann die vorhergegangene Rechnung vollständig eingebracht werden.

$$\begin{array}{l} P_n(x_0) = y_0: \\ P_n(x_1) = y_1: \\ P_n(x_2) = y_2: \\ \vdots \\ P_n(x_j) = y_j: \\ \vdots \\ P_n(x_n) = y_n: \end{array} \begin{bmatrix} 1 & & & & & \\ 1 & a_{11} & & & \boldsymbol{o} & \\ 1 & a_{21} & a_{22} & & & \\ \vdots & \vdots & \vdots & \ddots & & \\ 1 & a_{j1} & a_{j2} & \ldots & a_{jj} & \\ \vdots & & & & & \ddots \\ 1 & a_{n1} & a_{n2} & \ldots & \ldots & a_{nn} \end{bmatrix} \boldsymbol{c} = \boldsymbol{y}\,. \qquad (36\text{-}3)$$

$$\boldsymbol{c}^{\mathrm{T}} = [c_0 \ldots c_n]\,, \quad \boldsymbol{y}^{\mathrm{T}} = [y_0 \ldots y_n]\,,$$

$$a_{jk} = (x_j - x_0)(x_j - x_1)\ldots(x_j - x_{k-1}) = \prod_{i=0}^{k-1}(x_j - x_i)$$

$$j = 1 \text{ bis } n\,, \quad k \leqq j\,,$$

z. B. $a_{22} = (x_2 - x_0)(x_2 - x_1)$.

Die Berechnung der Funktion $y(x)$ an einer Zwischenstelle $x \neq x_k$ beginnt mit der inneren Klammer in (36-4) und dringt nach außen vor, ein Verfahren, das dem von Horner (34.2, (34-13)) entspricht.

Horner-ähnliche Berechnung eines Zwischenwertes $P_n(x)$, $x \neq x_k$, für $n = 4$.

$$P_4(x) = c_0 + (x - x_0)$$

$$\times \underset{1}{[} c_1 + (x - x_1) \underset{2}{[} c_2 + (x - x_2) \underset{3}{[} c_3 + (x - x_3)c_4 \underset{3}{]} \underset{2}{]} \underset{1}{]}\,.$$

Start mit Hilfsgröße $b_4 = c_4$: (36-4)

$$b_3 = c_3 + (x - x_3)b_4\,, \quad b_2 = c_2 + (x - x_2)b_3\,,$$

$$b_1 = c_1 + (x - x_1)b_2\,, \quad b_0 = c_0 + (x - x_0)b_1\,.$$

$$P_4(x) = b_0\,.$$

Hermite-Interpolation. Stehen an einer Stützstelle x_k Funktionswert y_k und Ableitungen y'_k, y''_k bis $y_k^{(v)}$ zur Verfügung, ist die Differenz $x - x_k$ im Newton-Ansatz bis zur $(v+1)$-ten Potenz einzubringen. Das letzte Paar $(x_r, y_r^{(\alpha)})$ geht nicht explizit in den Ansatz ein; also ist $(x - x_r)^\alpha$ die höchste Potenz mit x_r.

Beispiel: Hermite-Interpolation der 4 Paare (x_k, y'_k), (x_k, y_k), $k = 0, 1$.

$$P_3(x) = c_0 + (x - x_0) \underset{1}{[} c_1 + (x - x_0) \underset{2}{[} c_2 + (x - x_1)c_3 \underset{2}{]} \underset{1}{]}\,.$$

$$P_3(x) = c_0 + (x - x_0)c_1 + (x - x_0)^2 c_2 + (x - x_0)^2 (x - x_1) c_3\,,$$

$$P'_3(x) = c_1 + 2(x - x_0)c_2 + (x - x_0)[2(x - x_1) + (x - x_0)]c_3\,.$$

Berechnung der c_k-Werte aus $P_k(x_k) = y_k, P'_k(x_k) = y'_k$.

$$\begin{bmatrix} 1 & 0 & 0 & 0 \\ 0 & 1 & 0 & 0 \\ 1 & (x_1 - x_0) & (x_1 - x_0)^2 & 0 \\ 0 & 1 & 2(x_1 - x_0) & (x_1 - x_0)^2 \end{bmatrix} \begin{bmatrix} c_0 \\ c_1 \\ c_2 \\ c_3 \end{bmatrix} = \begin{bmatrix} y_0 \\ y'_0 \\ y_1 \\ y'_1 \end{bmatrix} .$$

Splines. Eine Menge von $n+1$ Stützpunkten $P_k(x_k, y_k)$ in der Ebene wird in jedem Teilintervall $[x_i, x_j]$, $j = i + 1$, durch ein Polynom $s_{ij}(x)$ ungerader Ordnung $p = 3, 5, \ldots$ approximiert.
Durch Stetigkeitsforderungen

$$\left.\begin{array}{l} s'_{ij}(x_j) = s'_{jk}(x_j) \\ \vdots \\ s_{ij}^{(p-1)}(x_j) = s_{jk}^{(p-1)}(x_j) \end{array}\right\} \begin{array}{l} \text{stetig für } x = x_j \,, \\ j = 1 \text{ bis } n - 1 \,, \end{array} \tag{36-5}$$

in den Intervallübergängen wird die Interpolation insgesamt nur durch die y_k-Werte bestimmt. Besonders bewährt haben sich

kubische Polynome $s(x)$ in jedem Intervall $[x_i, x_j]$, $j = i + 1$. Stetigkeit in s' und s''.

$$s_{ij}(x) = a_{ij}(x - x_i)^3 + b_{ij}(x - x_i)^2 + c_{ij}(x - x_i) + d_{ij} \,. \tag{36-6}$$

Bilanz der Bestimmungsgleichungen:
Unbekannt sind n Quadrupel $(a_{ij}, b_{ij}, c_{ij}, d_{ij})$, also $4n$ Parameter.
Gleichungen folgen

– aus der Interpolation in jedem Intervall:

$$s_{ij}(x_i) = y(x_i) = y_i$$
$$s_{ij}(x_j) = y(x_j) = y_j$$

(Insgesamt $2n$ Gleichungen.)

– aus Stetigkeiten in jedem Innenpunkt:

$$s'_{ij}(x_j) = s'_{jk}(x_j)$$
$$s''_{ij}(x_j) = s''_{jk}(x_j) \,.$$

(Insgesamt $2(n - 1)$ Gleichungen.)

Insgesamt $4n - 2$ Gleichungen für $4n$ Unbekannte.

$$\begin{array}{ll} \text{Abhilfe:} & y''_0,\ y''_n \text{ vorgeben} \\ \text{oder} & y'_0,\ y'_n \text{ vorgeben} \,. \end{array} \tag{36-7}$$

In der konkreten Rechnung formuliert man pro Intervall die Randgrößen

$$\begin{array}{rcl} s_{ij}(x_i) &=& y_i: \\ s_{ij}(x_j) &=& y_j: \\ s''_{ij}(x_i) &=& y''_i: \\ s''_{ij}(x_j) &=& y''_j: \\ s'_{ij}(x_i) &=& y'_i: \\ s'_{ij}(x_j) &=& y'_j \end{array} \begin{bmatrix} 0 & 0 & 0 & 1 \\ h_{ij}^3 & h_{ij}^2 & h_{ij} & 1 \\ 0 & 2 & 0 & 0 \\ 6h_{ij} & 2 & 0 & 0 \\ 0 & 0 & 1 & 0 \\ 3h_{ij}^2 & 2h_{ij} & 1 & 0 \end{bmatrix} \begin{bmatrix} a_{ij} \\ b_{ij} \\ c_{ij} \\ d_{ij} \end{bmatrix} = \begin{bmatrix} y_i \\ y_j \\ y''_i \\ y''_j \\ y'_i \\ y'_j \end{bmatrix}$$

$$h_{ij} = x_j - x_i \,. \tag{36-8}$$

Elimination der a_{ij} bis d_{ij} durch y_i, y_j, y''_i, y''_j mittels der ersten 4 Gleichungen aus (36-8).

$$\begin{bmatrix} 6h_{ij}a_{ij} \\ 2b_{ij} \\ 6h_{ij}c_{ij} \\ d_{ij} \end{bmatrix} = \begin{bmatrix} 0 & 0 & -1 & 1 \\ 0 & 0 & 1 & 0 \\ -6 & 6 & -2h_{ij}^2 & -h_{ij}^2 \\ 1 & 0 & 0 & 0 \end{bmatrix} \begin{bmatrix} y_i \\ y_j \\ y''_i \\ y''_j \end{bmatrix} . \tag{36-9}$$

Die Stetigkeitsforderungen in den Stützpunkten bestimmen schließlich ein Gleichungssystem mit tridiagonaler symmetrischer und diagonal dominanter Koeffizientenmatrix. Die allgemeine Struktur ergibt sich offensichtlich aus dem Sonderfall $n = 5$, also bei 4 inneren Stützpunkten.

$n = 5$. $y''_0, y''_n = y''_5$ vorgegeben.

$$\begin{bmatrix} 2(h_{01} + h_{12}) & h_{12} & & \\ h_{12} & 2(h_{12} + h_{23}) & h_{23} & \\ & h_{23} & 2(h_{23} + h_{34}) & h_{34} \\ & & h_{34} & 2(h_{34} + h_{45}) \end{bmatrix} \begin{bmatrix} y''_1 \\ y''_2 \\ y''_3 \\ y''_4 \end{bmatrix} = \boldsymbol{r} \,,$$

$$\boldsymbol{r} = 6 \begin{bmatrix} -(y_1 - y_0)/h_{01} + (y_2 - y_1)/h_{12} - h_{01}y''_0/6 \\ -(y_2 - y_1)/h_{12} + (y_3 - y_2)/h_{23} \\ -(y_3 - y_2)/h_{23} + (y_4 - y_3)/h_{34} \\ -(y_4 - y_3)/h_{34} + (y_5 - y_4)/h_{45} - h_{45}y''_5/6 \end{bmatrix} . \tag{36-10}$$

$n = 4$. y'_0, $y'_n = y'_4$ vorgegeben.

$$\begin{bmatrix} 2h_{01} & h_{01} & & & \\ h_{01} & 2(h_{01}+h_{12}) & h_{12} & & \\ & h_{12} & 2(h_{12}+h_{23}) & h_{23} & \\ & & h_{23} & 2(h_{23}+h_{34}) & h_{34} \\ & & & h_{34} & 2h_{34} \end{bmatrix} \begin{bmatrix} y''_0 \\ y''_1 \\ y''_2 \\ y''_3 \\ y''_4 \end{bmatrix} = \boldsymbol{r} \,,$$

$$\boldsymbol{r} = 6 \begin{bmatrix} (y_1-y_0)/h_{01} - y'_0 \\ (y_2-y_1)/h_{12} - (y_1-y_0)/h_{01} \\ (y_3-y_2)/h_{23} - (y_2-y_1)/h_{12} \\ (y_4-y_3)/h_{34} - (y_3-y_2)/h_{23} \\ y'_4 - (y_4-y_3)/h_{34} \end{bmatrix} . \qquad (36\text{-}11)$$

Padé-Interpolation. Eine gebrochen rationale Interpolation ist besonders dann empfehlenswert, wenn die zu interpolierenden Stützpunkte einen Pol anstreben oder eine Asymptote aufweisen.

Beispiel. 3 Punkte (0, 10), (2, 1) und (10, −4) sind durch eine Funktion

$$P = \frac{a_0 + a_1 x}{1 + b_1 x} \quad \text{zu interpolieren} .$$

Aus $(1 + b_1 x_k) y_k = a_0 + a_1 x_k$ oder $a_0 + a_1 x_k - b_1 x_k y_k = y_k$ für $k = 1, 2, 3$ folgt:

$$\begin{bmatrix} 1 & 0 & 0 \\ 1 & 2 & -2 \\ 1 & 10 & 40 \end{bmatrix} \begin{bmatrix} a_0 \\ a_1 \\ b_1 \end{bmatrix} = \begin{bmatrix} 10 \\ 1 \\ -4 \end{bmatrix} , \quad \boldsymbol{a} = \begin{bmatrix} 10 \\ -3{,}88 \\ 0{,}62 \end{bmatrix} .$$

$$\text{Grenzwert } \lim_{x\to\infty} P = \frac{a_1}{b_1} = -6{,}258 .$$

Bézier-Interpolation. Eine Menge von Stützpunkten $P_k(x_k, y_k)$ in der Ebene mit Ortsvektoren $\boldsymbol{r}_k$ wird in jedem Teilintervall $[\boldsymbol{r}_i, \boldsymbol{r}_j]$, $j = i + 1$, in Parameterform (Parameter t) interpoliert.

Kubische Bézier-Splines in jedem Intervall $[\boldsymbol{r}_i, \boldsymbol{r}_j]$.

$$\boldsymbol{r}_{ij} = f_0(t)^0\boldsymbol{a}_{ij} + f_1(t)^1\boldsymbol{a}_{ij} + f_2(t)^2\boldsymbol{a}_{ij} + f_3(t)^3\boldsymbol{a}_{ij} .$$

$$f_k(t) = \sum_{l=k}^{3} (-1)^{l+k} \binom{3}{l} \binom{l-1}{l-k} t^l .$$

$$\boldsymbol{r}_{ij} = {}^0\boldsymbol{a}_{ij} + (3t - 3t^2 + t^3)\,{}^1\boldsymbol{a}_{ij} + (3t^2 - 2t^3)\,{}^2\boldsymbol{a}_{ij} + t^3\,{}^3\boldsymbol{a}_{ij} . \qquad (36\text{-}12)$$

$$\boldsymbol{r}_{ij}(t=0) = {}^0\boldsymbol{a}_{ij} \overset{!}{=} \boldsymbol{r}_i .$$

$$\boldsymbol{r}_{ij}(t=1) = {}^0\boldsymbol{a}_{ij} + {}^1\boldsymbol{a}_{ij} + {}^2\boldsymbol{a}_{ij} + {}^3\boldsymbol{a}_{ij} \overset{!}{=} \boldsymbol{r}_j . \qquad (36\text{-}13)$$

Mit Koeffizientenspalten ${}^k\boldsymbol{b}_{ij}$ anstelle von ${}^k\boldsymbol{a}_{ij}$ nach der Vorschrift

$${}^k\boldsymbol{b}_{ij} = \sum_{r=0}^{k} {}^r\boldsymbol{a}_{ij} \qquad (36\text{-}14)$$

transformiert sich die Interpolation (36-12).

$$\boldsymbol{r}_{ij} = {}^0\boldsymbol{b}_{ij}(1-t)^3 + 3\,{}^1\boldsymbol{b}_{ij}(1-t)^2 t + 3\,{}^2\boldsymbol{b}_{ij}(1-t)t^2 + {}^3\boldsymbol{b}_{ij} t^3 . \qquad (36\text{-}15)$$

Die geometrische Bedeutung der „Bézier-Punkte" ${}^k\boldsymbol{b}_{ij}$ folgt aus der Ableitung $\mathrm{d}\boldsymbol{r}_{ij}/\mathrm{d}t = \boldsymbol{r}'_{ij}$.

$$\boldsymbol{r}'_{ij}(t=0) = -3\,{}^0\boldsymbol{b}_{ij} + 3\,{}^1\boldsymbol{b}_{ij} = 3\,{}^1\boldsymbol{a}_{ij} ,$$

$$\boldsymbol{r}'_{ij}(t=1) = -3\,{}^2\boldsymbol{b}_{ij} + 3\,{}^3\boldsymbol{b}_{ij} = 3\,{}^3\boldsymbol{a}_{ij} . \qquad (36\text{-}16)$$

Die Bézier-Interpolation mittels der Ortsvektoren $\boldsymbol{b}_{ij}$ gewährleistet demnach a priori Stetigkeit in $\boldsymbol{r}_{ij}(t=0)$, $\boldsymbol{r}'_{ij}(t=0)$, $\boldsymbol{r}_{ij}(t=1)$, $\boldsymbol{r}'_{ij}(t=1)$ in jedem Intervall $[\boldsymbol{r}_i, \boldsymbol{r}_j]$, siehe Bild 36-1.

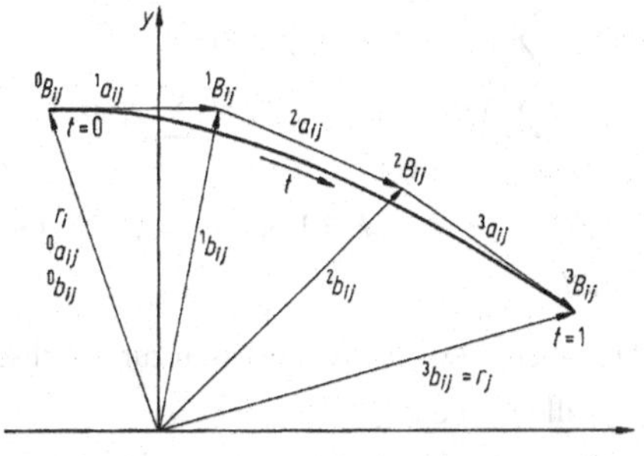

Bild 36-1. Vektoren ${}^k\boldsymbol{b}_{ij}$ zu den Bézier-Punkten ${}^k\boldsymbol{B}_{ij}$ des Intervalls $[\boldsymbol{r}_i, \boldsymbol{r}_j]$. ${}^1\boldsymbol{a}_{ij}$ Tangente in ${}^0\boldsymbol{B}_{ij}$, ${}^3\boldsymbol{a}_{ij}$ Tangente in ${}^3\boldsymbol{B}_{ij}$

36.2 Periodische Interpolation

Für eine Menge von $2N + 1$ äquidistanten Stützpunkten $P_k(x_k, y_k)$, die sich entweder 2π-periodisch wiederholt oder die man sich 2π-periodisch fortgesetzt denkt, eignet sich eine Fourier-Interpolation $F(x)$ nach dem Leitgedanken, die Summe der Differenzen zwischen y_k und $F_k = F(x_k)$, jeweils an den Stützstellen genommen, zum Minimum zu machen:
Gegeben: $2N + 1$ Stützpunkte (x_k, y_k),

$$x_k = k\frac{2\pi}{2N}\,, \text{ äquidistant}$$

$$k = 0, 1, 2, \ldots, 2N\,, \qquad (36\text{-}17)$$

$$2\pi\text{-Periodizität: } y_0 = y_{2N}\,. \qquad (36\text{-}18)$$

Gesucht: Koeffizienten a_i, b_i der Fourier-Interpolation

$$F(x) = \frac{1}{2}a_0 + \sum_{j=1}^{N-1}(a_j \cos jx + b_j \sin jx) + \frac{1}{2}a_N \cos Nx \qquad (36\text{-}19)$$

Tabelle 36-2. Sukzessive Summen/Differenzbildung für $2N = 12$

s_j, d_j: Summen, Differenzen der Ordinaten y_k.
S_j, D_j: Summen, Differenzen der Summen s_k.
$\bar{S}_j, \bar{D}_j$. Summen, Differenzen der Differenzen d_k

	–	y_1	y_2	y_3	y_4	y_5	y_6	
	y_{12}	y_{11}	y_{10}	y_9	y_8	y_7	–	
s_j	s_0	s_1	s_2	s_3	s_4	s_5	s_6	
d_j	–	d_1	d_2	d_3	d_4	d_5	–	
	s_0	s_1	s_2	s_3		d_1	d_2	d_3
	s_6	s_5	s_4	–		d_5	d_4	–
S_j	S_0	S_1	S_2	S_3	$\bar{S}_j$	$\bar{S}_1$	$\bar{S}_2$	$\bar{S}_3$
D_j	D_0	D_1	D_2	–	$\bar{D}_j$	$\bar{D}_1$	$\bar{D}_2$	–

Die Brauchbarkeit der Fourier-Interpolation steht und fällt mit der Ökonomie der numerischen Auswertung, was zur Konzeption der Schnellen Fourier-Transformation (*Fast Fourier Transform, FFT*) geführt hat.
Für $N = 6$ führt die *harmonische Analyse* nach *Runge* über eine Kette von Summen und Differenzen in Tabelle 36-2 zu den Koeffizienten in (36-23).

$$\begin{bmatrix} a_0 & a_1 & a_2 & b_1 & b_2 \\ a_6 & a_5 & a_4 & b_5 & b_4 \end{bmatrix} = \boldsymbol{A}\begin{bmatrix} S_0 + S_2 & D_0 + D_2/2 & S_0 - S_2/2 & \bar{S}_1/2 + \bar{S}_3 & \sqrt{3}\,\bar{D}_2/2 \\ S_1 + S_3 & \sqrt{3}\,D_1/2 & S_1/2 - S_3 & \sqrt{3}\,\bar{S}_2/2 & \sqrt{3}\bar{D}_2/2 \end{bmatrix}, \quad \boldsymbol{A} = \frac{1}{6}\begin{bmatrix} 1 & 1 \\ 1 & -1 \end{bmatrix}.$$

$$6a_3 = D_0 - D_2\,, \quad 6b_3 = \bar{S}_1 - \bar{S}_3\,. \qquad (36\text{-}23)$$

aus der Forderung

$$d = \sum_{i=1}^{2N}(F_i - y_i)^2 \to \text{Minimum}\,, \quad F_i = F(x_i)\,. \qquad (36\text{-}20)$$

Durch $2N$ partielle Ableitungen $\partial d/\partial a_j$ ($j = 0$ bis N) und $\partial d/\partial b_j$ ($j = 1$ bis $N - 1$) erhält man die Koeffizienten

$$Na_0 = \sum y_j\,, \quad Na_n = \sum(-1)^j y_j\,,$$

$$Na_k = \sum y_j \cos kx_j\,, \quad Nb_k = \sum y_j \sin kx_j\,,$$

Summation jeweils von

$$j = 1 \text{ bis } N\,, \quad k = 1 \text{ bis } N - 1\,. \qquad (36\text{-}21)$$

Sonderfälle:

Punktmenge (x_k, y_k) symmetrisch zur y-Achse $\longrightarrow$ alle $b_k = 0$.

Punktmenge (x_k, y_k) punktsymmetrisch zum Nullpunkt $\longrightarrow$ alle $a_k = 0$. (36-22)

Das System (36-23) ist so zu verstehen, dass die 1. Spalte links gleich ist der 1. Spalte rechts linksmultipliziert mit der Matrix $\boldsymbol{A}$.

36.3 Integration durch Interpolation

Die Interpolation dient nicht nur zur Verstetigung diskreter Punktmengen, sondern auch zur Abbildung komplizierter Intergranden $f(x)$ auf einfach zu integrierende Ersatzfunktionen, vorzugsweise Polynome, nach Tabelle 36-3. Man spricht auch von „interpolatorischer Quadratur". Alle numerischen Integrationsverfahren basieren auf einer linearen Entwicklung des Integranden in den Funktionswerten

$$f_k = f(\boldsymbol{x}_k)\,, \quad f_{k,i} = f_{,i}(\boldsymbol{x}_k)\,, \quad f_{,i} = \partial f/\partial x_i \quad \text{usw.} \qquad (36\text{-}24)$$

an gewissen Stützstellen $\boldsymbol{x}_k$, die entweder vorgegeben werden oder aus gewissen Optimalitätsgesichtspunkten folgen.

Tabelle 36-3. Integration durch Lagrange'sche Interpolationspolynome mit $n+1$ Paaren (x_k, f_k), $k = 0$ bis n, an äquidistanten Stützstellen x_k, $h = x_{i+1} - x_i$, gibt die Newton-Cotes-Formeln.

Q Näherung für $I = \int_a^b f(x)\,\mathrm{d}x$, $hn = b - a$

Name	Q_n
Trapezregel	$Q_1 = \frac{h}{2}(f_0 + f_1)$
Simpson-Regel	$Q_2 = \frac{h}{3}(f_0 + 4f_1 + f_2)$
3/8-Regel von Newton	$Q_3 = \frac{3h}{8}(f_0 + 3f_1 + 3f_2 + f_3)$
4/90-Regel	$Q_4 = \frac{2h}{45}(7f_0+32f_1+12f_2+32f_3+7f_4)$
–	$Q_5 = \frac{5h}{288}(19f_0 + 75f_1 + 50f_2 + 50f_3 +75f_4 + 19f_5)$

Gesucht $I = \int_G f(\boldsymbol{x})\,\mathrm{d}G$,

Annäherung durch

$$Q = \int_G \left\{ \sum f_k p_k(\boldsymbol{x}) + \sum f_{k,i} p_{ki}(\boldsymbol{x}) \right\} \mathrm{d}G = \sum f_k w_{k0} + \sum f_{k,i} w_{ki} \,. \quad (36\text{-}25)$$

Die Gewichtsfaktoren w_{k0} der Ordinaten f_k und w_{ki} der partiellen Ableitungen ergeben sich aus der analytischen Integration der Interpolationspolynome $p_k(\boldsymbol{x})$ und $p_{ki}(\boldsymbol{x})$. Zunächst folgen einige Formeln für gewöhnliche Integrale mit einer Integrationsvariablen. Durch Aufteilung des Integrationsgebietes in ganzzahlige Vielfache von n gelangt man zu den summierten *Newton-Cotes-Formeln*.

Tschebyscheff'sche Quadraturformeln sind so konzipiert, dass die Gewichtsfaktoren w_k in (36-25) allesamt gleichgesetzt werden. Die dazu passenden Stützstellen x_k, $k = 0$ bis n folgen aus der Forderung, dass Polynome bis zum Grad $n + 1$ exakt integriert werden. Weitere Werte in [1, Tabelle 25-5]

Gauß-Quadraturformeln basieren auf der Einbeziehung von $n + 1$ Gewichtsfaktoren w_k und $n + 1$ Stützstellen x_k, $k = 0$ bis n, in die numerische Integration derart, dass ein Polynom bis zum Grad $2n + 1$ exakt integriert wird. Die Bestimmungsgleichungen sind linear in den w_k und nichtlinear in den x_k.
Der Quadraturfehler $E_{n+1} = I - Q_{n+1}$ bei $n + 1$ Stützstellen ist explizit angebbar:

$$E_{n+1} = \frac{2^{2n+3}[(n+1)!]^4}{(2n+3)[(2n+2)!]^3} h^{2n+3} f^{(2n+2)}(\xi) \,, \quad -h \leqq \xi \leqq h \,. \quad (36\text{-}26)$$

$$n = 1: E_2 = \frac{h^5}{135} f^{(4)}(\xi) \,, \quad n = 2: E_3 = \frac{h^7}{15\,750} f^{(6)}(\xi) \,. \quad (36\text{-}27)$$

Hermite-Quadraturformeln entstehen durch Einbeziehung der Ableitungen $f_k' = f'(x_k)$, f_k'' usw. an den Stützstellen x_k, $k = 0$ bis n.
Mehrdimensionale Integrationsgebiete in Quader- oder Rechteckform werden auf Einheitskantenlängen transformiert und durch mehrdimensionale Aufweitung der eindimensionalen Quadraturformeln behandelt, siehe auch [2],[3].
Beispiel: Simpson-Integration im Quadrat nach Bild 36-2a für

$$I = \int_{-1}^{1} \int_{-1}^{1} f(x, y)\,\mathrm{d}x\,\mathrm{d}y \,. \quad (36\text{-}28)$$

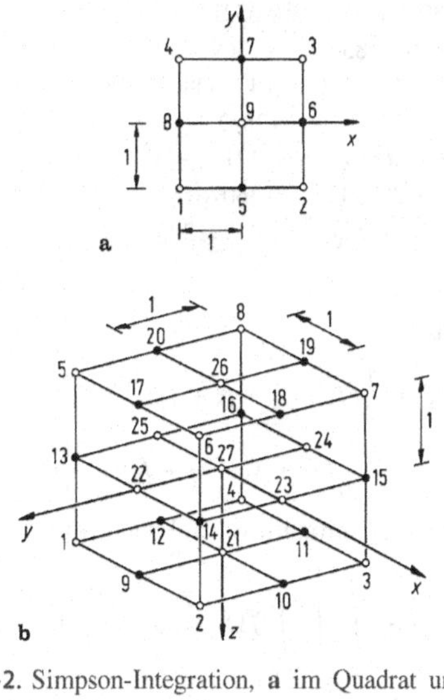

Bild 36-2. Simpson-Integration, **a** im Quadrat und **b** im Würfel

Tabelle 36-4. Quadraturfehler $E_n = I - Q_n$ im Intervall [a, b] für Newton-Cotes Formeln. ξ bezeichnet die Stelle x mit dem Extremum von $f^{(v)}$

n	1	2	3	4	5
E_n	$-\frac{h^3}{12}f''(\xi)$	$-\frac{h^5}{90}f^{(4)}(\xi)$	$-\frac{3}{80}h^5 f^{(4)}(\xi)$	$-\frac{8}{945}h^7 f^{(6)}(\xi)$	$-\frac{275}{12\,096}h^7 f^{(6)}(\xi)$

Tabelle 36-5. Tschebyscheff-Integration

$$I = \int\limits_{-h}^{h} f(x)\mathrm{d}x\,, \quad Q_n = \frac{2h}{n+1}\sum_{k=0}^{n} f_k\,, \quad f_k = f(x_k)$$

n	x_k/h
1	$\pm\sqrt{3}/3$
2	$\pm\sqrt{2}/2$; 0
3	±0,794654; ±0,187592
4	±0,832498; ±0,374541; 0

Tabelle 36-6. Gauß-Integration

$$I = \int\limits_{-h}^{h} f(x)\,\mathrm{d}x, \quad Q_n = \sum_{k=0}^{n} w_k f(x_k)$$

n	x_k/h	w_k/h
0	0	2
1	$\pm\sqrt{3/3}$	1
2	$\pm\sqrt{0,6}$	5/9
	0	8/9
3	±0,86113631	0,34785485
	±0,33998104	0,65214515
4	±0,90617985	0,23692689
	±0,53846931	0,47862867
	0	128/225
5	±0,93246951	0,17132449
	±0,66120939	0,36076157
	±0,23861919	0,46791393

Näherung Q:

$$Q = \frac{1}{9}(f_1 + f_2 + f_3 + f_4) + \frac{4}{9}(f_5 + f_6 + f_7 + f_8) + \frac{16}{9}f_9\,.$$

Simpson-Integration im Würfel nach Bild 36-2b für

$$I = \int\limits_{-1}^{1}\int\limits_{-1}^{1}\int\limits_{-1}^{1} f(x, y, z)\,\mathrm{d}x\,\mathrm{d}y\,\mathrm{d}z\,,$$

Näherung Q:

Tabelle 36-7. Hermite-Integration $Q \approx I = \int\limits_0 f(x)\mathrm{d}x$

n	x_k/h	Q	Fehler E
2	0, 1, 2	$\frac{h}{15}(7f_0 + 16f_1 + 7f_2)$ $+\frac{h^2}{15}(f_0' - f_2')$	$\frac{16}{15}\cdot\frac{h^7}{7!}f^{(6)}(\xi)$
1	0, 1	$\frac{h}{2}(f_0 + f_1)$ $+\frac{h^2}{12}(f_0' - f_1')$	$\frac{h^5}{750}f^{(4)}(\xi)$
1	0, 1	$\frac{h}{2}(f_0 + f_1)$ $+\frac{h^2}{10}(f_0' - f_1')$ $+\frac{h^2}{120}(f_0'' - f_1'')$	$-\frac{h^7}{100\,800}f^{(6)}(\xi)$

$$Q = \frac{1}{27}\sum_{i=1}^{8} f_i + \frac{4}{27}\sum_{j=9}^{20} f_j + \frac{16}{27}\sum_{k=21}^{26} f_k + \frac{64}{27}f_{27}\,. \tag{36-29}$$

Singuläre Integranden, wie sie typisch sind für die Randelementmethoden (REM oder BEM), können numerisch regularisiert werden durch eine Aufweitung der singulären Stelle, die zum Beispiel im Nullpunkt des Einheitsdreiecks im Bild 36-3 liegen möge. Durch die *Aufweitungstransformation*

$$x = (1-\xi)x_0 + \xi(1-\eta)x_1 + \xi\eta x_2\,,$$
$$y = (1-\xi)y_0 + \xi(1-\eta)y_1 + \xi\eta y_2\,,$$

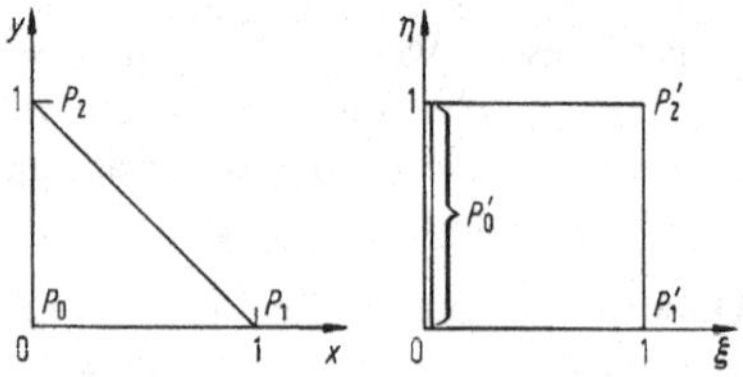

Bild 36-3. Aufweitungstransformation bei Singularität im Punkt P_0

Tabelle 36-8. Gauß-Integration in Dreiecken.

$I = \int_0^1 \int_0^{1-L_1} f(L_1)\mathrm{d}L_2\mathrm{d}L_3$

Lage der Punkte	Integrationspunkte in Flächen-koordinaten	Gewichts-faktoren
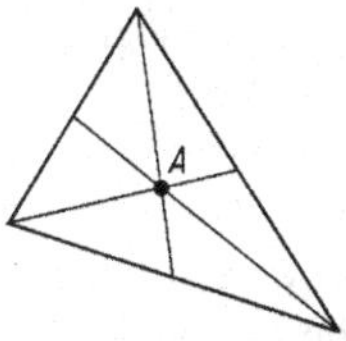	$A: \frac{1}{3}, \frac{1}{3}, \frac{1}{3}$	1
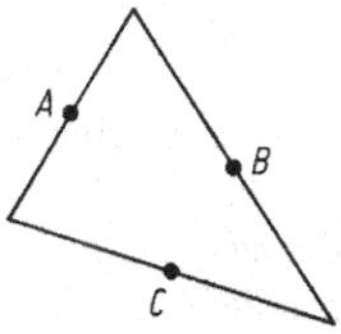	$A: \frac{1}{2}, \frac{1}{2}, 0$ $B: 0, \frac{1}{2}, \frac{1}{2}$ $C: \frac{1}{2}, 0, \frac{1}{2}$	$\frac{1}{3}$
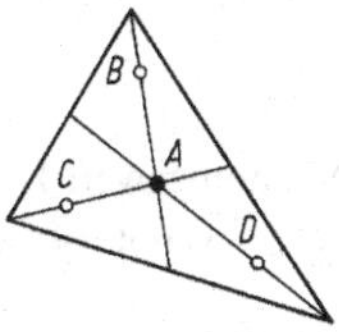	$A: \frac{1}{3}, \frac{1}{3}, \frac{1}{3}$	−27/48
	$B: \frac{3}{5}, \frac{1}{5}, \frac{1}{5}$ $C: \frac{1}{5}, \frac{3}{5}, \frac{1}{5}$ $D: \frac{1}{5}, \frac{1}{5}, \frac{3}{5}$	25/48
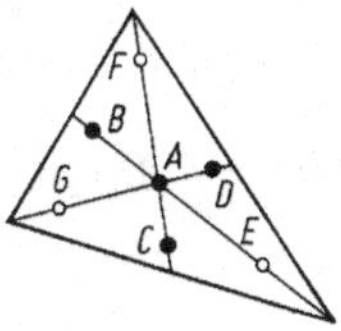	$A: \frac{1}{3}, \frac{1}{3}, \frac{1}{3}$	0,225
	B: a, b, b C: b, a, b D: b, b, a	0,132 394 153
	E: c, d, d F: d, c, d G: d, d, c	0,125 939 181
	$a = 0{,}059\,715\,871\,7$ $b = 0{,}470\,142\,064$ $c = 0{,}797\,426\,985$ $d = 0{,}101\,286\,507$	

mit der Jacobi-Determinante

$$J = \begin{vmatrix} x_{,\xi} & x_{,\eta} \\ y_{,\xi} & y_{,\eta} \end{vmatrix} = \xi \,.$$

Tabelle 36-9. Gauß-Integration in Tetraedern

Lage der Punkte	Integrationspunkte in Volumen-koordinaten	Gewichts-faktoren
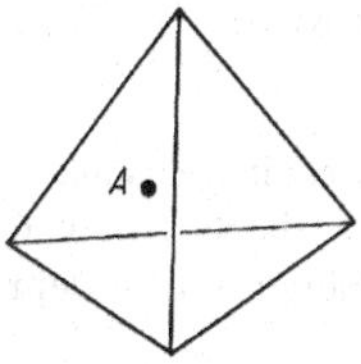	$A: \frac{1}{4}, \frac{1}{4}, \frac{1}{4}, \frac{1}{4}$	1
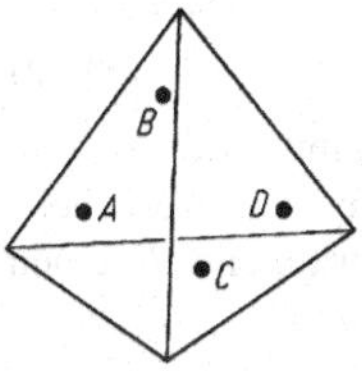	A: a, b, b, b B: b, a, b, b C: b, b, a, b D: b, b, b, a	$\frac{1}{4}$
	$a = 0{,}585\,410\,20$ $b = 0{,}138\,196\,60$	
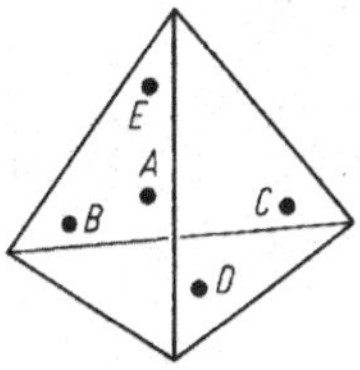	$A: \frac{1}{4}, \frac{1}{4}, \frac{1}{4}, \frac{1}{4}$	−16/20
	$B: \frac{1}{2}, \frac{1}{6}, \frac{1}{6}, \frac{1}{6}$ $C: \frac{1}{6}, \frac{1}{2}, \frac{1}{6}, \frac{1}{6}$ $D: \frac{1}{6}, \frac{1}{6}, \frac{1}{2}, \frac{1}{6}$ $E: \frac{1}{6}, \frac{1}{6}, \frac{1}{6}, \frac{1}{2}$	9/20

wird die Singularität im Punkt ($x = 0$, $y = 0$) um den Grad 1 vermindert.

$$I = \iint\limits_{\text{Dreieck}} f(x, y)\,\mathrm{d}x\,\mathrm{d}y = \iint\limits_{\text{Quadrat}} F(\xi, \eta) J \,\mathrm{d}\xi\,\mathrm{d}\eta \,. \tag{36-30}$$

37 Numerische Integration von Differenzialgleichungen

37.1 Anfangswertprobleme

Anfangswertprobleme, kurz AWP, werden beschrieben durch gewöhnliche Differenzialgleichungen r-ter

Ordnung mit r vorgegebenen Anfangswerten im Anfangspunkt x_0.

$$y^{(r)} = f(x, y, \dots, y^{(r-1)}), \quad y^{(r)} = \mathrm{d}^r y/\mathrm{d}x^r ,$$

$$\left.\begin{aligned} y^{(r-1)}(x_0) &= y_0^{(r-1)} \\ \vdots \quad & \quad \vdots \\ y \quad (x_0) &= y_0 \end{aligned}\right\} r \text{ Anfangswerte} . \qquad (37\text{-}1)$$

Durch die Einführung von $r-1$ zusätzlichen Zustandsgrößen lässt sich (37-1) auch stets als System von r Dgln. jeweils 1. Ordnung formulieren, sodass dem Sonderfall $r = 1$,

$$y' = f(x, y), \quad y = y(x), \quad y' = \mathrm{d}y/\mathrm{d}x ,$$

$$y(x_0) = y_0 \text{ vorgegeben} , \qquad (37\text{-}2)$$

eine besondere Bedeutung zukommt. Von x_0 und $y(x_0) = y_0$ ausgehend, liefert z. B. eine abgebrochene Taylor-Entwicklung mit der Schrittweite h einen Näherungswert Y_1 für $y_1 = y(x_0 + h)$.

$$Y_1 = y_0 + \frac{h}{1!}y_0' + \frac{h^2}{2!}y_0'' + \dots + \frac{h^p}{p!}y_0^{(p)} ,$$

$$y_0' = f(x_0, y_0), \quad y_0'' = y''(x_0) = f'(x_0, y_0), \dots , \qquad (37\text{-}3)$$

$$y'' = f_{,x} + f_{,y}\, y' = f_{,x} + f_{,y}\, f =: f_2 ,$$

$$f_{,x} = \partial f/\partial x ,$$

$$y''' = f_{,xx} + 2ff_{,xy} + f^2 f_{,yy} + f_2 f_{,y} , \quad \text{usw.}$$

Aus der Differenz d_1 zwischen dem berechneten Näherungswert Y_1 und dem in der Regel unbekannt bleibenden exakten Wert y_1 ergibt sich die *lokale Fehlerordnung p*.

$$d_1 = y_1 - Y_1 = \frac{h^{p+1}}{(p+1)!}y^{p+1}(x_0 + \xi h), \quad 0 \leqq \xi \leqq 1 .$$

Die Näherung (37-3) besitzt die lokale Fehlerordnung p für einen Fehler d der Größenordnung (O) von h^{p+1}, kurz

$$d_k = y_k - Y_k = O(h^{p+1}) . \qquad (37\text{-}4)$$

Runge-Kutta-Verfahren, kurz RKV, gehen in ihrer Fehlerabschätzung auf die Taylor-Entwicklung zurück, lassen sich jedoch kompakter herleiten über eine (2) zugeordnete Integraldarstellung im Intervall $[x_k, x_{k+1}]$ der Länge h.

$$y_{k+1} - y_k = \int_{x_k}^{x_k+h} f(x, y)\,\mathrm{d}x .$$

Näherung durch numerische Integration:

$$Y_{k+1} = Y_k + h(w_1 f_1 + \dots + w_m f_m) ,$$

$$f_i = f(x_k + \xi_i h, Y_i), \quad Y_i = Y(x_k + \xi_i h) ,$$

$$0 \leqq \xi_i \leqq 1 . \quad m \text{ Stufenzahl} . \qquad (37\text{-}5)$$

Die Stützstelle ξ_i im Intervall [0,1] und die Gewichtsfaktoren w_i werden für eine konkrete Stufenzahl m so berechnet, dass die lokale Fehlerordnung p möglichst hoch wird.

Explizite RKV.
Die Zwischenwerte $Y_i = Y(x_k + \xi_i h)$ werden sukzessive beim Fortschreiten von $\xi_1 = 0$ bis ξ_m eliminiert.

Implizite RKV.
Alle Werte Y_i eines Intervalls $[x_k, x_{k+1}]$ sind miteinander gekoppelt. Bei nichtlinearen Dgln. führt dies auf ein nichtlineares algebraisches Gleichungssystem.
Die klassischen RK-Formeln ersetzen die Zwischenwerte Y_i durch Steigungen k_i:

Explizite RK-Schemata, Stufenzahl m.
Gegeben: $y' = f(x, y)$, $y(x_0) = y_0$.
Gesucht: Extrapolation von einem Näherungswert Y_k für $y(x_k)$ auf einen Wert Y_{k+1} für $y(x_k + h)$, sog. *Einschrittverfahren*:

$$Y_{k+1} = Y_k + h\sum_{i=1}^{m} \gamma_i k_i . \qquad (37\text{-}6)$$

$$k_1 = f(x_k + \xi_1 h, Y_k), \quad \xi_1 = 0 ,$$

$$k_2 = f(x_k + \xi_2 h, Y_2), \quad Y_2 = Y_k + h\beta_{21} k_1 ,$$

$$k_3 = f(x_k + \xi_3 h, Y_3), \quad Y_3 = y_k + h(\beta_{31} k_1 + \beta_{32} k_2) ,$$

$$\vdots$$

$$k_m = f(x_k + \xi_m h, Y_m), \quad Y_m = Y_k + h\sum_{i=1}^{m} \beta_{mi} k_i .$$

Die Koeffizienten ξ_i, β_{ij} und γ_i ordnet man platzsparend in einem Schema an.

$$\begin{array}{c|ccccc} \xi_1 = 0 & & & & & \\ \xi_2 & \beta_{21} & & & & \\ \xi_3 & \beta_{31} & \beta_{32} & & & \\ \vdots & \vdots & & \ddots & & \\ \xi_m & \beta_{m1} & \beta_{m2} & \dots & \beta_{m,m-1} & \\ \hline & \gamma_1 & \gamma_2 & \dots & \gamma_{m-1} & \gamma_m \end{array} \qquad (37\text{-}7)$$

Tabelle 37–1. Explizites Runge-Kutta-Verfahren mit $m_1 = 4$, $p_1 = 4$ und $m_2 = 6$, $p_2 = 5$. Lokaler Fehler $d = \frac{h}{336}(-42k_1 - 224k_3 - 21k_4 + 162k_5 + 125k_6) + O(h^6)$

0						
$\frac{1}{2}$	$\frac{1}{2}$					
$\frac{1}{2}$	$\frac{1}{4}$	$\frac{1}{4}$				$m_1 = 4$
1	0	-1	2			$m_2 = 6$
$\frac{2}{3}$	$\frac{7}{27}$	$\frac{10}{27}$	0	$\frac{1}{27}$		
$\frac{1}{5}$	$\frac{28}{625}$	$-\frac{1}{5}$	$\frac{546}{625}$	$\frac{54}{625}$	$-\frac{378}{625}$	
γ_i für $m_1 = 4$	$\frac{1}{6}$	0	$\frac{4}{6}$	$\frac{1}{6}$		
γ_i für $m_2 = 6$	$\frac{14}{336}$	0	0	$\frac{35}{336}$	$\frac{162}{336}$	$\frac{125}{336}$

Tabelle 37–2. Explizites Runge-Kutta-Verfahren mit $m_1 = 6$, $p_1 = 5$ und $m_2 = 8$, $p_2 = 6$. Lokaler Fehler $d \approx \frac{5h}{66}(k_8 + k_7 - k_6 - k_1)$

0								
$\frac{1}{6}$	$\frac{1}{6}$							
$\frac{4}{15}$	$\frac{4}{75}$	$\frac{16}{75}$						
$\frac{2}{3}$	$\frac{5}{6}$	$-\frac{8}{3}$	$\frac{5}{2}$					$m_1 = 6$
$\frac{4}{5}$	$-\frac{8}{5}$	$\frac{114}{25}$	-4	$\frac{16}{25}$				$m_2 = 8$
1	$\frac{361}{320}$	$-\frac{18}{5}$	$\frac{407}{128}$	$-\frac{11}{80}$	$\frac{55}{128}$			
0	$-\frac{11}{640}$	0	$\frac{11}{256}$	$-\frac{11}{160}$	$\frac{11}{256}$	0		
1	$\frac{93}{640}$	$-\frac{18}{5}$	$\frac{803}{256}$	$-\frac{11}{160}$	$\frac{99}{256}$	0	1	
γ_i für $m_1 = 6$	$\frac{31}{384}$	0	$\frac{1125}{2816}$	$\frac{9}{32}$	$\frac{125}{768}$	$\frac{5}{66}$		
γ_i für $m_2 = 8$	$\frac{7}{1408}$	0	$\frac{1125}{2816}$	$\frac{9}{32}$	$\frac{125}{768}$	0	$\frac{5}{66}$	$\frac{5}{66}$

Konsistenzbedingungen:

$$\sum_{i=1}^{m} \gamma_i = 1\,, \quad \xi_j = \sum_{i=1}^{j-1} \beta_{j,i} \quad \text{für} \quad p \geqq 1\,. \tag{37-8}$$

Interessant für die Schrittweitensteuerung sind Algorithmen, die aus einem Vergleich von 2 Verfahren mit verschiedenen Stufenzahlen m_1 und m_2 auf den lokalen Fehler schließen lassen, wobei die Auswertungen für m_1 vollständig für die Stufe m_2 zu verwerten sind; siehe Tabellen 37-1, 37-2.

Bei impliziten RKV folgen die Werte k_i, $i = 1$ bis m, aus einem nichtlinearen algebraischen System, z. B. für $m = 2$:

$$k_1 = f(x_k + \xi_1 h, Y_1)\,, \quad Y_1 = Y_k + h(\beta_{11}k_1 + \beta_{12}k_2)\,,$$
$$k_2 = f(x_k + \xi_2 h, Y_2)\,, \quad Y_2 = Y_k + h(\beta_{21}k_1 + \beta_{22}k_2)\,.$$
$$Y_{k+1} = Y_k + h(\gamma_1 k_1 + \gamma_2 k_2)\,. \tag{37-9}$$

Der große numerische Aufwand kommt einer hohen Fehlerordnung p zugute und ist in Anbetracht einer numerisch stabilen Integration sog. steifer Dgln. unumgänglich. Besonders günstige p-Werte relativ zu der Stufenzahl m erzeugen Gaußpunkte ξ_i; siehe Tabelle 37-3.

Steife Differenzialgleichungen sind erklärt an linearen Systemen über die Realteile der charakteristischen Exponenten λ.

$$\boldsymbol{y}'(x) = \boldsymbol{A}\boldsymbol{y}(x)\,, \quad \boldsymbol{A} = \text{const}\,,$$
$$\text{Lösungsansatz} \quad \boldsymbol{y}(x) = \mathrm{e}^{\lambda x}\boldsymbol{y}_0 \quad \text{führt auf}$$
$$(\boldsymbol{A} - \lambda \boldsymbol{I})\boldsymbol{y}_0 = \boldsymbol{0} \rightarrow \lambda_1 \text{ bis } \lambda_n\,.$$
$$\text{Steifheit } S = |\mathrm{Re}(\lambda_j)|_{\max} / |\mathrm{Re}(\lambda_j)|_{\min}\,. \tag{37-10}$$

Bei nichtlinearen Dgln. linearisiert man im aktuellen Punkt x_k.

Gegeben

$$\begin{bmatrix} y_1 \\ \vdots \\ y_n \end{bmatrix}' = \begin{bmatrix} f_1(x, \boldsymbol{y}) \\ \vdots \\ f_n(x, \boldsymbol{y}) \end{bmatrix} = \boldsymbol{f}\,.$$

Linearisierung im Punkt $(x_k, \boldsymbol{y}_k)$;

$$\boldsymbol{y} = \boldsymbol{y}_k + \boldsymbol{z}\,,$$
$$\boldsymbol{z}' = \boldsymbol{J}(x_k, \boldsymbol{y}_k)\boldsymbol{z} + \boldsymbol{f}_k + (x - x_k)\boldsymbol{f}'_k\,, \quad ()' = \mathrm{d}()/\mathrm{d}x\,,$$
$$\boldsymbol{J} = \begin{bmatrix} f_{1,1} & \dots & f_{1,n} \\ \vdots & & \vdots \\ f_{n,1} & \dots & f_{n,n} \end{bmatrix}, \quad f_{i,j} = \partial f_i / \partial y_j\,. \tag{37-11}$$

Bei großer Steifheit S sind in der Regel nur implizite Verfahren brauchbar, da ansonsten die Rechnung zur Divergenz neigt, oder die Zeitschritte irrelevant klein werden. Das Phänomen der numerischen Stabilität dokumentiert sich in folgender Testaufgabe für Stabilität.

$$\text{Gegeben:} \quad y' + y = 0 \quad \text{mit} \quad y(x = 0) = y_0\,.$$
$$\text{Analytische Lösung: } y(x) = y_0\,\mathrm{e}^{-x}\,, \tag{37-12}$$

Numerische Lösung:

$$s\text{-Schritt-Verfahren } a_s Y_{k+s} + \ldots + a_1 Y_{k+1} = a_0 Y_k\,.$$
$$1\text{-Schritt-Verfahren } a_1 Y_{k+1} = a_0 Y_k\,, \quad a_i = a_i(h)\,. \tag{37-13}$$

Die Differenzengleichungen (37-13) lassen sich wiederum analytisch lösen, wobei die Eigenwerte λ über die numerische Stabilität entscheiden.

Ansatz für (37-13): $Y_k = \lambda^k y_0$.

$$s \text{ beliebig: } a_s\lambda^s + \ldots + a_1\lambda = a_0\,, \tag{37-14}$$
$$s = 1: a_1\lambda = a_0\,.$$

Stabilitätscharakter.

Falls alle $|\lambda_j| < 1$für beliebige Schrittweite h: Absolute Stabilität. (37-15)

Falls alle $|\lambda_j| < 1$ für eine spezielle maximal zulässige Schrittweite $h_{\max}$: Bedingte Stabilität.

Für steife Dgln. eignen sich nur absolut stabile Verfahren.

Padé-Approximation. Gebrochen rationale Polynomapproximationen P_{mn} nach Padé in Tabelle 22-1 speziell für die e-Funktion sind offensichtlich besonders geeignete Stabilitätsgaranten, falls nur für den Fall der Dgl. (27-12) $n \leqq m$ gewählt wird.

Beispiel: Die harmonische Schwingung $y'' + y = 0$ mit $y_0 = y(x_0)$, $y'_0 = y'(x_0)$ ist grenzstabil; das heißt, die quadratische Form $y^2 + y'^2 = Q$ bleibt zeitunveränderlich konstant. Die Rechnung geht aus von einem System $\boldsymbol{y}' = \boldsymbol{A}\boldsymbol{y}$ 1. Ordnung mit $y' = v$:

$$\boldsymbol{y} = \begin{bmatrix} y \\ v \end{bmatrix}, \quad \boldsymbol{A} = \begin{bmatrix} 0 & 1 \\ -1 & 0 \end{bmatrix}. \quad \boldsymbol{y}_1 = \exp(\boldsymbol{A}h)\boldsymbol{y}_0\,.$$

Eine matrizielle P_{22}-Entwicklung nach Tabelle 22-1 mit

Tabelle 37-3. Implizite Runge-Kutta-Gauß-Verfahren

$m = 2,\ p = 4$			
$(3-\sqrt{3})/6$	$1/4$	$(3-2\sqrt{3})/12$	
$(3+\sqrt{3})/6$	$(3+2\sqrt{3})/12$	$1/4$	
	$1/2$	$1/2$	
$m = 3,\ p = 6$			
$(5-\sqrt{15})/10$	$5/36$	$(10-3\sqrt{15})/45$	$(25-6\sqrt{15})/180$
$1/2$	$(10+3\sqrt{15})/72$	$2/9$	$(10-3\sqrt{15})/72$
$(5+\sqrt{15})/10$	$(25+6\sqrt{15})/180$	$(10+3\sqrt{15})/45$	$5/36$
	$5/18$	$4/9$	$5/18$

$$\boldsymbol{y}_1 = \boldsymbol{P}_{22}\boldsymbol{y}_0\,, \quad \boldsymbol{y}_2 = \boldsymbol{P}_{22}\boldsymbol{y}_1 \quad \text{usw.}$$

$$\text{und } \boldsymbol{P}_{22} = \left(\boldsymbol{I} - \frac{h}{2}\boldsymbol{A}\right)^{-1}\left(\boldsymbol{I} + \frac{h}{2}\boldsymbol{A}\right)$$

$$= \left(1 + \frac{h^2}{4}\right)^{-1}\begin{bmatrix} 1 - \dfrac{h^2}{4} & h \\ -h & 1 - \dfrac{h^2}{4} \end{bmatrix}$$

garantiert in der Tat mit

$$Q_1 = \boldsymbol{y}_1^{\mathrm{T}}\boldsymbol{y}_1 = \boldsymbol{y}_0^{\mathrm{T}}\boldsymbol{P}_{22}^{\mathrm{T}}\boldsymbol{P}_{22}\boldsymbol{y}_0 = \boldsymbol{y}_0^{\mathrm{T}}\boldsymbol{I}\boldsymbol{y}_0$$

die Erhaltung des Anfangswertes Q_0 unabhängig vom Zeitschritt h.
Die P_{22}-Approximation des obigen Beispiels hat als stabile Variante des sog. *Newmark-Verfahrens* eine große Bedeutung in der Strukturdynamik.

37.2 Randwertprobleme

Randwertprobleme, kurz RWP, werden beschrieben durch gewöhnliche oder partielle Dgln. mit einem Differenzialoperator D_G im abgeschlossenen Definitionsgebiet G und zusätzlichen Vorgaben $D_R[y]+r_R = 0$ in allen Randpunkten.

$$\left.\begin{array}{ll} \text{Gebiet } G\colon & \mathrm{D}_G[y(\boldsymbol{x})] + \boldsymbol{r}_G = 0 \\ \text{Rand } R\colon & \mathrm{D}_R[y(\boldsymbol{x})] + \boldsymbol{r}_R = 0 \end{array}\right\} \mathrm{RWP}\,[y,\, r] = 0\,. \tag{37-16}$$

Gewöhnliches Dgl.-System:
Spalte $\boldsymbol{x}$ enthält nur eine unabhängige Veränderliche.

Alle Verfahren zur Approximation der in aller Regel unbekannt bleibenden exakten Lösung $y(\boldsymbol{x})$ basieren auf einer Interpolation mit gegebenen linear unabhängigen Ansatzfunktionen $f_1(\boldsymbol{x})$ bis $f_n(\boldsymbol{x})$, deren Linearkombination $Y(\boldsymbol{x}) = \sum c_i f_i(\boldsymbol{x})$ mit vorerst unbestimmten Koeffizienten c_i so einzurichten ist, dass der Defekt (auch Residuum genannt)

$$d(x) = \mathrm{RWP}[Y,\, r] \tag{37-17}$$

oder ein zugeordnetes Funktional minimal wird. Die physikalisch begründeten Aufgaben in den Ingenieurwissenschaften erfordern gewichtete Defektanteile mit identischen Dimensionen.

Beispiel: Die Längsverschiebung $u(x)$ und die Längskraft $L = EA\ \mathrm{d}u/\mathrm{d}x$ eines Stabes mit Dehnsteifigkeit EA nach Bild 37-1 werden ganz allgemein

Tabelle 37-4. Gebräuchliche Defektfunktionen.
n-Ansatzordnung, G Definitionsgebiet, D_G Differenzialoperator des RWP in G, R Rand des RWP

Typ	Darstellung
Diskrete Defekt-quadrate	$\sum_{k=1}^{m} d^2(\boldsymbol{x}_k) \to \text{Minimum}, \quad m > n\,.$
Integrales Defekt-quadrat	$\int_{G+R} d^2(\boldsymbol{x})(\mathrm{d}G + \mathrm{d}R) \to \text{Minimum}\,.$
Gewichtete Residuen	$\int_{G+R} g_k d(\boldsymbol{x})(\mathrm{d}G + \mathrm{d}R) = 0,\ k = 1 \text{ bis } n\,.$
(Galerkin-Verfahren)	g_k Linear unabhängige Gewichts- oder Projektionsfunktionen $g_k \equiv f_k$ Klassisches Ritz-Verfahren (FEM) $D_G[g_k] = 0$ Trefftz-Ansatz $D_G[g_k] = \delta_k$ Randelementmethode (REM)
Kollokation	$d_k = d(\boldsymbol{x}_k) = 0\,, \quad k = 1 \text{ bis } n.$

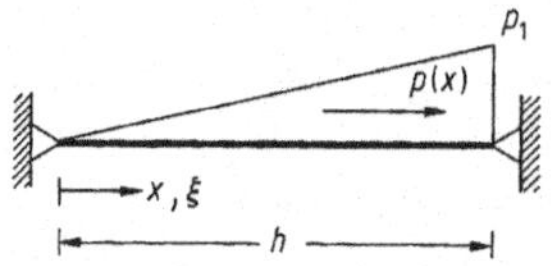

Bild 37-1. Dehnstab mit Längsbelastung $p(x)$

durch Gebiets- und Randgleichungen bestimmt. $(\bullet)' = \mathrm{d}(\bullet)/\mathrm{d}\xi = h\mathrm{d}(\bullet)/\mathrm{d}x$, $x = h\xi$.

Gebiet G:

$$[-EAu''/h^2 - p]_G = 0\,; \quad \text{hier } p = p_1 x/h\,.$$

Rand R_0 mit vorgegebener Verschiebung $\bar{u}$:

$$[u - \bar{u}]_{R_0} = 0\,; \quad \text{hier } R_0 = R \text{ und } \bar{u} = 0\,.$$

Rand R_1 mit vorgegebener Längskraft $\bar{L} = EA\bar{u}'/h$:

$$[EAu'/h - EA\bar{u}'/h]_{R_1} = 0\,; \quad \text{hier kein Rand } R_1\,.$$

Das gewichtete Gebietsresiduum $\int g[\ldots]_G\,\mathrm{d}x$ mit dimensionsloser Gewichtsfunktion g und Länge $\mathrm{d}x = h\,\mathrm{d}\xi$ hat die Dimension einer Kraft.
Der R_1-Anteil wird ebenfalls mit g bewertet (korrespondierend mit der Verschiebung u), der R_0-Anteil hingegen mit $EA\ \mathrm{d}g/\mathrm{d}x$ (korrespondierend mit der Längskraft L).

$$\int_G g[-EAu''/h^2 - p]h\mathrm{d}\xi + \left\{\frac{EA}{h}g'[\bar{u} - u]\right\}_{R_0} + \left\{\frac{g}{h}[EAu' - EA\bar{u}']\right\}_{R_1} = 0\,.$$

Bei spezieller Wahl identischer Ansatz- und Gewichtsfunktionen ($f = g$) ist eine partielle Integration für die numerische Auswertung günstig. Für die Sondersituation im Bild 37-1 mit ausschließlichem Randtyp R_0 und $\bar{u} = 0$ gilt

$$\int_G \left[\frac{EA}{h}g'u' - phg\right]\mathrm{d}\xi - \left[\frac{EA}{h}(g'u + gu')\right]_{R_0=R} = 0\,.$$

Ansatzfunktionen $c_i f_i(\xi)$ für $u(\xi)$ mit verschwindenden Randwerten $u_0 = u_1 = 0$ und identische Gewichtsfunktionen stehen zum Beispiel mit kubischen *Hermite-Polynomen* in Tabelle 22-2 zur Verfügung. Der Randterm $[\ldots]_R$ verschwinded damit identisch, die Integralmatrix $\boldsymbol{H}_{11} = \boldsymbol{f}'\boldsymbol{f}'^T\mathrm{d}\xi$ findet man in (37-20), die Integration des Belastungsterms ist noch durchzuführen.

$$\frac{EA}{A}\frac{1}{30}\begin{bmatrix} 4 & -1 \\ -1 & 4 \end{bmatrix}\begin{bmatrix} u_0' \\ u_1' \end{bmatrix} - \frac{p_1 h}{60}\begin{bmatrix} 2 \\ -3 \end{bmatrix} = \boldsymbol{o}\,.$$

Lösung:

$$\begin{bmatrix} L_0 \\ L_1 \end{bmatrix} = \frac{EA}{h}\begin{bmatrix} u_0' \\ u_1' \end{bmatrix} = \frac{p_1 h}{6}\begin{bmatrix} 1 \\ -2 \end{bmatrix}.$$

In der numerischen Praxis bevorzugt man Lagrange'sche Interpolationspolynome sowohl für die Approximation der Zustandsgrößen $y(x)$ als auch für die Transformation eines krummlinig berandeten auf ein geradlinig begrenztes Gebiet. Bei gleicher Ordnung der Transformation und der Approximation spricht man vom *isoparametrischen Konzept*. Für eindimensionale Aufgaben sind auch Hermite-Interpolationen mit Randwerten $y_0 = y(\xi = 0), y_0', y_0''$, sowie $y_1 = y(\xi = 1), y_1', y_1''$ verbreitet. Für Schreibtischtests sehr nützlich sind *Integralmatrizen der Hermite-Polynome.*

Ansatzpolynome Y_k, k = Polynomgrad +1.
$\boldsymbol{n}_k$ Spalte der Hermite-Polynome,
$\boldsymbol{p}_k$ Spalte der Knotenparameter.

$$Y_k = [\boldsymbol{n}^{\mathrm{T}}(\xi)\boldsymbol{p}]_k = [\boldsymbol{p}^{\mathrm{T}}\boldsymbol{n}(\xi)]_k.$$

$$\int_0^1 Y^{(r)}Y^{(r)}\mathrm{d}\xi = \boldsymbol{p}^{\mathrm{T}}\boldsymbol{H}_{rr}\boldsymbol{p}\,, \quad \boldsymbol{H}_{rr} = \int_0^1 [\boldsymbol{n}^{(r)}][\boldsymbol{n}^{(r)}]^{\mathrm{T}}\mathrm{d}\xi\,.$$

$$\int_0^1 Y\mathrm{d}\xi = \boldsymbol{p}^{\mathrm{T}}\boldsymbol{h}\,, \quad \boldsymbol{h} = \int_0^1 \boldsymbol{n}\,\mathrm{d}\xi\,. \tag{37-18}$$

$$k = 2: \begin{aligned} Y_2 &= (1-\xi)y_0 + \xi y_1\,, \\ \boldsymbol{n}_2^{\mathrm{T}} &= [(1-\xi) \quad \xi]\,, \quad \boldsymbol{p}_2^{\mathrm{T}} = [y_0\ y_1]\,, \end{aligned}$$

$$\boldsymbol{H}_{00} = \frac{1}{6}\begin{bmatrix} 2 & 1 \\ 1 & 2 \end{bmatrix}, \quad \boldsymbol{H}_{11} = \begin{bmatrix} 1 & -1 \\ -1 & 1 \end{bmatrix}, \quad \boldsymbol{h} = \frac{1}{2}\begin{bmatrix} 1 \\ 1 \end{bmatrix}. \tag{37-19}$$

$k = 4$: Y_4 siehe Tabelle 22-2 für $n = m = 1$,
$\boldsymbol{p}^{\mathrm{T}} = [y_0\ y_0'\ y_1\ y_1']$, $()' = \mathrm{d}()/\mathrm{d}\xi$,

$$H_{22} = 2\begin{bmatrix} 6 & 3 & -6 & 3 \\ 3 & 2 & -3 & 1 \\ -6 & -3 & 6 & -3 \\ 3 & 1 & -3 & 2 \end{bmatrix}, \quad h = \frac{1}{12}\begin{bmatrix} 6 \\ 1 \\ 6 \\ -1 \end{bmatrix},$$

$$H_{11} = \frac{1}{30}\begin{bmatrix} 36 & 3 & -36 & 3 \\ 3 & 4 & -3 & -1 \\ -36 & -3 & 36 & -3 \\ 3 & -1 & -3 & 4 \end{bmatrix}, \qquad (37\text{-}20)$$

$$H_{00} = \frac{1}{420}\begin{bmatrix} 156 & 22 & 54 & -13 \\ 22 & 4 & 13 & -3 \\ 54 & 13 & 156 & -22 \\ -13 & -3 & -22 & 4 \end{bmatrix}.$$

37.3 Mehrgitterverfahren (Multigrid method)

Technische Systeme werden häufig durch Differenzialgleichungen beschrieben. Die numerische Lösung hingegen erfolgt in der Regel anhand zugeordneter diskreter Formulierungen. Ersetzt man zum Beispiel in der Gleichgewichtsgleichung $-M'' = q$ des geraden Balkens mit Schnittmoment M und Streckenlast q den Differenzialquotienten $\mathrm{d}^2M/\mathrm{d}x^2$ durch finite Differenzen zwischen den Zustandsgrößen M_{j-1}, M_j, M_{j+1}, in den Knoten $j-1, j, j+1$ eines eindimensionalen Gitters, so erhält man durch Kollokation im Mittelknoten j die zugeordnete Differenzengleichung

$$\frac{1}{h^2}(-M_{j-1} + 2M_j - M_{j+1}) = q_j . \qquad (37\text{-}21)$$

Die Idee der Mehrgittermethode besteht darin, die Lösung entsprechend Bild 37-2 für ein feines Gitter darzustellen, den Hauptteil des numerischen Aufwandes dabei jedoch auf ein zugeordnetes grobes Gitter zu verlegen. Auf dem feinen Gitter mit dem System

$$A_F x_F = r_F,\ x \mathrel{\hat{=}} M,\ r \mathrel{\hat{=}} q, \quad A_F = A_F^T \qquad (37\text{-}22)$$

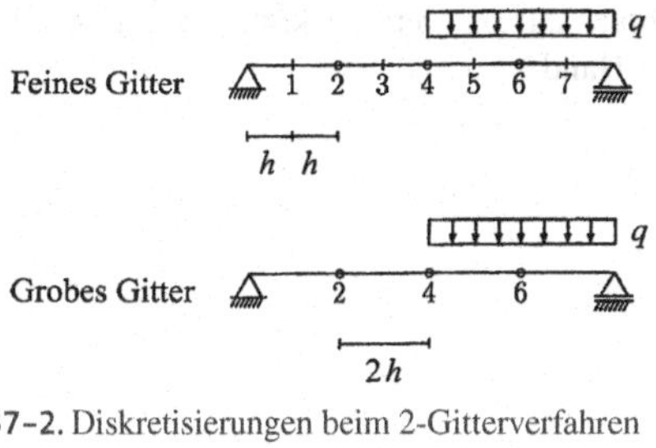

Bild 37-2. Diskretisierungen beim 2-Gitterverfahren

der zusammengefassten Differenzengleichungen (37-21) wird lediglich eine Startlösung v_0 für x_F sukzessive in den Koordinatenrichtungen k_j verbessert.

$$v_1 = v_0 + \alpha_1 k_1 , \quad \ldots \quad v_j = v_{j-1} + \alpha_j k_j . \qquad (37\text{-}23)$$

Der Parameter α_j wird über das Minimum der dem Gleichungssystem (37-22) zugeordneten quadratischen Form Q_F bestimmt:

$$Q_F = \frac{1}{2} v^T A_F v - v^T r_F \to \text{Minimum},$$

$$\frac{\partial Q_F}{\partial \alpha_j} = 0 \to \alpha_j = \frac{1}{a_{jj}}\left(r_j - v_{j-1}^T a_j\right). \qquad (37\text{-}24)$$

$$a_{jj} = k_j^T A_F k_j , \quad a_j = A_F k_j , \quad r_j = k_j^T r_F .$$

Einen vollständigen Zyklus von $j = 1$ bis $j = n$ bezeichnet man als eine Tour. Diese Methode – unter den Namen Koordinatenrelaxation und Gauß-Seidel-Verfahren wohlbekannt – konvergiert sehr schleppend. Zur Beschleunigung nimmt man den aktuellen Defekt $d_j^F = A_F v_j - r_F$ des Gleichungssystems, um den Fehler $e_j^F = x_F - v_j$ der Näherung v_j zu berechnen.

$$A_F\left(e_j^F + v_j\right) = r_F \to A_F e_j^F = -d_j^F ; \quad d_j^F = A_F v_j - r_F . \qquad (37\text{-}25)$$

Dieser Fehler e_j^F wird nun allerdings nicht auf dem feinen, sondern auf dem groben Gitter berechnet. Das ist der Kern des Mehrgitterverfahrens. Das folgende Beispiel nach Bild 37-2 zeigt den Ablauf der Rechnung für nur 2 Gitter.

Gleichungssystem $A_G x_G = r_G$ des groben Gitters:

$$\frac{1}{4h^2}\begin{bmatrix} 2 & -1 & 0 \\ -1 & 2 & -1 \\ 0 & -1 & 2 \end{bmatrix}\begin{bmatrix} M_2 \\ M_4 \\ M_6 \end{bmatrix} = q\begin{bmatrix} 0 \\ 1 \\ 1 \end{bmatrix}.$$

Gleichungssystem $A_F x_F = r_F$ des feinen Gitters:

$$\frac{1}{h^2}\begin{bmatrix} 2 & -1 & 0 & 0 & 0 & 0 & 0 \\ -1 & 2 & -1 & 0 & 0 & 0 & 0 \\ 0 & -1 & 2 & -1 & 0 & 0 & 0 \\ 0 & 0 & -1 & 2 & -1 & 0 & 0 \\ 0 & 0 & 0 & -1 & 2 & -1 & 0 \\ 0 & 0 & 0 & 0 & -1 & 2 & -1 \\ 0 & 0 & 0 & 0 & 0 & -1 & 2 \end{bmatrix}\begin{bmatrix} M_1 \\ M_2 \\ M_3 \\ M_4 \\ M_5 \\ M_6 \\ M_7 \end{bmatrix} = q\begin{bmatrix} 0 \\ 0 \\ 0 \\ 1 \\ 1 \\ 1 \\ 1 \end{bmatrix}.$$

Die Startlösung für das feine Gitter wird von der exakten Lösung auf dem groben Gitter geliefert.

$$A_G\boldsymbol{x}_G = \boldsymbol{r}_G \rightarrow \boldsymbol{x}_G = qh^2 \begin{bmatrix} 3 \\ 6 \\ 5 \end{bmatrix} .$$

Diese Werte $\boldsymbol{x}_G$ werden auf das feine Gitter interpoliert; dort bilden sie lediglich eine Näherung $\boldsymbol{v}_0$. Diesen Prozess nennt man Prolongation.

$$\boldsymbol{v}_0 = \boldsymbol{P}\boldsymbol{x}_G , \quad \boldsymbol{P} = \frac{1}{2}\begin{bmatrix} 1 & 0 & 0 \\ 2 & 0 & 0 \\ 1 & 1 & 0 \\ 0 & 2 & 0 \\ 0 & 1 & 1 \\ 0 & 0 & 2 \\ 0 & 0 & 1 \end{bmatrix} , \quad \boldsymbol{v}_0 = \frac{qh^2}{2}\begin{bmatrix} 3 \\ 6 \\ 9 \\ 12 \\ 11 \\ 10 \\ 5 \end{bmatrix} .$$

Diese Startlösung $\boldsymbol{v}_0$ für das feine Gitter wird einigen Touren auf dem feinen Gitter unterworfen; hier zwei Touren:

$$\boldsymbol{v}^{(1)} = \frac{qh^2}{16}\begin{bmatrix} 24 \\ 48 \\ 72 \\ 88 \\ 92 \\ 74 \\ 45 \end{bmatrix} , \quad \text{nach der 1. Tour} ,$$

$$\boldsymbol{v}^{(2)} = \frac{qh^2}{32}\begin{bmatrix} 48 \\ 96 \\ 136 \\ 176 \\ 178 \\ 150 \\ 91 \end{bmatrix} , \quad \text{nach der 2. Tour} .$$

Der Defekt auf dem feinen Gitter nach 2 Touren

$$\boldsymbol{d}^F = A_F\boldsymbol{v}^{(2)} - \boldsymbol{r}_F ,$$
$$(\boldsymbol{d}^F)^T = \frac{q}{32}[0\ 8\ 0\ 6\ -2\ -1\ 0]$$

wird auf das grobe Gitter reduziert, (dabei empfiehlt sich $\frac{1}{2}\boldsymbol{P}^T$ als Reduktionsmatrix)

$$\boldsymbol{d}^G = \left(\frac{1}{2}\boldsymbol{P}^T\right)\boldsymbol{d}^F = \frac{q}{128}\begin{bmatrix} 16 \\ 10 \\ -4 \end{bmatrix} ,$$

um den Fehler $\boldsymbol{e}^G$ auf dem groben Gitter zu berechnen

$$\frac{1}{4h^2}\begin{bmatrix} 2 & -1 & 0 \\ -1 & 2 & -1 \\ 0 & -1 & 2 \end{bmatrix}\boldsymbol{e}^G = \frac{q}{128}\begin{bmatrix} -16 \\ -10 \\ 4 \end{bmatrix}$$

$$\rightarrow \boldsymbol{e}^G = -\frac{qh^2}{16}\begin{bmatrix} 8 \\ 8 \\ 3 \end{bmatrix}$$

und diesen ausschließend auf das feine Gitter zu prolongieren:

$$\boldsymbol{e}^F = \boldsymbol{P}\boldsymbol{e}^G \rightarrow (\boldsymbol{e}^F)^T = \left(-\frac{qh^2}{32}\right)[8\ 16\ 16\ 16\ 11\ 6\ 3] ,$$

$$\boldsymbol{v}_F^T := (\boldsymbol{v}^{(2)} + \boldsymbol{e}^F)^T$$
$$= \left(\frac{qh^2}{32}\right)[40\ 80\ 120\ 160\ 167\ 144\ 88] .$$

Dieses Ergebnis $\boldsymbol{v}_F$ wird einem weiteren Rechenzyklus als Startwert zugeführt. Das exakte Ergebnis

$$\boldsymbol{x}_F^T = \frac{qh^2}{32}[40\ 80\ 120\ 160\ 168\ 144\ 88] .$$

wird in wenigen Schritten erreicht. Erweiterungen des Verfahrens auf mehrere Diskretisierungsgitter liegen auf der Hand.

Wahrscheinlichkeitsrechnung und Statistik
M. Wermuth

38 Wahrscheinlichkeitsrechnung

38.1 Zufallsexperiment und Zufallsereignis

Die Wahrscheinlichkeitsrechnung beschreibt die Gesetzmäßigkeiten zufälliger Ereignisse. *Ein Zufallsereignis* ist das Ergebnis eines *Zufallsexperiments*, d. h. eines unter gleichen Bedingungen im Prinzip beliebig oft wiederholbaren Vorganges mit unbestimmtem Ergebnis.
Jedes mögliche, nicht weiter zerlegbare Einzelergebnis eines Zufallsexperiments heißt *Elementarereignis*, die Menge aller Elementarereignisse *Ergebnismenge E*. Jede Teilmenge der Ergebnismenge E definiert ein zufälliges *Ereignis*, die Menge aller möglichen Ereignisse heißt *Ereignisraum G*. Zum Ereignisraum G gehören somit neben allen Elementarereignissen auch alle Vereinigungsmengen von Elementarereignissen (zusammengesetzte Ereignisse) sowie die beiden unechten Teilmengen von E, nämlich die leere Menge $\emptyset$ und die Ergebnismenge E selbst.

Beispiel 1: In einer Urne befinden sich drei Lose mit den Nummern 1, 2 und 3. Es wird jeweils ein Los gezogen und wieder zurückgelegt.
Zufallsexperiment: Ziehen eines Loses.
Elementarereignisse: Ziehen der Losnummern $\{1\}$, $\{2\}$, $\{3\}$.
Ergebnismenge: $E = \{1, 2, 3\}$.
Ereignisse: Zum Beispiel Ziehen der Losnummer $\{3\}$, Ziehen einer ungeraden Losnummer $\{1, 3\}$, Ziehen einer Losnummer kleiner 3 $\{1, 2\}$.
Ereignisraum:
$G = \{\emptyset, \{1\}, \{2\}, \{3\}, \{1, 2\}, \{1, 3\}, \{2, 3\}, \{1, 2, 3\}\}$.
Zufallsereignisse werden mit Großbuchstaben $A, B, \ldots$ bezeichnet. Durch Anwendung der bekannten Mengenoperationen entstehen neue Zufallsereignisse:
Vereinigung der Ereignisse A und B: das Ereignis $A \cup B$ tritt ein, wenn das Ereignis A *oder* das Ereignis B eintritt (Bild 38-1a).
Durchschnitt der Ereignisse A und B: Das Ereignis $A \cap B$ tritt ein, wenn die Ereignisse A *und* B eintreten (Bild 38-1b).

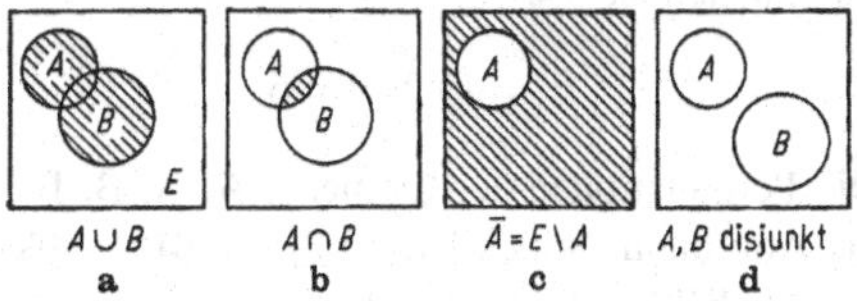

Bild 38-1. Venn-Diagramme

Sicheres Ereignis E: Das sichere Ereignis ist das Ereignis, das immer eintritt, d. h. die Ergebnismenge E.
Unmögliches Ereignis $\emptyset$: Das unmögliche Ereignis ist das Ereignis, das nie eintritt, d. h. die leere Menge $\emptyset$.
Komplementärereignis $\bar{A}$: Das zum Ereignis A (bezüglich E) komplementäre Ereignis $\bar{A}$ tritt ein, wenn A nicht eintritt. Es gilt $\bar{A} = E \backslash A$, und demzufolge $A \cup \bar{A} = E$, $A \cap \bar{A} = \emptyset$ (Bild 38-1c).
Disjunkte (unvereinbare) Ereignisse: Zwei Ereignisse A und B heißen disjunkt (unvereinbar), wenn ihr Durchschnitt die leere Menge ist: $A \cap B = \emptyset$. Disjunkte Ereignisse enthalten keine gemeinsamen Elementarereignisse. Elementarereignisse sind disjunkte Ereignisse (Bild 38-1d).
Beispiel 2: Für das Zufallsexperiment von Beispiel 1 gilt: Für die Ereignisse $A = \{1, 2\}$ und $B = \{2, 3\}$ ist die Vereinigung $A \cup B = \{1, 2, 3\}$, der Durchschnitt $A \cap B = \{2\}$ und die Komplementärereignisse sind $\bar{A} = \{3\}$ und $\bar{B} = \{1\}$. Die Ereignisse $\bar{A}$ und $\bar{B}$ sind disjunkt, da $\bar{A} \cap \bar{B} = \emptyset$.

38.2 Kombinatorik

Permutationen
Unter der Anzahl der Permutationen einer endlichen Zahl n von Elementen versteht man die Anzahl der möglichen verschiedenen Anordnungen, in denen jeweils sämtliche Elemente genau einmal vorkommen. Die Anzahl P_n der Permutationen von n verschiedenen Elementen ist

$$P_n = n! = 1 \cdot 2 \cdot \ldots \cdot (n-1) \cdot n \,,$$

von n-Elementen, von denen $n_1, n_2, \ldots, n_m$ jeweils gleich sind ($n_1 + n_2 + \ldots + n_m \leq n$), ist

$$P_{n; n_1, n_2, \ldots, n_m} = \frac{n!}{n_1!\, n_2! \cdot \ldots \cdot n_m!} \,.$$

Beispiel 3:

- Die Permutationen der Elemente A, B, C sind die Anordnungen ABC, ACB, BAC, BCA, CAB, CBA. Ihre Anzahl ist

$$P_3 = 1 \cdot 2 \cdot 3 = 6 .$$

- Die Permutationen der Elemente A, A, B, B sind die Anordnungen AABB, ABAB, ABBA, BAAB, BABA, BBAA. Ihre Anzahl ist

$$P_{4;2,2} = \frac{4!}{2! \cdot 2!} = 6 .$$

Beispiel 4: Wie viele fünfzifferige Zahlen lassen sich aus den Ziffern 0, 0, 1, 1, 2 bilden?
Die gesuchte Zahl ist die Anzahl der Permutationen der 5 Ziffern abzüglich der Anzahl der Permutationen mit einer führenden Null, d. h.,

$$P_{5;2,2} - P_{4;2} = \frac{5!}{2! \cdot 2!} - \frac{4!}{2!} = 30 - 12 = 18 .$$

Kombinationen

Die Anzahl der Kombinationen k-ter Klasse von n-Elementen ist die Anzahl aller möglichen Gruppen von k-Elementen ($k < n$), die sich aus den n-Elementen bilden lassen, wobei die Anordnung der Elemente innerhalb der Gruppen unberücksichtigt bleibt.
Man unterscheidet Kombinationen ohne Wiederholung und Kombinationen mit Wiederholung, je nachdem, ob die k-Elemente einer Kombination voneinander verschieden sein müssen oder nicht.
Die Anzahl $K_{n;k}$ der **Kombinationen ohne Wiederholung** ist

$$K_{n;k} = \binom{n}{k} = \frac{n!}{k!(n-k)!} ,$$

die Anzahl $K'_{n;k}$ der **Kombinationen mit Wiederholung**

$$K'_{n;k} = \binom{n+k-1}{k} = \frac{(n+k-1)!}{k!(n-1)!} .$$

Beispiel 5:

- Die möglichen Kombinationen 2. Klasse *ohne* Wiederholung der 4 Elemente A, B, C, D sind AB, AC, AD, BC, CD. Ihre Anzahl ist

$$K_{4;2} = \binom{4}{2} = \frac{4!}{2!\,2!} = \frac{3 \cdot 4}{1 \cdot 2} = 6 .$$

- Die Anzahl der Kombinationen 2. Klasse *mit* Wiederholung ist um die 4 Gruppen AA, BB, CC, DD größer, ihre Anzahl somit

$$K'_{4;2} \binom{5}{2} = \frac{5!}{2!\,3!} = \frac{4 \cdot 5}{2 \cdot 1} = 10 .$$

Beispiel 6: Wie viele verschiedene Möglichkeiten gibt es beim Zahlenlotto „6 aus 49" 6 Zahlen anzukreuzen? Die Zahl der Möglichkeiten ist die Anzahl der Kombinationen 6-ter Klasse von 49 Elementen ohne Wiederholung, d. h.,

$$K_{49;6} = \binom{49}{6} = \frac{49!}{6!\,43!} = 13\,983\,816 .$$

Variationen

Die Anzahl der Variationen k-ter Klasse von n-Elementen ist die Anzahl aller Gruppen zu k-Elementen ($k < n$) und deren Permutationen, die sich aus n-Elementen bilden lassen.
Man unterscheidet Variationen ohne Wiederholung und Variationen mit Wiederholung, je nachdem, ob die k-Elemente einer Variation voneinander verschieden sein müssen oder nicht.
Die Anzahl $V_{n;k}$ der **Variationen ohne Wiederholung** ist

$$V_{n;k} = n \cdot (n-1) \cdot (n-2) \ldots (n-k+1) = \frac{n!}{(n-k)!}$$

die Anzahl $V'_{n;k}$ der **Variationen mit Wiederholung**

$$V'_{n;k} = n^k .$$

Beispiel 7:

- Die Variationen 2. Klasse *ohne* Wiederholung der 4 Elemente A, B, C, D sind AB, BA, AC, CA, AD, DA, BC, CB, BD, DB, CD, DC. Ihre Anzahl ist

$$V_{4;2} = \frac{4!}{2!} = \frac{2 \cdot 3 \cdot 4}{2} = 12 .$$

- Die Anzahl der Variationen 2. Klasse *mit* Wiederholung ist um die 4 Variationen AA, BB, CC, DD größer als $V_{4;2}$:

$$V'_{4;2} = 4^2 = 16 .$$

38.3 Wahrscheinlichkeit von Zufallsereignissen

Jedem Zufallsereignis A kann ein Zahlenwert zugeordnet werden, der *Wahrscheinlichkeit des Zufallsereignisses A* genannt und mit $P(A)$ bezeichnet wird (vgl. engl. *probability*).
Es gibt keine gleichzeitig anschauliche wie umfassende und exakte Definition der Wahrscheinlichkeit. Im Folgenden sind drei Definitionen mit unterschiedlichen Anwendungsvorteilen in der Reihenfolge ihrer historischen Entstehung angegeben.

Klassische Definition (P. S. DE LAPLACE, 1812). Die Wahrscheinlichkeit für das Eintreten des Ereignisses A ist gleich dem Verhältnis aus der Zahl m der für das Eintreten des Ereignisses A günstigen Fälle zur Zahl n der möglichen Fälle:

$$P(A) = \frac{m}{n} = \frac{\text{Zahl der günstigen Fälle}}{\text{Zahl der möglichen Fälle}} . \qquad (38\text{-}1)$$

Diese Definition ist zwar anschaulich, aber nicht umfassend, da sie von der Annahme ausgeht, dass alle Elementarereignisse (alle möglichen Fälle) gleich wahrscheinlich sind. Die Gleichwahrscheinlichkeit setzt zugleich eine endliche Anzahl von Elementarereignissen voraus. Diese Voraussetzung ist bei vielen Problemen in der Praxis nicht erfüllt. Die Definition von Laplace ist jedoch bei den Problemen von Nutzen, für welche die Zahlen der günstigen bzw. möglichen Fälle als die Zahlen von gleichwahrscheinlichen Kombinationen berechnet werden können.

Beispiel 8: Gemäß Beispiel 6 gibt es beim Zahlenlotto „6 aus 49" 13 983 816 verschiedene Kombinationen mit 6 Zahlen. Da von diesen nur eine die 6 Treffer enthält, ist die Wahrscheinlichkeit hierfür 1/13 983 816.

Statistische Definition (R. v. MISES, 1919). Bei einem Zufallsexperiment ist die Wahrscheinlichkeit $P(A)$ eines Ereignisses gleich dem Grenzwert der relativen Häufigkeit $h_n(A)$ des Auftretens des Ereignisses A, wenn die Zahl n der Versuche gegen unendlich geht. Es ist

$$P(A) = \lim_{n\to\infty} h_n(A) = \lim_{n\to\infty} \frac{m}{n} , \qquad (38\text{-}2)$$

wenn n die Anzahl aller Versuche bezeichnet und m die Zahl derjenigen, bei denen das Ereignis A eintritt.

Diese Wahrscheinlichkeitsdefinition ist zwar anschaulich, jedoch formal nicht exakt, da die Existenz des angegebenen Grenzwertes sich analytisch nicht beweisen lässt. Die Definition von v. Mises hat dennoch große praktische Bedeutung, da man in der Realität oft nur relative Häufigkeiten kennt, die man als Wahrscheinlichkeiten interpretiert.

Axiomatische Definition (A. N. KOLMOGOROFF, 1933). Zur axiomatischen Definition der Wahrscheinlichkeit wird für den Ereignisraum die Struktur einer *σ-Algebra* vorausgesetzt, die dadurch definiert ist, dass sie bezüglich der Komplementbildung und der Bildung von *abzählbar unendlich vielen* Vereinigungen und Durchschnitten ein geschlossenes Mengensystem darstellt.
Unter dieser Voraussetzung wird jedem Zufallsereignis A aus dem Ereignisraum G eine reelle Zahl $P(A)$ mit folgenden Eigenschaften zugeordnet:

Axiom 1 (Nichtnegativität): Für jedes Zufallsereignis gilt: $P(A) \geqq 0$.
Axiom 2 (Normiertheit): Für das sichere Ereignis E gilt: $P(E) = 1$.
Axiom 3 (σ-Additivität): Für abzählbar unendlich viele paarweise disjunkte Ereignisse A_i gilt:

$$P(A_1 \cup A_2 \cup \ldots) = P(A_1) + P(A_2) + \ldots$$

Die Eigenschaft der σ-Additivität umfasst auch die endliche Additivität bei n disjunkten Ereignissen. Für den Fall $n = 2$ gilt für die disjunkten Ereignisse A und B : $P(A \cup B) = P(A) + P(B)$. Nur das Axiomensystem von Kolmogoroff erlaubt eine exakte und umfassende Definition der Wahrscheinlichkeit.

38.4 Bedingte Wahrscheinlichkeit

Unter der bedingten Wahrscheinlichkeit $P(B|A)$ (in Worten: Wahrscheinlichkeit für B unter der Bedingung A) versteht man die Wahrscheinlichkeit für das Eintreten des Ereignisses B unter der Voraussetzung, dass das Ereignis A bereits eingetreten ist. Sie ist für $P(A) > 0$ definiert als

$$P(B|A) = \frac{P(A \cap B)}{P(A)} . \qquad (38\text{-}3)$$

Bei gleichwahrscheinlichen Elementarereignissen ist die bedingte Wahrscheinlichkeit $P(B|A)$ also der relative Anteil der Elementarereignisse, die sowohl zum

Ereignis A als auch zum Ereignis B gehören, an allen Elementarereignissen des Ereignisses A.

Beispiel 9: Drei Maschinen eines Betriebs stellen 100 Werkstücke her, und zwar die erste 50, die zweite 30 und die dritte 20. Davon sind bei der ersten Maschine 4, bei der zweiten und dritten jeweils 3 Stücke Ausschuss. Greift man zufällig ein Werkstück heraus und betrachtet man die Ereignisse

A_i: Das Werkstück wurde von der i-ten Maschine produziert ($i = 1, 2, 3$) und

B: das Werkstück ist Ausschuss, so sind deren Wahrscheinlichkeiten:

$$P(A_1) = 50/100 = 0{,}5\,,$$
$$P(A_2) = 30/100 = 0{,}3\,,$$
$$P(A_3) = 20/100 = 0{,}2 \quad \text{und}$$
$$P(B) = (4 + 3 + 3)/100 = 0{,}1\,.$$

Die bedingten Wahrscheinlichkeiten, dass das Werkstück fehlerhaft ist unter der Voraussetzung, von der ersten, zweiten bzw. dritten Maschine zu stammen, betragen:

$$P(B|A_1) = 4/50 = 0{,}08\,, \quad P(B|A_2) = 3/30 = 0{,}10\,,$$
$$P(B|A_3) = 3/20 = 0{,}15\,.$$

Die bedingten Wahrscheinlichkeiten, dass das Werkstück von der ersten, zweiten bzw. dritten Maschine stammt, unter der Voraussetzung, Ausschuss zu sein, berechnen sich zu

$$P(A_1|B) = 4/10 = 0{,}4\,, \; P(A_2|B) = 1/30 = 0{,}3\,,$$
$$P(A_3|B) = 3/10 = 0{,}3\,.$$

38.5 Unabhängigkeit von Ereignissen

Zwei Zufallsereignisse A und B heißen stochastisch unabhängig, wenn gilt

$$P(B) = P(B|A) \quad \text{oder} \quad P(A) = P(A|B)\,. \qquad (38\text{-}4)$$

Dann gilt auch:

$$P(A \cap B) = P(A) \cdot P(B)$$

Zur Prüfung der Unabhängigkeit reicht die Prüfung einer der beiden Bedingungen (38-4) aus.

Beispiel 10: Im Beispiel 9 ist

$$P(B) = 0{,}10 \neq P(B|A_1) = 0{,}08\,.$$

Demzufolge ist das Ereignis B („Werkstück ist Ausschuss") nicht unabhängig von Ereignis A_1 („Produzierende Maschine ist Maschine 1").

Bei mehr als zwei Ereignissen impliziert die Unabhängigkeit von jeweils zwei Ereignissen noch nicht die (vollständige) Unabhängigkeit aller Ereignisse. Die (vollständige) Unabhängigkeit von $n > 2$ Ereignissen $A_1, A_2, \ldots, A_n$ liegt vor, wenn für jede Indexkombination $i_1, i_2, \ldots, i_k$ mit $k \leqq n$ aus der Indexmenge $1, 2, \ldots, n$ gilt:

$$P(A_{i_1} \cap A_{i_2} \cap \ldots \cap A_{i_k}) = P(A_{i_1}) \cdot P(A_{i_2}) \cdot \ldots \cdot P(A_{i_k})\,. \qquad (38\text{-}5)$$

Bei drei Ereignissen ist die (vollständige) Unabhängigkeit erst dann gegeben, wenn neben den Bedingungen der paarweisen Unabhängigkeit

$$P(A_1 \cap A_2) = P(A_1) \cdot P(A_2)\,,$$
$$P(A_1 \cap A_3) = P(A_1) \cdot P(A_3) \text{ und}$$
$$P(A_2 \cap A_3) = P(A_2) \cdot P(A_3)\,,$$

auch gilt

$$P(A_1 \cap A_2 \cap A_3) = P(A_1) \cdot P(A_2) \cdot P(A_3)\,.$$

38.6 Rechenregeln für Wahrscheinlichkeiten

Zufallsereignis A. Es gilt $0 \leqq P(A) \leqq 1$.
Unmögliches Ereignis $\emptyset$. Es gilt $P(\emptyset) = 0$.
Komplementäres Ereignis $\bar{A}$. Es gilt $P(\bar{A}) = 1 - P(A)$.

Additionssatz. Für die Vereinigung von *paarweise disjunkten* Ereignissen $A_1, \ldots, A_n$ (d. h., $A_i \cap A_j = \emptyset$ für $i \neq j$) gilt gemäß Axiom 3:

$$P(A_1 \cup \ldots \cup A_n) = P(A_1) + \ldots + P(A_n)\,. \qquad (38\text{-}6)$$

Für zwei *nicht disjunkte* Ereignisse A_1 und A_2 gilt:

$$P(A_1 \cup A_2) = P(A_1) + P(A_2) - P(A_1 \cap A_2)\,. \qquad (38\text{-}7)$$

Die Verallgemeinerung auf $n > 2$ nicht disjunkte Ereignisse liefert die Formel

$$\begin{aligned} &P(A_1 \cup \ldots \cup A_n) \\ &= \sum_{i=1}^{n} P(A_i) - \sum_{i=1}^{n-1} \sum_{j=i+1}^{n} P(A_i \cap A_j) \\ &+ \sum_{i=1}^{n-2} \sum_{j=i+1}^{n-1} \sum_{k=j+1}^{n} P(A_i \cap A_j \cap A_k) \\ &- + \ldots + (-1)^{n-1} P(A_1 \cap \ldots \cap A_n)\,. \end{aligned} \qquad (38\text{-}8)$$

Beispiel 11: Beim Werfen eines homogenen Würfels seien folgende Ereignisse definiert: A: Die Augenzahl ist ungerade; B: Die Augenzahl ist kleiner als 2; C: Die Augenzahl ist größer als 4. Die Wahrscheinlichkeit, dass die Augenzahl bei einem bestimmten Wurf ungerade oder kleiner als 2 oder größer als 4 ist, beträgt dann gemäß (38-8)

$$\begin{aligned} P(A \cup B \cup C) &= P(A) + P(B) + P(C) - P(A \cap B) \\ &\quad - P(A \cap C) - P(B \cap C) \\ &\quad + P(A \cap B \cap C) \\ &= 1/2 + 1/6 + 1/3 - 1/6 - 1/6 - 0 \\ &\quad + 0 = 2/3 \,. \end{aligned}$$

Multiplikationssatz. Aus der Definition (38-3) der bedingten Wahrscheinlichkeit eines Ereignisses B unter der Bedingung A folgt für die Wahrscheinlichkeit des Durchschnitts zweier beliebiger Ereignisse A und B

$$P(A \cap B) = P(A) \cdot P(B|A) \,. \qquad (38\text{-}9)$$

Die Verallgemeinerung, die mittels vollständiger Induktion bewiesen werden kann, liefert den Multiplikationssatz für n beliebige Ereignisse:

$$\begin{aligned} &P(A_1 \cap \ldots \cap A_n) \\ &= P(A_1) \cdot P(A_2|A_1) \cdot P(A_3|A_1 \cap A_2) \\ &\quad \cdot \ldots \cdot P(A_n|A_1 \cap \ldots \cap A_{n-1}) \,. \end{aligned} \qquad (38\text{-}10)$$

Für *unabhängige* Ereignisse A und B gilt

$$P(A \cap B) = P(A) \cdot P(B) \,, \qquad (38\text{-}11)$$

ebenso für *vollständig unabhängige* Ereignisse $A_1, \ldots, A_n$

$$P(A_1 \cap \ldots \cap A_n) = P(A_1) \cdot \ldots \cdot P(A_n) \,. \qquad (38\text{-}12)$$

Beispiel 12: Beim Zahlenlotto „6 aus 49" sei das Ereignis, mit dem i-ten Kreuz einen Treffern zu haben, mit A_i bezeichnet.
Dann ist die Wahrscheinlichkeit für 6 Treffer in einem Spiel:

$$\begin{aligned} &P(A_1 \cap \ldots \cap A_6) \\ &= P(A_1) \cdot P(A_2|A_1) \cdot \ldots \cdot P(A_6|A_1 \cap \ldots \cap A_5) \\ &= 6/49 \cdot 5/48 \cdot \ldots \cdot 1/44 \\ &= 1/13\,983\,816 \,. \end{aligned}$$

Dabei sind die Ereignisse A_i jeweils abhängig von den Ereignissen $A_1, A_2, \ldots, A_{i-1}$.

Beispiel 13: In einer Urne befinden sich 6 Lose mit 3 Treffen und 3 Nieten. Wie groß ist die Wahrscheinlichkeit bei dreimaligem Ziehen jedes Mal einen Treffer zu haben, wenn (a) die gezogenen Lose nicht zurückgelegt werden bzw. (b) wenn das gezogene Los jedes Mal zurückgelegt wird?
Es sei A_i das Ereignis, beim i-ten Ziehen einen Treffer zu haben. Dann gilt

(a) für den Fall „ohne Zurücklegen":

$$\begin{aligned} P(A_1 \cap A_2 \cap A_3) &= P(A_1) \cdot P(A_2|A_1) \cdot P(A_3|A_1 \cap A_2) \\ &= 3/6 \cdot 2/5 \cdot 1/4 = 1/20 \,, \end{aligned}$$

da z. B. die Wahrscheinlichkeit für das Eintreten des Ereignisses A_2 vom Ergebnis der ersten Ziehung abhängt: Sie ist $2/5$, wenn A_1 eingetreten ist, aber $3/5$, wenn A_1 nicht eingetreten ist;
(b) für den Fall „mit Zurücklegen" gilt

$$\begin{aligned} P(A_1 \cap A_2 \cap A_3) &= P(A_1) \cdot P(A_2) \cdot P(A_3) \\ &= 3/6 \cdot 3/6 \cdot 3/6 = 1/8 \,, \end{aligned}$$

da hierbei bei allen drei Ziehungen dieselben Gegebenheiten vorliegen, unabhängig vom Ausgang der vorausgegangenen Ziehungen.

Totale Wahrscheinlichkeit. Die Ereignisse $A_1, A_2, \ldots, A_n$ seien eine vollständige Ereignismenge, d. h. $A_1 \cup \ldots \cup A_n = E$ und $A_i \cap A_j = \emptyset (i \neq j)$. B sei ein beliebiges Ereignis.
Wegen

$$\begin{aligned} B = B \cap E &= B \cap (A_1 \cup \ldots \cup A_n) \\ &= (B \cap A_1) \cup (B \cap A_2) \cup \ldots \cup (B \cap A_n) \end{aligned}$$

gilt

$$P(B) = \sum_{i=1}^{n} P(B \cap A_i) = \sum_{i=1}^{n} P(A_i) \cdot P(B|A_i) \,. \qquad (38\text{-}13)$$

Bayes'sche Formel. Für die umgekehrte Fragestellung, nämlich die nach der Wahrscheinlichkeit für das Eintreten von A_i aus einer vollständigen Ereignismenge unter der Bedingung, dass Ereignis B eingetreten ist, gilt für alle $i = 1, \ldots, n$:

$$P(A_i|B) = \frac{P(A_i \cap B)}{P(B)} = \frac{P(A_i) \cdot P(B|A_i)}{\sum_{i=1}^{n} P(A_i) \cdot P(B|A_i)} \,. \qquad (38\text{-}14)$$

Beispiel 14: Im Beispiel 9 bilden die Ereignisse A_1, A_2, A_3 eine vollständige Ereignismenge. Die totale Wahrscheinlichkeit für B ist gemäß (38-13)

$$P(B) = 0{,}5 \cdot 0{,}08 + 0{,}3 \cdot 0{,}10 + 0{,}2 \cdot 0{,}15 = 0{,}10$$

und mit (38-14) gilt

$$P(A_1|B) = 0{,}5 \cdot 0{,}08/0{,}10 = 0{,}4$$
$$P(A_2|B) = 0{,}3 \cdot 0{,}10/0{,}10 = 0{,}3$$
$$P(A_3|B) = 0{,}2 \cdot 0{,}15/0{,}10 = 0{,}3\,.$$

Diese Ergebnisse stimmen mit den entsprechenden von Beispiel 9 überein.

39 Zufallsvariable und Wahrscheinlichkeitsverteilung

39.1 Zufallsvariablen

In der Praxis ist häufig das Elementarereignis als Ergebnis eines Zufallsexperiments (z. B. Zufallsauswahl eines Bolzens aus einer Produktionsmenge) von geringerem Interesse als vielmehr ein dadurch bestimmter reeller Zahlenwert (z. B. Bolzendurchmesser 32,7 mm).
Eine eindeutige Abbildung der Elementarereignisse E_i in die Menge der reellen Zahlen, $\mathbb{R}$,

$$X: E_i \to X(E_i) \in \mathbb{R} \qquad (39\text{-}1)$$

definiert eine *Zufallsgröße* X. Die Zufallsgröße wird mit einem Großbuchstaben (z. B. X), ihre Zahlenwerte (Realisationen) werden mit kleinen Buchstaben (z. B. $x_1, x_2, \ldots$) bezeichnet.
Eine Zufallsgröße heißt *diskret*, wenn sie endlich viele Werte $x_1, x_2, \ldots, x_n$ oder abzählbar unendlich viele Werte x_i ($i \in \mathbb{N}$) annehmen kann. Eine Zufallsgröße heißt *stetig*, wenn sie alle Werte eines gegebenen endlichen oder unendlichen Intervalls der rellen Zahlenachse annehmen kann.

Beispiel 1: Beim Würfeln ist die Augenzahl eine diskrete Zufallsgröße, die nur die Zahlen $1, 2, \ldots, 6$ annehmen kann. Der Durchmesser von Bolzen kann theoretisch, d. h. beliebige Messgenauigkeit vorausgesetzt, beliebig viele Werte annehmen und ist somit eine stetige Zufallsgröße.

39.2 Wahrscheinlichkeits- und Verteilungsfunktion einer diskreten Zufallsvariablen

Durch die Abbildung (39-1), welche die Zufallsvariable definiert, kann verschiedenen Elementarereignissen derselbe reelle Zahlenwert x_i zugeordnet werden. Bezeichnet A_i die Menge aller Elementarereignisse E_j, für die $X(E_j) = x_i$ gilt, so ist auf diese Weise die gesamte Ergebnismenge E in disjunkte Teilmengen A_i zerlegt. Da durch ein auf der Ergebnismenge E definiertes Wahrscheinlichkeitsmaß P den Elementarereignissen E_j Wahrscheinlichkeiten $P(E_j)$ zugeordnet sind, ist damit auch die Wahrscheinlichkeit bestimmt, mit der die Zufallsgröße X einen Wert x_i annimmt.

Unter der *Wahrscheinlichkeitsfunktion* einer *diskreten* Zufallsgröße X versteht man eine Abbildung

$$\begin{aligned} f: x_i \to P(A_i) &= P\left(\bigcup_{E_j \in A_i} E_j\right) = \sum_{E_j \in A_i} P(E_j) \\ &= P(X = x_i) \end{aligned} \qquad (39\text{-}2)$$

die den Realisationen x_i der diskreten Zufallsgröße X Wahrscheinlichkeiten zuordnet.
Es gilt somit für die *Wahrscheinlichkeitsfunktion* $f(x)$ einer diskreten Zufallsgröße X:

$$f(x) = \begin{cases} f(x_i) = P(X = x_i) & \text{für} \quad x = x_i \\ 0 & \text{sonst}\,. \end{cases} \qquad (39\text{-}3)$$

Da die Teilmengen A_i disjunkt sind und ihre Vereinigung den Ergebnisraum E darstellt, gilt

$$\sum_i f(x_i) = 1\,.$$

Die *Verteilungsfunktion* $F(x)$ einer Zufallsgröße X gibt die Wahrscheinlichkeit dafür an, dass die Zufallsgröße Werte annimmt, die kleiner oder gleich dem Wert x sind. Für eine *diskrete* Zufallsgröße gilt:

$$F(x) = P(X \leqq x) = \sum_{x_i \leqq x} f(x_i)\,. \qquad (39\text{-}4)$$

Die Verteilungsfunktion ist eine nicht fallende monotone Funktion.

Beispiel 2: Beim Werfen von jeweils zwei Würfeln wird jedem der 36 gleichwahrscheinlichen Zahlenpaare (j, k) als Elementarereignisse $(j, k = 1, \ldots, 6)$

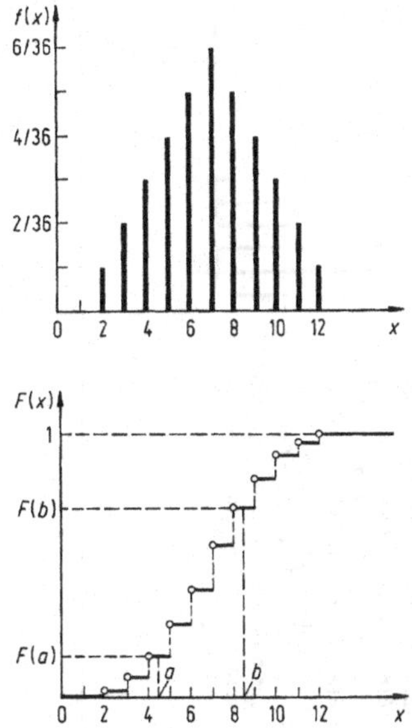

Bild 39-1. Wahrscheinlichkeits- und Verteilungsfunktion der diskreten Zufallsgröße „Augensumme zweier Würfel"

die Augensumme $X((j,k)) = j + k$ zugeordnet und damit eine Zufallsgröße definiert. Die möglichen Realisationen x_i der Zufallsgröße „Augensumme" X die entsprechenden Teilmengen A_i, die Werte $f(x_i)$ und $F(x_i)$ zeigt Bild 39-1.

Die Tabelle 39-1 enthält wichtige diskrete Wahrscheinlichkeitsverteilungen.

39.3 Wahrscheinlichkeitsdichte- und Verteilungsfunktion einer stetigen Zufallsvariablen

Die Anzahl der möglichen Realisationen einer stetigen Zufallsvariablen ist nicht abzählbar. Es kann daher einem bestimmten Wert x keine von null verschiedene Wahrscheinlichkeit $P(X = x)$ zugeordnet werden, sondern nur einem Intervall $I(x, x + \Delta x)$. Das Intervall kann dabei abgeschlossen, halboffen oder offen sein.

Die *Verteilungsfunktion* $F(x)$ einer *stetigen* Zufallsgröße X besitzt eine im Intervall $-\infty < x < \infty$ bis auf höchstens endlich viele Punkte überall stetige Ableitung

$$\frac{\mathrm{d}F}{\mathrm{d}x} = f(x) .$$

Es gilt

$$F(x) = P(X \leqq x) = \int_{-\infty}^{\infty} f(t)\mathrm{d}t . \qquad (39\text{-}5)$$

Die Funktion $f(x)$ heißt *Wahrscheinlichkeitsdichte* oder *Dichtefunktion*.

Im Gegensatz zur diskreten Zufallsgröße, die als Verteilungsfunktion eine Treppenfunktion mit abzählbar vielen Sprungstellen besitzt, ist die Verteilungsfunktion einer stetigen Zufallsgröße eine stetige Funktion. Da $F(x)$ eine nicht fallende monotone Funktion ist, folgt für die Ableitung $f(x) \geqq 0$.

Die Tabelle 39-2 enthält wichtige stetige Wahrscheinlichkeitsverteilungen, Tabelle 39-3 sog. Prüfverteilungen, die für die Prüf- und Schätzstatistik (siehe Kapitel 41 bis 44) von großer Bedeutung sind.

39.4 Kenngrößen von Wahrscheinlichkeitsverteilungen

Zu Wahrscheinlichkeitsverteilungen gibt es charakteristische Kennzahlen, von denen in der Praxis meist wenige zur Beschreibung der jeweiligen Verteilung ausreichen. Sie sind zum größten Teil Erwartungswerte bestimmter Funktionen der Zufallsvariablen X.

39.4.1 α-Quantil

Als α-Quantil bezeichnet man den Wert x_α, der Zufallsvariablen X, für den $P(X \leq x_\alpha) \geq \alpha$ und $P(X \geq x_\alpha) \leq 1 - \alpha$ gilt.

Besitzt eine Zufallsgröße X eine stetige Verteilung, so gilt für das α-Quantil x_α

$$F(x_\alpha) = P(X \leq x_\alpha) = \alpha .$$

Ist die Verteilung von X dagegen diskret, so gilt für das α-Quantil x_α

$$F(x_\alpha) \geq \alpha .$$

und für jedes $x < x_\alpha$

$$F(x) < \alpha .$$

39.4.2 Erwartungswert einer Funktion einer Zufallsgröße

Der Erwartungswert $E(g(X))$ einer Funktion $g(X)$ einer diskreten oder stetigen Zufallsgröße X ist definiert als

Tabelle 39-1. Wichtige diskrete Wahrscheinlichkeitsverteilungen

Zufallsgröße Parameter	Wahrscheinlichkeitsfunktion $f(x)=P(X=x)$ Verteilungsfunktion $F(x)=P(X \leqq x)$	Erwartungswert $E(X)$ Varianz $\mathrm{Var}(X)$	Additionssätze Approximationssätze	Wahrscheinlichkeitsfunktion
1. *Hypergeometrische Verteilung* $H(n, N_A, N)$ In einer Grundgesamtheit von N Elementen befinden sich N_A Elementes mit einer bestimmten Eigenschaft A. *Zufallsgröße X:* Anzahl der Elemente mit Eigenschaft A in einer Zufallsstichprobe von n Elementen „ohne Zurücklegen" der gezogenen Elemente. *Parameter:* $n, N_A, N \in \mathbb{N}$ $(n < N, N_A < N)$ *Beispiele:* Zahl der Treffer bei Zahlenlotto „6 aus 49"	$f(x) = \begin{cases} \dfrac{\binom{N_A}{x}\binom{N-N_A}{n-x}}{\binom{N}{n}} & \max(0, n+N_A-N) \leq x \leq \min(n, N_A) \\ 0 & \text{sonst} \end{cases}$ $F(x) = \begin{cases} \sum_{i=0}^{i \leq x} f(i) & x \geq 0 \\ 0 & x < 0 \end{cases}$	$E(X) = n\dfrac{N_A}{N}$ $\mathrm{Var}(X) =$ $n\dfrac{N_A}{N}\left(1-\dfrac{N_A}{N}\right)\dfrac{N-n}{N-1}$	Ist $n > 30$, $n/N \leq 0{,}05$, $N_A/N \leq 0{,}1$ oder $N_A/N \geq 0{,}9$, so kann die $H(n, N_A, N)$-durch eine $Ps(\lambda)$-Verteilung mit $\lambda = n \cdot N_A/N$ ersetzt werden. Ist $N > 10$, $n/N \leq 0{,}05$ und $0{,}1 < N_A/N < 0{,}9$, so kann die $H(n, N_A, N)$- durch eine $B(n, p)$-Verteilung mit $p = n \cdot N_A/N$ ersetzt werden.	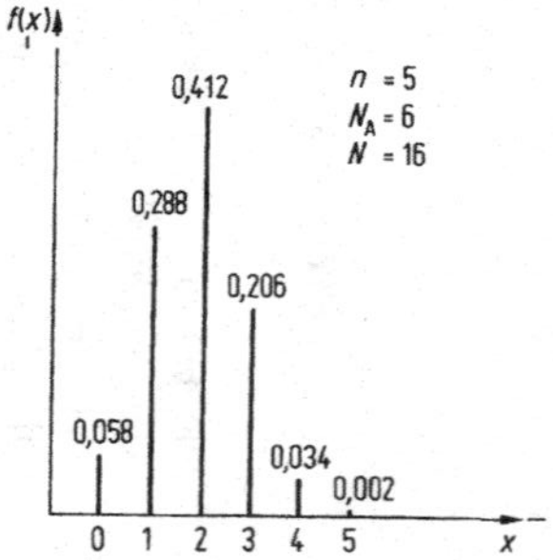
2. *Binomialverteilung* $B(n, p)$ Bei einem Zufallsexperiment tritt das Ereignis A mit der Wahrscheinlichkeit $P(A) = p$ auf. *Zufallsgröße X*: Anzahl des Auftretens des Ereignisses A bei n-maliger unabhängiger Durchführung des Experiments *Parameter:* $0 < p < 1$ *Beispiele:* Augenzahl „6" beim Würfeln, Anzahl der Elemente mit Eigenschaft A in einer Stichprobe „mit Zurücklegen" (vgl. 1)	$f(x) = \begin{cases} \binom{n}{x} p^x (1-p)^{n-x} & \text{für } x = 0, 1, \ldots, n \\ 0 & \text{sonst} \end{cases}$ $F(x) = \begin{cases} 0 & \text{für } x < 0 \\ \sum_{i=0}^{m} \binom{n}{i} p^i (1-p)^{n-i} & \text{für } m \leqq x < m+1 \text{ mit } m = 0, 1, \ldots, n-1 \\ 1 & \text{für } n \leqq x \end{cases}$	$E(X) = np$ $\mathrm{Var}(X) = np(1-p)$	Sind X_1, X_2 unabhängig $B(n_1, p)$- bzw. $B(n_2, p)$-verteilt, so ist $X = X_1 + X_2$ $B(n, p)$-verteilt mit $n = n_1 + n_2$. Für $np \leqq 10$ und $n \geqq 1500\,p$ kann die $B(n, p)$- durch die $Ps(\lambda)$-Verteilung ersetzt werden mit $\lambda = n \cdot p$. Für $np(1-p) \geqq 10$ kann die $B(n, p)$-durch die $N(\mu, \sigma^2)$-Verteilung ersetzt werden mit $\mu = np$ und $\sigma^2 = np(1-p)$.	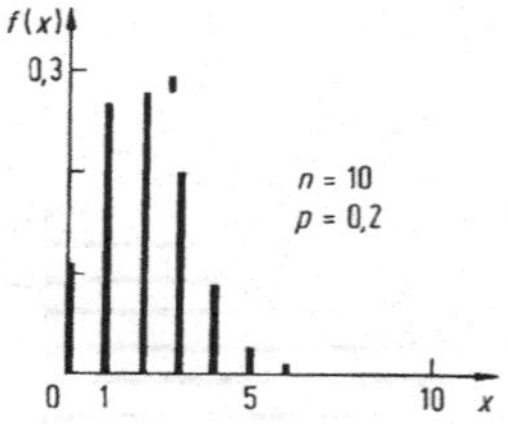

Tabelle 39-1. (Fortsetzung)

Zufallsgröße Parameter	Wahrscheinlichkeitsfunktion $f(x)=P(X=x)$ Verteilungsfunktion $F(x)=P(X \leqq x)$	Erwartungswert $E(x)$ Varianz $\mathrm{Var}(X)$	Additionssätze Approximationssätze	Wahrscheinlichkeitsfunktion
3. *Negative Binomialverteilung* $\mathrm{NB}(r,p)$ *und Geometrische Verteilung* $\mathrm{NB}(1,p)$				
Wie 2. *Zufallsgröße X:* Zahl der Durchführungen des Zufallsexperiment bis zum r-ten Mal das Ereignis A auftritt. *Parameter:* $0<p<1,\ r \in \mathbb{N}$ *Beispiel:* Zahl der Passanten, die abgewartet werden müssen, um 10 Personen einer bestimmten Altersklasse interviewen zu können. Die Negative Binominalverteilung für $r=1$ heißt Geometrische Verteilung.	$f(x)=\binom{x-1}{r-1}(1-p)^{x-r}p^r \quad x=r,r+1,\ldots$ $F(x)=\sum_{i\leq x} f(i) \quad x>0$	$E(X)=\frac{r}{p}$ $\mathrm{Var}(X)=\frac{r(1-p)}{p^2}$		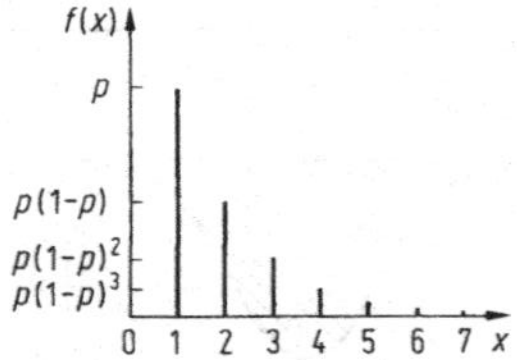
4. *Poisson-Verteilung* $\mathrm{Ps}(\lambda)$				
Wie 2; jedoch p sehr klein und n sehr groß, so daß $np=\lambda=\text{const}$. *Parameter:* $\lambda>0$ *Beispiel:* Zahl seltener Ereignisse in einem großen Zeitintervall, z. B. Unfälle.	$f(x)=\begin{cases}\frac{\lambda^x}{x!}e^{-\lambda} & \text{für } x=0,1,2,\ldots\\ 0 & \text{sonst}\end{cases}$ $F(x)=\begin{cases}0 & \text{für } x<0\\ \sum_{i=0}^{m}\frac{\lambda^x}{x!}e^{-\lambda} & \text{für } m\leqq x<m+1;\ m=0,1,2,\ldots\end{cases}$	$E(X)=\lambda$ $\mathrm{Var}(X)=\lambda$	Sind X_1, X_2 unabhängig $\mathrm{Ps}(\lambda_1)$- bzw. $\mathrm{Ps}(\lambda_2)$-verteilt, so ist $X=X_1+X_2$ $\mathrm{Ps}(\lambda)$-verteilt mit $\lambda=\lambda_1+\lambda_2$. Für $\lambda \geqq 10$ kann $\mathrm{Ps}(\lambda)$ durch eine $N(\lambda,\lambda)$-Verteilung ersetzt werden.	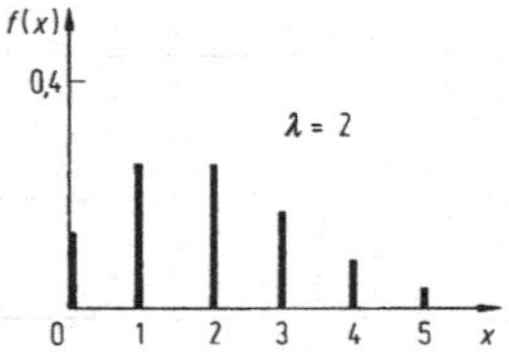

Tabelle 39–2. Wichtige stetige Wahrscheinlichkeitsverteilungen

Zufallsgröße Parameter	Wahrscheinlichkeitsdichte $f(x) = \mathrm{d}F/\mathrm{d}x$ Verteilungsfunktion $F(x) = P(X \leqq x)$	Erwartungswert $E(x)$ Varianz $\mathrm{Var}(X)$	Wahrscheinlichkeitsdichte
1. *Gleichverteilung* $U(a, b)$ *Zufallsgröße X:* Die Wahrscheinlichkeit für jeden Wert der Zufallsgröße X im Intervall $a \le x \le b$ ist gleich. *Parameter:* $a, b \in \mathbb{R}$, $b > a$. *Beispiel:* Zeitpunkt des Eintreffens eines Fahrzeugs innerhalb einer Messdauer von einer Stunde.	$f(x) = \begin{cases} \frac{1}{b-a} & a \le x \le b \\ 0 & \text{sonst} \end{cases}$ $F(x) = \begin{cases} 0 & x < a \\ \frac{x-a}{b-a} & a \le x \le b \\ 1 & x > b \end{cases}$	$E(X) = \frac{a+b}{2}$ $\mathrm{Var}(X) = \frac{(b-a)^2}{12}$	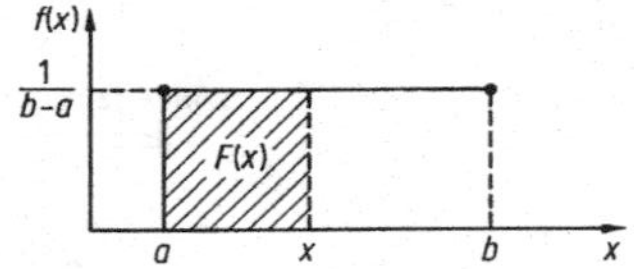
2. *Normalverteilung* $N(\mu, \sigma^2)$ ***Zufallsgröße** X*: Die Summe vieler beliebig verteilter Zufallsgrößen liefert eine normalverteilte Zufallsgröße (Zentraler Grenzwertsatz). *Parameter:* $\mu, \sigma \in \mathbb{R}$; $\sigma > 0$. ***Beispiel:*** Messfehler.	$f(x) = \frac{1}{\sqrt{2\pi}\,\sigma} \exp\left(-\frac{1}{2}\left(\frac{x-\mu}{\sigma}\right)^2\right)$ $F(x) = \frac{1}{\sqrt{2\pi}\,\sigma} \int_{-\infty}^{x} \exp\left(-\frac{1}{2}\left(\frac{t-\mu}{\sigma}\right)^2\right) \mathrm{d}t$ Den Funktionswert $F(x)$ erhält man nach Transformation $z = (x-\mu)/\sigma$ aus der Tabelle $F(z)$ der Standardnormalverteilung.	$E(X) = \mu$ $\mathrm{Var}(X) = \sigma^2$	Sind X_1, X_2 unabhängig $N(\mu_1, \sigma_1^2)$ bzw. $N(\mu_2, \sigma_1^2)$-verteilt, so ist $X = X_1 + X_2$ $N(\mu, \sigma_1^2)$-verteilt mit $\mu = \mu_1 + \mu_2$ und $\sigma^2 = \sigma_1^2 + \sigma_2^2$. 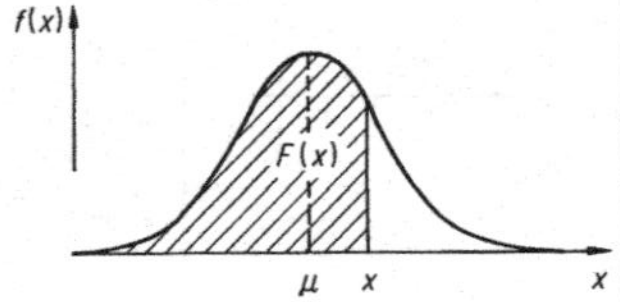
3. *Standardnormalverteilung* $N(0, 1)$ ***Zufallsgröße** Z*: Eine standardnormalverteilte Zufallsgröße entsteht aus einer (μ, σ)-normalverteilten Zufallsgröße X durch die Transformation $Z = \frac{X-\mu}{\sigma}$. ***Parameter:*** keine.	$\varphi(z) = \frac{1}{\sqrt{2\pi}} \exp\left(-\frac{z^2}{2}\right)$ $\Phi(z) = \frac{1}{\sqrt{2\pi}} \int_{-\infty}^{z} \exp\left(-\frac{t^2}{2}\right) \mathrm{d}t$ Die Funktionswerte $\Phi(z)$ liegen als Tabelle vor (s. Tabelle 39.4).	$E(Z) = 0$ $\mathrm{Var}(Z) = 1$	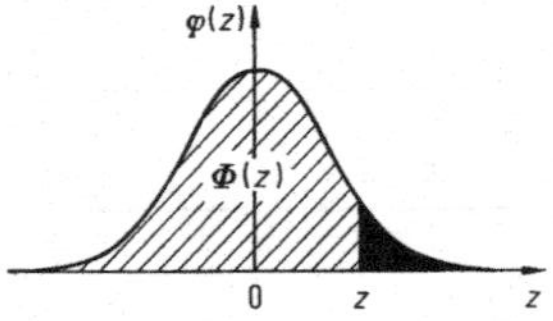

Tabelle 39-2. (Fortsetzung)

Zufallsgröße Parameter	Wahrscheinlichkeitsdichte $f(x) = \mathrm{d}F/\mathrm{d}x$ Verteilungsfunktion $F(x) = P(X \leqq x)$	Erwartungswert $E(x)$ Varianz $\mathrm{Var}(X)$	Wahrscheinlichkeitsdichte
4. *Lognormalverteilung* ***Zufallsgröße** X*: $\ln X$ ist $N(\mu, \sigma^2)$-normalverteilt. Das Produkt $X = X_1 \cdot \ldots \cdot X_n$ vieler beliebig verteilter Zufallsgrößen X_i $(i = 1, \ldots, n)$ liefert eine (annähernd) lognormalverteilte Zufallsgröße, da nach Ziffer 2, Tabelle 39-2, $\ln X = \ln X_1 + \ldots + \ln X_n$ $N(\mu, \sigma^2)$-verteilt ist. ***Parameter***: $\mu, \sigma \in \mathbb{R}$; $\sigma > 0$. ***Beispiele***: Umsatzzahlen von Unternehmen, Lebensdauer nach Extrembelastungen usw.	$f(x) = \begin{cases} 0 & \text{für } x \leqq 0 \\ \dfrac{1}{\sqrt{2\pi}\,\sigma x} \exp[-(\ln x - \mu)^2/(2\sigma^2)] & \text{für } x > 0 \end{cases}$ $F(x) = \begin{cases} 0 & \text{für } x \leqq 0 \\ \displaystyle\int_{-\infty}^{x} \dfrac{1}{\sqrt{2\pi}\,\sigma t} \exp[-(\ln t - \mu)^2/(2\sigma^2)]\,\mathrm{d}t & \text{für } x > 0 \end{cases}$	$E(X) = \exp[\mu + \sigma^2/2]$ $\mathrm{Var}(X) = \exp[2\mu + \sigma^2](\exp[\sigma^2] - 1)$	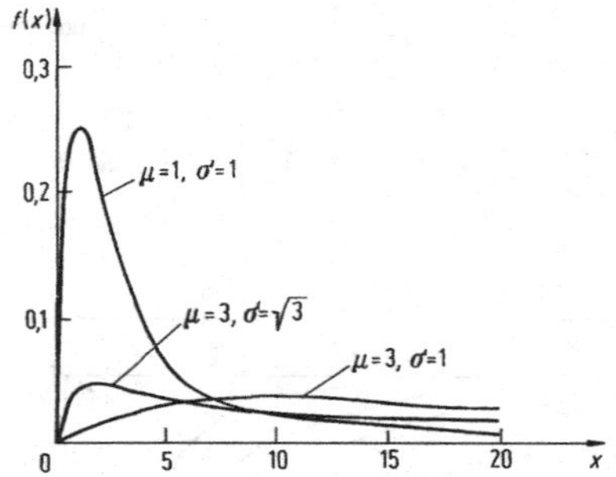
5. *Exponentialverteilung* $\mathrm{Ex}(\lambda)$ ***Zufallsgröße** X*: Die Lebensdauer von Objekten, die nicht altern, ist exponentialverteilt. ***Parameter***: $\lambda > 0$. ***Beispiel***: Länge der Zeitlücken zwischen poissonverteilten Ereignissen.	$f(x) = \begin{cases} 0 & \text{für } x < 0 \\ \lambda \exp(-\lambda x) & \text{für } x \geqq 0;\ \lambda > 0 \end{cases}$ $F(x) = \begin{cases} 0 & \text{für } x < 0 \\ 1 - \exp(-\lambda x) & \text{für } x \geqq 0;\ \lambda > 0 \end{cases}$	$E(X) = 1/\lambda$ $\mathrm{Var}(X) = 1/\lambda^2$	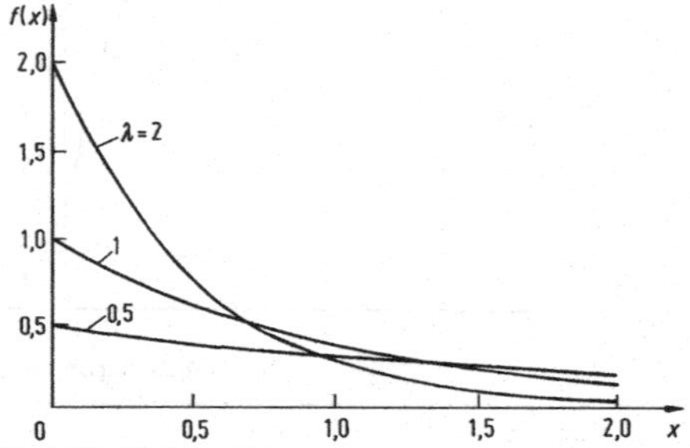

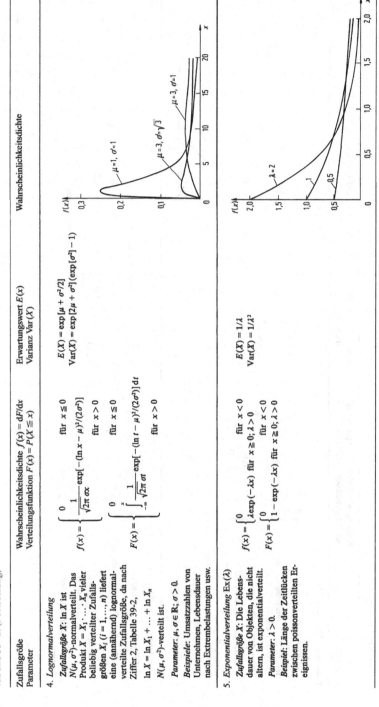

Tabelle 39–2. (Fortsetzung)

Zufallsgröße Parameter	Wahrscheinlichkeitsdichte $f(x) = dF/dx$ Verteilungsfunktion $F(x) = P(X \leqq x)$	Erwartungswert $E(x)$ Varianz $\mathrm{Var}(X)$	Wahrscheinlichkeitsdichte
6. *Erlang-n-Verteilung* ER(λ, n) *Zufallsgröße X:* $X = \sum_{i=1}^{n} X_i$ mit $X_1, \ldots, X_n$ unabhängige Zufallsgrößen mit $X_i \sim \mathrm{Ex}(\lambda)$ *Parameter:* $\lambda > 0,\ n \in \mathbb{N}$ *Beispiel:* Lebensdauer eines Reihensystems von n Komponenten, die jeweils eine exponentialverteilte Lebensdauer mit Parameter λ aufweisen und nacheinander in Betrieb sind, sodass immer nur eines arbeitet.	$f(x) = \begin{cases} 0 & x < 0 \\ \dfrac{\lambda^n n^{n-1} e^{-\lambda x}}{(n-1)!} & x \geq 0 \end{cases}$ $F(x) = \begin{cases} 0 & x < 0 \\ 1 - e^{-\lambda x} \sum_{i=1}^{n} \dfrac{(\lambda x)^{i-1}}{(i-1)!} & x \geq 0 \end{cases}$	$E(X) = \dfrac{n}{\lambda}$ $\mathrm{Var}(X) = \dfrac{n}{\lambda^2}$	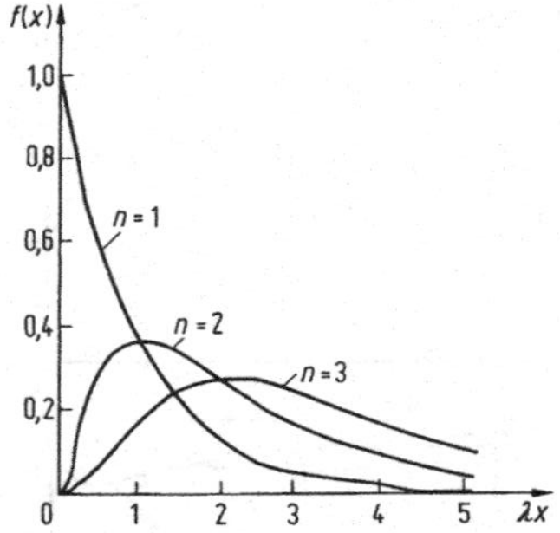
7. *Gammaverteilung* $G(\lambda, k)$ *Zufallsgröße X:* Erweiterung der Erlang-n-Verteilung auf kontinuierliche Parameterwerte k $(k > 0)$ *Parameter:* $\lambda > 0$ (Maßstab) $k > 0$ (Gestalt). *Beispiel:* Lebensdauer von Systemen	$f(x) = \begin{cases} 0 & x < 0 \\ \dfrac{\lambda^k x^{k-1} e^{-\lambda x}}{\Gamma(k)} & x \geq 0 \end{cases}$ $F(x) = \begin{cases} 0 & x < 0 \\ \dfrac{\Gamma(k, \lambda x)}{\Gamma(k)} & x \geq 0 \end{cases}$	$E(X) = \dfrac{k}{\lambda}$ $\mathrm{Var}(X) = \dfrac{k}{\lambda^2}$ Gammafunktion $\Gamma(k) = \int_0^\infty x^{k-1} e^{-x}\,dx$ 1. $\Gamma(k) = (k-1) \cdot \Gamma(k-1)$ für alle $k > 0$ 2. $\Gamma(n) = (n-1)!$ $n = 1, 2, \ldots$ 3. $\Gamma(0{,}5) = \sqrt{\pi}$ Unvollständige Gammafunktion $\Gamma(k, x) = \int_0^x t^{k-1} e^{-t}\,dt$	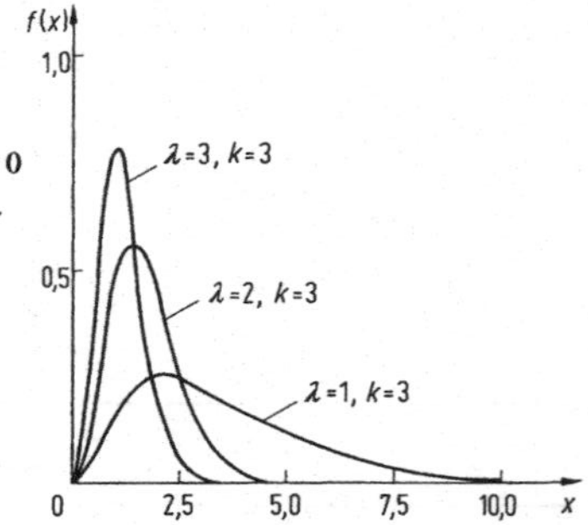

Tabelle 39-2. (Fortsetzung)

Zufallsgröße Parameter	Wahrscheinlichkeitsdichte $f(x) = \mathrm{d}F/\mathrm{d}x$ Verteilungsfunktion $F(x) = P(X \leqq x)$	Erwartungswert $E(x)$ Varianz $\mathrm{Var}(X)$	Wahrscheinlichkeitsdichte
8. *Weibull-Verteilung* $W(\lambda, \alpha)$ *Zufallsgröße X:* Die Lebensdauer von Objekten, die einem Alterungsprozess unterliegen (z. B. Materialermüdung), kann durch die Weibull-Verteilung beschrieben werden. Für sie gilt $(\lambda X)^\alpha \sim \mathrm{Ex}(1)$ *Parameter:* $\lambda > 0$ (Maßstab) $\alpha > 0$ (Gestalt) *Beispiel:* Lebensdauer von Werkzeugen, Elektronenröhren, Kugellagern usw.	$f(x) = \begin{cases} 0 & x < 0 \\ \alpha \lambda^\alpha x^{\alpha-1} \exp(-(\lambda x)^\alpha) & x \geq 0 \end{cases}$ $F(x) = \begin{cases} 0 & x < 0 \\ 1 - \exp(-(\lambda x)^\alpha) & x \geq 0 \end{cases}$	$E(X) = \frac{1}{\lambda} \Gamma\left(1 + \frac{1}{\alpha}\right)$ $\mathrm{Var}(X) = \frac{1}{\lambda^2} \left\{ \Gamma\left(1 + \frac{2}{\alpha}\right) - \left[\Gamma\left(1 + \frac{1}{\alpha}\right)\right]^2 \right\}$	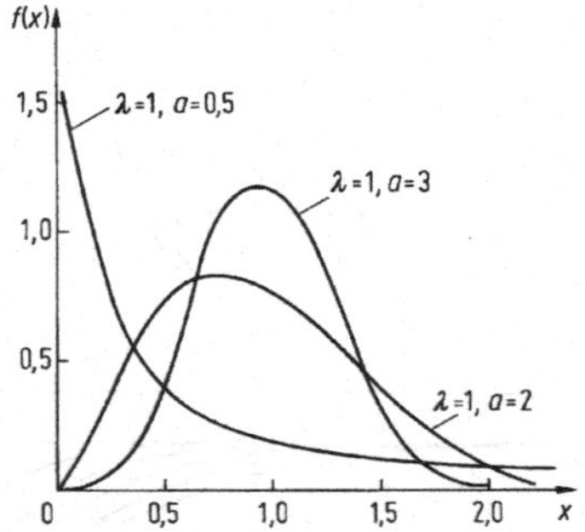
9. *Betaverteilung* BT (α, β, a, b) *Zufallsgröße X:* Die Betaverteilung eignet sich zur Beschreibung empirischer Verteilungen in einem Intervall $a \leq x \leq b$. *Parameter:* $\alpha, \beta > 0$, $a, b \in \mathbb{R}$ *Beispiel:* Relativer Anteil $(0 \leq x \leq 1)$, Windrichtung $(0° \leq x \leq 360°)$	$f(x) = \begin{cases} \frac{\Gamma(\alpha+\beta)}{\Gamma(\alpha)\Gamma(\beta)} \frac{1}{(b-a)^{\alpha+\beta-1}} (x-a)^{\alpha-1}(b-x)^{\beta-1} & a \leq x \leq b \\ 0 & \text{sonst} \end{cases}$ $F(x) = \begin{cases} 0 & x < a \\ \int_0^x f(t)\,\mathrm{d}t & a \leq x \leq b \\ 1 & x > b \end{cases}$	$E(X) = a + \frac{\alpha}{\alpha+\beta}(b-a)$ $\mathrm{Var}(X) = \frac{\alpha\beta}{(\alpha+\beta)^2(\alpha+\beta+1)}(b-a)^2$	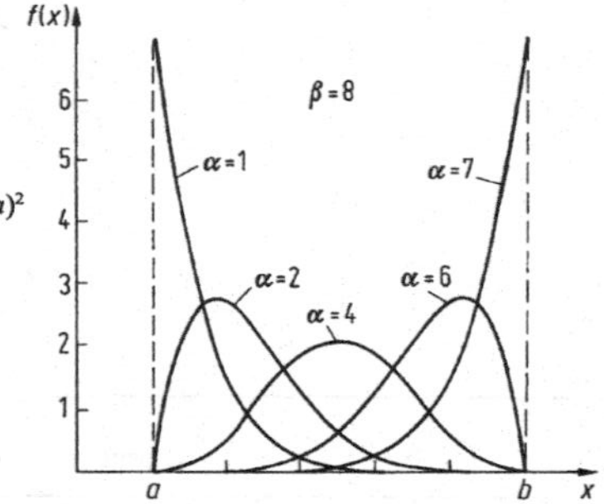

Tabelle 39–3. Wichtige Prüfverteilungen

Zufallsgröße Parameter	Erwartungswert $E(X)$ Varianz $\mathrm{Var}(X)$	Tabelle der Quantilen	Wichtige Eigenschaften	Wahrscheinlichkeitsdichte
1. *χ^2-Verteilung* $\chi^2(m)$				
Zufallsgröße: $Y = \sum_{i=1}^{m} X_i^2$ mit $X_1, \ldots, X_m$ unabhängige $N(0,1)$-verteilte Zufallsgrößen. *Parameter:* $m = 1, 2, \ldots$ (Zahl der Freiheitsgrade der χ^2-Verteilung)	$E(Y) = m$ $\mathrm{Var}(Y) = 2m$	Die Quantile $y_{1-\alpha}$, für die gilt $P(Y \leqq y_{1-\alpha}) = 1 - \alpha$, liegen als Tabellenwerte (bezeichnet mit $\chi^2_{m;1-\alpha}$) für einzelne $m = 1, 2, \ldots$ und α-Werte vor (siehe Tabelle 39-5).	Für $m \geqq 100$ kann die $\chi^2(m)$-Verteilung näherungsweise durch die $N(m, 2m)$-Verteilung ersetzt werden. Für $m \geqq 30$ ist die Zufallsgröße $Z = \sqrt{2Y} - \sqrt{2m-1}$ näherungsweise $N(0,1)$-verteilt.	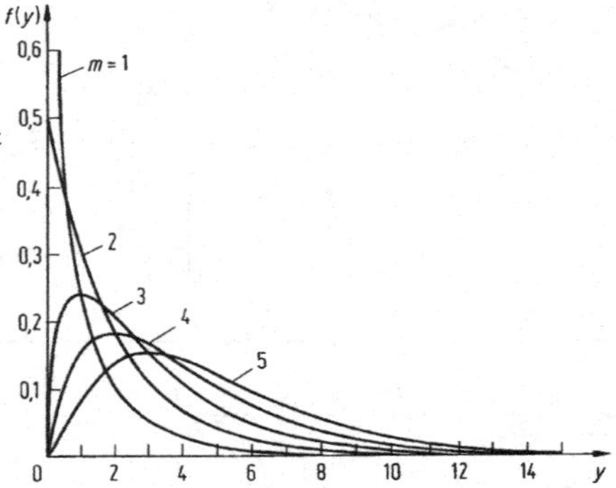
2. *t-Verteilung* (Student-Verteilung) $t(m)$				
Zufallsgröße: $T = Z / \sqrt{Y/m}$ *mit* Z $N(0;1)$-verteilte und Y davon unabhängige $X^2(m)$-verteilte Zufallsgröße. *Parameter:* $m = 1, 2, \ldots$ (Freiheitsgrade der t-Verteilung)	$E(T) = 0$ für $m \geqq 2$ $\mathrm{Var}(T) = \frac{m}{m-2}$ für $m \geqq 3$	Die Quantile $t_{m;1-\alpha}$, für die gilt $P(T \leqq t_{m;1-\alpha}) = 1 - \alpha$ liegen als Tabellenwerte für einzelne $m = 1, 2, \ldots$ und α-Werte vor (siehe Tabelle 39-6).	Für $m \geqq 30$ kann die $t(m)$-Verteilung näherungsweise durch die $N(0,1)$-Verteilung ersetzt werden.	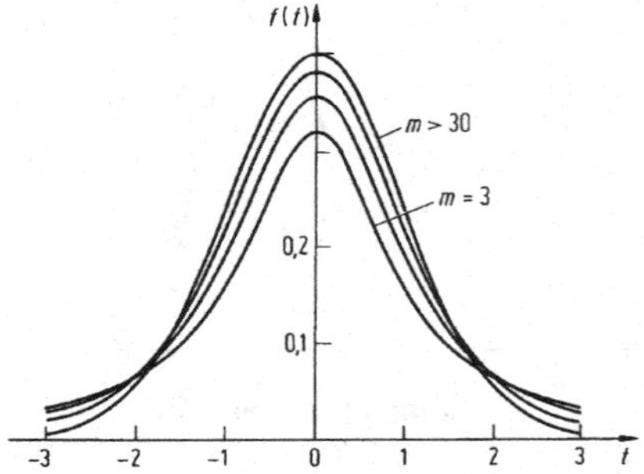

Tabelle 39-3. (Fortsetzung)

Zufallsgröße Parameter	Erwartungswert $E(X)$ Varianz $\mathrm{Var}(X)$	Tabelle der Quantilen	Wichtige Eigenschaften	Wahrscheinlichkeitsdichte
3. *F-Verteilung* (Fisher-Verteilung) $F(m_1, m_2)$				
Zufallsgröße: $X = \dfrac{Y_1/m_1}{Y_2/m_2}$ mit Y_1 und Y_2 voneinander unabhängige $\chi^2(m_1)$- bzw. $\chi^2(m_2)$-verteilte Zufallsgrößen. *Parameter:* $m_1, m_2 = 1, 2, \ldots$ (Freiheitsgrade der F-Verteilung)	$E(X) = \dfrac{m_2}{m_2 - 2}$ für $m_2 \geqq 3$ $\mathrm{Var}(X) = \dfrac{2m_2^2(m_1 + m_2 - 2)}{m_1(m_2 - 2)^2(m_2 - 4)}$ für $m_2 \geqq 5$	Die Quantile $x_{1-\alpha}$, für die gilt $P(X \leqq x_{1-\alpha}) = 1 - \alpha$, liegen als Tabellenwerte (bezeichnet mit $F_{m_1, m_2; \alpha}$) für einzelne Kombinationen $m_1, m_2 = 1, 2, \ldots$ und α-Werte in der angegebenen Literatur vor. Für $\alpha = 0{,}05$ siehe Tabelle 39-7.	Für $m_1 = 1$, $m_2 = m$ ist $\sqrt{X}$ $t(m)$-verteilt. Für $m_1 = m$, $m_2 \geqq 200$ ist mX asymptotisch $\chi^2(m)$-verteilt. Ist X $F(m_1, m_2)$-verteilt, so ist $1/X$ $F(m_2, m_1)$-verteilt.	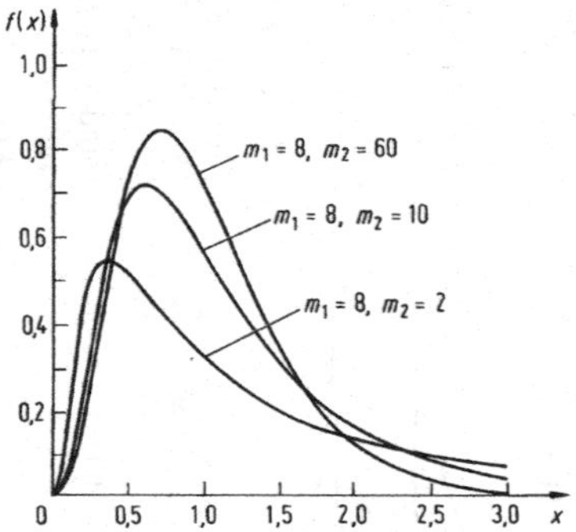

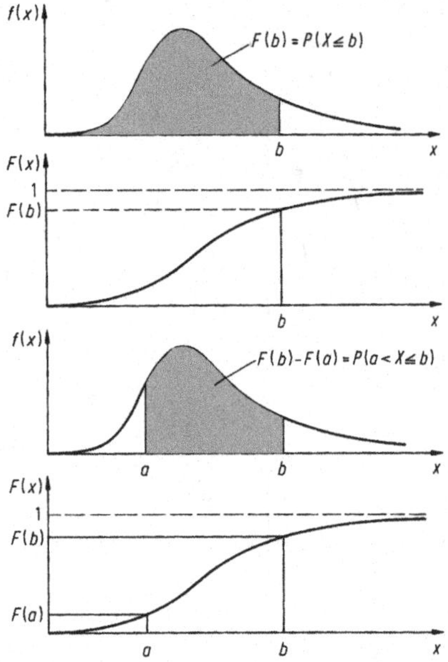

Bild 39-2. Wahrscheinlichkeitsdichte und Verteilungsfunktion einer stetigen Zufallsgröße

$$E(g(X)) = \sum_i g(x_i)f(x_i) \quad \text{bzw.}$$

$$= -\int_{-\infty}^{\infty} g(x)f(x)\,\mathrm{d}x\,, \qquad (39\text{-}6)$$

wenn die Summe bzw. das Integral absolut konvergieren.

39.4.3 Lageparameter einer Verteilung

Erwartungswert. Der Erwartungswert $\mu = E(X)$ einer diskreten oder stetigen Zufallsgröße X selbst lautet mit $g(X) = X$ gemäß (39-6)

$$\mu = E(x) = \sum_i x_i f(x_i) \quad \text{bzw.} \qquad (39\text{-}7)$$

$$= \int_{-\infty}^{\infty} x f(x)\,\mathrm{d}x\,.$$

Es gelten folgende *Rechenregeln für Erwartungswerte* (a, b Konstante):

$$E(a) = a \qquad (39\text{-}8)$$

$$E(aX + b) = aE(X) + b \qquad (39\text{-}9)$$

$$E(aX + bY) = aE(X) + bE(Y)\,. \qquad (39\text{-}10)$$

Für stochastisch *unabhängige* Zufallsgrößen gilt zudem (vgl. 39.5):

$$E(X \cdot Y) = E(X) \cdot E(Y)\,. \qquad (39\text{-}11)$$

Median. Als Median $x_{0,5}$ wird das 0,5 Quantil bezeichnet. Es stellt bei einer stetigen Zufallsgröße den Wert dar, auf dessen linker und rechter Seite die Flächen unter der Verteilungsdichte $f(x)$ genau gleich sind, d. h. $F(x_{0,5}) = 0{,}5$, und bei einer diskreten Verteilung die kleinste aller Realisationen x_i, für die gilt $F(x_i) \geqq 0{,}5$.

Modalwert. Der Modalwert x_D ist bei diskreten Zufallsgrößen der Wert mit der größten Wahrscheinlichkeit und bei stetigen Zufallsgrößen der Wert mit der maximalen Verteilungsdichte, d. h., $f(x_D) \geqq f(x)$ für alle $x \neq x_D$.

39.4.4 Streuungsparameter einer Verteilung

Varianz und Standardabweichung. Die Varianz $\sigma^2 = \mathrm{Var}(X)$ der diskreten bzw. stetigen Zufallsgröße X ist der Erwartungswert des Quadrates der Abweichung vom Mittelwert μ, also der Funktion $g(X) = (X - \mu)^2$, und berechnet sich gemäß (39-6) zu

$$\sigma^2 = \mathrm{Var}(X) = E[(X - \mu)^2]$$

$$= \sum_i (x_i - \mu)^2 f(x_i) = \sum_i x_i^2 f(x_i) - \mu^2 \text{ bzw.}$$

$$= \int_{-\infty}^{\infty} (x - \mu)^2 f(x)\mathrm{d}x = \int_{-\infty}^{\infty} x^2 f(x)\mathrm{d}x - \mu^2\,.$$

(39-12)

Die Quadratwurzel aus der Varianz heißt *Standardabweichung* $\sigma = \sqrt{\mathrm{Var}(X)}$.

Es gelten folgende *Rechenregeln für Varianzen* (a, b Konstanten):

$$\mathrm{Var}(X) = E(X^2) - \mu^2 \qquad (39\text{-}13)$$

$$\mathrm{Var}(X) = E[(X - a)^2] - (\mu - a)^2 \qquad (39\text{-}14)$$

$$\mathrm{Var}(aX + b) = a^2\,\mathrm{Var}(X)\,. \qquad (39\text{-}15)$$

Für stochastisch unabhängige Zufallsgrößen X und Y gilt:

$$\mathrm{Var}(aX + bY) = a^2\,\mathrm{Var}(X) + b^2\,\mathrm{Var}(Y)\,. \qquad (39\text{-}16)$$

Tabelle 39-4. Werte der Verteilungsfunktion $\Phi(z)$ der Standardnormalverteilung

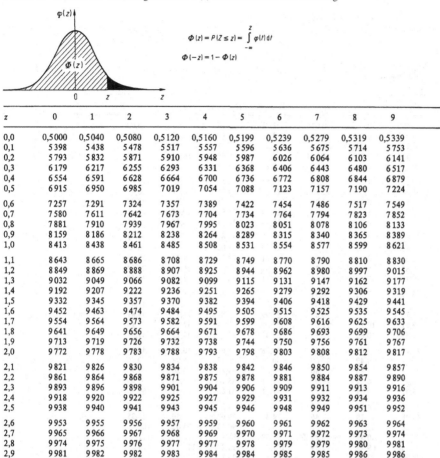

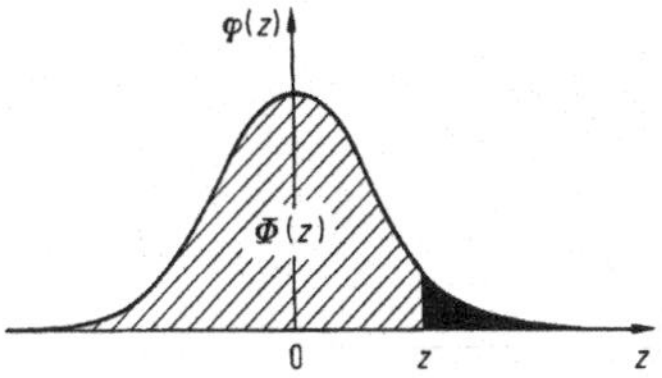

$$\Phi(z) = P(Z \leq z) = \int_{-\infty}^{z} \varphi(t)\,dt$$

$$\Phi(-z) = 1 - \Phi(z)$$

z	0	1	2	3	4	5	6	7	8	9
0,0	0,5000	0,5040	0,5080	0,5120	0,5160	0,5199	0,5239	0,5279	0,5319	0,5339
0,1	5398	5438	5478	5517	5557	5596	5636	5675	5714	5753
0,2	5793	5832	5871	5910	5948	5987	6026	6064	6103	6141
0,3	6179	6217	6255	6293	6331	6368	6406	6443	6480	6517
0,4	6554	6591	6628	6664	6700	6736	6772	6808	6844	6879
0,5	6915	6950	6985	7019	7054	7088	7123	7157	7190	7224
0,6	7257	7291	7324	7357	7389	7422	7454	7486	7517	7549
0,7	7580	7611	7642	7673	7704	7734	7764	7794	7823	7852
0,8	7881	7910	7939	7967	7995	8023	8051	8078	8106	8133
0,9	8159	8186	8212	8238	8264	8289	8315	8340	8365	8389
1,0	8413	8438	8461	8485	8508	8531	8554	8577	8599	8621
1,1	8643	8665	8686	8708	8729	8749	8770	8790	8810	8830
1,2	8849	8869	8888	8907	8925	8944	8962	8980	8997	9015
1,3	9032	9049	9066	9082	9099	9115	9131	9147	9162	9177
1,4	9192	9207	9222	9236	9251	9265	9279	9292	9306	9319
1,5	9332	9345	9357	9370	9382	9394	9406	9418	9429	9441
1,6	9452	9463	9474	9484	9495	9505	9515	9525	9535	9545
1,7	9554	9564	9573	9582	9591	9599	9608	9616	9625	9633
1,8	9641	9649	9656	9664	9671	9678	9686	9693	9699	9706
1,9	9713	9719	9726	9732	9738	9744	9750	9756	9761	9767
2,0	9772	9778	9783	9788	9793	9798	9803	9808	9812	9817
2,1	9821	9826	9830	9834	9838	9842	9846	9850	9854	9857
2,2	9861	9864	9868	9871	9875	9878	9881	9884	9887	9890
2,3	9893	9896	9898	9901	9904	9906	9909	9911	9913	9916
2,4	9918	9920	9922	9925	9927	9929	9931	9932	9934	9936
2,5	9938	9940	9941	9943	9945	9946	9948	9949	9951	9952
2,6	9953	9955	9956	9957	9959	9960	9961	9962	9963	9964
2,7	9965	9966	9967	9968	9969	9970	9971	9972	9973	9974
2,8	9974	9975	9976	9977	9977	9978	9979	9979	9980	9981
2,9	9981	9982	9982	9983	9984	9984	9985	9985	9986	9986
3,0	9987	9987	9987	9988	9988	9989	9989	9989	9990	9990

Variationskoeffizient. Zum Vergleich der Standardabweichungen von Zufallsgrößen mit unterschiedlichen Mittelwerten eignet sich der *Variationskoeffizient*

$$v = \frac{\sigma}{\mu} \,. \tag{39-17}$$

39.5 Stochastische Unabhängigkeit von Zufallsgrößen

Analog zur Unabhängigkeit von Ereignissen in 38.4 lässt sich auch die Unabhängigkeit von Zufallsgrößen definieren. Dazu betrachtet man zuden Zufallsgrößen $X_1, X_2, \ldots, X_n$ die Ereignisse $X_i \leqq x_i$ $(i = 1, 2, \ldots, n)$. Gemäß dem Multiplikationssatz für unabhängige Ereignisse (vgl. 38.5) gilt für stochastisch unabhängige Zufallsgrößen $X_1, X_2, \ldots, X_n$ mit den Verteilungsfunktionen $F_i(x_i) = P(X_i \leqq x_i)$ und mit der gemeinsamen Verteilungsfunktion $F(x_1, \ldots, x)$

$$\begin{aligned} F(x_1, \ldots, x_n) &= P[(X_1 \leqq x_1) \cap \ldots \cap (X_n \leqq x_n)] \\ &= P(X_1 \leqq x_1) \cdot \ldots \cdot P(X_n \leqq x_n) \\ &= F_1(x_1) \cdot \ldots \cdot F_n(x_n) \,. \end{aligned} \tag{39-18}$$

Tabelle 39-5. Quantile der χ^2-Verteilung

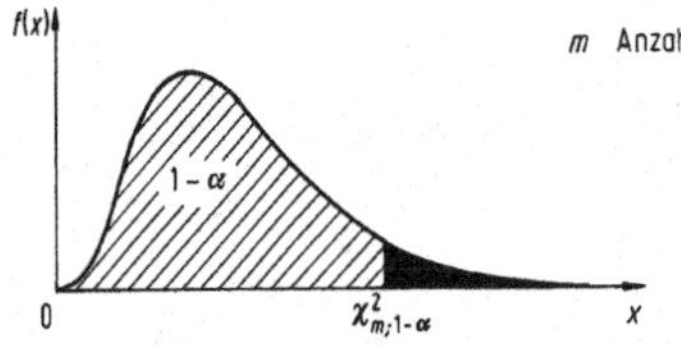

m Anzahl der Freiheitsgrade

m	$\chi^2_{0,01}$	$\chi^2_{0,025}$	$\chi^2_{0,05}$	$\chi^2_{0,10}$	$\chi^2_{0,90}$	$\chi^2_{0,95}$	$\chi^2_{0,975}$	$\chi^2_{0,99}$
1	0,000	0,000	0,004	0,016	2,71	3,84	5,02	6,63
2	0,020	0,051	0,103	0,211	4,61	5,99	7,38	9,21
3	0,115	0,216	0,352	0,584	6,25	7,81	9,35	11,35
4	0,297	0,484	0,711	1,064	7,78	9,49	11,14	13,28
5	0,554	0,831	1,15	1,61	9,24	11,07	12,83	15,08
6	0,872	1,24	1,64	2,20	10,64	12,59	14,45	16,81
7	1,24	1,69	2,17	2,83	12,01	14,06	16,01	18,47
8	1,65	2,18	2,73	3,49	13,36	15,51	17,53	20,09
9	2,09	2,70	3,33	4,17	14,68	16,92	19,02	21,67
10	2,56	3,25	3,94	4,87	15,99	18,31	20,48	23,21
11	3,05	3,82	4,57	5,58	17,27	19,67	21,92	24,72
12	3,57	4,40	5,23	6,30	18,55	21,03	23,34	26,22
13	4,11	5,01	5,89	7,04	19,81	22,36	24,74	27,69
14	4,66	5,63	6,57	7,79	21,06	23,68	26,12	29,14
15	5,23	6,26	7,26	8,55	22,31	25,00	27,49	30,58
16	5,81	6,91	7,96	9,31	23,54	26,30	28,85	32,00
17	6,41	7,56	8,67	10,09	24,77	27,59	30,19	33,41
18	7,01	8,23	9,39	10,86	25,99	28,87	31,53	34,81
19	7,63	8,91	10,12	11,65	27,20	30,14	32,85	36,19
20	8,26	9,59	10,85	12,44	28,41	31,41	34,17	37,57
25	11,52	13,12	14,61	16,47	34,38	37,65	40,65	44,31
30	14,95	16,79	18,49	20,60	40,26	43,77	46,98	50,89
35	18,51	20,57	22,46	24,80	46,06	49,80	53,20	57,34
40	22,17	24,43	26,51	29,05	51,81	55,76	59,34	63,69
45	25,90	28,37	30,61	33,35	57,51	61,66	65,41	69,96
50	29,71	32,36	34,76	37,69	63,17	67,51	71,42	76,15
60	37,49	40,48	43,19	46,46	74,40	79,08	83,30	88,38
70	45,44	48,76	51,74	55,33	85,53	90,53	95,02	100,4
80	53,54	57,15	60,39	64,28	96,58	101,9	106,6	112,3
90	61,75	65,65	69,13	73,29	107,6	113,2	118,1	124,1
100	70,07	74,22	77,93	82,36	118,5	124,3	129,6	135,8

Sind die Zufallsgrößen $X_1, \ldots, X_n$ stochastisch unabhängig, so gilt für ihre Dichtefunktionen $f_i(x_i)$ und die gemeinsame Dichtefunktion $f(x_1, \ldots, x_n)$

$$f(x_1, \ldots, x_n) = f_1(x_1) \cdot \ldots \cdot f_n(x_n) . \qquad (39\text{-}19)$$

Umgekehrt folgt aus (39-18) oder (39-19) die Unabhängigkeit der n-Zufallsgrößen.
Aus der Unabhängigkeit der n-Zufallsgrößen folgt auch die Unabhängigkeit von $k(k < n)$ beliebig ausgewählten Zufallsgrößen; diese Aussage gilt jedoch nicht umgekehrt.

39.6 Korrelation von Zufallsgrößen

Ein Maß für den Grad des linearen Zusammenhangs zwischen zwei Zufallsgrößen X und Y liefert die Korrelationsrechnung.
Die *Kovarianz* der Zufallsgrößen X und Y ist definiert als

$$\mathrm{Cov}(X, Y) = \sigma_{XY} = E[(X - E(X))(Y - E(Y))] . \qquad (39\text{-}20)$$

Die normierte Kovarianz heißt *Korrelationskoeffizient*

Tabelle 39-6. Quantile der t-Verteilung

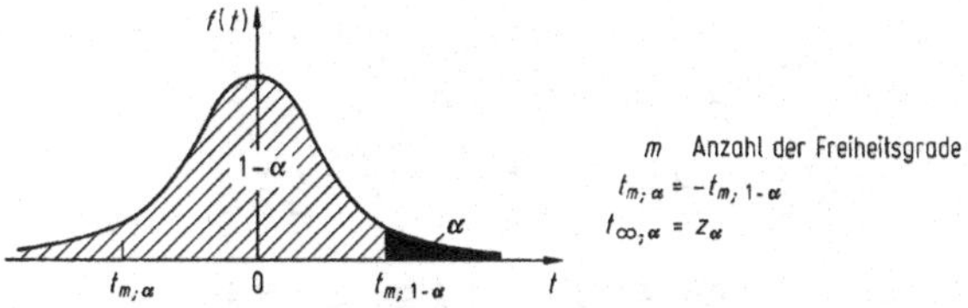

m	$t_{0,90}$	$t_{0,95}$	$t_{0,975}$	$t_{0,99}$	$t_{0,995}$
1	3,078	6,314	12,71	31,82	63,66
2	1,886	2,920	4,303	6,965	9,925
3	1,638	2,353	3,182	4,541	5,841
4	1,533	2,132	2,776	3,747	4,604
5	1,476	2,015	2,571	3,365	4,032
6	1,440	1,943	2,447	3,143	3,707
7	1,415	1,895	2,365	2,998	3,499
8	1,397	1,860	2,306	2,896	3,355
9	1,383	1,833	2,262	2,821	3,250
10	1,372	1,812	2,228	2,764	3,169
11	1,363	1,796	2,201	2,718	3,106
12	1,356	1,782	2,179	2,681	3,055
13	1,350	1,771	2,160	2,650	3,012
14	1,345	1,761	2,145	2,624	2,977
15	1,341	1,753	2,131	2,602	2,947
16	1,337	1,746	2,120	2,583	2,921
17	1,333	1,740	2,110	2,567	2,898
18	1,330	1,734	2,101	2,552	2,878
19	1,328	1,729	2,093	2,539	2,861
20	1,325	1,725	2,086	2,528	2,845
25	1,316	1,708	2,060	2,485	2,787
30	1,310	1,697	2,042	2,457	2,750
35	1,306	1,690	2,030	2,438	2,724
40	1,303	1,684	2,021	2,423	2,704
45	1,301	1,679	2,014	2,412	2,690
50	1,299	1,676	2,009	2,403	2,678
100	1,290	1,660	1,984	2,364	2,626
200	1,286	1,653	1,972	2,345	2,601
500	1,283	1,648	1,965	2,334	2,586
∞	1,282	1,645	1,960	2,326	2,576

$$\varrho(X,Y) = \frac{\mathrm{Cov}(X,Y)}{\sqrt{\mathrm{Var}(X)\cdot\mathrm{Var}(Y)}} = \frac{\sigma_{XY}}{\sigma_X\cdot\sigma_Y}\,. \quad (39\text{-}21)$$

Es gilt stets: $-1 \leqq \varrho(X,Y) \leqq 1$. Zwei Zufallsgrößen, deren Korrelationskoeffizient $\varrho = 0$ ist, heißen *unkorreliert*. Da für stochastisch unabhängige Zufallsgrößen X und Y gilt

$$\mathrm{Cov}(X,Y) = E[(X - E(X))]\cdot E[(Y - E(Y))] = 0\,,$$

sind unabhängige Zufallsgrößen unkorreliert. Die Umkehrung dieser Aussage gilt nicht immer.

40 Deskriptive Statistik

40.1 Aufgaben der Statistik

Drei wichtige Aufgaben des Ingenieurs sind: (1) die Ermittlung bestimmter Eigenschaften einer begrenzten Zahl von Untersuchungseinheiten in einer Stichprobe, (2) die Beschreibung von Zusammenhängen zwischen verschiedenen Eigenschaften und (3) die

Tabelle 39-7. 95%-Quantile $F_{m_1,m_2;0,95}$ der F-Verteilung (m_1 Freiheitsgrade der größeren Varianz)

	$\alpha = 0{,}05$																		
m_2 \ m_1	1	2	3	4	5	6	7	8	9	10	12	15	20	24	30	40	60	120	∞
1	161,44	199,50	215,69	224,57	230,16	233,98	236,78	238,89	240,55	241,89	243,91	245,97	248,02	249,04	250,07	251,13	252,18	253,27	254,31
2	18,51	19,00	19,16	19,25	19,30	19,33	19,35	19,37	19,39	19,40	19,41	19,43	19,45	19,45	19,46	19,47	19,48	19,49	19,50
3	10,13	9,55	9,28	9,12	9,01	8,94	8,89	8,85	8,81	8,79	8,74	8,70	8,66	8,64	8,62	8,59	8,57	8,55	8,53
4	7,71	6,94	6,59	6,39	6,20	6,16	6,09	6,04	6,00	5,96	5,91	5,86	5,80	5,77	5,75	5,72	5,69	5,66	5,63
5	6,61	5,79	5,41	5,19	5,05	4,95	4,88	4,82	4,77	4,74	4,68	4,62	4,56	4,53	4,50	4,46	4,43	4,40	4,36
6	5,99	5,14	4,76	4,53	4,39	4,28	4,21	4,15	4,10	4,06	4,00	3,94	3,87	3,84	3,81	3,77	3,74	3,70	3,67
7	5,59	4,74	4,35	4,12	3,97	3,87	3,79	3,73	3,68	3,64	3,57	3,51	3,44	3,41	3,38	3,34	3,30	3,27	3,23
8	5,52	4,46	4,07	3,84	3,69	3,58	3,50	3,44	3,39	3,35	3,28	3,22	3,15	3,12	3,08	3,04	3,01	2,97	2,93
9	5,12	4,26	3,86	3,63	3,48	3,37	3,29	3,23	3,18	3,14	3,07	3,01	2,94	2,90	2,86	2,83	2,79	2,75	2,71
10	4,96	4,10	3,71	3,48	3,33	3,22	3,14	3,07	3,02	2,98	2,91	2,85	2,77	2,74	2,70	2,66	2,62	2,58	2,54
11	4,84	3,98	3,59	3,36	3,20	3,09	3,01	2,95	2,90	2,85	2,79	2,72	2,65	2,61	2,57	2,53	2,49	2,45	2,40
12	4,75	3,89	3,49	3,26	3,11	3,00	2,91	2,85	2,80	2,75	2,69	2,62	2,54	2,51	2,47	2,43	2,38	2,34	2,30
13	4,67	3,81	3,41	3,18	3,03	2,92	2,83	2,77	2,71	2,67	2,60	2,53	2,46	2,42	2,38	2,34	2,30	2,25	2,21
14	4,60	3,74	3,34	3,11	2,96	2,85	2,76	2,70	2,65	2,60	2,53	2,46	2,39	2,35	2,31	2,27	2,22	2,18	2,13
15	4,54	3,68	3,29	3,06	2,90	2,79	2,71	2,64	2,59	2,54	2,48	2,40	2,33	2,29	2,25	2,20	2,16	2,11	2,07
16	4,49	3,63	3,24	3,01	2,85	2,74	2,66	2,59	2,54	2,49	2,42	2,35	2,28	2,24	2,19	2,15	2,11	2,06	2,01
17	4,45	3,59	3,20	2,96	2,81	2,70	2,61	2,55	2,49	2,45	2,38	2,31	2,23	2,19	2,15	2,10	2,06	2,01	1,96
18	4,41	3,55	3,16	2,93	2,77	2,66	2,58	2,51	2,46	2,41	2,34	2,27	2,19	2,15	2,11	2,06	2,02	1,97	1,92
19	4,38	3,52	3,13	2,90	3,74	2,63	2,54	2,48	2,42	2,38	2,31	2,23	2,16	2,11	2,07	2,03	1,98	1,93	1,88
20	4,35	3,49	3,10	2,87	2,71	2,60	2,51	2,45	2,30	2,35	2,28	2,20	2,12	2,08	2,04	1,99	1,95	1,90	1,84
21	4,32	3,47	3,07	2,84	2,68	2,57	2,49	2,42	2,37	2,32	2,25	2,18	2,10	2,05	2,01	1,96	1,92	1,87	1,81
22	4,30	3,44	3,05	2,82	2,66	2,55	2,46	2,40	2,34	2,30	2,23	2,15	2,07	2,03	1,98	1,94	1,89	1,84	1,78
23	4,28	3,42	3,03	2,80	2,64	2,53	2,44	2,37	2,32	2,27	2,20	2,13	2,05	2,01	1,96	1,91	1,86	1,81	1,76
24	4,26	3,40	3,01	2,78	2,62	2,51	2,42	2,36	2,30	2,25	2,18	2,11	2,03	1,98	1,94	1,89	1,84	1,79	1,73
25	4,24	3,39	2,99	2,76	2,60	2,49	2,40	2,34	2,28	2,24	2,16	2,09	2,01	1,96	1,92	1,87	1,82	1,77	1,71
26	4,23	3,37	2,98	2,74	2,59	2,47	2,39	2,32	2,27	2,22	2,15	2,07	1,99	1,95	1,90	1,85	1,80	1,75	1,69
27	4,21	3,35	2,96	2,73	2,57	2,46	2,37	2,31	2,25	2,20	2,13	2,06	1,97	1,93	1,88	1,84	1,79	1,73	1,67
28	4,20	3,34	2,95	2,71	2,56	2,45	2,36	2,29	2,24	2,19	2,12	2,04	1,96	1,91	1,87	1,82	1,77	1,71	1,65
29	4,18	3,33	2,93	3,70	2,55	2,43	2,35	2,28	2,22	2,18	2,10	2,03	1,94	1,90	1,85	1,81	1,75	1,70	1,64
30	4,17	3,32	2,92	2,69	2,53	2,42	2,33	2,27	2,21	2,16	2,09	2,01	1,93	1,89	1,84	1,79	1,74	1,68	1,62
40	4,08	3,23	2,84	2,61	2,45	2,34	2,25	2,18	2,12	2,08	2,00	1,92	1,84	1,79	1,74	1,69	1,64	1,58	1,51
60	4,00	3,15	2,76	2,53	2,37	2,25	2,17	2,10	2,04	1,99	1,92	1,84	1,75	1,70	1,65	1,59	1,53	1,47	1,39
120	3,92	3,09	2,68	2,45	2,29	2,18	2,09	2,02	1,96	1,91	1,83	1,75	1,66	1,61	1,55	1,50	1,43	1,35	1,25
∞	3,84	3,00	2,60	2,37	2,21	2,10	2,01	1,94	1,88	1,83	1,75	1,67	1,57	1,52	1,46	1,39	1,32	1,22	1,00

Verallgemeinerung der Ergebnisse aus der Stichprobe auf die Grundgesamtheit. Die *deskriptive* (beschreibende) Statistik stellt Methoden für die ersten beiden Tätigkeiten bereit, mit deren Hilfe Beobachtungsdaten möglichst effektiv charakterisiert und zusammenfassend beschrieben werden können. Sie ist eine Vorstufe der *induktiven* (schließenden) Statistik, deren Methoden sich auf den dritten Tätigkeitsbereich beziehen, d. h. auf die Fragen der Auswahl von Untersuchungseinheiten (Stichprobentheorie) und auf die Generalisierung der Ergebnisse.

40.2 Grundbegriffe

Untersuchungseinheit. Die Untersuchungseinheit oder statistische Einheit ist das Einzelobjekt der statistischen Untersuchung. Untersuchungseinheiten können z. B. Personen oder Gegenstände sein, über die man Informationen gewinnen will.

Grundgesamtheit und Stichprobe. Die Grundgesamtheit (Population) ist die Menge aller Untersuchungseinheiten. Eine Stichprobe ist eine Teilmenge der Grundgesamtheit.

Merkmale und Ausprägungen. Die interessierenden *Daten* werden durch die *Datenerhebung*, d. h. durch eine statistische Untersuchung der *Stichprobenelemente* gewonnen. Die Datenerhebung kann in Form von Befragungen, Zählungen, Messungen oder Beobachtungen erfolgen. Die Eigenschaften, auf die sich die Erhebungen beziehen, heißen (Untersuchungs-) *Merkmale.* Bei der Datenerhebung – allgemein auch „Messen" genannt – stellt man die *Merkmalsausprägungen* der Untersuchungseinheiten auf der Basis einer zugrundegelegten Skala fest. Merkmale können in *quantitative* und *qualitative* Merkmale eingeteilt werden, je nachdem ob sich die Ausprägungen einer metrischen Skala (Ratio- oder Intervallskala) oder einer Nominal- oder Ordinalskala zuordnen lassen.

Wie Zufallsgrößen (vgl. 39.1) können quantitative (auch: messbare, metrisch skalierbare, metrische) Merkmale *stetig* oder *diskret* sein, je nachdem, ob sie beliebige Werte in einem Intervall der reellen Zahlenachse oder nur endlich oder abzählbar unendlich viele Werte annehmen können. Die Ausprägungen qualitativer Merkmale unterscheiden sich entweder nur durch ihre Bezeichnung (*nominal skalierbare, nominale* Merkmale) oder durch eine Rangstufe (*ordinal skalierbare, ordinale* Merkmale).

Beispiel 1: Das qualitative Merkmal „Geschlecht" mit den Ausprägungen „männlich" und „weiblich" ist ein nominales, das Merkmal „schuliche Leistung" nach Zensurnoten ein ordinales Merkmal. Das quantitative Merkmal „Kinderzahl" ist ein diskretes, das Merkmal „Körpergröße" ein stetiges Merkmal.

Quantitative Merkmale werden auch als *Größen* (oder *Variablen*) bezeichnet. Wenn den Ausprägungen eines qualitativen Merkmals Zahlen zugeordnet werden (z. B. 1=männlich, 2=weiblich), so liegt auch hier eine Größe vor, wenngleich ihre Zahlenwerte nur eine willkürlich vereinbarte Bedeutung haben. Der Begriff „Zufallsvariable" wird auf diese Weise auch auf qualitative Merkmale ausgedehnt.

40.3 Häufigkeit und Häufigkeitsverteilung

Urliste. Die aus einer Erhebung gewonnenen Daten x_i $(i = 1, 2, \ldots, n)$ über ein bestimmtes Untersuchungsmerkmal liegen zunächst ungeordnet in der sog. Urliste vor. Die x_i können – i. Allg. mit Zahlen bezeichnete – Ausprägungen qualitativer Merkmale sein oder Messwerte (diskreter oder stetiger) quantitativer Variablen.

Beispiel 2: Druckfestigkeit von Beton. Bei einer Materialprüfung wurde die Druckfestigkeit von 25 Betonwürfeln untersucht. Die 25 Druckfestigkeitswerte in der Urliste lagen in einem Bereich von 29,8 bis 47,9 N/mm^2 (Tabelle 40-1).

Klasseneinteilung. Bei größeren Datenmengen ist es zur Verbesserung der Übersichtlichkeit notwendig, die in der Urliste enthaltenen Daten in Klassen einzuteilen und deren Besetzungszahlen durch Tabellen oder Diagramme zu veranschaulichen. Die Klassen müssen den gesamten Bereich der vorliegenden

Tabelle 40-1. Urliste der Messwerte x_i $(i = 1, 2, \ldots, 25)$: Druckfestigkeiten in N/mm^2

40,7	39,6	29,8	38,7	43,6
36,6	43,5	37,5	46,3	38,1
38,9	47,9	43,8	41,1	33,1
32,1	39,8	42,1	33,4	46,7
41,2	39,6	40,0	36,9	39,8

Ausprägungen überdecken und es sollte keine Klasse unbesetzt sein. Bei quantitativen Merkmalen sollten die Klassen möglichst gleich breit sein. Als Anhalt für die zu wählende *Klassenanzahl* k kann in Abhängigkeit vom Datenumfang n folgende Faustregel dienen: $k = 5$ für $n \leqq 25$, $k \approx \sqrt{n}$ für $25 \leqq n \leqq 100$ und $k \approx 1 + 4{,}5 \lg n$ für $n > 100$.

Absolute und relative Häufigkeit. $\tilde{x}_j$ ($j = 1, 2, \ldots, k$) bezeichnen bei qualitativen und diskreten Merkmalen die möglichen Ausprägungen, bei einem stetigen Merkmal die Klassenmitten, d. h. in jeder Klasse das arithmetische Mittel von Ober- und Untergrenze. Die Besetzungszahl $h(\tilde{x}_j)$ der Beobachtungswerte aus der Urliste, die in die Klasse j fallen, heißt absolute Häufigkeit der Merkmalsausprägung $\tilde{x}_j$, ihr relativer Anteil $f(\tilde{x}_j)$ an der Gesamtzahl n der erhobenen Werte relative Häufigkeit. Es gilt:

$$f(\tilde{x}_j) = h(\tilde{x}_j)/n \quad \text{mit} \quad \sum_{j=1}^{k} h(\tilde{x}_j) = n \quad \text{und}$$

$$\sum_{j=1}^{k} f(\tilde{x}_j) = 1 \,. \tag{40-1}$$

Häufigkeitsverteilung. Die geordneten Merkmalsklassen mit den zugehörenden (absoluten oder relativen) Häufigkeiten definieren die Häufigkeitsverteilung des Merkmals. Die tabellarische oder graphische Darstellung einer Häufigkeitsverteilung heißt *Häufigkeitstabelle* (vgl. Beispiel 2, Tabelle 40-2) bzw. *Histogramm* (vgl. Bild 40-1a).

Summenhäufigkeit. Die einer Merkmalsausprägung $\tilde{x}_j$ eines ordinalen oder diskreten Merkmals zugeordnete Häufigkeit aller Beobachtungswerte aus der Urliste, die diese Merkmalsausprägung bzw. Klassengrenze nicht überschreiten, heißt Summenhäufigkeit. Für

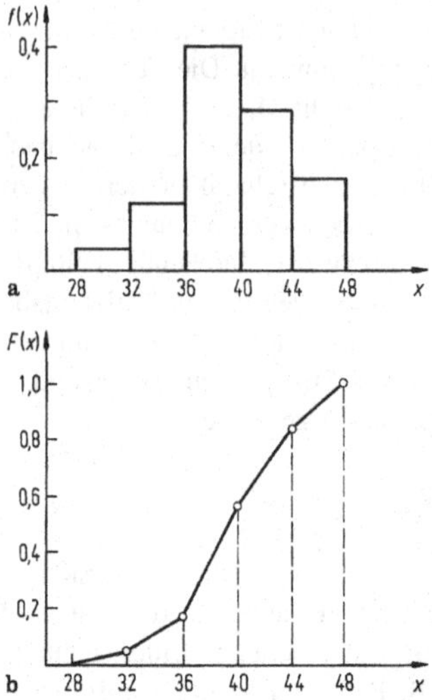

Bild 40-1. Histogramm und Summenhäufigkeitskurve (stetiges Merkmal)

die *absolute Summenhäufigkeit* gilt:

$$H(\tilde{x}_j) = \sum_{\tilde{x}_i \leqq \tilde{x}_j} h(\tilde{x}_i) = \sum_{i=1}^{j} h(\tilde{x}_i) \,, \tag{40-2}$$

und für die *relative Summenhäufigkeit*

$$F(\tilde{x}_j) = \frac{H(\tilde{x}_j)}{n} = \sum_{\tilde{x}_i \leqq \tilde{x}_j} f(\tilde{x}_i) = \sum_{i=1}^{j} f(\tilde{x}_i) \,. \tag{40-3}$$

Bei einem stetigen Merkmal kennzeichnet hierbei $\tilde{x}_j$ die Obergrenze der betreffenden Klasse j.

Summenhäufigkeitsverteilung. Die geordneten Merkmalsausprägungen mit den zugehörenden Summen-

Tabelle 40-2. Häufigkeits- und Summenhäufigkeitstabelle

Klasse j	Klassengrenzen	Klassenmitte	Absolute Häufigkeit	Relative Häufigkeit	Relative Summenhäufigkeit
1	28,1 – 32,0	30	1	0,04	0,04
2	32,1 – 36,0	34	3	0,12	0,16
3	36,1 – 40,0	38	10	0,40	0,56
4	40,1 – 44,0	42	7	0,28	0,84
5	44,1 – 48,0	46	4	0,16	1,00

häufigkeiten definieren die Summenhäufigkeitsverteilung. Die tabellarische oder graphische Darstellung einer Summenhäufigkeitsverteilung heißt *Summenhäufigkeitstabelle*, vgl. Beispiel 2, Tabelle 40-2, bzw. *Summenhäufigkeitskurve*. Bei diskreten Merkmalen ist die Darstellung der Summenhäufigkeit eine (linksseitig stetige) Treppenkurve, bei stetigen Merkmalen eine stückweise lineare Kurve (Polygonzug), deren Knickpunkte an den Klassenobergrenzen liegen (Bild 40-1b).

40.4 Kenngrößen empirischer Verteilungen

Wie bei den Wahrscheinlichkeitsverteilungen gibt es auch für empirische Häufigkeitsverteilungen Kenngrößen ihrer Lage und Streuung.

40.4.1 Lageparameter

Arithmetischer Mittelwert $\bar{x}$: Nur für quantitative Merkmalsausprägungen lässt sich der arithmetische Mittelwert

$$\bar{x} = \frac{1}{n}\sum_{i=1}^{n} x_i \approx \frac{1}{n}\sum_{j=1}^{k} \tilde{x}_j h(\tilde{x}_j) = \sum_{j=1}^{k} \tilde{x}_j f(\tilde{x}_j) \quad (40\text{-}4)$$

definieren. Der arithmetische Mittelwert besitzt folgende wichtige Eigenschaften: Die Summe der Abweichungen vom arithmetischen Mittelwert ist Null

$$\sum_{i=1}^{n}(x_i - \bar{x}) = \sum_{i=1}^{n} x_i - n\bar{x} = 0\,. \quad (40\text{-}5)$$

Die quadratische Abweichung ist kleiner als jede auf einen von $\bar{x}$ verschiedenen Wert $\bar{\bar{x}}$ bezogene quadratische Abweichung:

$$\sum_{i=1}^{n}(x_i - \bar{x})^2 < \sum_{i=1}^{n}(x_i - \bar{\bar{x}})^2 \quad \text{für} \quad \bar{\bar{x}} \neq \bar{x}\,. \quad (40\text{-}6)$$

Beispiel 3: Für Beispiel 2 ergibt sich

$$\bar{x} = \sum_{i=1}^{25} x_i/25 = 990{,}8/25\,\text{N/mm}^2 = 39{,}63\,\text{N/mm}^2$$

$$\bar{x} \approx \sum_{j=1}^{5} \tilde{x}_j f(\tilde{x}_j) = 39{,}6\,\text{N/mm}^2\,.$$

Empirischer Median $\tilde{x}_{0,5}$: Stichprobendaten eines quantitativen Merkmals können in eine geordnete Reihe x_i $(i = 1, 2, \ldots, n)$ gebracht werden mit $x_i \leqq x_{i+1}$, wobei i die Ordnungsnummer darstellt. Ein Wert, der diese geordnete Reihe in zwei gleiche Hälften teilt, heißt empirischer Median $\tilde{x}_{0,5}$. Dieser ist ein bestimmter Messwert, wenn n ungerade ist, und liegt zwischen zwei Messwerten bei geradem n. Es gilt:

$$\tilde{x}_{0,5} = \begin{cases} x_{(n+1)/2} & \text{wenn } n \text{ ungerade} \\ (x_{n/2} + x_{n/2+1})/2 & \text{wenn } n \text{ gerade}\,. \end{cases} \quad (40\text{-}7)$$

Beispiel 4: Im Beispiel 2 ist $n = 25$ ungerade und somit $\tilde{x}_{0,5}$ gleich dem 13. Wert in der nach Größe geordneten Reihe:

$$\tilde{x}_{0,5} = 39{,}8\,\text{N/mm}^2\,.$$

Empirischer Modalwert $\tilde{x}_D$: Die Merkmalsausprägung, die am häufigsten vorkommt, ist der Modalwert $\tilde{x}_D$. Für ihn gilt: $h(\tilde{x}_D) = \max_j h(\tilde{x}_j)$. Liegen mehrere Ausprägungen mit der größten Häufigkeit vor, so gibt es ebenso viele Modalwerte.

Beispiel 5: Im Beispiel 2 ist $\tilde{x}_D = 38{,}0\,\text{N/mm}^2$.

40.4.2 Streuungsparameter

Die folgenden wichtigen Streuungsparameter haben nur bei quantitativen Merkmalen eine Bedeutung.

Varianz s^2 und Standardabweichung s. Das am häufigsten verwendete Streuungsmaß ist die (empirische) Varianz, definiert als

$$s^2 = \frac{1}{n-1}\sum_{i=1}^{n}(x_i - \bar{x})^2 = \frac{1}{n-1}\left[\sum_{i=1}^{n} x_i^2 - \frac{1}{n}\left(\sum_{i=1}^{n} x_i\right)^2\right]. \quad (40\text{-}8)$$

Mit den Klassenmitten $\tilde{x}_j$ und den relativen Häufigkeiten $f(\tilde{x}_j)$ gilt annähernd:

$$s^2 \approx \sum_{j=1}^{k}(\tilde{x}_j - \bar{x})^2 f(\tilde{x}_j) = \sum_{j=1}^{k} \tilde{x}_j^2 f(\tilde{x}_j) - \bar{x}^2\,. \quad (40\text{-}9)$$

Beispiel 6: Für Beispiel 2 erhält man:

$$s^2 = \frac{1}{24}\left(\sum_{i=1}^{25} x_i^2 - 25\,\bar{x}^2\right) = \frac{1}{24}\cdot(39\,750{,}14 - 25\cdot 39{,}63^2) = 20{,}11\,\text{N}^2/\text{mm}^4$$

bzw. $s = 4{,}49\,\mathrm{N/mm^2}$.
Die Näherungsformel (40-9) liefert

$$s^2 \approx \sum_{j=1}^{5} \tilde{x}_j^2 f(\tilde{x}_j) - \bar{x}^2 = 14{,}10\,\mathrm{N^2/mm^4}$$

bzw. $s \approx 3{,}86\,\mathrm{N/mm^2}$.

Empirischer Variationskoeffizient $\hat{v}$. Er lautet:

$$\hat{v} = s/\bar{x}\,.$$

Beispiel 7: Im Beispiel 2 ist $\hat{v} = 4{,}49/39{,}63 = 0{,}113$.

40.5 Empirischer Korrelationskoeffizient

Werden an den n-Untersuchungseinheiten einer Stichprobe jeweils zwei Merkmale X und Y gemessen, so kann eine sog. *Mehrfeldertafel* oder *Kontingenztabelle*, aufgestellt werden, deren *Randverteilungen* die Häufigkeitsverteilungen der Merkmale X bzw. Y angeben. Bei zwei quantitativen Merkmalen X und Y kann jedes Messwertepaar auch in einem sog. *Streuungsdiagramm* als Punkt dargestellt werden (vgl. Bild 40-2).
Ein Maß für den linearen Zusammenhang der beiden Merkmale X und Y in der Stichprobe liefert ähnlich wie in Abschnitt 39.6 die *empirische Kovarianz*

$$s_{xy} = \frac{1}{n-1}\sum_{i=1}^{n}(x_i - \bar{x})(y_i - \bar{y}) = \left(\sum_i x_i y_i - n\overline{xy}\right)/(n-1) \qquad (40\text{-}10)$$

bzw. der *empirische Korrelationskoeffizient*

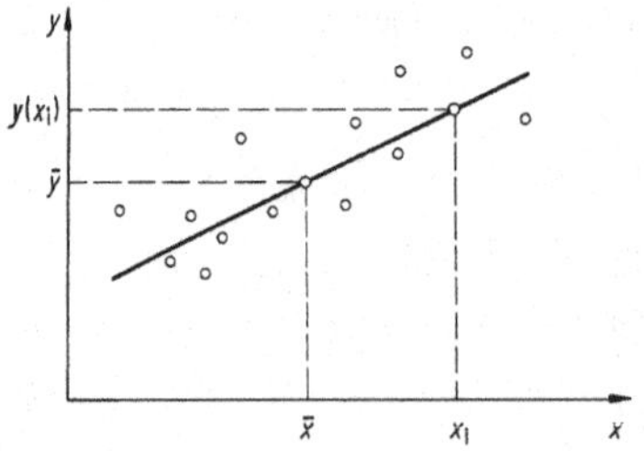

Bild 40-2. Streuungsdiagramm

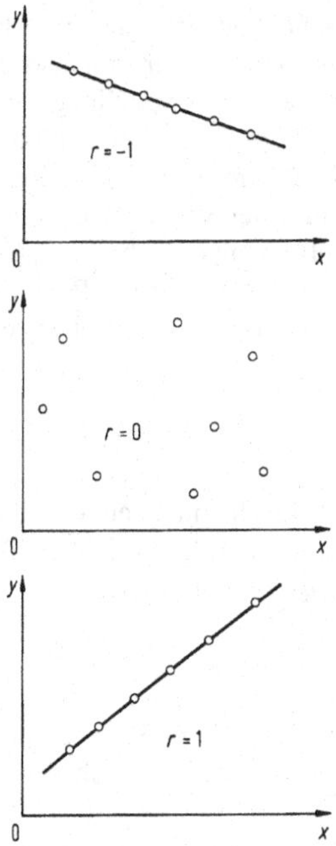

Bild 40-3. Streuungsdiagramme für verschiedene Werte des Korrelationskoeffizienten r

$$r = \frac{s_{xy}}{s_x \cdot s_y} = \frac{\sum_i (x_i - \bar{x})(y_i - \bar{y})}{\sqrt{\sum_i (x_i - \bar{x})^2 \sum_i (y_i - \bar{y})^2}} = \frac{n\sum x_i y_i - \sum x_i \sum y_i}{\sqrt{\left[n\sum x_i^2 - (\sum x_i)^2\right]\left[n\sum y_i^2 - (\sum y_i)^2\right]}}\,, \qquad (40\text{-}11)$$

der die auf $-1 \leqq r \leqq 1$ normierte Kovarianz darstellt. Liegen die Stichprobenwertepaare alle auf einer Geraden, so ist der Korrelationskoeffizient $+1$ bzw. -1 (vgl. Bild 40-3).

41 Induktive Statistik

Die Methoden der induktiven (schließenden, beurteilenden) Statistik ermöglichen Schlüsse von den Ergebnissen einer Stichprobe auf die Grundgesamtheit. Dieser „statistische Rückschluss" ist auf zweierlei Arten möglich: erstens als Schätzen von Parametern von Verteilungen (Schätzverfahren) und

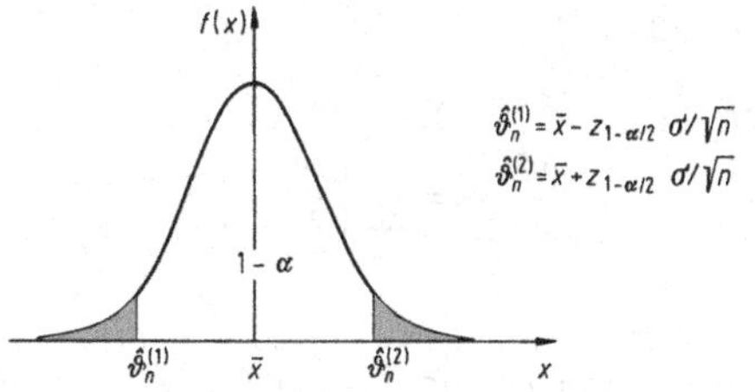

Bild 41-1. Konfidenzintervall für den Mittelwert μ

zweitens als Prüfen von Hypothesen (Prüfverfahren).

41.1 Stichprobenauswahl

Der statistische Rückschluss von der Stichprobe auf die Grundgesamtheit ist nur dann möglich, wenn die Stichprobenauswahl nach einem Zufallsverfahren erfolgt, in dem jedes Element der Grundgesamtheit eine berechenbare, von null verschiedene Wahrscheinlichkeit besitzt, in die Stichprobe zu gelangen.

Unter den Zufallsstichproben sind uneingeschränkte, geschichtete, mehrstufige und mehrstufige geschichtete Stichproben zu unterscheiden. Im Folgenden wird die *uneingeschränkte Zufallsauswahl* vorausgesetzt, bei der für alle Elemente der Grundgesamtheit die Wahrscheinlichkeit, in die Stichprobe zu gelangen, gleich und unabhängig davon ist, welche Elemente bereits ausgewählt worden sind.

41.2 Stichprobenfunktionen

Werden aus einer Grundgesamtheit n-Untersuchungseinheiten entnommen, so sind die n-Ausprägungen bzw. Werte des zu messenden Merkmals X Zufallsgrößen $X_1, \ldots, X_n$, für die nach der Messung die Realisationen $x_1, \ldots, x_n$ vorliegen. Eine Funktion $g(X_1, \ldots, X_n)$ der Zufallsgrößen $X_1, \ldots, X_n$ heißt *Stichprobenfunktion*. Sie ist ihrerseits eine Zufallsvariable, für die eine Stichprobe mit den Messwerten $x_1, \ldots, x_n$ eine Realisation $g(x_1, \ldots, x_n)$ liefert.

42 Statistische Schätzverfahren

Statistische Schätzverfahren dienen dazu, aus den Stichprobenwerten möglichst genaue Schätzwerte für die Parameter einer Verteilung (z. B. Erwartungswert, Varianz) eines Merkmals zu ermitteln.

42.1 Schätzfunktion

Eine Stichprobenfunktion, deren Realisation Schätzwerte für einen Parameter einer Verteilung liefern, heißt *Schätzfunktion*. Eine Schätzfunktion $\hat{\Theta}_n = g(X_1, \ldots, X_n)$ für den Parameter ϑ heißt *erwartungstreu*, wenn sie den Parameter ϑ als Erwartungswert besitzt:

$$E(\hat{\Theta}_n) = \vartheta\,.$$

42.2 Punktschätzung

Ist $\hat{\Theta}_n = g(X_1, \ldots, X_n)$ eine Schätzfunktion für den Parameter ϑ einer Verteilung, so liefern die Stichprobenwerte $x_1, \ldots, x_n$ eine Realisation $\hat{\vartheta}_n = g(x_1, \ldots, x_n)$ der Schätzfunktion, d. h. einen *Schätzwert* für den Parameter ϑ. Für einen Parameter sind mehrere Schätzfunktionen möglich, z. B. für den Mittelwert μ das arithmetische Mittel $\bar{x}$, der Median $\tilde{x}_{0{,}5}$ und der Modalwert $\bar{x}_{\mathrm{D}}$ (vgl. 40.4.1). Deshalb ist es wichtig, wenn möglich eine erwartungstreue Schätzfunktion zu verwenden.

Beispiel 1: Für ein Merkmal X mit $E(X) = \mu$ in der Grundgesamtheit ist das arithmetische Mittel $\bar{X} = \frac{1}{n}\sum_i X_i$ eine erwartungstreue Schätzfunktion für den Mittelwert μ, da mit (39-9) und (39-10) in 39.4.2 gilt:

$$E(\bar{X}) = \frac{1}{n}E\left(\sum_i X_i\right) = \frac{1}{n}\sum_i E(X_i) = \frac{1}{n}\sum_i \mu = \mu\,.$$

Somit ist das arithmetische Mittel $\bar{x} = \sum_i x_i/n$ ein erwartungstreuer Schätzwert des Mittelwerts μ. Ebenso ist

$$S^2 = \frac{1}{n-1}\sum_{i=1}^{n}\left(X_i - \bar{X}\right)^2 = \frac{1}{n-1}\left(\sum_{i=1}^{n} X_i^2 - n\bar{X}^2\right) \tag{42-1}$$

eine erwartungstreue Schätzungsfunktion und die in Gl. (40-8) in 40.4.2 beschriebene Streuung s^2 ein erwartungstreuer Schätzwert der Varianz σ^2.

Maximum-Likelihood-Methode. Ein sehr allgemein anwendbares Verfahren zur Bestimmung von Schätzfunktionen und somit zum Schätzen von Parametern einer Verteilung, deren Typ bekannt ist, ist das Maximum-Likelihood-Verfahren (Verfahren der größten Mutmaßlichkeit).

Es sei $f(x|\vartheta)$ die Wahrscheinlichkeits- bzw. Dichtefunktion einer vom Parameter ϑ abhängenden Verteilung einer Zufallsgröße X in der Grundgesamtheit, aus der eine Stichprobe von n Stichprobenwerten $x_i (i = 1, \ldots, n)$ entnommen wurde. Die Funktion des Parameters ϑ

$$L(\vartheta) = f(x_1|\vartheta) \cdot f(x_2|\vartheta) \cdot \ldots \cdot f(x_n|\vartheta)$$

heißt *Likelihood-Funktion*.

Für ein diskretes Merkmal X ist die Likelihood-Funktion $L(\vartheta)$ die (zusammengesetzte) Wahrscheinlichkeit für das Auftreten der vorliegenden Stichprobe, für ein stetiges Merkmal das Produkt der entsprechenden Werte der Wahrscheinlichkeitsdichte. Der Maximum-Likelihood-Schätzwert (ML-Schätzwert) $\hat{\vartheta}$ für den Parameter ist der Wert, für den die Likelihood-Funktion $L(\vartheta)$ ihren größten Wert annimmt. Die Berechnung des Schätzwerts $\hat{\vartheta}$ ist einfacher am Logarithmus der Likelihood-Funktion $L(\vartheta)$ vorzunehmen. Da der Logarithmus eine streng monoton wachsende Funktion ist, liegen die Maxima von $L(\vartheta)$ und In $L(\vartheta)$ an derselben Stelle. Wegen

$$\ln L(\vartheta) = \sum_{i=1}^{n} \ln f(x_i)$$

erhält man den Schätzwert $\hat{\vartheta}$ aus der notwendigen Extremwertbedingung

$$\frac{\mathrm{d} \ln L(\vartheta)}{\mathrm{d}\vartheta} = \sum_{i=1}^{n} \frac{\mathrm{d} \ln f(x_i|\vartheta)}{\mathrm{d}\vartheta} = 0\,.$$

Bei Verteilungen mit mehreren Parametern ϑ_j $(j = 1, \ldots, m)$ lassen sich die Parameterschätzwerte ermitteln aus dem System von m Gleichungen $j = 1, \ldots, m$

$$\frac{\partial}{\partial \vartheta_j} \ln L(\vartheta_1, \ldots, \vartheta_m) = 0\,.$$

Beispiel 2: Den ML-Schätzwert $\hat{\lambda}$ des Parameters λ einer Poisson-Verteilung (vgl. Tabelle 39-2) mit der Wahrscheinlichkeitsfunktion

$$f(x|\lambda) = \frac{\lambda^x}{x!} \mathrm{e}^{-\lambda}$$

erhält man aus der Likelihood-Funktion

$$L(\lambda) = \prod_i \frac{\lambda^{x_i}}{x_i!} \mathrm{e}^{-\lambda}$$

mit $\ln L(\lambda) = \sum_i [x_i \ln \lambda - \ln(x_i!) - \lambda]$

durch Nullsetzen der Ableitung

$$\frac{\mathrm{d} \ln L(\lambda)}{\mathrm{d}\lambda} = \sum_i \left[\frac{x_i}{\lambda} - 1\right] = 0$$

zu $\hat{\lambda} = \frac{1}{n} \sum_i x_i = \bar{x}$.

Momentenmethode. Ein meist einfacheres Verfahren zur Schätzung von Parametern einer Verteilung besteht darin, den Parameter direkt aus den Kennwerten der empirischen Verteilung (vgl. 40.4) des Merkmals X aus der Stichprobe zu berechnen.

Beispiel 3: Für eine poissonverteilte Zufallsgröße X gilt gemäß Tabelle 39-1 $E(X) = \lambda$. Gemäß Beispiel 1 ist der arithmetische Mittelwert $\bar{x} = \sum_i x_i/n$ einer Stichprobe ein erwartungstreuer Schätzwert für $E(X)$ und somit für den Parameter λ der Poisson-Verteilung. Wie mit der Maximum-Likelihood-Methode im Beispiel 2 erhält man $\hat{\lambda} = \bar{x}$.

42.3 Intervallschätzung

Aus der Verteilung der Zufallsgröße in der Grundgesamtheit kann die Verteilung der Schätzfunktion, die selbst eine Zufallsvariable ist, bestimmt werden. Daraus lassen sich Intervalle ableiten, in denen der gesuchte Parameter ϑ mit einer vorgegebenen Wahrscheinlichkeit liegt:

$$P\left(\hat{\Theta}_n^{(1)} \leqq \vartheta \leqq \hat{\Theta}_n^{(2)}\right) = 1 - \alpha\,. \qquad (42\text{-}2)$$

Das Zufallsintervall $[\hat{\Theta}_n^{(1)}, \hat{\Theta}_n^{(2)}]$ heißt *Konfidenzschätzer* für den Parameter ϑ, eine Realisation $[\hat{\vartheta}_n^{(1)}, \hat{\vartheta}_n^{(2)}]$ des Konfidenzschätzers heißt *Konfidenzintervall.*
Man schreibt deshalb auch

$$\mathrm{Konf}\left(\hat{\vartheta}_n^{(1)} \leqq \vartheta \leqq \hat{\vartheta}_n^{(2)}\right) = 1 - \alpha\,. \qquad (42\text{-}3)$$

Beispiel 4: Für eine $N(\mu, \sigma^2)$-verteilte Zufallsgröße X ist die Schätzfunktion $\bar{X} = \left(\sum_i X_i\right)/n$ eine $N(\mu, \sigma^2/n)$-verteilte Zufallsgröße und somit die Zufallsgröße $Z = (\bar{X} - \mu)\sqrt{n}/\sigma$ standardnormalverteilt. Es gilt

$$P\left\{-z_{1-\alpha/2} \leqq (\bar{X} - \mu)\sqrt{n}/\sigma \leqq z_{1-\alpha/2}\right\} = 1 - \alpha$$

und umgeformt

$$P\left\{\bar{X} - z_{1-\alpha/2}\sigma/\sqrt{n} \leqq \mu \leqq \bar{X} + z_{1-\alpha/2}\sigma/\sqrt{n}\right\} = 1 - \alpha$$

mit dem $(1-\alpha/z)$-Quantil aus Tab. 39-4.
Bei einer Stichprobe mit den Messwerten $x_1, \ldots, x_n$ lautet das Konfidenzintervall (vgl. Bild 41-1)

$$\text{Konf}\left\{\bar{x} - z_{1-\alpha/2}\sigma/\sqrt{n} \leqq \mu \leqq \bar{x} + z_{1-\alpha/2}\sigma/\sqrt{n}\right\} = 1-\alpha\,. \tag{42-4}$$

43 Statistische Prüfverfahren (Tests)

43.1 Ablauf eines Tests

Neben dem Schätzen von Parametern ist das Prüfen von Hypothesen (Testen) über die *Größe eines Parameters einer Verteilung* (*Parametertest*) oder über den *Typ einer Verteilung* (*Anpassungstest*) eines Merkmals bzw. einer Zufallsgröße X in einer bestimmten Grundgesamtheit eine wichtige Aufgabe von Stichprobenerhebungen. Ein Test erfolgt nach folgendem generellen Ablauf in mehreren Schritten:

1. Formulierung der Nullhypothese:
   Zunächst wird die Hypothese als prüfbare mathematische Aussage (*Nullhypothese* H_0, auch *Prüfhypothese*) formuliert. Diese soll dann mittels einer aus der Grundgesamtheit entnommenen Stichprobe bei einer vorzugebenden zulässigen *Irrtumswahrscheinlichkeit* α (auch: *Signifikanzniveau* oder *Testniveau*) überprüft werden.
   Es gibt grundsätzlich zwei Arten von Nullhypothesen:
   - *zweiseitige Nullhypothesen* (*Punkthypothesen*):
     Hier ist die Nullhypothese eine Gleichung, z. B. $H_0 : \mu = \mu_0$), d. h., der Erwartungswert μ ist gleich einem vorgegebenen Wert μ_0. Die Alternativhypothese $H_1 : \mu \neq \mu_0$ umfasst also die *zwei* getrennten Bereiche $\mu < \mu_0$ und $\mu > \mu_0$.
   - *einseitige Nullhypothesen* (*Bereichshypothesen*):
     Hier ist die Nullhypothese eine Ungleichung, z. B. $H_0 : \mu \leqq \mu_0$ d. h., die Alternativhypothese $H_1 : \mu > \mu_0$ ist ebenfalls eine Ungleichung, beschreibt also nur *einen* Bereich $\mu > \mu_0$.

   Der jeweils zugehörige Test wird als *zweiseitiger* bzw. *einseitiger Test* bezeichnet.
2. Festlegung des Signifikanzniveaus α:
   Die zulässige Irrtumswahrscheinlichkeit α wird i. Allg. zwischen 0,001 und höchstens 0,10 – je nach erforderlicher Sicherheit der Testentscheidung – festgelegt.
3. Bildung der Prüfgröße:
   Zur Testentscheidung wird eine geeignete Stichprobenfunktion U (*Prüfgröße*, auch: *Testgröße*) gebildet, die selbst eine Zufallsgröße ist, da sie von dem Stichprobenergebnis abhängt. Auch bei zutreffender Nullhypothese unterliegt die Prüfgröße daher zufallsbedingten Schwankungen, d. h. einer bestimmten Wahrscheinlichkeitsverteilung.
   Im Allgemeinen versucht man eine Prüfgröße zu finden, deren Verteilung bekannt ist und in Tabellenform vorliegt (z. B. Standardnormalverteilung, t-, F-, χ^2-Verteilung).
   Die Festlegung der *Prüfgröße* U und Bestimmung ihrer *Verteilung* erfolgen unter der Annahme, die Nullhypothese H_0 sei richtig (bei zweiseitiger Nullhypothese) bzw. „gerade noch" richtig (bei einseitiger Nullhypothese). Beispiel: $H_0 : \mu \geqq \mu_0$ ist für $\mu = \mu_0$ „gerade noch" richtig.
4. Bestimmung des kritischen Bereiches:
   Man bestimmt dann ein Intervall (*Annahmebereich*), in dem die Realisationen der Prüfgröße – bei richtiger Nullhypothese – mit der Wahrscheinlichkeit $1-\alpha$ liegen. Das bedeutet
   - bei zweiseitiger Nullhypothese H_0:
     Bestimmung einer unteren Annahmegrenze c_u *und* einer oberen Annahmegrenze c_o, sodass gilt
     $$P(c_u \leqq U \leqq c_o) = 1-\alpha \quad \text{(Bild 43-1a)}\,. \tag{43-1}$$
   - bei einseitiger Nullhypothese H_0:
     Bestimmung einer unteren Annahmegrenze c_u bzw. einer oberen Annahmegrenze c_o, sodass gilt
     a) $P(U \leqq c_o) = 1-\alpha$ (Bild 43-1b), (43-2)
     b) $P(U \geqq c_u) = 1-\alpha$ (Bild 43-1c). (43-3)

   Der Bereich außerhalb des Annahmebereiches wird als *kritischer Bereich* bezeichnet.
5. Ermittlung des Prüfwertes:
   Mit den Werten einer Stichprobe wird dann eine Realisation der Prüfgröße U, der Prüfwert u, berechnet.

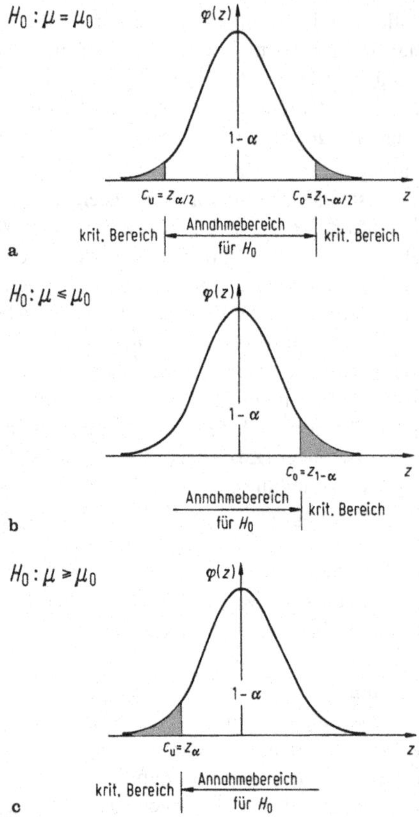

Bild 43-1. Annahme- und kritische Bereiche für ein- und zweiseitige Tests des Erwartungswertes mit standartnormalverteilter Prüfgröße.

6. Testentscheidung:
   Für die Testentscheidung sind zwei Fälle möglich:
   Fall 1: Der Prüfwert u liegt im *kritischen Bereich*:
   Die Zufälligkeit der Stichprobenziehung wird in diesem Fall nicht mehr als einziger Grund der Abweichung des Prüfwertes von dem – *bei richtiger Nullhypothese* – erwarteten Wert akzeptiert.
   Die Abweichung heißt dann auch *signifikant* (deutlich) bei dem gegebenen Signifikanzniveau α. Folglich lehnt man die Nullhypothese zugunsten des logischen Gegenteils (*Alternativhypothese* H_1) ab.
   Die Wahrscheinlichkeit einer Fehlentscheidung (*Fehler 1. Art, α-Fehler*) ist dann höchstens gleich der vorgegebenen Irrtumswahrscheinlichkeit α.
   Fall 2: Der Prüfwert u liegt *nicht* im kritischen Bereich: In diesem Fall ist nicht mit „hinreichender" Sicherheit auszuschließen, dass die Abweichung des Prüfwertes von dem – *bei richtiger Nullhypothese* – zu erwartenden Wert nur durch die Zufälligkeit der Stichprobenziehung bedingt ist.
   Die Abweichung ist dann nicht signifikant bei dem gegebenen Signifikanzniveau α. Die Nullhypothese wird daher *nicht* abgelehnt, *womit ihre Richtigkeit jedoch nicht bewiesen ist*!
   Die Wahrscheinlichkeit einer Fehlentscheidung (*Fehler 2. Art, β-Fehler*) ist in diesem Falle nicht ohne Weiteres zu bestimmen.

Bei *Parametertests* wird daher i. Allg. die Nullhypothese als Gegenteil der zu prüfenden Annahme bzw. der Vermutung, die man logisch bestätigen („beweisen") möchte, formuliert. Da α i. Allg. sehr klein gewählt wird ($\alpha = 0{,}05$ oder $\alpha = 0{,}01$), entspricht die Ablehnung der Nullhypothese dann dem *statistischen Nachweis* der Alternativhypothese H_1 mit der hohen *statistischen Sicherheit* $1 - \alpha$.

Die folgenden Abschnitte behandeln Beispiele für Tests verschiedener Hypothesen. In allen Beispielen gilt die Testentscheidung: Die Nullhypothese H_0 wird abgelehnt, wenn der jeweilige Prüfwert im kritischen Bereich liegt, anderenfalls wird sie nicht abgelehnt (ohne jedoch damit bewiesen zu sein).

43.2 Test der Gleichheit des Erwartungswerts μ eines quantitativen Merkmals mit einem gegebenen Wert μ_0 (Parametertest)

Grundgesamtheit: Erwartungswert μ, Varianz σ^2, Umfang N.

Stichprobe: $x_1, \ldots, x_n$ (Stichprobenumfang: n) Arithmetischer Mittelwert: $\bar{x}$.

Voraussetzung: $n > 30$ oder Zufallsgröße X normalverteilt.

Es werden zwei Fälle unterschieden:

Fall 1: Die Varianz σ^2 ist bekannt:

– *Zweiseitiger Test*:

Nullhypothese H_0: $\mu = \mu_0$

Prüfgröße: $U = \dfrac{\bar{X} - \mu_0}{\sigma_{\bar{X}}} \sim N(0,1)$ (43-4)

mit

$$\sigma_{\bar{X}} = \begin{cases} \dfrac{\sigma}{\sqrt{n}} & \text{bei Stichprobe mit Zurücklegen oder } n/N < 0{,}05 \text{ (z. B. bei „sehr großer" Grundgesamtheit)} \\ \dfrac{\sigma}{\sqrt{n}} \cdot \dfrac{N-n}{N-1} & \text{bei Stichprobe ohne Zurücklegen } \textit{und } n/N \geqq 0{,}05 \end{cases}$$

Annahmebereich:

$(c_u = z_{\alpha/2} = -z_{1-\alpha/2}\ ,\ c_o = z_{1-\alpha/2})$:

$|u| \leqq z_{1-\alpha/2}$

Kritischer Bereich:

$|u| > z_{1-\alpha/2}$ (Bild 43-1a) (43-5)

Prüfwert: $u = \dfrac{\bar{x} - \mu_0}{\sigma_{\bar{X}}}$ (43-6)

– *Einseitiger Test*:

Nullhypothese H_0: $\mu \leqq \mu_0$ oder
H_0: $\mu \geqq \mu_0$

Prüfgröße und Prüfwert: Wie bei zweiseitigem Test

Kritischer Bereich: $u > z_{1-\alpha}$ (Bild 43-1b)
bzw. $u < Z_\alpha$ (Bild 43-1c) .

Fall 2: Die Varianz σ^2 ist unbekannt:

– *Zweiseitiger Test*:

Nullhypothese H_0: $\mu = \mu_0$

Prüfgröße: $U = \dfrac{\bar{X} - \mu_0}{S_{\bar{X}}} \sim t_{n-1}$ (43-7)

mit

$$S_{\bar{X}} = \begin{cases} \dfrac{S}{\sqrt{n}} & \text{bei Stichprobe mit Zurücklegen oder } n/N < 0{,}05 \text{ (z. B. bei „sehr großer" Grundgesamtheit)} \\ \dfrac{S}{\sqrt{n}} \cdot \dfrac{N-n}{N-1} & \text{bei Stichprobe ohne Zurücklegen und } n/N \geqq 0{,}05 \end{cases}$$

und S^2 aus Gl.(42-1) in 42.2.

Annahmebereich:

$(c_u = t_{n-1;\alpha/2}\ ; c_o = t_{n-1;\,1-\alpha/2})$:

$|u| \leqq t_{n-1;\,1-\alpha/2}$

Kritischer Bereich:

$|u| > t_{n-1;\,1-\alpha/2}$. (43-8)

Prüfwert: $u = \dfrac{\bar{x} - \mu_0}{\sigma_{\bar{X}}}$. (43-9)

– *Einseitiger Test*:

Nullhypothese $H_0 : \mu \leqq \mu_0$ oder
$H_0 : \mu \geqq \mu_0$

Prüfgröße und Prüfwert: Wie bei zweiseitigem Test

Kritischer Bereich: $u > t_{n-1;\,1-\alpha}$
bzw. $u < t_{n-1;\,\alpha}$
$= -t_{n-1;\,1-\alpha}$

43.3 Test der Gleichheit des Anteilswerts p eines qualitativen Merkmals mit einem gegebenen Wert p_0 (Parametertest)

Grundgesamtheit:

N Elemente, jeweils mit der Ausprägung A oder $\bar{A}$ des qualitativen Merkmals.

p Anteil der Elemente mit der Ausprägung A.

Stichprobe:

n Anzahl der zufällig entnommenen Elemente; wenn $n/N \geqq 0{,}05$, muss jedes entnommene Element vor Entnahme des nächsten wieder in die Grundgesamtheit zurückgelegt werden.

x Anzahl der Elemente mit Ausprägung A.

$h = \dfrac{x}{h}$ relative Häufigkeit der Elemente mit Ausprägung A.

Voraussetzung: $np_0(1 - p_0) > 9$

– *Zweiseitiger Test*:
Nullhypothese H_0: $p = p_0$
Prüfgröße:

$$U = \frac{H - p_0}{\sqrt{p_0(1 - p_0)}}\sqrt{n} \sim N(0,1) \qquad (43\text{-}10)$$

Annahmebereich:

$(c_u = z_{\alpha/2}\,, \quad c_o = z_{1-\alpha/2})\colon |u| \leqq z_{1-\alpha/2}$

Kritischer Bereich: $|u| > z_{1-\alpha/2}$ (43-11)

Prüfwert:

$$u = \frac{p - p_0}{\sqrt{p_0(1-p_0)}}\sqrt{n}\,. \qquad (43\text{-}12)$$

- *Einseitiger Test*:
  Nullhypothese $H_0\colon\ p \leqq p_0$ oder $H_0\colon\ p \geqq p_0$
  Prüfgröße und Prüfwert: Wie bei zweiseitigem Test.
  Kritischer Bereich:
  $u > z_{1-\alpha}$ bzw. $u < z_\alpha = -z_{1-\alpha}$.

43.4 Test der Gleichheit einer empirischen mit einer theoretischen Verteilung (Anpassungstest)

Die Stichprobenwerte $x_1, \ldots, x_n$ werden als Realisierungen einer Zufallsgröße X mit einer unbekannten Verteilungsfunktion $F(x)$ angesehen. Es wird geprüft, ob sich diese Verteilungsfunktion $F(x)$ von einer vorgegebenen (theoretischen) Verteilungsfunktion $F_0(x)$ unterscheidet bzw. wie gut die empirische Verteilung der Stichprobe an $F_0(x)$ „angepasst" ist.
Ein für diese Problemstellung gebräuchlicher Test ist der sog. *χ^2-Anpassungstest*:

Voraussetzung: $n \geqq 50$.

Nullhypothese $H_0\colon\ F(x) = F_0(x)$.

Vorbereitung: Unterteilung des Wertebereichs der Stichprobe in k Klassen gleicher Breite, sodass für jede Klasse $j = 1, \ldots, k$ gilt:

$$np_j \geqq 5\,.$$

p_j ist die Wahrscheinlichkeit, dass bei richtiger Nullhypothese die Zufallsgröße X einen Wert der Klasse j annimmt, d. h., falls X stetig und x_{ju}, x_{jo} die Unter- bzw. Obergrenze der Klasse j bezeichnen:

$$p_j = F_0(x_{jo}) - F_0(x_{ju})\,.$$

$$\text{Prüfgröße:}\quad U = \sum_{j=1}^{k}\frac{(h_{bj} - h_{ej})^2}{h_{ej}} \sim \chi^2_m \qquad (43\text{-}13)$$

mit h_{bj} beobachtete Häufigkeit der Stichprobenwerte in Klasse j

h_{ej} erwartete Häufigkeit in Klasse j bei richtiger Nullhypothese : $h_{ej} = np_j$

$m = k - q - 1$.

q ist die Anzahl der aus der Stichprobe geschätzten Parameter der Verteilungsfunktion $F_0(x)$, z. B. $q = 2$ für die Parameter μ und σ^2 einer Normalverteilung.

Annahmebereich: $\left(c_o = \chi^2_{m;\,1-\alpha}\right)\colon u \leqq \chi^2_{m;\,1-\alpha}$

Kritischer Bereich: $u > \chi^2_{m;\,1-\alpha}$ (43-14)

$$\text{Prüfwert:}\ u = \sum_{j=1}^{k}\frac{(h_{bj} - h_{ej})^2}{h_{ej}} \qquad (43\text{-}15)$$

43.5 Prüfen der Unabhängigkeit zweier Zufallsgrößen (Korrelationskoeffizient)

Gleichung (43-11) in 40.5 liefert einen Schätzwert r für den Korrelationskoeffizienten ϱ zweier Zufallsgrößen X und Y (siehe 39.6). Die Unabhängigkeit von X und Y kann als Nullhypothese $H_0\colon \varrho = 0$ gegen die Alternativhypothese $H_1\colon\ \varrho \neq 0$ geprüft werden anhand des Wertes

$$t = r\sqrt{n-2}/\sqrt{1-r^2}\,,$$

der eine Realisation einer t-verteilten Zufallsgröße T als Prüffunktion mit $n - 2$ Freiheitsgraden ist. Die Nullhypothese wird demzufolge bei einem Signifikanzniveau von α abgelehnt, wenn t im kritischen Bereich liegt:

$$|t| > t_{n-2;\,1-\alpha/2}\,. \qquad (43\text{-}16)$$

Beispiel: Die Untersuchung des Zusammenhangs zwischen der oberen Streckgrenze und der Zugfestigkeit einer Stahlsorte lieferte an 18 Proben einen empirischen Korrelationskoeffizienten $r = 0{,}69$. Bei einem Signifikanzniveau von $\alpha = 0{,}05$ ist

$$t = 0{,}69\,\sqrt{18-2}/\sqrt{1-0{,}69^2}$$
$$= 3{,}81 > t_{16;\,0{,}975} = 2{,}12$$

und somit die Nullhypothese abzulehnen, d. h. der Zusammenhang ist bei einer Irrtumswahrscheinlichkeit von 0,05 als gegeben nachgewiesen.

44 Regression

44.1 Grundlagen

Eine Vielzahl praktischer Probleme bezieht sich auf die Frage nach der Abhängigkeit einer Zufallsgröße Y von einer praktisch fehlerfrei messbaren Zufallsgröße X, wobei anders als bei der Korrelation Y eindeutig als die abhängige Variable feststeht. Zu jedem festen $X = x$ weist die abhängige Zufallsgröße Y eine Wahrscheinlichkeitsverteilung auf mit einem von x abhängigen Erwartungswert $\mu(x) = E(Y|X = x)$.
Der von x abhängige Erwartungswert $\mu(x)$ heißt *Regressionsfunktion* des Merkmals Y bezüglich des Merkmals X. Eine lineare Regressionsfunktion heißt *Regressionsgerade*

$$\mu(x) = \alpha + \beta x\,, \tag{44-1}$$

die Steigung β der Geraden *Regressionskoeffizient*.
Wenn die zufällige Abweichung Z des Merkmals Y vom entsprechenden Erwartungswert $\mu(x)$ als stochastisch unabhängig von X und Y und als normalverteilt mit konstanter Varianz σ^2 angesehen werden kann, d. h. wenn gilt $Z \sim N(0, \sigma^2)$, so ist die abhängige Zufallsgröße Y darstellbar als

$$Y = \alpha + \beta x + Z = \mu(x) + Z \tag{44-2}$$

und Y ist $N(\mu(x), \sigma^2)$-verteilt.

44.2 Schätzwerte für α, β und σ^2

Anhand einer Stichprobe von n Messwertepaaren (x_i, y_i) lassen sich für die Parameter α, β und σ^2 erwartungstreue Schätzwerte a, b bzw. s^2 durch Minimierung der Summe der Abweichungsquadrate

$$\begin{aligned} Q(a,b) &= \sum_i [y_i - y(x_i)]^2 \\ &= \sum_i (y_i - a - bx_i)^2 = \text{Min} \end{aligned} \tag{44-3}$$

der Messwerte y_i von den entsprechenden Werten $y(x_i)$ der empirischen Regressionsfunktion

$$y(x) = a + bx \tag{44-4}$$

an den Stellen x_i ermitteln. Nullsetzen der partiellen Ableitung $\partial Q/\partial a$ und $\partial Q/\partial b$ liefert die Schätzwerte

$$\begin{aligned} a &= \frac{\sum y_i \sum x_i^2 - \sum x_i \sum x_i y_i}{n\sum x_i^2 - (\sum x_i)^2} \\ b &= \frac{n\sum x_i y_i - \sum x_i \sum y_i}{n\sum x_i^2 - (\sum x_i)^2} = \frac{s_{xy}}{s_x^2} \end{aligned} \tag{44-5}$$

mit den Schätzwerten s_{xy} für die Kovarianz von X und Y sowie s_x^2 für die Varianz von X gemäß (40-10) in 40.5 bzw. (40-8) in 40.4.2. Daraus erhält man als Schätzwert für die Varianz σ^2

$$s^2 = \frac{1}{n-2}\sum_i (y_i - a - bx_i)^2\,. \tag{44-6}$$

Da die Regressionsgerade $y(x)$ durch den Schwerpunkt mit den Koordinaten $\bar{x}$ und $\bar{y}$ geht, gilt auch

$$y(x) = \bar{y} + b(x - \bar{x})\,. \tag{44-7}$$

Ein normiertes Maß für die Güte der Anpassung der empirischen Regressionsfunktion $y(x)$ an die Beobachtungswerte liefert das
Bestimmtheitsmaß

$$B = \frac{\sum_i [y(x_i) - \bar{y}]^2}{\sum_i [y_i - \bar{y}]^2} = \frac{b^2 \cdot \sum_i (x_i - \bar{x})^2}{\sum_i (y_i - \bar{y})^2} = b^2 \frac{S_x^2}{S_y^2}\,, \tag{44-8}$$

wobei mit (44-8) in 40.4.2 gilt

$$S_x^2 = (n-1)s_x^2 = \sum_i (x_i - \bar{x})^2 = \sum_i x_i^2 - n\bar{x}^2 \tag{44-9}$$

$$S_y^2 = (n-1)s_y^2 = \sum_i (y_i - \bar{y})^2 = \sum_i y_i^2 - n\bar{y}^2\,. \tag{44-10}$$

Mit (44-5) folgt

$$B = \frac{s_{xy}^2}{s_x^2 s_y^2} = r^2 \tag{44-11}$$

und somit auch $0 \leqq B \leqq 1$, wobei $B = 1$ nur dann möglich ist, wenn alle Stichprobenwerte auf der Regressionsgeraden liegen.

44.3 Konfidenzintervalle für die Parameter β, σ^2 und $\mu(\chi)$

Als Konfidenzintervalle ergeben sich

(a) für den *Regressionskoeffizienten* β

$$\text{Konf}(b - t_{n-2;1-\alpha/2} \cdot s/S_x \leqq \beta \leqq b + t_{n-2;1-\alpha/2} \cdot s/s_x) = 1 - \alpha \qquad (44\text{-}12)$$

mit s aus (44-6) und S_x aus (44-9) ,

(b) für die *Varianz* σ^2

$$\text{Konf}\left[\frac{(n-2)s^2}{\chi^2_{n-2;1-\alpha/2}} \leqq \sigma^2 \leqq \frac{(n-2)s^2}{\chi^2_{n-2;\alpha/2}}\right] = 1 - \alpha\,, \qquad (44\text{-}13)$$

(c) für den *Funktionswert* $\mu(x) = \alpha + \beta x$ an der Stelle x

$$\text{Konf}\left(y(x) - t_{n-2;1-\alpha/2} s\sqrt{g(x)} \leqq \mu(x) \leqq y(x) + t_{n-2;1-\alpha/2} s\sqrt{g(x)}\right) = 1 - \alpha \qquad (44\text{-}14)$$

mit

$$g(x) = \frac{1}{n} + \frac{(x-\bar{x})^2}{\sum_i (x_i - \bar{x})^2} = \frac{1}{n} + \frac{(x-\bar{x})^2}{S_x^2}\,.$$

Dabei kennzeichnen $t_{n-2;1-\alpha/2}, \chi^2_{n-2;1-\alpha/2}$ und $\chi^2_{n-2;\alpha/2}$ die entsprechenden Quantile der t- bzw. χ^2-Verteilung mit $n - 2$ Freiheitsgraden (vgl. Tabelle 39-5 bzw. 39-4). Da die Funktion g(x) mit zunehmendem Abstand von $\bar{x}$ zunimmt, stellt sich das Konfidenzintervall als ein nach beiden Seiten vom Schwerpunkt breiter werdender Konfidenzstreifen dar.

44.4 Prüfen einer Hypothese über den Regressionskoeffizienten

Eine Hypothese über den Regressionskoeffizienten β kann mithilfe einer t-verteilten Prüffunktion geprüft werden. Man erhält bei einem Signifikanzniveau von α als kritischen Bereich für die Prüfgröße t bezüglich der *Nullhypothese* $H_0 : \beta = \beta_0 (H_1 : \beta \neq \beta_0)$:

$$t = |b - \beta_0| \sqrt{\sum_i (x_i - \bar{x})^2} / s = |b - \beta_0| S_x / s > t_{n-2;1-\alpha/2}\,, \qquad (44\text{-}15)$$

bezüglich der Nullhypothesen $H_0 : \beta \leqq \beta_0 (H_1 : \beta > \beta_0)$ bzw. $H_0 : \beta \geqq \beta_0\ (H_1 : \beta < \beta_0)$:

$$t = |b - \beta_0| \sqrt{\sum_i (x_i - \bar{x})^2} / s = |b - \beta_0| S_x / s > t_{n-2;1-\alpha} \qquad (44\text{-}16)$$

jeweils mit S_x aus (44-9) und s aus (44-6).

44.5 Beispiel zur Regressionsrechnung

Zur Untersuchung der Abhängigkeit des Elastizitätsmoduls von der Prismenfestigkeit β_P bei Beton wurden 8 Messwertepaare ermittelt vgl. Tab. 44-1. Mit Hilfe der Rechentabelle in Tab. 44-1 lassen sich folgende Berechnungen durchführen:

Schätzwerte für α, β und σ^2:

$$a = \frac{255{,}5 \cdot 9291{,}29 - 262{,}1 \cdot 8624{,}05}{8 \cdot 9291{,}29 - (262{,}1)^2} = 20{,}16\ \text{kN/mm}^2$$

$$b = \frac{8 \cdot 8624{,}05 - 262{,}1 \cdot 255{,}5}{8 \cdot 9291{,}29 - (262{,}1)^2} = 0{,}3596$$

$$s^2 = 13{,}6613/(8-2) = 2{,}2769\ \text{kN}^2/\text{mm}^4$$

$$s = 1{,}509\ \text{kN/mm}^2\,.$$

Empirische Regressionsgerade:

$$y(x) = 20{,}16 + 0{,}3596\,x\,.$$

Bestimmtheitsmaß und Korrelationskoeffizient:

$$S_x^2 = 9291{,}29 - (262{,}1)^2/8 = 704{,}239$$

$$S_y^2 = 8264{,}75 - (255{,}5)^2/8 = 104{,}719$$

$$B = 0{,}3596^2 \cdot 704{,}24/104{,}719 = 0{,}8696$$

$$r = \sqrt{0{,}8696} = 0{,}9325\,.$$

Konfidenzintervalle für β, σ^2 und $\mu(x)$

Für $\alpha = 0{,}05$ sind die Intervallgrenzen nach (44-12)

$$\beta_u = 0{,}3596 - 2{,}447 \cdot 1{,}509/26{,}54 = 0{,}221$$

$$\beta_o = 0{,}3596 + 2{,}447 \cdot 1{,}509/26{,}54 = 0{,}499$$

und somit

$$\text{Konf}(0{,}221 \leqq \beta \leqq 0{,}499) = 0{,}95\,.$$

Analog berechnet sich nach (44-13)

$$\sigma_u^2 = (8-2) \cdot 2{,}2769/14{,}45 = 0{,}945$$

$$\sigma_o^2 = (8-2) \cdot 2{,}2769/1{,}24 = 11{,}017$$

Tabelle 44-1. Messwerte und Rechentabelle

Messwertpaare								
x_i in N/mm^2	22,0	28,0	36,8	28,5	42,6	23,0	30,2	51,0
y_i in kN/mm^2	27,0	31,5	35,0	31,5	34,0	26,5	32,0	38,0

Rechentabelle							
i	x_i	y_i	x_i^2	y_i^2	x_iy_i	$y(x_i) = a + bx_i$	$[y_i - y(x_i)]^2$
1	22,0	27,0	484,00	729,00	594,00	28,07	1,1404
2	28,0	31,5	784,00	992,25	882,00	30,23	1,6243
3	36,8	35,0	1354,24	1225,00	1288,00	33,39	2,5921
4	28,5	31,5	812,25	992,25	897,75	30,41	1,1983
5	42,5	34,0	1814,76	1156,00	1448,40	35,48	2,1776
6	23,0	26,5	529,00	702,25	609,50	28,43	3,7153
7	30,2	32,0	912,04	1024,00	966,40	31,02	0,9670
8	51,0	38,0	2601,00	1444,00	1938,00	38,50	0,2463
Σ	262,1	255,5	9291,29	8264,75	8624,05		13,6613

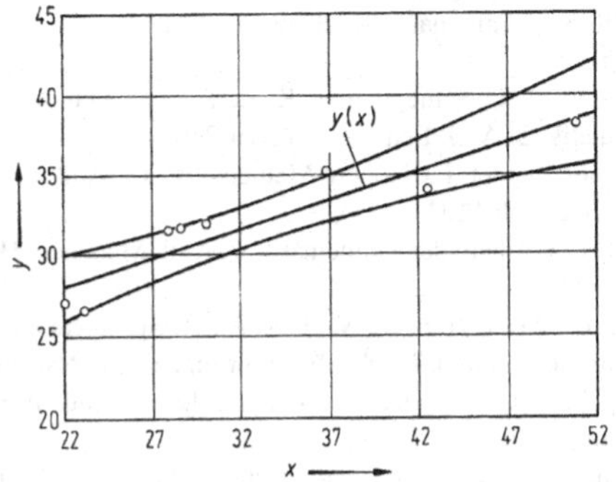

Bild 44-1. Empirische Regressionsgerade und Konfidenzstreifen

und somit

$$\text{Konf}(0{,}945 \leqq \sigma^2 \leqq 11{,}017) = 0{,}95\,.$$

Für die Regressionsfunktion $\mu(x)$ gilt nach (14), siehe Bild 44-1:

$$\text{Konf}[26{,}08 \leqq \mu(22) \leqq 30{,}06] = 0{,}95$$
$$\text{Konf}[30{,}35 \leqq \mu(32) \leqq 32{,}97] = 0{,}95$$
$$\text{Konf}[33{,}43 \leqq \mu(42) \leqq 37{,}09] = 0{,}95$$
$$\text{Konf}[35{,}88 \leqq \mu(52) \leqq 41{,}84] = 0{,}95\,.$$

Prüfen der Nullhypothese $H_0 : \beta = 0$.
Bei einem Signifikanzniveau von $\alpha = 0{,}05$ ist nach (44-15)

$$t = |0{,}3596 - 0| \cdot 26{,}537/1{,}509 = 6{,}32$$

größer als der Tabellenwert $t_{6;\,0{,}975} = 2{,}447$.
Somit ist die Nullhypothese abzulehnen d. h. β signifikant größer als null, und eine Abhängigkeit des Elastizitätsmoduls von der Prismenfestigkeit bei einer statistischen Sicherheit von 0,95 als nachgewiesen anzusehen.

Formelzeichen der Wahrscheinlichkeitsrechnung und Statistik

$A, B, \ldots$	Zufallsereignisse
$P(A)$	Wahrscheinlichkeit von A
$\cup$	Vereinigung
$\cap$	Durchschnitt
$X, Y, \ldots$	Zufallsvariablen
$x_i, y_i, \ldots$	Realisationen von Zufallsvariablen
$f(x)$	Wahrscheinlichkeits(dichte)-funktion, relative Häufigkeit
$F(x)$	Verteilungsfunktion, relative Summenhäufigkeit
$E(X)$	Erwartungswert der Zufallsgröße X
μ	arithmetischer Mittelwert einer Grundgesamtheit
$x_{0,5}$	Median einer Zufallsgröße
X_{D}	Modalwert einer Zufallsgröße
σ^2, Var(X)	Varianz der Zufallsgröße X
σ	Standardabweichung
v	Variationskoeffizient

σ_{XY}, $\mathrm{Cov}(X, Y)$	Kovarianz zwischen X und Y
$\varrho(X, Y)$	Korrelationskoeffizient zwischen X und Y
h	absolute Häufigkeit
H	absolute Summenhäufigkeit
$\bar{x}$	arithmetischer Mittelwert einer Stichprobe
$\bar{x}_{0,5}$	Median einer Stichprobe (empirischer Median)
$\bar{x}_{\mathrm{D}}$	Modalwert einer Stichprobe (empirischer Modalwert)
s^2	(empirische) Varianz
s, s_x, s_y	(empirische) Standardabweichung
s_{xy}	(empirische) Kovarianz
r_{xy}	(empirischer) Korrelations koeffizient
$\hat{\Theta}_n$	Schätzfunktion
$\hat{\vartheta}_n$	Realisation der Schätzfunktion
T	Testfunktion
B	Bestimmtheitsmaß
$X \sim Y$	„X unterliegt der Y-Verteilung“
$H(n, N_{\mathrm{A}}, N)$	Hypergeometrische Verteilung
$B(n, p)$	Binominalverteilung
$\mathrm{NB}(r, p)$	Negative Binominalverteilung
$\mathrm{NB}(1, p)$	Geometrische Verteilung
$\mathrm{Ps}(\lambda)$	Poisson-Verteilung
$U(a, b)$	Gleichverteilung (auch: Rechteckverteilung)
$N(\mu, \sigma^2)$	Normalverteilung
$N(0, 1)$	Standardnormalverteilung
$\mathrm{LN}(\mu, \sigma^2)$	Lognormalverteilung
$\mathrm{Ex}(\lambda)$	Exponentialverteilung
$\mathrm{ER}(\lambda, n)$	Erlang-n-Verteilung
$G(\lambda, k)$	Gammaverteilung
$W(\lambda, \alpha)$	Weibull-Verteilung
$\mathrm{BT}(\alpha, \beta, a, b)$	Betaverteilung
χ^2_m	χ^2-Verteilung
t_m	t-Verteilung
$F_{m1,m2}$	F-Verteilung
$\Phi(z)$	Verteilungsfunktion der Standardnormalverteilung
$\varphi(z)$	Dichtefunktion der Standardnormalverteilung
Z	standardnormalverteilte Zufallsgröße
z_α	α-Quantil der Standardnormalverteilung
$t_{m;\alpha}$	α-Quantil der t-Verteilung mit Freiheitsgrad m
$\chi^2_{m;\alpha}$	α-Quantil der χ^2-Verteilung mit Freiheitsgrad m
$F_{m_1,m_2;\alpha}$	α-Quantil der F-Verteilung mit Freiheitsgraden m_1 und m_2

Literatur

Allgemeine Literatur

Handbücher, Formelsammlungen

Bartsch, H.-J.: Taschenbuch mathematischer Formeln. 19. Aufl. Leipzig: Fachbuchverl. 2001

Bosch, K.: Mathematik Taschenbuch. 5. Aufl. Oldenbourg 1998

Bronstein, I.N.; Semendjajew, K.A.: Taschenbuch der Mathematik. 2. Aufl. Leipzig: Teubner 2003

Joos, G.; Richter, E.: Höhere Mathematik. 13. Aufl. Frankfurt: Deutsch 1994

Netz, H.: Formeln der Mathematik. 7. Aufl. München: Hanser 1992

Råde, L.; Westergren, B.; Vachenauer, P.: Springers mathematische Formeln. Taschenbuch für Ingenieure, Naturwissenschaftler, Wirtschaftswissenschaftler. 3. Aufl. Berlin: Springer 2000

Rottmann, K.: Mathematische Formelsammlung. 4. korr. Aufl. Mannheim: BI-Wiss.-Verl. 1993

Spiegel, M.R.: Einführung in die höhere Mathematik. Hamburg: McGraw-Hill 1999

Wörle, H.; Rumpf, H.: Taschenbuch der Mathematik. 12. Aufl. München: Oldenbourg 1994

Umfassende Darstellungen

Baule, B.: Die Mathematik des Naturforschers und Ingenieurs. 2 Bde. Frankfurt: Deutsch 1979

Brauch; Dreyer; Haacke: Mathematik für Ingenieure. 10. Aufl. Stuttgart: Teubner 2003

Böhme, G.: Anwendungsorientierte Mathematik. 4 Bde. Berlin: Springer 1992, 1990, 1991, 1989

Burg, K.; Haf, H.; Wille, F.: Höhere Mathematik für Ingenieure. 5 Bde. Stuttgart: Teubner 1992–1997

Mangoldt, H. von; Knopp, K.; Höhere Mathematik. Rev. von Lösch, F. 4 Bde. Stuttgart: Hirzel 1990

Meyberg, K.; Vachenauer, P.: Höhere Mathematik. Bd. 1 und 2. 6. und 4. Aufl. Berlin: Springer 2001, 2002

Papula, L.: Mathematik für Ingenieure und Naturwissenschaftler. Bde. 1 bis 3. 10., 10. und 4. Aufl. Wiesbaden: Vieweg 2001, 2001, 2001

Sauer, R.; Szabo, I.: Mathematische Hilfsmittel des Ingenieurs. Teile I–IV. Berlin: Springer 1967, 1969, 1968, 1970

Smirnow, W.I.: Lehrgang der höheren Mathematik. 5 Teile. Berlin: Dt. Verl. d. Wiss. 1990, 1990, 1995, 1995, 1991

Kapitel 1

Asser, G.: Einführung in die mathematische Logik. 3 Teile. Frankfurt: Deutsch 1983, 1976, 1981

Klaua, D.: Allgemeine Mengenlehre. Teil 1. Berlin: Akademie-Verlag 1968

Schorn, G.: Mengen und algebraische Strukturen. München: Oldenbourg 1985

Kapitel 2

Böhme, G.: Anwendungsorientierte Mathematik. Bde. 1 und 2. 6. Aufl. Berlin: Springer 1990, 1991

Mangoldt, H. von; Knopp, K.: Höhere Mathematik. Bd. 1. 17. Aufl. Rev. von Lösch, F. Stuttgart: Hirzel 1990

Smirnow, W.I.: Lehrgang der höheren Mathematik. Teil 1. 16. Aufl. Berlin: Dt. Verl. d. Wiss. 1990

Kapitel 3

Aitken, A.C.: Determinanten und Matrizen. Mannheim: Bibliogr. Inst. 1969

Dietrich, G.; Stahl, H.: Matrizen und Determinanten. 5. Aufl. Frankfurt: Deutsch 1978

Duschek, A.; Hochrainer, A.: Grundzüge der Tensorrechnung in analytischer Darstellung. Bd. 1–3. Wien: Springer 1965, 1968, 1970

Gantmacher, F.R.: Matrizentheorie. Berlin: Springer 1986

Gerlich, G.: Vektor- und Tensorrechnung für die Physik. Braunschweig: Vieweg 1977

Jänich, K.: Lineare Algebra. 7. Aufl. Berlin: Springer 2003

Klingbeil, E.: Tensorrechnung für Ingenieure. 2. Aufl. Berlin: Springer 1995

Maess, G.: Vorlesungen über numerische Mathematik I. Basel: Birkhäuser 1985

Zurmühl, R.; Falk, S.: Matrizen und ihre Anwendungen. Bd. 1. 7. Aufl., Bd. 2. 5. Aufl. Berlin: Springer 1997, 1986

Kapitel 4

Andrie; Meier: Lineare Algebra & Geometrie für Ingenieure. 3. Aufl. Berlin: Springer 1996

Baule, B.: Die Mathematik des Naturforschers und Ingenieurs. Frankfurt: Deutsch 1979

Mangoldt, H. von; Knopp, K.: Höhere Mathematik. Bd. 1. 17. Aufl. Rev. von Lösch, F. Stuttgart: Hirzel 1990

Peschl, E.: Analytische Geometrie und lineare Algebra. Mannheim: Bibliogr. Inst. 1982

Kapitel 5

Rehbock, F.: Darstellende Geometrie. Berlin: Springer 1969

Wunderlich, W.: Darstellende Geometrie. Mannheim: Bibliogr. Inst. 1966, 1967

Kapitel 8

Abramowitz, M.; Stegun, I.A.: Handbook of mathematical functions. New York: Dover 1993

Erdélyi, A.; Magnus, W.; Oberhettinger, F.; Tricomi, F.: Higher transcendental functions. 3 Bde. New York: McGraw-Hill 1981

Gradstein, I.S.; Ryshik, I.W: Summen-, Produkt- und Integraltafeln. 5. Aufl. Frankfurt: Deutsch 1981

Jahnke, E.; Emde, F.; Lösch, F.: Tafeln höherer Funktionen. 7. Aufl. Stuttgart: Teubner 1966

Lighthill, M.J.: Einführung in die Theorie der Fourier-Analysis und der verallgemeinerten Funktionen. Mannheim: Bibliogr. Inst. 1985

Walter, W.: Einführung in die Theorie der Distributionen. 3. Aufl. Mannheim: BI-Wiss.-Verl. 1994

Kapitel 9 bis 12

Andrie; Meier: Analysis für Ingenieure. 3. Aufl. Berlin: Springer 1996

Courant, R.: Vorlesungen über Differential- und Integralrechnung. 2 Bde. 4. Aufl. Berlin: Springer 1971; 1972

Fichtenholz, G.M.: Differential- und Integralrechnung. 3 Bde. Berlin: Dt. Verl. d. Wiss. 1997, 1990, 1992

Jänich, K.: Analysis für Physiker und Ingenieure. 4. Aufl. Berlin: Springer 2001

Meyer zur Capellen, W.: Integraltafeln. Sammlung unbestimmter Integrale elementarer Funktionen. Berlin: Springer 1950

Kapitel 13 bis 17

Basar, Y.; Krätzig, W.B.: Mechanik der Flächentragwerke. Braunschweig: Vieweg 1985

Behnke, H.; Holmann, H.: Vorlesungen über Differentialgeometrie. 7. Aufl. Münster: Aschaffendorf 1966

Grauert, H.; Lieb, I.: Differential- und Integralrechnung III: Integrationstheorie. Kurven- und Flächenintegrale. Vektoranalysis. 2. Aufl. Berlin: Springer 1977

Klingbeil, E.: Tensorrechnung für Ingenieure. Berlin: Springer 1995

Laugwitz, D.: Differentialgeometrie. 3. Aufl. Stuttgart: Teubner 1977

Kapitel 18 bis 19

Betz, A.: Konforme Abbildung. 2. Aufl. Berlin: Springer 1964

Bieberbach, L.: Einführung in die konforme Abbildung. 6. Aufl. Berlin: de Gruyter 1967

Gaier, D.: Konstruktive Methoden der konformen Abbildung. Berlin: Springer 1964

Heinhold, J.; Gaede, K.W.: Einführung in die höhere Mathematik. Teil 4. München: Hanser 1980

Knopp, K.: Elemente der Funktionentheorie. 9. Aufl. Berlin: de Gruyter 1978

Knopp, K.: Funktionentheorie. 2 Bde. 13. Aufl. Berlin: de Gruyter 1987, 1981

Koppenfels, W.; Stallmann, F.: Praxis der konformen Abbildung. Berlin: Springer 1959

Peschl, E.: Funktionentheorie. 2. Aufl. Mannheim: Bibliogr. Inst. 1983

Kapitel 20

(Siehe auch Literatur zu Kap. 8)

Zurmühl, R.: Praktische Mathematik für Ingenieure und Physiker. Nachdr. d. 5. Aufl. Berlin: Springer 1991

Kapitel 23

Ameling, W.: Laplace-Transformationen. 3. Aufl. Braunschweig: Vieweg 1984

Doetsch, G.: Anleitung zum praktischen Gebrauch der Laplace-Transformation und der Z-Transformation. 6. Aufl. München: Oldenbourg 1989

Föllinger, O.: Laplace- und Fourier-Transformation. Heidelberg: Hüthig 1993

Weber, H.: Laplace-Transformation für Ingenieure der Elektrotechnik. 6. Aufl. Stuttgart: Teubner 1990

Kapitel 24 bis 28

Arnold, V.I.: Gewöhnliche Differentialgleichungen. 2. Aufl. Berlin: Dt. Verl. d. Wiss. 2001

Collatz, L.: Differentialgleichungen. 7. Aufl. Stuttgart: Teubner 1990

Collatz, L.: Eigenwertaufgaben mit technischen Anwendungen. 2. Aufl. Leipzig: Akad. Verlagsges. 1968

Courant, R.; Hilbert, D.: Methoden der mathematischen Physik. 2 Bde. 4. Aufl. Berlin: Springer 1993

Duschek, A.: Vorlesungen über höhere Mathematik. Bd. III. 2. Aufl. Wien: Springer 1960

Frank, P.; Mises, R.: Die Differential- und Integralgleichungen der Mechanik und Physik. 2 Bde. Nachdruck der 2. Aufl. Braunschweig: Vieweg 1961

Grauert, Lieb, Fischer: Differential- und Integralrechnung. Bd. II. 3. Aufl. Berlin: Springer 1978

Gröbner, W.: Differentialgleichungen. Bd. I. Mannheim: Bibliogr. Inst. 1977

Jänich, K.: Analysis für Physiker und Ingenieure. 4. Aufl. Berlin: Springer 2001

Kamke, E.: Differentialgleichungen. Bd. 1. 10. Aufl. Stuttgart: Teubner 1983

Knobloch, H.W.; Kappel, F.: Gewöhnliche Differentialgleichungen. Stuttgart: Teubner 1974

Walter, W.: Gewöhnliche Differentialgleichungen. 7. Aufl. Berlin: Springer 2000

Kapitel 29 bis 31

(Siehe auch Literatur zu Kap. 24 bis 28)

Gröbner. W.: Partielle Differentialgleichungen. Mannheim: Bibliogr. Inst. 1977

Hackbusch, W.: Theorie und Numerik elliptischer Differentialgleichungen. 2. Aufl. Stuttgart: Teubner 1997

Hellwig, G.: Partielle Differentialgleichungen. Stuttgart: Teubner 1960

Leis, R.: Vorlesungen über partielle Differentialgleichungen zweiter Ordnung. Mannheim: Bibliogr. Inst. 1967

Michlin, S.G.: Partielle Differentialgleichungen in der mathematischen Physik. Frankfurt: Deutsch 1978

Petrovskij, G.I.: Vorlesungen über partielle Differentialgleichungen. Leipzig: Teubner 1955

Sommerfeld, A.: Partielle Differentialgleichungen der Physik. Frankfurt: Harri Deutsch/BRO 1997

Wloka, J.: Partielle Differentialgleichungen, Sobolevräume und Randwertaufgaben. Stuttgart: Teubner 1982

Kapitel 32

Courant, R.; Hilbert, D.: Methoden der Mathematischen Physik. 4. Aufl. Berlin: Springer 1993

Elsgolc, L.E.: Variationsrechnung. Mannheim: Bibliogr. Inst. 1984

Funk, P.: Variationsrechnung und ihre Anwendung in Physik und Technik. 2. Aufl. Berlin: Springer 1970

Klingbeil, E.: Variationsrechnung. 2. Aufl. Mannheim: BI-Wiss.-Verl. 1988

Lawrynowicz, J.: Variationsrechnung und Anwendungen. Berlin: Springer 1986

Michlin, S.G.: Variationsmethoden der Mathematischen Physik. Berlin: Dt. Verl. d. Wiss. 1962

Pontrjagin, L.S.; Boltjanskij, V. G.; Gamkrelidze, R. V.: Mathematische Theorie optimaler Prozesse. 2. Aufl. München: Oldenbourg 1967

Schwarz, H.: Optimale Regelung linearer Systeme. Mannheim: Bibliogr. Inst. 1976

Tolle, H.: Optimierungsverfahren für Variationsaufgaben mit gewöhnlichen Differentialgleichungen als Nebenbedingungen. Berlin: Springer 1971

Velte, W.: Direkte Methoden der Variationsrechnung. Stuttgart: Teubner 1976

Kapitel 33 bis 37

Bathe, K.J.: Finite-Element-Methoden. 2. Aufl. Berlin: Springer 2001
Böhmer, K.: Spline-Funktionen. Stuttgart: Teubner 1974
Collatz, L.: Eigenwertaufgaben mit technischen Anwendungen. 2. Aufl. Leipzig: Akad. Verlagsges. 1968
Davis, P.J.; Rabinokwitz, P.: Method of numerical integration. 2. Aufl. New York: Academic Press 1984
Deuflhard; Hohmann: Numerische Mathematik. Bd. 1. und Bd. 2. Berlin: de Gruyter 2002, 2002
Engeln-Müllges. G.; Reuter, F.: Numerische Mathematik für Ingenieure. Berlin: Springer 2003
Faddejew, D.K.; Faddejewa, W.N.: Numerische Methoden der linearen Algebra. München: Oldenbourg 1984
Forsythe, G.E.; Malcolm, M.A.; Moler, C.B.: Computer Methods for mathematical computations. Englewood Cliffs: Prentice-Hall 1977
Golub, G.H.; Van Loan, Ch. F: Matrix computations. 2. Ed. Baltimore: The John Hopkins University Press 1989
Hairer, E.; Nørsett, S.P.; Wanner, G.: Solving ordinary differential equations, I: Nonstiff problems. Berlin: Springer 1987
Hairer, E.; Wanner, G.: Solving ordinary differential equations, II: Stiff and differential-algebraic problems. Berlin: Springer 1991
Hämmerlin, G.; Hoffmann, K.-H.: Numerische Mathematik. Berlin: Springer 1989
Heitzinger, W.; Troch, I.; Valentin, G.: Praxis nichtlinearer Gleichungen. München: Hanser 1984
Jennings, A.: Matrix computation for engineers and scientists. New York: John Wiley 1977
Kielbasinski, A.; Schwetlick, H.: Numerische lineare Algebra. Thun/Frankfurt a. M.: Harri Deutsch 1988
Maess, G.: Vorlesungen über numerische Mathematik I. Basel: Birkhäuser 1985
Meis, Th.; Marcowitz, U.: Numerische Behandlung partieller Differentialgleichungen. Berlin: Springer 1978
Parlett, B. N.: The symmetric eigenvalue problem. Englewood Cliffs: Prentice-Hall 1980
Rutishauser, H.: Vorlesungen über numerische Mathematik. Basel: Birkhäuser 1998
Schwarz, H.R.: Numerische Mathematik. 4. Aufl. Stuttgart: Teubner 1997
Schwarz, H.R.: Methode der finiten Elemente. 3. Aufl. Stuttgart: Teubner 1991
Shampine, L.F.; Gordon, M.K.: Computer-Lösungen gewöhnlicher Differentialgleichungen. Das Anfangswertproblem. Braunschweig: Vieweg 1984
Stiefel, E.: Einführung in die numerische Mathematik. 5. Aufl. Stuttgart: Teubner 1976
Stoer, J.: Numerische Mathematik 1. 8. Aufl. Berlin: Springer 1999
Stoer, J., Bulirsch, R.: Numerische Mathematik 2. 3. Aufl. Berlin: Springer 1990
Törnig, W.; Spellucci, P.: Numerische Mathematik für Ingenieure und Physiker. Bd. 1: Numerische Methoden der Algebra, 2. Aufl. Berlin: Springer 1988
Törnig, W.; Spellucci, P.: Numerische Mathematik für Ingenieure und Physiker. Bd. 2: Numerische Methoden der Analysis, 2. Aufl. Berlin: Springer 1990
Varga, R.S.: Matrix iterative analysis. 3. Ed. Berlin: Springer 1999
Young, D.M.; Gregory, R.T.: A survey of numerical mathematics. Vols. I + II. Reading: Addison-Wesley 1973
Zienkiewicz, O.C.: Methode der finiten Elemente. 2. Aufl. München: Hanser 1984
Zurmühl, R.: Praktische Mathematik. Nachdr. d. 5. Aufl. Berlin: Springer 1984
Zurmühl, R.; Falk, S.: Matrizen und ihre Anwendungen. Bd. 1. 7. Aufl., Bd. 2. 5. Aufl. Berlin: Springer 1997, 1986

Literatur zur Wahrscheinlichkeitsrechnung und Statistik (Kapitel 38 bis 44)

Graf, U.; Henning, H.-J.; u.a.: Formeln und Tabellen der angewandten mathematischen Statistik. 3. Aufl. Berlin: Springer 1987
Hartung, J.: Statistik. 11. Aufl. München: Oldenbourg 1998
Heinhold, J.; Gaede, K.W.: Ingenieurstatistik. 4. Aufl. München: Oldenbourg 1979
Herz, R.; Schlichter, H.G.; Siegener, W.: Angewandte Statistik für Verkehrs- und Regionalplaner. 2. Aufl. Düsseldorf: Werner 1992
Sachs, L.: Angewandte Statistik. 8. Aufl. Berlin: Springer 1997
Weber, H.: Einführung in die Wahrscheinlichkeitsrechnung und Statistik für Ingenieure. 3. Aufl. Stuttgart: Teubner 1992

Kapitel 38

Fisz, M.: Wahrscheinlichkeitsrechnung und mathematische Statistik. 11. Aufl. Berlin: Deutscher Verl. d. Wiss. 1989
Rosanow, J.A.: Wahrscheinlichkeitstheorie. Braunschweig: Vieweg 1970
Weber, H.: Einführung in die Wahrscheinlichkeitsrechnung und Statistik für Ingenieure. 3. Aufl. Stuttgart: Teubner 1992

Kapitel 39

Graf, U.; Henning, H.-J.; u.a.: Formeln und Tabellen der angewandten mathematischen Statistik. 3. Aufl. Berlin: Springer 1987

Kapitel 40

Benninghaus, H.: Deskriptive Statistik. 8. Aufl. Stuttgart: Teubner 1998

Kapitel 41

Cochran, W.G.: Stichprobenverfahren. Berlin: de Gruyter 1972

Sachs, L.: Statistische Methoden. 7. Aufl. Berlin: Springer 1993

Sahner, H.: Schließende Statistik (Statistik für Soziologen, 2). 4. Aufl. Stuttgart: Teubner 1997

Stenger, H.: Stichproben. Heidelberg: Physica-Verl. 1986

Spezielle Literatur

Kapitel 1

1. Böhme, G.: Algebra. Anwendungsorientierte Mathematik. 7. Aufl. Berlin: Springer 1996
2. Klir, G.J.; Folger, T.A.: Fuzzy sets. Englewood Cliffs, N.J.: Prentice Hall 1988
3. Kruse, R.; Gebhardt, J.; Klawonn, F.: Fuzzy-Systeme. 2. Aufl. Braunschweig: Teubner 1995
4. Bowder, A.: Mathematical Analysis: An Introduction. Springer 1996

Kapitel 9

1. Oldham, K.B.; Spanier, J.: The fractional calculus. San Diego, Calif.: Academic Press 1974
2. Oustaloup, A.: La derivation non entiere. Paris: Hermes 1995
3. Miller, K.S.; Ross, B.: An introduction to the fractional calculus and fractional differential equations. New York: Wiley 1993

Kapitel 33

1. Zielke, G.: Testmatrizen mit maximaler Konditionszahl. Computing 13 (1974) 33–54

Kapitel 35

1. Zurmühl, R.; Falk, S.: Matrizen und ihre Anwendungen. Bd. 1. 7. Aufl., Bd. 2. 5. Aufl. Berlin: Springer 1997, 1986

Kapitel 36

1. Abramowitz, M.; Stegun, I.A.: Handbook of mathematical functions. New York: Wiley 1993
2. Stroud, A.H.: Approximate calculation of multiple integrals. Englewood Cliffs: Prentice-Hall 1981
3. Hammer, P.C.; Marlowe, O.P.; Stroud, A.H.: Numerical integration over simplexes and cones. Math. Tables Aids Comp. 10 (1956) 130–137